实用钢铁材料金相检验

第 2 版

叶卫平　吕彩虹　编著

机 械 工 业 出 版 社

本书全面系统地介绍了钢铁材料的金相检验技术。其主要内容包括钢的宏观检验，钢的平均晶粒度评定，非金属夹杂物金相检验，钢材显微组织检验，低、中碳钢球化组织检验，中碳钢与中碳合金结构钢金相检验，弹簧钢金相检验，高碳铬轴承钢金相检验，工模具钢金相检验，特种钢金相检验，渗碳件和碳氮共渗件金相检验，渗氮件和氮碳共渗件金相检验，感应热处理件金相检验，渗硼件金相检验，渗金属件金相检验，铸钢金相检验，铸铁金相检验，钢焊接件金相检验。本书采用现行标准，内容新颖实用，金相分析实例丰富，书中的实例均来源于生产一线，具有较高的实用参考价值。

本书可供钢铁材料金相检验人员、生产和使用钢铁材料的工程技术人员及科研人员、机械产品质量检验人员、相关专业在校师生参考，也可作为钢铁材料金相检验的培训教材。

图书在版编目（CIP）数据

实用钢铁材料金相检验/叶卫平，吕彩虹编著. —2 版. —北京：机械工业出版社，2023.1（2024.11 重印）

ISBN 978-7-111-71812-3

Ⅰ.①实⋯ Ⅱ.①叶⋯ ②吕⋯ Ⅲ.①钢-金属材料-金相学-检验 Ⅳ.①TG141

中国版本图书馆 CIP 数据核字（2022）第 192480 号

机械工业出版社（北京市百万庄大街 22 号　邮政编码 100037）

策划编辑：陈保华　　　　责任编辑：陈保华　贺　怡
责任校对：陈　越　李　杉　封面设计：马精明
责任印制：郜　敏

北京富资园科技发展有限公司印刷

2024 年 11 月第 2 版第 2 次印刷

184mm×260mm・28.75 印张・711 千字

标准书号：ISBN 978-7-111-71812-3

定价：129.00 元

电话服务　　　　　　　　网络服务

客服电话：010-88361066　　机 工 官 网：www.cmpbook.com
　　　　　010-88379833　　机 工 官 博：weibo.com/cmp1952
　　　　　010-68326294　　金 书 网：www.golden-book.com

封底无防伪标均为盗版　机工教育服务网：www.cmpedu.com

前　言

1863 年，H. C. Sorby 首次采用反射式显微镜，观察到了经抛光并腐蚀的钢铁试片珠光体中的渗碳体和铁素体片状组织，揭开了金相学的序幕，到 19 世纪末 20 世纪初，金相学已发展成为一门新的学科，金相学在近 160 年的发展历程中，对金属材料的发展、研究和使用起到了极其重要的作用。

目前，透射电子显微镜、扫描电子显微镜和电子探针微区分析仪等分析仪器在钢铁材料组织分析和检验中得到了较为普遍的应用，使人们能进一步深入研究钢铁材料的组织与性能关系，对其显微组织进一步深入了解。但是，常规的光学金相技术具有观察视场面积范围大、操作方便、设备简单、成本低、应用广泛等优点，至今在生产中仍是研究新材料、新工艺，特别是检测材料质量以及进行失效分析最为普遍和最为便捷的手段。如何将透射电子显微镜、扫描电子显微镜和电子探针微区分析仪等先进分析仪器与常规的光学金相技术有机地结合起来，充分发挥各自的优势，对金属材料进行有效的分析和检验是当前金属材料工作者努力的方向。

本书共 18 章。第 1 章~4 章主要介绍了常规钢的金相检验，包括钢的宏观检验、钢的平均晶粒度评定、非金属夹杂物金相检验、钢材显微组织检验；第 5 章~10 章主要介绍了各类钢的金相检验，包括低、中碳钢球化组织检验，中碳钢与中碳合金结构钢金相检验，弹簧钢金相检验，高碳铬轴承钢金相检验，工模具钢金相检验，特种钢金相检验；第 11 章~15 章主要介绍了各类表面处理工艺后的金相检验，包括渗碳件和碳氮共渗件金相检验、渗氮件和氮碳共渗件金相检验、感应热处理件金相检验、渗硼件金相检验、渗金属件金相检验；第 16 章和第 17 章介绍了常用的铸造材料金相检验，包括铸钢金相检验、铸铁金相检验；第 18 章介绍了钢焊接件金相检验。

本书的第 1 版是 2012 年出版的，这次再版我们根据我国现行的金相检验国家标准和行业标准，并参考了国外的相关金相检验标准，对全书进行了全面修订，更新了大部分的实例。书中的实例均来源于生产一线，具有较高的参考价值。

本书是钢铁材料金相检验人员、生产和使用钢铁材料的工程技术人员及科研人员、机械产品质量检验人员、相关专业在校师生的实用参考书，也可作为钢铁材料金相检验的培训教材。

本书由叶卫平和吕彩虹编著。作者在编著过程中，得到了一些同行和企业的大力支持和帮助，参考了大量国内外文献资料和学术论文，在此一并表示感谢。每章都列出了主要参考文献，以便于读者查阅和进一步深入学习。

由于作者水平有限，书中不妥之处在所难免，恳请读者批评指正。

叶卫平

E-mail：yeweip@whut.edu.cn

目　录

第1章 钢的宏观检验

钢的宏观检验是指用肉眼或放大镜（20 倍以下）检查材料或零件在冶炼、轧制及各种加工过程中带来的化学成分及组织的不均匀性，或某些工艺因素导致材料的内部或表面产生缺陷的一种方法。宏观检验的试样面积大、视域宽、范围广，检验方法、操作技术及所需要的检验设备简单，可以揭示金属材料的宏观组织及宏观缺陷，能较快、较全面地反映出材料或产品的品质。因此，虽然科学技术的发展提供了许多现代化仪器设备和精密测试方法，用于检验钢的质量，但是长期生产实践证明，宏观检验仍对研究钢的性能、加工工艺，以及进行失效分析有重要作用。

钢在冶炼或热加工过程中，由于某些因素（如非金属夹杂物、气体及工艺选择或操作不当等）造成的影响，致使钢的内部或表面产生缺陷，从而严重地影响材料或产品的质量，有时还将导致材料或产品报废。钢材中疏松、气泡、缩孔、非金属夹杂物、偏析、白点、裂纹及各种不正常的断口缺陷等，均可以通过低倍组织检验来发现。通过低倍组织检验可以观察：

1）钢的结晶状态，例如铸锭的宏观组织（柱状晶区、等轴晶区）、晶粒形状（如树枝晶）及晶粒大小等。

2）钢中所含元素的宏观偏析，例如硫、磷偏析等。

3）铸件、锻件及焊缝区凝固时所产生的缺陷，例如缩孔、疏松、裂纹和气泡等。

4）钢材经压力加工所形成的流线。

5）热处理工件的淬硬层、渗碳层、裂纹等。

宏观检验通常包括酸蚀试验、塔形试验、硫印试验等低倍组织检验和宏观断口检验，在生产检验中，可根据检验的要求来选择适当的宏观检验方法。GB/T 226—2015《钢的低倍组织及缺陷酸蚀检验方法》是指导低倍组织检验的国家标准，而 GB/T 1814—1979《钢材断口检验法》是指导宏观断口检验的国家标准。

1.1 常见低倍组织缺陷及评定原则

GB/T 1979—2001《结构钢低倍组织缺陷评级图》规定了 15 种低倍组织缺陷。该标准适用于碳素结构钢、合金结构钢、弹簧钢钢材（锻、轧坯）横截面试样的缺陷评定。该评级图有 6 套，分别适用于规定不同尺寸钢材的低倍组织和缺陷。

评定各类缺陷时，以该标准中附录 A 所列评级图为准。评定时各类缺陷以目视可见为限，为了确定缺陷的类别，允许使用不大于 10 倍的放大镜，按照评定原则与评级图进行比较评定级别。当其轻重程度介于相邻两级之间时，可评半级。对于不要求评定级别的缺陷，只判定缺陷类别。根据钢材（锻、轧坯）尺寸及缺陷性质，评级图分类及适用范围规定见表 1-1。根据这些低倍组织缺陷的特征可以分为以下 6 大类。

表 1-1　评级图分类及适用范围

评级图序号	适用的钢材直径或边长/mm	适用的低倍组织缺陷及图片	评级图片直径或边长/mm
评级图一	<40	锭型偏析分四级，共 4 张图片	20
评级图二	40～150	一般疏松、中心疏松、锭型偏析、一般斑点状偏析、边缘斑点状偏析各划分四级，共 20 张图片	100
评级图三	>150～250	一般疏松、中心疏松、锭型偏析、一般斑点状偏析、边缘斑点状偏析各划分四级，共 20 张图片	150
评级图四	>250	一般疏松、中心疏松、锭型偏析各划分四级，共 12 张图片	200
评级图五	连铸圆、方钢材	白亮带列代表型图片一张，中心偏析划分为四级，共 5 张图片	50
评级图六	所有规格、尺寸的钢材	皮下气泡、内部气泡、非金属夹杂物（肉眼可见的）及夹渣、异金属夹杂物各列典型图片一张，翻皮列代表性图片 3 张，残余缩孔、白点、轴心晶间裂纹各划分为三级，共 16 张图片	150

1. 疏松

（1）一般疏松　一般疏松的组织特征为在酸浸试片上表现为组织不致密，呈分散在整个截面上的暗点和空隙。暗点多呈圆形或椭圆形。空隙在放大镜下观察多为不规则的空洞或圆形针孔。这些暗点和空隙一般出现在粗大的树枝状晶主轴和各次轴之间，疏松区发暗而轴部发亮，当亮区和暗区的腐蚀程度差别不大时则不产生凹坑。产生一般疏松的原因是钢液在凝固时，各结晶核心以树枝状晶形式长大。在树枝状晶主轴和各次轴之间存在着钢液凝固时产生的微空隙和析集一些低熔点组元、气体和非金属夹杂物。这些微空隙和析集的物质经酸腐蚀后呈现组织疏松，图 1-1a 所示为 40CrNiMo 钢断坯的一般疏松，浸蚀剂为 60～70℃ 的 1∶1（体积比）盐酸水溶液。其评定原则是根据分散在整个截面上的暗点和空隙的数量、大小及分布状态，并考虑树枝晶的粗细来评定。

（2）中心疏松　中心疏松的特征是酸浸试片的中心部位呈集中分布的空隙和暗点。它和一般疏松的主要区别是空隙和暗点仅存在于试样的中心部位，而不是分散在整个截面上。中心疏松是钢液凝固时体积收缩引起的组织疏松，以及钢锭中心部位因最后凝固使气体析集和夹杂物聚集较为严重所致。图 1-1b 所示为 CrMnMoVR 钢的中心疏松，浸蚀剂为 60～70℃ 的 1∶1（体积比）盐酸水溶液。其评定原则是根据暗点和空隙的数量、大小及密集程度来评定。

2. 偏析

（1）锭型偏析　锭型偏析的特征是在酸浸试片上呈腐蚀较深的，并由暗点和空隙组成

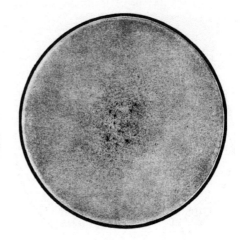

a) 一般疏松   b) 中心疏松

图 1-1 疏松

的，与原锭型横截面形状相似的框带，一般为方形。锭型偏析是在钢锭结晶过程中，由于结晶规律的影响，柱状晶区与中心等轴晶区交界处的成分偏析和杂质聚集所致。图 1-2a 所示为 30CrMnSi 钢的锭型偏析，浸蚀剂为 60~70℃ 的 1∶1（体积比）盐酸水溶液。其评定原则是根据框形区域的组织疏松程度和框带的宽度来评定。必要时可测量偏析框边距试片表面的最近距离。

（2）斑点状偏析 斑点状偏析的特征是在酸浸试片上呈不同形状和大小的暗色斑点。不论暗色斑点与气泡是否同时存在，这种暗色斑点统称斑点状偏析。当斑点分散分布在整个截面上时称为一般斑点状偏析；当斑点存在于试片边缘时称为边缘斑点状偏析。图 1-2b 所示为 45 钢的一般斑点状偏析，偏析旁的细人字裂纹系气泡未焊合造成的，浸蚀剂为 60~70℃ 的 1∶1（体积比）盐酸水溶液。图 1-2c 所示为 38CrMoAl 钢严重的边缘斑点状偏析，浸湿剂为 60~70℃ 的 1∶1（体积比）盐酸水溶液。斑点状偏析评定原则是根据斑点的数量、大小和分布状况来评定。

（3）中心偏析 中心偏析的特征是在酸浸试片上的中心部位呈现腐蚀较深的暗斑，有时暗斑周围有灰白色带及疏松。中心偏析是钢液在凝固过程中，由于选分结晶的影响及连铸坯中心部位冷却较慢而造成的成分偏析。图 1-2d 所示为 38CrMoAl 钢的中心偏析，浸蚀剂为 60~70℃ 的 1∶1（体积比）盐酸水溶液。其评定原则是根据中心暗斑的面积大小及数量来评定。

（4）冒口偏析 冒口偏析的特征是在酸浸试片的中心部位呈现发暗的、易被腐蚀的金属区域。冒口偏析是由于靠近冒口部位含碳的保温填料对金属的增碳作用所致。其评定原则是根据发暗区域的面积大小来评定。

（5）白亮带 白亮带的特征是在酸浸试片上呈现耐蚀性较强、组织致密的亮白色或浅白色框带。白亮带是连铸坯在凝固过程中，由于电磁搅拌不当，钢液凝固前沿温度梯度减小，凝固前沿富集溶质的钢液流出所致。它是一种负偏析框带，连铸坯成材后仍有可能保留。其评定可记录白亮带框边距试片表面的最近距离及框带的宽度。图 1-2e 所示为连铸坯上的白亮带。

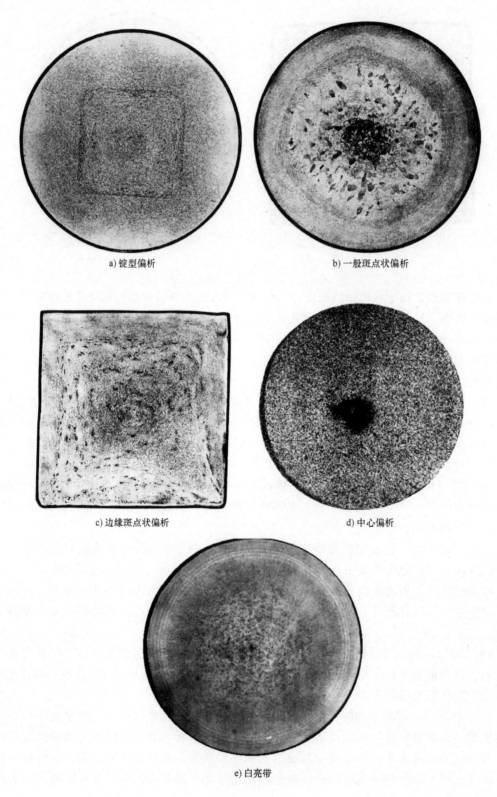

a) 锭型偏析

b) 一般斑点状偏析

c) 边缘斑点状偏析

d) 中心偏析

e) 白亮带

图 1-2　偏析

3. 气泡

（1）皮下气泡　皮下气泡的特征是在酸浸试片上，钢材（坯）的皮下呈分散或成簇分布的细长裂纹或呈圆形气孔。细长裂纹多数垂直于钢材（坯）的表面。产生皮下气泡的原因是钢锭模内壁清理不良和保护渣不干燥等。图1-3所示为20钢坯的皮下气泡，浸蚀剂为60～70℃的1∶1（体积比）盐酸水溶液。其评定是测量气泡离钢材（坯）表面的最远距离。

图1-3　皮下气泡

（2）内部气泡　内部气泡的特征是在酸浸试片上呈直线或弯曲状的长度不等的裂纹，其内壁较为光滑，有的伴有微小可见夹杂物。内部气泡是由于钢中含有较多气体所致。图1-4所示为20Cr13钢塔形试样横断面上的内部气泡，浸蚀剂为60～70℃的1∶1（体积比）盐酸水溶液。

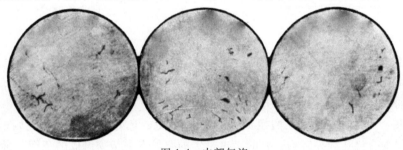

图1-4　内部气泡

4. 内裂

（1）轴心晶间裂纹　轴心晶间裂纹一般出现于高合金不锈钢和耐热钢中，高合金结构钢也常出现。该裂纹在酸浸试片上呈三岔或多岔、曲折、细小，由坯料轴心向各方取向的蜘蛛网形的条纹。图1-5所示为12Cr5Mo钢的轴心晶间裂纹，浸蚀剂为60～70℃的1∶1（体积比）盐酸水溶液。

（2）白点　白点的特征是在酸浸试片除边缘区域外的部分表现为锯齿形的细小发裂，呈放射状、同心圆形或不规则形态分布；在纵断面上依其位向不同呈圆形或椭圆形亮点；在横断面上观察白点时呈细小裂纹。白点是钢中氢含量高，经热加工变形后在冷却过程中由于应力而产生的裂纹。图1-6a和图1-6b所示分别为50钢坯横断面上的白点和纵断面上的白点，白点的横断面裂纹为细短裂纹，纵断面的裂纹为锯齿横竖裂纹。浸蚀剂为60～70℃的1∶1（体积比）盐酸水溶液。

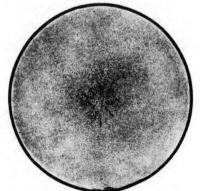

图1-5　轴心晶间裂纹

5. 夹杂物

（1）异金属夹杂物　异金属夹杂物的特征是在酸浸试片上颜色与基体组织不同，无一定形状的金属块；有的与基体组织有明显界限，有的界限不清。异金属夹杂物是由于冶炼操作不当，合金料未完全熔化或浇注系统中掉入异金属所致。

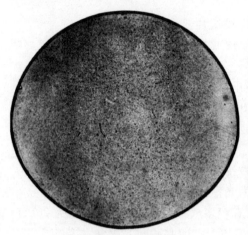

a) 横断面上的白点   b) 纵断面上的白点

图 1-6　白点

（2）非金属夹杂物（目视可见的）及夹渣　非金属夹杂物（目视可见的）及夹渣的特征是在酸浸试片上呈不同形状和颜色的颗粒。非金属夹杂物（目视可见的）及夹渣是冶炼或浇注系统的耐火材料或污物进入并留在钢液中所致。

（3）翻皮　翻皮的特征是在酸浸试片上有的呈亮白色弯曲条带或不规则的暗黑线条，并在其上或周围有气孔和夹杂物；有的是由密集的空隙和夹杂物组成的条带。翻皮是在浇注过程中表面氧化膜翻入钢液中，凝固前未能浮出所造成的。图 1-7 所示为 30CrMnSi 钢带有一定程度偏析的翻皮，浸蚀剂为 60~70℃ 的 1∶1（体积比）盐酸水溶液。

6. 残余缩孔

残余缩孔的特征是在酸浸试片的中心区域（多数情况）呈不规则的折皱裂纹或空洞，在其上或附近常伴有严重的疏松、夹杂物（夹渣）和成分偏析等。残余缩孔是由于钢液在凝固时发生体积集中收缩而产生的缩孔，并在热加工时因切除不尽而部分残留，有时也出现二次缩孔。残余缩孔如图 1-8 所示，浸蚀剂为 60~70℃ 的 1∶1（体积比）盐酸水溶液。

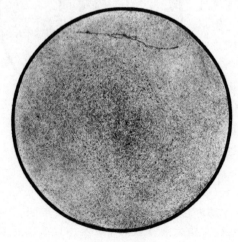

图 1-7　翻皮   图 1-8　残余缩孔

1.2　酸蚀试验

酸蚀检验是利用酸液对钢铁材料各部分侵蚀程度的不同，从而清晰地显示出钢铁材料的低倍组织及其存在的裂纹、夹杂、疏松、偏析以及气孔等各种缺陷。钢的酸蚀试验应采用GB/T 226—2015《钢的低倍组织及缺陷酸蚀检验法》进行。钢的酸蚀检验包括热酸腐蚀法、冷酸腐蚀法及电解腐蚀法，GB/T 226—2015规定生产检验时可从三种酸蚀方法中任选一种，但在仲裁检验时，若技术条件无特殊规定，推荐以热酸腐蚀法为准。

1. 取样方法

酸蚀试样一般在相当于第一和最末盘（支）钢锭的头部或连铸坯头坯、尾坯上截取。在连铸坯常规取样，则应在连铸浇铸工艺参数（如拉速等）稳定的条件下截取。对于连铸板坯，可取全截面或大于宽度一半的截面试样；对于方、圆坯，取横向全截面试样。

按照钢的化学成分、锭模设计、冶炼及浇注条件、加工方法、成品形状和尺寸的不同，钢中的宏观缺陷有不同的种类、大小和分布情况。鉴于检验目的不同，试样的选取也有所不同，一般可按照下述原则选取。

1）检验钢材表面缺陷时，如淬火裂纹、磨削裂纹、淬火软点等缺陷，应选取钢材或零件的外表面进行酸蚀试验。

2）检验钢材质量时，应在钢材的两端分别截取试样。对于有些冶金产品，应在其缺陷严重部位取样，如钢锭，应在其头部取样，这样就可以最大限度地保证产品质量。

3）在解剖钢锭及钢坯时，应选取一个纵向剖面和两个或三个（钢锭或钢坯的两端头或上、中、下三个部位）横截面试样。钢中白点、偏析、皮下气泡、翻皮，疏松、缩孔、轴向晶间裂纹、折叠裂纹等缺陷，在横截面试样上可清楚地显示出来；而钢中的锻造流线、应变线、条带状组织等，则能在纵向试样上显示出来。

4）在做失效分析或缺陷分析时，除了在缺陷处取样外，同时还应在有代表性的部位选取一个试样，以便与缺陷处做比较。

总之，酸蚀试验试样的选取的部位应能代表全体。必须指出，试样若无特别规定，均应先退火后再做酸蚀试验，尤其是检验钢中白点或研究白点敏感性时。如果要在经热锻或热轧的材料上切取试样时，其长度应大于锻材或轧材的厚度或直径，并按规定程序冷却。例如，对于合金结构钢或滚珠轴承钢，退火前应在室温放置24h以上，对于低合金钢，则放置时间不少于48h，以保证白点有充分孕育形成时间。

2. 试样的制备

取样可采用剪、锯、切割等方法。加工时必须除去由取样造成的变形和热影响区以及裂缝等加工缺陷。加工后试样观察面的表面粗糙度要求：热酸腐蚀法不大于$Ra1.6\mu m$，冷酸腐蚀法不大于$Ra0.8\mu m$。对冷酸腐蚀法中的枝晶腐蚀法，试样观察面机械加工磨光的表面粗糙度要求不大于$Ra1.0\mu m$，磨光后的试样进行机械抛光或手动抛光的表面粗糙度要求不大于$Ra0.025\mu m$；对电解腐蚀法，试样观察面的表面粗糙度要求不大于$Ra1.6\mu m$。此外观察面不得有油污和加工伤痕，必要时应预先清除。观察面距切割面的参考尺寸：热切时不小于20mm；冷切时不小于10mm；烧割时不小于25mm。

横向试样的厚度一般为20~30mm，观察面应垂直钢材（坯）的延伸方向。纵向试样的长度一般为边长或直径的1.5倍，观察面一般应通过钢材（坯）的纵轴，观察面最后一次的加工方向应垂直于钢材（坯）的延伸方向。钢板观察面的尺寸一般长为250mm，宽为板厚。如检验钢材表面缺陷，取样应取至钢材的毛面，即钢材表面无须进行任何机械加工，可直接置于酸液中进行腐蚀。

3. 热酸腐蚀法

热酸腐蚀法主要用于显示偏析、疏松、枝晶、白点等低倍组织及缺陷。酸腐蚀液的配制及酸蚀时间的长短可由低倍组织及缺陷的清晰显现来决定。一般可参考表1-2选择合适的热酸腐蚀溶液。热酸腐蚀操作过程如下：

1）按表1-2配制溶液加热至规定的温度，然后将预热过的试样放入溶液，试样磨面或朝上或垂直于容器底面。热酸腐蚀过程中应保持的温度、酸蚀时间可参考表1-2。

2）取出试样后用流动的沸水冲洗，同时用毛刷将试样表面腐蚀产物刷掉；也可用3%～5%（质量分数）碳酸钠水溶液或10%～15%（体积分数）硝酸水溶液刷洗，然后用冷水洗净、吹干，以防生锈；也可用热水直接洗刷，然后用高压风吹干。

3）若发生欠腐蚀时，可重新放入酸液中继续腐蚀；若发生过腐蚀时，必须将试样重新加工，将原腐蚀面去除2mm以上，重新进行腐蚀。

表1-2 推荐使用的热酸腐蚀液成分、腐蚀时间及温度

分类	钢种	腐蚀时间/min	热酸腐蚀液成分（体积比或体积份）	温度/℃
1	易切削结构钢	5～10	1:1盐酸水溶液	60～80
2	碳素结构钢、碳素工具钢、硅钢、硅锰弹簧钢、铁素体型不锈钢、马氏体型不锈钢、双相不锈钢、耐热钢	5～20		
3	合金结构钢、合金工具钢、轴承钢、高速工具钢	15～20		
4	奥氏体型不锈钢、耐热钢	20～40		
		5～25	盐酸10份，硝酸1份，水10份	60～70
5	碳素结构钢、合金钢、高速工具钢	15～25	盐酸38份，硫酸12份，水50份	60～80

4. 冷酸腐蚀法

冷酸腐蚀法包括常规冷酸腐蚀法和枝晶腐蚀法。常规冷酸腐蚀法是显示钢的低倍组织和宏观缺陷的一种简便方法，而枝晶腐蚀法一般用于枝晶组织及缺陷的低倍检验。由于这种试验方法不需要加热设备和耐热的盛酸容器，因此特别适合于不能切割的大型锻件和外形不能破坏的大型机器零件。冷酸腐蚀法对试样表面粗糙度的要求比热酸腐蚀高一些，一般要求表面粗糙度不大于$Ra0.8\mu m$。冷酸腐蚀分为浸蚀和擦蚀两种方法。腐蚀的时间以准确、清晰地显示出钢的低倍组织及宏观缺陷组织为准。

冷酸腐蚀法可直接在现场进行，比热酸腐蚀法有更大的灵活性和适应性。缺点是显示钢的偏析缺陷时，其反差对比度较热蚀效果差一些，因此评定结果时，要比热酸腐蚀法低1级。除此以外，其他宏观组织及缺陷的显示与热酸腐蚀法无多大差别。表1-3为推荐使用的冷酸腐蚀液成分及其适用范围。

表 1-3　推荐使用的冷酸腐蚀液成分及其适用范围

编号	冷酸腐蚀液成分	适用范围
1	盐酸 500mL，硫酸 35mL，硫酸铜 150g	钢与合金
2	三氯化铁 200g，硝酸 300mL，水 100mL	
3	盐酸 300mL，三氯化铁 500g，加水至 1000mL	
4	10%～20%（质量分数）过硫酸铵水溶液	碳素结构钢、合金钢
5	10%～40%（体积分数）硝酸水溶液	
6	氯化铁饱和水溶液加少量硝酸（每 500mL 溶液加 10mL 硝酸）	
7	100～350g 工业氯化铜铵，水 1000mL	
8	盐酸 50mL，硝酸 25mL，水 25mL	高合金钢
9	硫酸铜 100g，盐酸和水各 500mL	合金钢、奥氏体不锈钢
10	三氯化铁 50g，过硫酸铵 30g，硝酸 60mL，盐酸 200mL，水 50mL	精密合金、高温合金
11	盐酸 10mL，乙醇 100mL，苦味酸 1g	不锈钢和高铬钢
12	盐酸 92mL，硫酸 5mL，硝酸 3mL	铁基合金
13	硫酸铜 1.5g，盐酸 40mL，无水乙醇 20mL，	镍基合金

注：对于特殊产品的质量检验，可根据腐蚀效果由供需双方协商确定采用哪种腐蚀剂。可通过改变冷酸腐蚀剂成分的比例和腐蚀条件，获得最佳的腐蚀效果。当选用第 1、9 号冷酸腐蚀液时，可用第 4 号冷酸腐蚀液作为冲刷液。

冷酸腐蚀法的操作过程如下：

1）用蘸有四氯化碳或乙醇的药棉清洗试样，然后将试样置入冷酸腐蚀液中，试样面向上且被冷酸腐蚀液浸没。

2）腐蚀时不断地用玻璃棒搅拌溶液，使试样受蚀均匀。试样从冷酸腐蚀液中取出后，置于流动的清水中冲洗，与此同时用软毛刷洗刷试样表面上的腐蚀产物。

3）如试样表面上的低倍组织和缺陷未被清晰显示，可再次置入冷酸腐蚀液中继续腐蚀，直至显示出清晰的低倍组织和宏观缺陷为止。

4）清洗后的试样用沸水喷淋并用无颜色的干净毛巾包住吸水，然后再用电热吹风机吹干。经上述处理的试样就可用肉眼或低倍放大镜来仔细观察其低倍组织或宏观缺陷组织。

表 1-4 为推荐使用的枝晶腐蚀液成分及其适用范围。

表 1-4　推荐使用的枝晶腐蚀液成分及其适用范围

编号	常用枝晶腐蚀液成分	适用范围
1	氯化铜 20～30g，苦味酸 0.1～0.3g，盐酸 20～40mL，无水乙醇 40～50mL，水 80～100mL	碳素钢，合金钢，硅钢
2	氯化铜 5～20g，氯化镁 3～5g，三氯化铁 10～30g，盐酸 20mL，无水乙醇 1250mL，水 750mL	碳素钢，低合金钢，铸钢
3	苦味酸 3～4g，氯化铜 1～2g，洗涤剂 2～5mL，水 400mL	高碳钢

注：腐蚀时间为 1～2min。对于特殊成分钢种，可通过调整枝晶腐蚀剂成分的比例和腐蚀条件，获得最佳的腐蚀效果。腐蚀后，如果腐蚀表面出现铜沉积，可用稀氨水溶液擦拭除掉。

5. 电解腐蚀法

电解酸蚀试验具有操作简便，酸的挥发性和空气污染小等特点，特别适用于钢厂大型试样的批量检验。

（1）交流电解腐蚀法 交流电解酸蚀装置如图1-9所示，它包括可调低压大电流变压器、电解侵蚀槽、电极钢板和耐酸增压泵等组成。整个装置安放在通风橱内。交流电解酸蚀的操作过程如下：

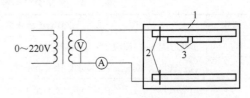

图1-9 交流电解酸蚀装置

1—电解侵蚀槽 2—电极钢板 3—试样

1）在室温下配制酸液成分为15%～30%（体积分数）工业盐酸水电解液。

2）将清洗好的试样放在两块钢板电极间的试样架上，使受蚀面与电极板面平行，间距大于20mm，一次可放入多个试样同时进行腐蚀。

3）腐蚀时通常使用电压小于36V，电流小于400A。电解腐蚀时间以清晰显示宏观组织与缺陷为准，一般约为5～30min。

4）切断电源，取出试样并清洗吹干以备检验。若电蚀过浅，还可继续通电进行腐蚀，如过深则需重新进行机加工，使表面粗糙度达到$Ra0.8\mu m$后再进行腐蚀。

5）经电解酸蚀后的试样放在清水中冲洗，并用软刷子清除试样表面上的腐蚀产物。随后用乙醇喷淋试样表面，最后用电热风机吹干，进行检验和评定。

（2）直流电解腐蚀法 直流电解酸蚀装置如图1-10所示。在室温下直流电解腐蚀操作过程如下：

1）当试样面积小于$130cm^2$时，酸液为100mL水中加入6～12mL盐酸；当试样面积大于$130cm^2$时，酸液为100mL水中加入6mL盐酸和1g硼酸。

2）将试样作为阳极浸于酸液中。如试样面积不大于$130cm^2$的试样，建议工作电流为$8～16mA/mm^2$；如试样面积大于$130cm^2$的试样，建议工作电流为$48～68mA/mm^2$。

3）当达到较好的腐蚀效果后，用10%（体积分数）的柠檬酸钠溶液清洁试样并用风吹干。

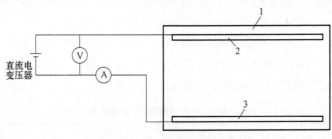

图1-10 直流电解酸蚀装置

1—电解侵蚀槽 2—试样 3—电解钢板

1.3 硫印检验

一般来说，钢中硫是有害的杂质元素，对钢的塑性和韧性影响较大。采用硫印试验法检验硫在钢材截面上的分布情况，这对进一步分析材料产生缺陷的原因有很大帮助。

1. 硫印试验目的和原理

硫在钢中主要以硫化铁或硫化锰的形式存在。硫化铁与铁形成共晶并且硫化铁常呈网状沿晶界分布，硫化铁本身很脆，再加之呈网状分布，这样就显著增加钢的脆性。由于铁与硫化铁共晶温度约为980℃，这个温度低于钢的热加工温度，因此在热加工时，铁和硫化铁共晶首先熔化，从而导致脆裂，这种现象称为热脆。硫化锰的熔点约为1620℃，比热加工温度高，所以加入一定量的锰可降低钢的热脆性。

硫印检验通过预先在酸溶液中浸泡过的相纸上的印迹来确定钢中硫化物夹杂的分布。由于硫化氢的析出，使感光乳剂的卤化银转变为棕色（黑色）的硫化银，显示出硫富集的区域。通过分析硫化物分布和多少，可对被检部位钢的纯净程度做出估计。例如，硫印可显示出化学成分的不均匀性（如易切削钢的偏析）以及某些形体上的缺陷（如裂纹和孔隙）。需要指出的是，硫印试验是一种定性试验，仅以硫印试验结果来估计钢中的硫含量是不恰当的。硫印检验作为辅助检验手段，与其他低倍组织检验方法结合使用，才能够全面正确反映钢材内部质量情况。试验表明，感光乳剂变棕色（黑色）的程度并不总是与钢的硫含量成比例，某些因素也会影响腐蚀的结果。

2. 硫印试验方法

钢的硫印检验方法可参照 GB/T 4236—2016《钢的硫印检验方法》，该标准适用于硫的质量分数大于 0.0050% 的钢，也可用于铸铁。

（1）硫印试样的制备　试验可在产品或从产品切割的试样上进行。通常对于如棒材、钢坯和圆钢等产品试样，一般从垂直于轧制方向的截面切取或由双方协商确定合适的表面。对于锻件，钢中硫化物随加工方向变形分布，此时应选取纵向截面进行检验。对于难于操作的大型锻件可采用分区试验法，并分别编上号，以便将试验后的硫印相纸拼接起来，这样可较全面地反映整个锻件上硫的分布情况。

试样表面的加工对获得正确的硫印是极为重要的。硫印试样一般用刨床、车床或铣床截取，采用研磨获得良好的表面。当用热切割方法时，受检面必须远离热切割的影响面（通常刨去 30～50mm）。试样受检面机械加工要注意避免过深的刀痕，一般采用进刀深度为0.1mm。为了获得良好的硫印图片，检验面的表面粗糙度要小，但过小的表面粗糙度（镜面）会使相纸在试面上滑动，造成图像模糊。加工后试样表面的表面粗糙度 $Ra \leqslant 3.2\mu m$。

（2）硫印试验的操作步骤　通常采用绸面相纸和光面相纸，并采用硫酸、柠檬酸或醋酸试剂制作硫印图。根据钢中硫含量选择推荐的试剂种类见表1-5。采用 15%～20%（质量分数）硫代硫酸钠水溶液或商用定影液进行定影。

表 1-5　推荐的试剂种类

钢中硫含量(质量分数,%)	试剂的种类(体积分数,%)
0.005～0.015	5～10 硫酸水溶液
0.015～0.035	2 硫酸水溶液
0.10～0.40	0.2～0.5 硫酸, 5～10 柠檬酸或醋酸水溶液

硫印试验流程如图1-11所示。为了验证硫印结果，需要重复做一次试验。第二次试验的操作过程与第一次相同，但相纸覆盖时间需增加一倍。如果两次试验得到的硫印痕迹位置相吻合，则说明试验结果正确。如果对试验结果有怀疑，可将试样进行机械加工后再重新试验，但应将试样加工除去 0.5mm 以上。硫印检验结果按偏析类型可分为：正偏析、负偏析和中心偏析。具体硫印试验步骤和检验结果示意图见 GB/T 4236—2016。

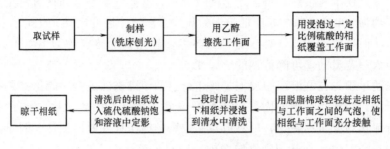

图 1-11　硫印试验流程

1.4　塔形检验

1. 发纹的形成原因及分布规律

发纹是钢中非金属夹杂物在加工变形过程中沿锻轧方向延伸所形成的条纹。发纹不是白点（也称发裂），也不是裂纹。发纹在宏观上能反映夹杂物的状况，也能在纵向上反映疏松偏析程度。它主要分布在偏析区。图 1-12 所示为 40CrNiMoV 钢塔形试样上出现的发纹，浸蚀剂为 $60 \sim 70 \, ^{\circ}\text{C}$ 的 1：1（体积比）盐酸水溶液。

2. 塔形试验方法

塔形试验是将钢材制成不同直径的阶梯形试样，用酸蚀或磁粉检测方法检验钢中发纹情况的方法。酸蚀检验法的优点是能真实地反映表面的缺陷，不会把皮下的缺陷也显示出来，但缺点是如侵蚀过深会使缺陷扩大，或把流线等误判为发纹。具体检验方法可参照 GB/T 15711—2018《钢中非金属夹杂物的检验　塔形发纹酸浸法》。

（1）试样的选取与制备　除产品标准或专门协议另有规定外，钢材塔形发纹检验适用于尺寸为 16 ~ 150mm 的试样。试样在冷状态下用机械方法切取，车削试样时应避免产生表面过热，若用气割或热切等方法切取，必须将热影响区完全去除，并保证表面粗糙度 $Ra \leqslant 1.6 \mu\text{m}$。取样数量及部位应按相应的产品标准或专门协议规定。国家标准中方钢或圆钢塔形试样的检测面为三个平行于钢材（或钢坯）轴线的同心圆柱面，如图 1-13 所示；扁钢或钢板塔形试样的检验面如图 1-14 所示。塔形试样尺寸见表 1-6。

图 1-12　40CrNiMoV 钢塔形试样上的发纹

表 1-6　塔形试样尺寸　　　　　　　　　　　　（单位：mm）

阶梯序号	各阶梯尺寸 $D_i(T_i)$	长度 L
1	$0.90D(0.90T)$	50
2	$0.75D(0.75T)$	50
3	$0.60D(0.60T)$	50

注：D 为圆钢直径、方钢边长，T 为扁钢或钢板厚度。经供需双方协商，可按阶梯长度 $L_1 = 60\text{mm}$，$L_2 = 72\text{mm}$，$L_3 = 90\text{mm}$。

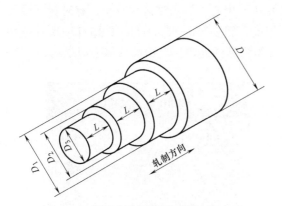

图 1-13 方钢或圆钢塔形试样的检验面

D—钢材直径或边长 L—每级台阶的长度

D_1—第1阶梯，0.90D D_2—第2阶梯，0.75D

D_3—第3阶梯，0.60D

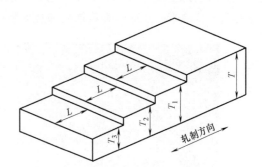

图 1-14 扁钢或钢板塔形试样的检验面

T—扁钢或钢板厚度 L—每级台阶的长度

T_1—第1阶梯，0.90T T_2—第2阶梯，0.75T

T_3—第3阶梯，0.60T

（2）检验方法 试样表面酸蚀按 GB/T 226—2015 中的规定进行。用肉眼观察并记录每个阶梯的整个表面上发纹的数量、长度和分布，必要时可用放大倍数不大于 10 倍的放大镜进行检验。检验时应注意，发纹是非金属夹杂物条纹，要与酸浸后的偏析线和疏松条带区分开。发纹的鉴别原则为，发纹应在表面上呈狭窄而深的细缝，在 10 倍放大镜下观察不到缝的底部，缝的两端尖锐。

（3）检验结果表示 检验结果应包括每个阶梯上发纹的条数和总长度，每个试样上的发纹总条数、总长度和每个试样上发纹的最大长度。除了酸浸检验法，磁粉检验方法由于操作方便也被广泛应用，检验方法可参照 GB/T 10121—2008《钢材塔形发纹磁粉检验法》。

1.5 连铸坯冷酸腐蚀法宏观组织检验

连铸钢坯的缺陷与连铸钢坯的形状和尺寸有密切的关系。YB/T 4003—2016《连铸钢板坯低倍组织缺陷评级图》中对连铸钢方坯和连铸钢板坯的低倍组织缺陷、酸蚀和硫印检验法用的试样，以及缺陷的形貌特征、产生原因和评级原则进行了说明，可根据该标准对连铸碳素钢、合金钢方坯和板坯进行评级。

管线钢连铸板坯氢致裂纹一般起源于较为粗大的夹杂物，并沿着 Mn、P 等元素聚集偏析区扩展，在板坯厚度中心聚集形成中心偏析，并在随后的热轧过程中易形成带状的对氢致裂纹敏感的低温转变硬化组织。这种带状的硬化组织是造成氢致裂纹的主要途径，因此抗氢致裂纹管线钢的生产过程中必须对连铸板坯的中心偏析进行严格控制。

铸坯的凝固组织主要受浇注过热度的影响。当过热度较低时，铸坯中心区域被等轴晶填充，形成一定的中心等轴晶区，中心区域没有明显的中心偏析线的等轴晶。随着过热度提高，铸坯厚度中心区域的等轴晶率迅速减少，柱状晶得到迅速发展，并在厚度中心位置由柱状晶和等轴晶共同形成明显的中心线偏析。

连铸坯典型的低倍组织结构是由三个区域带组成：表皮部分是细小的等轴晶带区域；表皮往里是树枝状晶体构成的柱状晶带，其方向是垂直于铸坯表面；中心是粗大的等轴晶带。

由于连铸工艺的不同，铸坯可能会出现柱状晶发达，中心等轴晶带区域较小，有时甚至没有中心等轴晶的情况；或出现大量中心等轴晶的情况。图1-15a、图1-15b和图1-15c所示分别为有三个区域带、没有中心等轴晶和有大量中心等轴晶的连铸坯典型的低倍组织结构。

a) 有三个区域带方坯

b) 无中心等轴晶方坯

c) 有大量中心等轴晶的板坯

图1-15　连铸坯典型低倍组织结构

连铸坯的低倍组织评定依据GB/T 24178—2009《连铸钢坯凝固组织低倍评定方法》和YB/T 153—2015《优质结构钢连铸坯低倍组织缺陷评级图》进行。其具体指标有：中心疏松、中心偏析、缩孔、内部裂纹（包括角部裂纹、皮下裂纹、中间裂纹、中心裂纹）、皮下气泡、非金属夹杂物、白亮带、夹渣（包括中心夹渣、皮下夹渣）、异金属夹杂、翻皮。评定时对照标准图谱，确定各项指标的相应级别。

根据连续铸钢坯的组织特点，在很多情况下，硫印和热酸腐蚀低倍检验方法对连续铸钢二次枝晶、三次枝晶的细节看不太清楚，不能清楚地显示连铸坯的凝固组织状态，而连铸坯的缺陷往往与凝固组织有关。冷酸腐蚀法不但能够显示铸坯缺陷信息，而且还能够清晰地显示出连铸坯的凝固组织，腐蚀程度较易控制。因此，采用冷酸腐蚀法成了对连续铸钢坯进行宏观组织检验主要检验方法之一。表1-7所示为连铸坯常用的冷酸腐蚀法试剂与试验条件。

表1-7　连铸坯常用的冷酸腐蚀法试剂与试验条件

序号	组　　成		试验条件	用　　途
1	硝酸(1.49g/cm³) 水	10mL 90mL	室温擦拭或浸入	显现碳素钢及低、中合金钢的低倍组织
2	过硫酸铵 水	10g 90mL	室温擦拭,试剂在新配成状态应用	显现焊缝结构

（续）

序号	组　成	试验条件	用　途
3	试剂1和试剂2	室温下用试剂1擦拭10min,再用试剂2擦拭10min①	显现碳素钢,低、中合金钢大锻件低倍组织、白点、裂纹等缺陷
4	氯化铜　　　　　　　2.5g 氯化镁　　　　　　　10g 盐酸(1.19g/cm³)　　5mL 乙醇　　　　　　　<250mL	用滴管将溶液滴在试样表面上,然后用热水冲洗。沉淀的铜可用氨水除去	显现磷偏析
5	(1)硝酸(1.49g/cm³)　10mL 　　乙醇　　　　　　90mL (2)氯化铁　　　　　40g 　　氯化铜　　　　　3g 　　盐酸(1.19g/cm³)　40mL 　　水　　　　　　500mL	先用试剂(1)擦拭试样表面,再用试剂(2)擦拭试样表面	显现杂质偏析
6	氯化铜　　　　　　　90g 盐酸(1.19g/cm³)　120mL 水　　　　　　　100mL	试样加热至200~250℃,保温5~30min,然后用溶液擦拭。用乙醇或50%(体积分数)盐酸水溶液冲洗	显现冷加工造成的变形线
7	硫酸铜　　　　　　　180g 盐酸(1.19g/cm³)　900mL 硫酸(1.84g/cm³)　60mL	室温擦拭5~7min后用清水冲洗②	显现不锈钢12Cr13、20Cr13、14Cr11MoV等低倍组织及缺陷

① 酸洗后进行一次检查,停留12~24h后再检查一次。
② 此溶液作用强烈,并发出刺激性气体,试验时应注意安全防护。

1.6　几种低倍检验方法比较

宏观（低倍）检验方法分两大类,一类是硫印检验,另一类是酸蚀检验。酸蚀检验又分为热酸腐蚀、冷酸腐蚀和电解腐蚀,其中冷酸腐蚀中包括枝晶腐蚀低倍检验。三种酸蚀检验方法原理都是电化学反应,只是酸的浓度、酸的温度及腐蚀时间有差别。

1. 硫印检验方法

硫印检验方法可以用于检验硫在钢锭、模铸钢锭、连铸坯和钢材中的分布。通过化学成分分析方法能够得到钢中的硫含量,但是得不到硫在钢中分布的整体形貌。硫印检验方法可以确定钢中硫化物的分布位置,是显示钢中硫偏析的有效方法。但是硫印检验方法只是一种定性试验,只能根据棕色印记面积的大小,或印记颜色的深浅对硫元素多少做一个大概估计,不能根据硫印图像来计算钢的硫含量。硫印图像上印迹的深浅除与硫含量多少有关外,还与很多因素有关,如与试样检验面的加工状况、硫印纸在硫酸水溶液中浸渍时间、硫印纸在试样检验面上覆盖时间及钢的化学成分等因素有关。

硫印检验方法的主要优点是对加工试样检验面的表面粗糙度要求不高,检验操作工序简单,可以按相应标准对缺陷进行级别评定,适于跟踪生产铸坯质量的检验。通过对硫印图像的观察,可以了解缺陷的分布和严重程度,非常直观。

硫印检验方法的主要缺点是当钢中硫的质量分数小于0.006%时,硫印检验的效果往往很差，硫印检验片通常是一张"白片"。此外，硫印检验只能显示钢中 S 元素的偏析，无法显示 C、P 元素或 Mn、Mo、Cr 和 V 等合金元素的偏析，更无法显示树枝晶凝固组织的细节。

2. 热酸腐蚀和冷酸腐蚀低倍检验方法

热酸腐蚀和冷酸腐蚀低倍检验方法非常直观，是工厂中监控铸坯质量的重要方法，通过试验可以对铸坯的缺陷进行评定级别，定量给出缺陷的严重程度。与硫印一样，热酸腐蚀和冷酸腐蚀低倍检验工序也很简单，适于跟踪生产铸坯质量的检验。热酸腐蚀检验对试样检验面的表面粗糙度要求不高，缺点是需要对腐蚀液加热，腐蚀时间较长，大块尺寸铸坯放入酸槽内较为困难。与热酸腐蚀检验相比，冷酸腐蚀检验虽然对表面粗糙度要求稍高一点，但优点是污染少，可以现场对铸坯或工件直接进行检验。

热酸腐蚀和冷酸腐蚀一般用于低倍缺陷检验，但这两种检验方法对凝固组织显示效果较差，如需要对低倍凝固组织进行检验，则要采用枝晶腐蚀低倍检验方法。

3. 枝晶腐蚀低倍检验方法

一般来说，连铸坯的凝固条件是不容易测定的，但是通过观察连铸坯的凝固组织，可以计算等轴晶率，测量树枝晶二次晶间距及树枝晶偏斜角度等数据，进而推测其凝固条件等许多有价值的技术信息。例如，等轴晶率很小，树枝晶发达，表明钢液过热度高或二次冷却强度大；对同一钢种，尽管冶炼方式和规格大小不同，但只要测量出二次晶间距就可以知道其冷却速度大小；根据测定树枝晶的偏斜角度来推测液相穴钢液流动状况，进而研制和改进出适合的浸入式水口形状、调整钢液在液相穴内的流动，达到减少夹杂物、减轻偏析和改善铸坯质量的目的。

实践证明，枝晶腐蚀低倍检验方法能对电磁搅拌和浇注技术等冶金效果进行判断，对钢的铸态组织（如钢锭、连铸坯、铸钢件等）及模铸钢坯或钢材试样进行检验，对铸态钢的凝固组织和缺陷以及经热加工后钢材的凝固组织和缺陷的变化情况进行分析，并且还可以观察凝固组织与缺陷的关系。枝晶腐蚀低倍检验方法优于传统检验方法在于不仅能够显示铸坯的凝固组织，而且对铸坯的缺陷 1∶1 显示，准确地提供缺陷信息。此外，枝晶腐蚀低倍检验方法具有准确性、易操作性及对环境污染小等特点。

枝晶腐蚀检验虽然有上述优点，但对试样检验面加工要求较高，多了一道抛光工序，加工时间较长。

1.7 宏观断口检验

宏观断口检验是宏观检验中常用的一种方法。通过断口检验，可以发现钢的冶炼缺陷和锻造、热处理等制造工艺中存在的问题。断口检验有很大的优点，即对于在使用过程中破损的零件和在生产制造过程中由于某种原因而导致破损的断口，以及做拉伸、冲击试验试样破断之后的断口，不需要任何加工制备试样，就可直接进行观察和检验。断口检验和酸蚀试验有时也可以同时并用，互相补充，避免缺陷漏检。在技术条件对断口检验试样有规定时，须按技术条件制备断口试样，若制备不当，会导致错误的检验。

1.7.1 钢材断口的分类及各种缺陷形态的识别

钢材断口的分类及各种缺陷形态的识别按照 GB/T 1814—1979《钢材断口检验法》进

行。该标准适用于结构钢、滚动轴承钢、工具钢及弹簧钢的热轧、锻造、冷拉条钢和钢坯。其他钢类要求作断口检验时可参照该标准。钢材断口的主要类别如下所述。

1. 纤维状断口

纤维状断口又称韧性断口，如图 1-16 所示。此类断口呈纤维状，无金属光泽，颜色发暗，看不到结晶颗粒，断口边缘常常有明显的塑性变形。出现这种纤维状断口形貌，表明钢材具有较好的塑性与韧性。

2. 结晶状断口

结晶状断口常出现于热轧或退火的钢材中，断口平齐，呈银灰色，具有强烈的金属光泽，有明显的结晶颗粒。结晶状断口如图 1-17 所示。此种断口说明在折断时未发生明显的塑性变形，属脆性断口。

图 1-16　纤维状断口

图 1-17　结晶状断口

3. 层状断口

层状断口的特征是在纵向断口上，沿热加工方向呈现出无金属光泽的、凹凸不平的层次起伏的条带，条带中伴有白色或灰色线条。这种缺陷类似于劈裂的木纹状。淬火状态和调质状态的层状断口分别如图 1-18 和图 1-19 所示。层状主要是由于多条相互平行的非金属夹杂物的存在造成的。此种缺陷对纵向力学性能影响不大，但显著降低横向塑性与韧性。

图 1-18　淬火状态的层状断口

图 1-19　调质状态的层状断口

4. 白点断口

白点是指断口上呈圆形或椭圆形的银白色斑点，斑点区域内的晶粒一般要比基体晶粒粗。白点有时也会呈鸭嘴形裂口，其尺寸变化较大，可由几毫米到几十毫米，有时达 100mm 以上。白点缺陷一般分布于偏析区，其断口如图 1-20 所示。白点有时也会沿加工变形方向分布。

白点缺陷是钢中氢和内应力共同作用下造成的，它属于破坏金属连续性的缺陷。具有白点缺陷钢材的伸长率很低，其断面收缩率和冲击韧性降低更显著。有白点缺陷的钢材或零件在热处理时往往容易形成淬火裂纹，有时开裂。因此，白点缺陷在钢中是不允许存在的。

5. 缩孔残余断口

缩孔残余断口在纵向的轴心区，呈非结晶构造的条带或疏松带，有时其上伴有非金属夹杂物或夹渣，淬火后试样沿着条带往往有氧化色。其断口如图 1-21 所示。

这种缺陷一般产生在钢锭头部的轴心区，主要是钢锭在凝固时补缩不均或热加工时切头过少等原因造成的。它有时会在一定长度的钢材中贯穿存在，属于破坏金属连续性的缺陷。

图 1-20　白点断口

图 1-21　缩孔残余断口

6. 气泡断口

气泡断口的特征是沿着热加工方向呈内壁光滑、非结晶的细长条带。气泡断口分皮下气泡断口和内部气泡断口两类，其断口如图 1-22 所示。

钢中气泡主要是钢液中气体含量过多，浇注系统潮湿，铸型有锈等原因造成的。它属于破坏金属连续性的缺陷。

a) 皮下气泡断口

b) 内部气泡断口

图 1-22　气泡断口

7. 非金属夹杂物（肉眼可见）及夹渣断口

非金属夹杂物及夹渣断口是在纵向断口上呈现不同颜色（灰色、浅黄色、黄绿色等）、非结晶的细条带或块状缺陷，无一定的规律性，在整个断口上均可出现。其断口如图 1-23 所示。

a) 非金属夹杂物断口

b) 夹渣断口

图 1-23　非金属夹杂物（肉眼可见）及夹渣断口

8. 黑脆断口

黑脆断口在断口上呈现出局部或全部的黑灰色，严重时能达到石墨颗粒的程度。其断口如图 1-24 所示。黑脆缺陷主要是由于钢中发生石墨化造成的。石墨（除石墨化钢外）破坏了钢的化学成分和组织的均匀性，使淬火硬度降低，性能变坏。一般出现在多次退火后的共析或过共析碳素工具钢中及含硅的弹簧钢中。黑脆缺陷不能用热处理或热加工方法改善和消除。

图 1-24　黑脆断口

9. 石状断口

石状断口在断口上表现为无金属光泽，浅灰色，有棱角，类似碎石块状。轻微时只有少数几个，严重时可布满整个断口。其断口如图 1-25 所示。

石状断口表征钢材已严重过热或已经发生过烧，钢材的塑性及韧性降低，特别是韧性降低尤为显著。钢材一旦出现石状断口，通常无法挽救。

10. 萘状断口

萘状断口的特征是，断口上有弱金属光泽的亮点或小平面。由于各个晶粒位向不同，这些小平面闪耀着萘状的光泽。其断口如图 1-26 所示。

图 1-25　石状断口

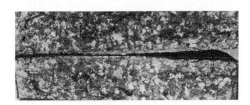

图 1-26　萘状断口

这种缺陷在结构钢和高速工具钢的断口上均可见到。高速工具钢中典型的萘状断口常常是因为工件多次重复淬火，其间又未经退火而造成的。结构钢中的萘状断口是由于钢加热时温度过高或高温保温时间太长导致晶粒长大而引起的。

11. 瓷状断口

瓷状断口是一种具有绸缎光泽、致密、类似细瓷碎片的亮灰色断口。此种断口常出现在过共析钢和某些合金钢经淬火或淬火及低温回火后的钢材（坯）上。瓷状断口如图 1-27 所示。

12. 台状断口

台状断口是在纵向断口上，比基体颜色略浅、变形能力稍差、宽窄不同、较为平坦的片状（平台状）结构，多分布在偏析区内。

台状断口一般产生在树枝晶发达的钢锭头部和中部。它是钢沿粗大树枝晶断裂的结果。此种缺陷对纵向力学性能无大影响，横向塑性、韧性略有降低。当台状富集夹杂时，明显降低横向塑性。台状断口如图 1-28 所示。

图 1-27　瓷状断口

图 1-28　台状断口

13. 撕痕状断口

撕痕状断口是在纵向断口上，沿热加工方向呈灰白色的、变形能力较差的、致密而光滑的条带。其分布无一定规律，严重时布满整个断面。

撕痕状断口可产生在整个钢锭中，一般在钢锭尾部较重，头部较轻。尾部的条带多表现为细而密集，头部的则较宽。它是钢中残余铝过多，造成氮化铝沿铸造晶界析出，沿此断裂造成的。此种缺陷轻微时对力学性能影响不明显；严重时使横向塑性、韧性明显降低，也使纵向韧性有所降低。撕痕状断口如图 1-29 所示。

图 1-29　撕痕状断口

14. 内裂断口

常见的内裂分为锻裂与冷裂两种。锻裂的特征是光滑的平面与裂纹；冷裂的特征是与基体有明显分界的、颜色稍浅的平面与裂纹。每个平面较为平整，清晰可见平行于加工方向的条带。经过热处理或酸洗的内裂断口可能有氧化色。

内裂断口产生于轴心附近部位的居多。锻裂产生的原因是热加工温度过低，内外温差过大，热加工压力过大，变形不合理等；冷裂是由于锻轧后冷却速度太快，组织应力与热应力叠加造成的。它属于严重破坏金属连续性的缺陷。锻裂的裂纹多数分布在轴心部分。裂纹只有一条时多沿着对角线方向，两条时常接近十字形，更多时则由轴心向外辐射。典型的锻裂断口和断面分别如图 1-30a 和图 1-30b 所示。断面照片的浸蚀剂为 60 ~ 70℃ 的 1∶1（体积比）盐酸水溶液。

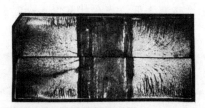

a) 锻裂断口　　　　　　　　　　　　　b) 锻裂断面

图 1-30　典型的锻裂断口和断面

15. 异金属夹杂断口

异金属夹杂断口是在纵向断口上，与基体金属有明显的边界、不同的变形能力、不同的金属光泽和组织的条带，条带边界有时有氧化现象。

此种缺陷是异金属掉入，合金料未完全熔化等原因造成的。它属于破坏金属组织均匀性或连续性的缺陷。

1.7.2 断口制备方法

断口试样的选取部位及加工方法应遵循相应的技术条件和有关标准。因为钢材中存在偏析、非金属夹杂物及白点等缺陷，钢材在热加工时，均会沿加工变形方向延伸，所以这些缺陷在钢材的纵向断口上容易被显示，故在选取钢材断口检验试样时，应尽可能地选取纵向断口。对于直径或边长大于等于40mm的钢材，应选取纵向断口；对于直径或边长小于40mm的钢材，可选取横向断口。

1. 纵向断口制备方法

可先切取横截面试样，其厚度一般为15～20mm，有时可更厚一些，然后用冷切、锯割截取；若用热切、锯或切割必须将热影响区（30～50mm）除去。为了容易折断试样，开槽深度约为试样厚度的1/3，当折断有困难时，可适当加深刻槽深度。图1-31所示为直径大于等于40mm钢材断口检验试样上的刻槽示意图。

2. 横向断口制备方法

横向断口试样长度可取为100～140mm，在试样中部的一边或两边刻槽，刻槽时应保留断口的截面不小于50%钢材原截面。直径小于40mm钢材断口检验试样上的刻槽示意图如图1-32所示。

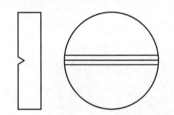

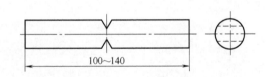

图1-31 直径大于等于40mm钢材 断口检验试样上的刻槽示意图

图1-32 直径小于40mm钢材断口检验试样上的刻槽示意图

1.7.3 夹杂物发蓝断口法检验

采用夹杂物发蓝断口法，可对钢中长度不小于1mm、宽度不小于0.1mm的宏观非金属夹杂物进行金相检验。其原理是在蓝脆温度下使断口的金属基体生成蓝色的氧化膜，而非金属夹杂物不氧化，保持原来的颜色，通常呈灰白、浅黄或黄绿等非结晶的条带状。采用目视或借助放大倍数不大于10倍的放大装置，可以观测纵向断口上的条带状非金属夹杂物，对其尺寸、数量和分布情况进行分析。现行夹杂物发蓝断口法检验国家标准为GB/T 37598—2019《钢中非金属夹杂物的检验 发蓝断口法》。

断口试样采用横截面取样，通过中心线上轴心刻V形槽，刻槽深度使剩余的试样厚度不小于10mm。夹杂物发蓝断口试样取样示意图如图1-33所示。

为显示非金属夹杂物，将试样在炉中加热至蓝脆温度（300～350℃），取出快速折断，或将折断后的试样加热到蓝脆温度，使断口发蓝（高合金钢可适当提高蓝脆温度，但不宜超过530℃）。在选择缺陷严重的断口面，将断口面等分为表面区、中间区、中心区，如图1-34所示。采用目视或用放大倍数不大于10倍的放大装置观测断口面上的非金属夹杂物尺寸、数量或分布。记录样品不同区域的夹杂物长度。

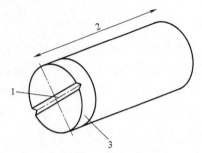

图1-33 夹杂物发蓝断口试样取样示意图

1—开槽 2—轧制方向 3—切片

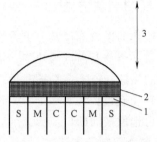

图1-34 断口面上的表面区、中间区、中心区

1—槽口 2—断口 3—轧制方向

S—表面区 M—中间区 C—中心区

1.8 宏观检验实例

1. 锭形偏析评级

35CrMo方钢采用1:1（体积比）盐酸水溶液70~80℃热蚀，显示出宏观组织具有锭形偏析。按GB/T 1979—2001中评级图进行评定，图1-35中1、2、3均可评为2级，4、5评为1级。

图1-35 35CrMo方钢宏观组织

2. 斑点状偏析评级

45钢锻造后采用1:1（体积比）盐酸水溶液70~80℃热蚀，显示出宏观组织具有斑点状偏析，如图1-36所示。按GB/T 1979—2001中评级图进行评定，图1-36中的斑点状偏析评为2级。

3. 白点评级

35CrMo钢锻后坑冷，采用1:1（体积比）盐酸水溶液70~80℃热蚀，显示出宏观组织具有锯齿状的小裂纹呈放射状不规则形态分布，判断宏观组织具有白点。按GB/T 1979—2001中评级图进行评定，根据图1-37中小裂纹的数量、大小和分布状况，其白点评为2级。

4. 高速工具钢锭形偏析造成热处理开裂

有一批高速工具钢扩孔刀，热处理后发现端部有粗大裂纹，如图1-38所示。显微组织分析检验，端部带状碳化物（见图1-39）较多，裂纹附近组织为粗大回火马氏体和呈断续网状分布的碳化物。扩孔刀开裂的原因是淬火过热而形成较大的组织应力和碳化物偏析严重。

进一步分析扩孔刀裂纹图片，扩孔刀开裂处不在应力易集中的尖角或截面变化大的地方，而是在截面变化变化地方。在扩孔刀头部取样作低倍酸蚀试验，裂纹出现在被分割的锭

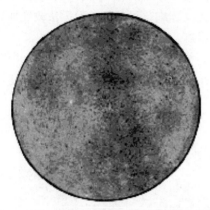

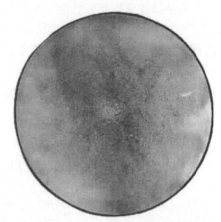

图1-36　45钢锻造具有斑点状偏析宏观组织　　　　图1-37　35CrMo钢锻后坑冷宏观组织

形偏析部位，如图1-40所示。由于该处组织结构疏松，在淬火后裂纹就沿疏松纤维向分布。经分析得出结论为，扩孔刀开裂的内因是锭形偏析较严重，造成碳化物偏析严重，从而在淬火过热的外界条件作用下造成扩孔刀开裂。

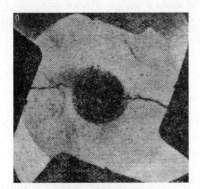

图1-38　扩孔刀裂纹　　　　　　　　　　　图1-39　端部带状碳化物

a) 横断面裂纹　　　　　　　　　　　b) 纵断面裂纹

图1-40　低倍酸蚀宏观照片

5. 45钢曲轴锻造过热

45钢制的锻造柴油机曲轴，在机加工过程中发生折断，宏观断口如图1-41a所示。经金相检验其组织为：珠光体+铁素体，晶粒度为8级，魏氏组织不明显，表面无过烧特征。

对曲轴试样采用热侵蚀后，显露出被腐蚀的晶界网络，即石状颗粒晶界，如图1-41b所示。这充分说明曲轴已在锻造时过热。虽然经锻后正火处理细化了晶粒，但无法改变曲轴在锻造过热时硫化物等夹杂物沿高温奥氏体晶界所析出状态，故造成脆断。

另外，也可利用断口分析法来鉴别锻件是否过热。将试样经调质处理后折断，如断口有石状颗粒出现，应为过热（即有腐蚀晶界网络）。石状颗粒越多越大，说明锻造过热越严重。

a) 宏观断口   b) 石状颗粒晶界

图1-41　45钢曲轴锻造过热宏观断口和石状颗粒晶界

6. 复合钢板焊接缺陷

厚度为14.5mm的复合钢板中，07Cr19Ni11Ti钢焊层采用手工电弧焊，Q235钢焊层采用埋弧自动焊。采用硝酸乙醇腐蚀，对复合钢板焊接接头进行宏观检验，发现焊接的根部有未焊透缺陷，如图1-42所示。

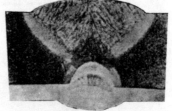

图1-42　未焊透焊接缺陷

7. Q195钢铸坯低倍检验

Q195钢铸坯低倍检验采用低倍的热酸腐蚀对铸坯截面进行内部质量检验。热酸腐蚀低倍检验方法使用的是1∶1（体积比）工业盐酸水溶液，加热到60~80℃，试样浸泡时间为10~40min。酸液到温后，将试样检验面朝上放入酸槽中，酸液覆盖检验面要达到20mm以上。热酸腐蚀后试样的检验面必须用碱水中和后再用乙醇冲刷干净，然后用吹风机吹干。图1-43所示为Q195钢铸坯横截面和纵截面的低倍检验照片。根据照片和相关标准，铸坯的中心疏松及缩孔严重，评定中心缩孔1级，中心裂纹1级，中心疏松1级。

8. 管线钢连铸板坯的中心偏析分析

实验炉次钢的主要化学成分（质量分数）为C0.04%~0.08%，Mn1.2%~1.8%，P0.0070%~0.0100%，S<0.0050%；过热度为11~28℃。图1-44所示为不同过热度下管线钢连铸板坯的低倍组织。当过热度较低（11℃）时，铸坯中心区域被等轴晶填充，形成一

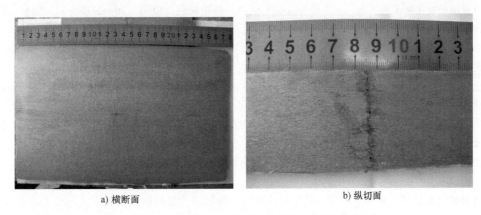

a) 横断面　　　　　　　　　　　　b) 纵切面

图 1-43　Q195 钢铸坯横截面和纵截面的低倍检验照片

定的中心等轴晶区，中心没有明显的中心偏析线；随着过热度进一步升高，板坯厚度中心的等轴晶消失，中心的柱状晶十分发达。根据 YB/T 4003—2016《连铸钢板坯低倍组织缺陷评级图》，图 1-44a 为 1 ~ 1.5 级 C 类中心偏析，图 1-44b ~ 图 1-44d 为 0.5 ~ 1.0 级 B 类中心偏析。

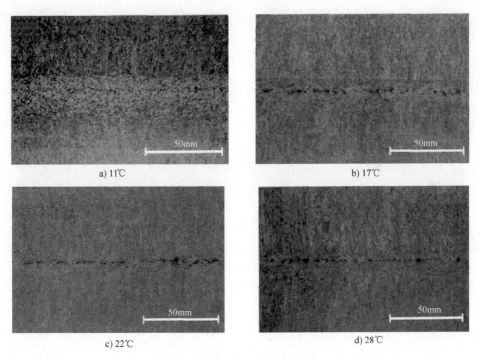

a) 11℃　　　　　　　　　　　　　b) 17℃

c) 22℃　　　　　　　　　　　　　d) 28℃

图 1-44　不同过热度下管线钢连铸板坯的低倍组织

本章主要参考文献

［1］　全国钢标准化技术委员会. 结构钢低倍组织缺陷评级图：GB/T 1979—2001［S］. 北京：中国标准出版社，2001.

［2］ 全国钢标准化技术委员会. 钢的低倍组织及缺陷酸蚀检验法：GB/T 226—2015 ［S］. 北京：中国标准出版社，2015.

［3］ 全国钢标准化技术委员会. 钢中非金属夹杂物的检验 塔形发纹酸浸法：GB/T 15711—2018 ［S］. 北京：中国标准出版社，2018.

［4］ 全国钢标准化技术委员会. 钢的硫印检验方法：GB/T 4236—2016 ［S］. 北京：中国标准出版社，2016.

［5］ 冶金工业部钢铁研究院. 钢的金相图谱：钢的宏观组织与缺陷 ［M］. 北京：冶金工业出版社，1975.

［6］ 全国钢标准化技术委员会. 钢中非金属夹杂物的检验 发蓝断口法：GB/T 37598—2019 ［S］. 北京：中国标准出版社，2020.

［7］ 何健楠，王银国，董凤奎，等. 轴承钢非金属夹杂物的发蓝断口检验研究 ［J］. 中国金属通报，2016（6）：45-46.

［8］ 全国钢标准化技术委员会. 连铸钢板坯低倍组织缺陷评级图：YB/T 4003—2016 ［S］. 北京：冶金工业出版社，2016.

［9］ 许志刚，王新华，黄福祥，等. 管线钢连铸板坯的半宏观偏析和凝固组织 ［J］. 北京科技大学学报，2014，36（6）：751-756.

第2章 钢的平均晶粒度评定

2.1 晶粒分布状态特征与检测方法

晶粒的特征不仅影响材料的力学性能，还影响着材料的物理性能、表面性能和相转变。对材料晶粒尺寸和形貌的控制是优化过程控制和材料性能必不可少的一个环节。金属材料的晶粒的大小、分布和形貌与金属材料的化学成分和冷热加工工艺密切相关。典型的晶粒分布状态有单峰正态、孤立最大晶粒（as large as，ALA）状态、宽级差状态、双峰状态、项链晶状态、截面状态和条带状态。典型的晶粒分布状态如图2-1所示。

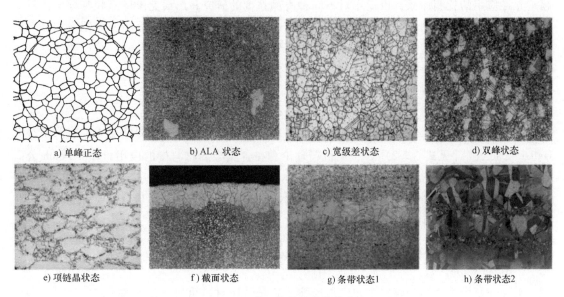

| a) 单峰正态 | b) ALA 状态 | c) 宽级差状态 | d) 双峰状态 |
| e) 项链晶状态 | f) 截面状态 | g) 条带状态1 | h) 条带状态2 |

图 2-1　典型的晶粒分布状态

针对不同金属材料的特定的晶粒形貌，各国及国际组织不断制定和完善钢的晶粒度检验方法标准，包括金属平均晶粒度、最大晶粒度和双重晶粒度的检验方法标准，构成了适用于各种晶粒分布状态的完整晶粒度评定体系。

对非等轴晶粒，我国推出 GB/T 4335—2013《低碳钢冷轧薄板铁素体晶粒度测定法》，较好地解决了非等轴晶粒的评定问题。当晶粒非常细小时，采用平均晶粒度的测定方法很难体现出晶粒大小的差异，在国外通常采用"Snyder-Graff"截数法测定晶粒度，这种方法可以更灵敏地反映细小晶粒的大小变化。这对工具钢和超细晶钢的晶粒度的评定非常有效。图 2-2 所示为采用"Snyder-Graff"截数法测定晶粒度的示意图，即在 1000 倍放大倍数下，计算 127mm（5in）直线所切割截点数，随机选取不同方向 5~10 个视场进行计数，5~10 个视场测量数据的平均值就是 Snyder-Graff 晶粒度号，用 G_{S-G} 表示。应该注意的是，"Snyder-Graff"截数法晶粒度号和其他标准的晶粒度级别之间需要换算。例如，ASTM 晶粒度级别 G 与 G_{S-G} 晶粒度号之间存在以下函数关系：

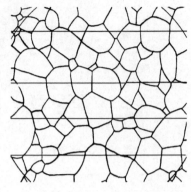

图 2-2 "Snyder-Graff"截数法
测定晶粒度的示意图

$$G = 6.635 \lg(G_{S-G}) + 2.66 \tag{2-1}$$

对高温合金的主要晶粒度检验方法为平均晶粒度检验和 ALA 晶粒度评定。其中，YB/T 4290—2012《金相检测面上最大晶粒尺寸级别（ALA 晶粒度）测定方法》是对组织中出现异常个别最大晶粒进行评级的标准；对轧制高温合金带状晶粒度，我国有专用晶粒度评定标准，即 GB/T 14999.4—2012《高温合金试验方法 第 4 部分：轧制高温合金条带晶粒组织和一次碳化物分布测定》；对出现双重晶粒度的材料，也有相应的标准，即 GB/T 24177—2009《双重晶粒度表征与测定方法》。总之，通过各类晶粒度检验标准的完善和实施，建立起差异性应用的检测体系，以适用对不同种类晶粒度的研究和形成完整的晶粒度评定体系。

在生产实践的应用中，平均晶粒度的应用最为广泛，因此本章下面主要介绍平均晶粒度的应用和评定。

2.2 晶粒尺寸与平均晶粒度

在长期的生产实践中，人们总结出了金属材料的晶粒尺寸 d 与屈服强度 R_{eL} 的关系符合 Hall-Petch 公式［见式（2-2）］，根据位错理论和在各类金属材料中的应用，Hall-Petch 公式得到了验证。一般来说，常温下使用的金属材料，晶粒越细，不仅强度、硬度越高，而且塑性、韧性也越好。正是由于这个原因，晶粒尺寸是工程中评定金属材料性能的重要依据。图 2-3 所示为纯铁的力学性能与晶粒度关系。

$$R_{eL} = R_0 + k_0 d^{-\frac{1}{2}} \tag{2-2}$$

式中，R_0 和 k_0 为常数。

平均晶粒度是表示晶粒大小的一种尺度，它是金属材料重要的组织参数之一。在 GB/T 6394—2017《金属平均晶粒度测定法》中，定义了宏观平均晶粒度和显微平均晶粒度，本章仅介绍晶粒单峰分布试样的显微平均晶粒度（以下简称晶粒度）。晶粒度定义为，在 100 倍放大倍数下，645.16mm² （1in²）面积内包含的晶粒数 N_{100} 与晶粒度 G 的关系为

$$N_{100} = 2^{G-1} \tag{2-3}$$

钢在某一具体加热条件下所得到的奥氏体晶粒度为实际晶粒度，它决定了钢的实际热处理后的晶粒大小。如不做特别说明，测定钢的晶粒度是指奥氏体化后冷却得到的实际晶粒

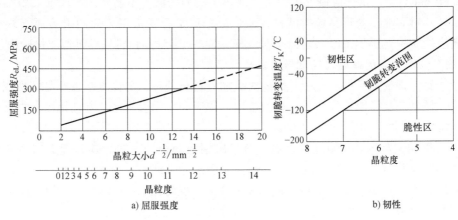

图 2-3　纯铁的力学性能与晶粒度关系

度。工业中钢材常用的晶粒度为 7~8 级，晶粒尺寸约 0.022mm。晶粒大小对金属材料的力

学性能和工艺性能有很大影响，因此晶粒度是表征金属材料力学性能的重要参数之一。例如，当调质处理后 40CrNiMo 钢的奥氏体实际晶粒度由 5~6 级提高到 12~13 级，其断裂韧度 K_{IC} 由 1410MPa·m$^{1/2}$ 提高到 2660MPa·m$^{1/2}$。此外，如奥氏体晶粒过于粗大，钢件在淬火时容易产生变形和开裂。

平均晶粒直径和金相试样磨片上每平方毫米的晶粒数之间存在直线关系（见图 2-4）。通常认为，1~5 级晶粒度的钢属于粗晶粒钢，而 6~15 级晶粒度的钢属细晶粒钢。在晶粒度测量时，若试样中有明显的晶粒不均匀现象，则应当计算不同级别晶粒在视场中各占面积的百分比。若占优势的晶粒度不低于视场面

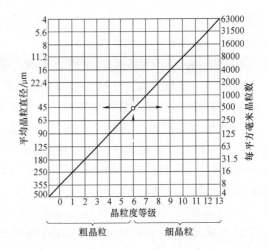

图 2-4　晶粒度等级与晶粒尺寸的关系

积的 90% 时，则只记录一种晶粒的级别号，否则应同时记录两种晶粒度及它们所占的面积，如 6 级 70%~4 级 30%。

2.3　晶粒度试样制备与显示

在影响奥氏体晶粒的因素中，奥氏体化加热温度和保温时间起着决定性作用，温度越高，保温时间越长，晶粒越粗大。钢的奥氏体化加热速度越快，则获得越细小的起始晶粒，短时保温就可得到细小的实际晶粒。钢的碳含量和合金元素、原始组织状态也对晶粒度有影响，如钢的组织中存在未溶第二相质点，则对奥氏体晶粒的长大起阻碍作用。此外，奥氏体晶粒也会受预备热处理温度、热加工和冷加工工艺的影响。

测定晶粒度用的试样应在交货状态材料上切取，取样部位与数量按产品标准或技术条件规定。如果产品标准或技术条件未做规定，则在钢材半径或边长 1/2 处截取。推荐试样尺寸

为 10mm×10mm。切取试样应避开因剪切、加热影响的区域。不能使用有改变晶粒结构的方法切取试样。对有加工变形晶粒的试样检验，应选取平行于加工方向的检验面（纵截面），必要时还应检验垂直于加工方向的检验面（横截面）。等轴晶粒可以随机选取检验面。

1. 铁素体钢的奥氏体晶粒度试样制备与显示

检验铁素体钢的奥氏体晶粒度，需要对试样进行热处理，具体方法按产品标准或技术条件的规定。如果产品标准或技术条件未做规定，渗碳钢采用渗碳法，其他钢可以根据钢的具体条件和需要，选择采用下面几种方法。

（1）与钢的实际热处理制度相关法 对于碳钢及合金钢，试验热处理工艺与其实际使用时为改善性能所用的热处理制度相关。经双方同意，常规工艺为试样加热温度不超过正常热处理温度 30℃，但最高加热温度不超过 930℃，保温时间为 1~1.5h，冷却速度根据采用的热处理方法而定。

（2）渗碳法 渗碳法适用于碳的质量分数≤0.25%的碳钢和合金钢，尤其是用于渗碳钢显示奥氏体晶粒度。渗碳的试样在 930℃±10℃保温 6h，必须保证获得 1mm 以上的渗碳层。渗碳剂必须保证在规定时间内产生过共析层。试样以缓慢速度冷至临界温度以下，足以在渗碳层的过共析区奥氏体晶界上析出渗碳体网。试样冷却后切取新切面，经磨制及腐蚀显示出原奥氏体晶粒。常用的浸蚀剂有：

1）3%~4%（体积分数，下同）硝酸乙醇溶液。

2）5%（质量分数，下同）苦味酸乙醇溶液。

3）沸腾的碱性苦味酸钠水溶液（2g 苦味酸、25g 氢氧化钠、100mL 水）。

（3）模拟渗碳法 在没有渗碳气氛的条件下，将试样加热到渗碳温度进行模拟渗碳，保温足够时间后，试样必须从渗碳温度以足够快的冷却速度冷却，形成马氏体，而不是渗碳后缓慢冷却。从试样切取检验面（研磨面要求避免火切），经磨制、抛光及腐蚀，以显示出原奥氏体晶界。浸蚀剂可选用 5%的苦味酸乙醇溶液。

（4）铁素体网法 铁素体网法适用于碳的质量分数为 0.20%~0.60%的碳钢和合金钢。一般碳的质量分数≤0.35%的试样在 890℃±10℃加热，碳的质量分数>0.35%的试样在 860℃±10℃加热，保温时间不少于 30min，然后炉冷或等温淬火。冷却后切取试样面，经磨制、抛光及适当的浸蚀后显示出在晶界上析出的铁素体所刻画的奥氏体晶粒度。

为了使铁素体以细而连续网析出于奥氏体晶界，以清晰地显示出原奥氏体晶粒，针对不同钢种需调整冷却方法。

1）低碳钢（碳的质量分数约为 0.20%）建议试样加热到 890℃，保温 30min 移到 730~790℃炉内，保温 3~5min，随即水冷。

2）中碳钢（碳的质量分数约为 0.50%），适合炉冷。

3）碳含量更高的碳钢和碳的质量分数大于 0.40%的合金钢，建议试样加热到 860℃，保温 30min，将温度降低到 730℃±10℃保温 10min，接着水冷或油冷。

常用的浸蚀剂有：

1）3%~4%硝酸乙醇溶液。

2）5%苦味酸乙醇溶液。

（5）氧化法 氧化法适用于碳的质量分数为 0.25%~0.60%的碳钢及合金钢。将试样的一个面抛光，将试样抛光面向上放置炉中。除非另有规定，碳的质量分数不大于 0.35%的试样在 890℃±10℃ 加热，碳的质量分数大于 0.35% 的试样在 860℃±10℃ 加热，保温 1h，冷水或盐水中淬火。再轻磨制抛光去掉氧化皮，使原奥氏体晶粒边界因氧化物的存在而显示。为了显示清晰，可用 15%（体积分数）盐酸乙醇溶液进一步浸蚀。根据氧化情况，试样适当倾斜 10°~15° 进行研磨和抛光，尽可能完整显示出氧化层的奥氏体晶粒。

（6）直接淬硬法（马氏体晶粒）　该方法适用于碳的质量分数通常在 1.00% 以下的碳钢及合金钢。除非另有规定，碳的质量分数不大于 0.35% 的试样在 890℃±10℃ 加热，碳的质量分数大于 0.35% 的试样在 860℃±10℃ 加热，保温 1h 后以完全硬化的冷却速度淬火。淬火冷却后，切取试样面，经磨制抛光，浸蚀显示出马氏体组织。浸蚀前可进行于 230℃±10℃ 保温 15min 的回火，以改善对比度。轻轻再抛磨一下，去除一些不重要的背景细节，更易显出晶粒边界。常用的浸蚀剂有：

1）在完全淬硬为马氏体的钢中，使用增强马氏体晶粒之间差异对比的浸蚀剂，可以显示出原奥氏体的晶粒度：1g 苦味酸，5mL 的 HCl（密度为 1.19g/cm³）和 95mL 乙醇。

2）优先显示原奥氏体晶粒边界的浸蚀剂：2g 苦味酸，1g 十三苯亚磺酸钠（或其他适量的缓蚀剂），100mL H_2O。

根据钢中碳含量和磷含量、回火温度、选择饱和苦味酸是在室温下使用，还是在 80~100℃ 使用，并通过擦拭与浸没，将所需的酸浸时间控制在 1~15min 之间，以真实地显示出初始奥氏体晶界。

（7）渗碳体网法　该方法适用于碳的质量分数超过 1.00% 以上的碳钢及合金钢。通常使用直径或边长约为 25.4mm 的试样做试验。除非另有规定，试样在 820℃±10℃ 加热，保温 30min，然后以足够慢的冷却速度随炉冷却到下临界温度以下，使碳化物从奥氏体晶粒边界析出。冷却后，切取试样面，经磨制、抛光及适当的浸蚀后，显示出在晶界上析出的碳化物所勾画的原奥氏体晶粒度。

（8）细珠光体（托氏体，也称屈氏体）网法　对共析钢用其他方法不易识别晶粒，可采用下面两种方法制备奥氏体晶粒度试样，这两种方法也适用于某些略低于或略高于共析成分的钢。

1）淬硬一个大小适中的试棒，试样外层完全淬硬而心部不完全淬硬。

2）采用梯度淬火，将加热的具有一定长度的试样，一端部分浸入水而完全淬硬，剩余没有浸入水露出的部分不淬硬。

上述方法都会存在着一个不完全淬硬的小区域。在该区域内原奥氏体晶粒由少量托氏体围绕着的马氏体晶粒组成，以此显示出原奥氏体晶粒度。常用的浸蚀剂有：

1）3%~4% 硝酸乙醇溶液。

2）5% 苦味酸乙醇溶液。

在实际检验中，应根据试样的具体情况，选择以上的显示方法及浸蚀剂（或其他未列入的浸蚀剂），不论使用哪一种显示方法及浸蚀剂，都是以能达到清晰显示原奥氏体晶粒为目的。在以上钢的奥氏体晶粒度试样制备方法中，所标出的钢中碳含量仅作为选择参考。此外，加热气氛可能影响试样外层的晶粒的生长；原奥氏体晶粒度也会受到钢前处理的影响，如奥氏体化温度、淬火、正火、热加工及冷加工等。在钢的奥氏体晶粒度试样浸蚀后，按照表 2-1 常用材料推荐使用的标准评级图片进行晶粒度检验和评级。

2. 铁素体钢的铁素体晶粒度试样制备与显示

铁素体和珠光体两相组织的晶粒度，称为铁素体晶粒度。铁素体晶粒度按 GB/T 6394—2017 中两相或多相组织试样的晶粒度的规定，分别评定铁素体和珠光体的晶粒度。珠光体的晶界是珠光体团（亦称珠光体岛）的界面。由大致平行的珠光体片层组成一个珠光体团，为一个珠光体晶粒。如果存在与铁素体晶粒同一尺寸的珠光体团，那么可将此珠光体团当作铁素体晶粒来计算，不必分别报出。常用浸蚀剂有：

1）4%硝酸乙醇溶液。

2）MarSholl 试剂：1 体积份由 8g 草酸，5mL 硫酸，100mL 水配成的溶液加 1 体积份 30%（体积分数）的过氧化氢溶液。

3. 奥氏体钢试样的晶粒度

奥氏体钢的晶粒已在原热处理形成，一般试样不需要进行热处理。对稳定化的材料和非稳定化材料推荐常用的浸蚀方法分别为：

（1）进行稳定化处理合金　在常温下将试样作为阳极在体积分数为 60%的硝酸水溶液中电解腐蚀。为了减少孪晶的显现，应使用低的电解电压（1~1.5V）。用这种方法也可显示铁素体不锈钢中的铁素体晶界。

（2）未进行稳定化处理合金　在敏化温度范围内（480~700℃）加热，通过在晶界析出碳化物显示晶粒边界，使用相应显示碳化物的浸蚀剂显示晶粒的形貌。常用的浸蚀剂有：

1）体积分数为 60%的硝酸水溶液。

2）硫酸铜水溶液〔5g 硫酸铜（$CuSO_4 \cdot 5H_2O$），20mL 盐酸，20mL 水〕。

3）草酸水溶液（10g 草酸+100mL 水）电解。电解参数：电压为 6V，时间为 15~60s。

为了显示出奥氏体钢的晶粒度，需要采用适当的浸蚀方法。要认识到钢中孪晶的趋向会干扰晶粒度的评定，因此应选用适当的浸蚀方法和浸蚀剂，尽可能使孪晶不明显显现。

2.4　晶粒度级别评定

根据 GB/T 6394—2017，测定平均晶粒度的基本测量方法有比较法、面积法和截点法。在晶粒度级别评定有争议时，以截点法为仲裁方法。

1. 比较法

实际生产晶粒度评定工作中，常采用在 100 倍的显微镜下与标准评级图对比来评定晶粒度。比较法就是通过与标准评级图或采用目镜插片对比来评定平均晶粒度的。该方法适用于评定具有等轴晶粒的再结晶材料。当晶粒形貌与标准评级图完全相似时，评级误差最小。GB/T 6394—2017 中有 4 个系列标准评级图：评级图 Ⅰ，无孪晶晶粒（浅腐蚀）100 倍；评级图 Ⅱ，有孪晶晶粒（浅腐蚀）100 倍；评级图 Ⅲ，有孪晶晶粒（深反差腐蚀）75 倍；评级图 Ⅳ，钢中奥氏体晶粒（渗碳法）100 倍。各评级图适用范围见表 2-1。评级图 Ⅰ晶粒度级别中的 1~10 级如图 2-5（该评级图晶粒度包括：0.5、1、1.5、2、2.5、3、3.5、4、4.5、5、5.5、6、6.5、7、7.5、8、8.5、9、9.5、10 级 20 幅，为压缩篇幅和便于与实际晶粒度进行对比，选择其中 10 幅并保留原实际评级图尺寸）所示。图 2-5 中圆的直径为 79.8mm，面积约 $5000mm^2$，供评级时参考。用比较法评估晶粒度时一般存在一定的偏差（±0.5 级）。评级值的重现性与再现性通常为±1 级。

表 2-1　各评级图适用范围

标准评级图号	适用范围
图 I	1)铁素体钢的奥氏体晶粒,即采用氧化法、直接淬硬法、铁素体网法及其他方法显示的奥氏体晶粒 2)铁素体钢的铁素体晶粒 3)铝、镁和镁合金、锌和锌合金、高强合金
图 II	1)奥氏体钢的奥氏体晶粒(带孪晶的) 2)不锈钢的奥氏体晶粒(带孪晶的) 3)镁和镁合金、镍和镍合金、锌和锌合金、高强合金
图 III	铜和铜合金
图 IV	1)渗碳钢的奥氏体晶粒 2)渗碳体网显示的晶粒 3)奥氏体钢的奥氏体晶粒(无孪晶的)

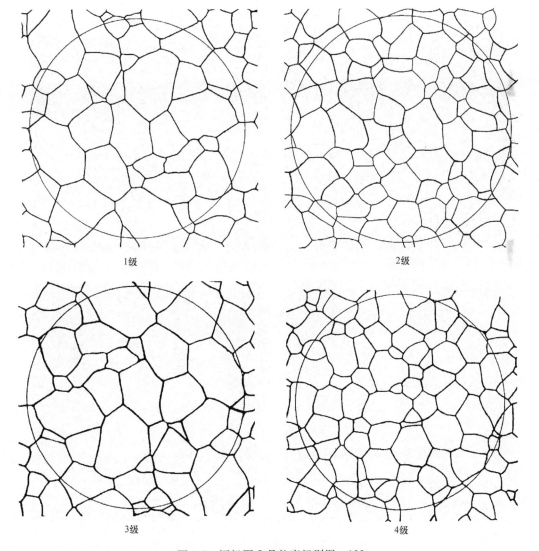

1级　　　　　　　　　　　　　　　　2级

3级　　　　　　　　　　　　　　　　4级

图 2-5　评级图 I 晶粒度级别图　100×

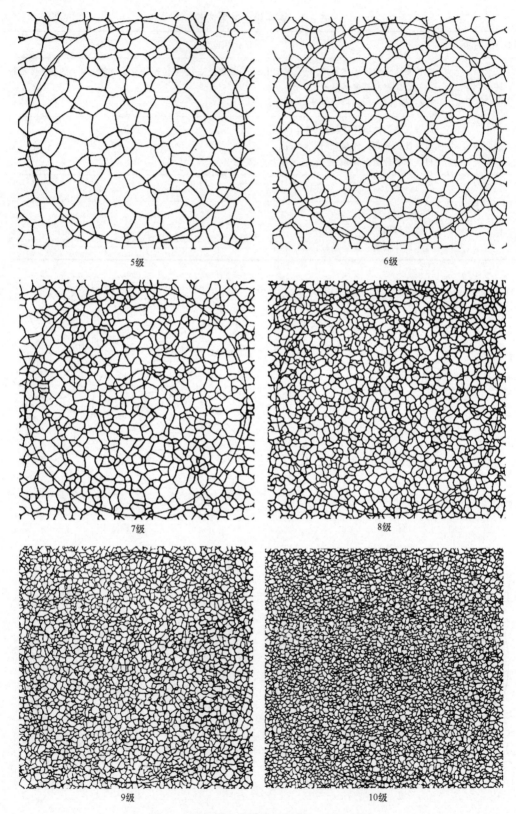

5级　　　　　　　　　　6级

7级　　　　　　　　　　8级

9级　　　　　　　　　　10级

图 2-5　评级图 I 晶粒度级别图　100×（续）

要正确判断出钢的晶粒度，需要正确选择放大倍数、合适的检验面尺寸（晶粒数）、试样代表性截面的数量与位置和测定平均晶粒度的视场。应在试样截面上，随机选取三个或三个以上的代表性视场，测量平均晶粒度，以最能代表试样晶粒大小分布的级数报出。在晶粒度的检查过程中，要对试样全面观察。若发现仅是个别视场有晶粒不均匀的现象，可不予计算；但如发现多个视场有晶粒不均匀的现象，则应计算出不同级别晶粒在视场中各占面积百分比。若占优势晶粒所占的面积不少于视场面积的90%，则只记录此一种晶粒的级别数；否则应用不同级别数来表示该试样的晶粒度，其中第一个级别数代表占优势的晶粒的级别。若出现双重晶粒度，按 GB/T 24177—2009 评定，出现个别粗大晶粒可以按照 YB/T 4290—2012 评定。

当晶粒尺寸过细或过粗，待测晶粒度超过标准系列评级图片所包括的范围或基准放大倍数（75、100倍）不能满足需要时，可改用在其他放大倍数下参照同样标准予以评定，再利用表 2-2 或表 2-3 查出材料的实际晶粒度。

表 2-2 评级图Ⅲ在不同放大倍数下所测定的显微晶粒度关系

放大倍数	评级图Ⅲ图片编号(75倍)													
	1	2	3	4	5	6	7	8	9	10	11	12	13	14
25	0.015 (9.2)	0.030 (7.2)	0.045 (6.0)	0.060 (5.2)	0.075 (4.5)	0.105 (3.6)	0.135 (2.8)	0.150 (2.5)	0.180 (2.0)	0.210 (1.6)	0.270 (0.8)	0.360 (0)	0.451 (0/00)	0.600 (00+)
50	0.0075 (11.2)	0.015 (9.2)	0.0225 (8.0)	0.030 (7.2)	0.0375 (6.5)	0.053 (5.6)	0.0675 (4.8)	0.075 (4.5)	0.090 (4.0)	0.105 (3.6)	0.135 (2.8)	0.180 (2.0)	0.225 (1.4)	0.300 (0.5)
75	0.005 (12.3)	0.010 (10.3)	0.015 (9.2)	0.020 (8.3)	0.025 (7.7)	0.035 (6.7)	0.045 (6.0)	0.050 (5.7)	0.060 (5.2)	0.070 (4.7)	0.090 (4.0)	0.120 (3.2)	0.150 (2.5)	0.200 (1.7)
100	0.0037 (13.2)	0.0075 (11.2)	0.0112 (10.0)	0.015 (9.2)	0.019 (8.5)	0.026 (7.6)	0.034 (6.8)	0.0375 (6.5)	0.045 (6.0)	0.053 (5.6)	0.067 (4.8)	0.090 (4.0)	0.113 (3.4)	0.150 (2.5)
200	0.0019 (15.2)	0.0037 (13.2)	0.0056 (12.0)	0.0075 (11.2)	0.009 (10.5)	0.013 (9.6)	0.017 (8.8)	0.019 (8.5)	0.0225 (8.0)	0.026 (7.6)	0.034 (6.8)	0.045 (6.0)	0.056 (5.4)	0.075 (4.5)
400	—	0.0019 (15.1)	0.0028 (14.0)	0.0038 (13.1)	0.0047 (12.5)	0.0067 (11.5)	0.0084 (10.8)	0.009 (10.5)	0.012 (10.0)	0.0133 (9.5)	0.0618 (8.5)	0.0225 (8.0)	0.028 (7.3)	0.0375 (6.5)
500	—	—	0.0022 (14.6)	0.003 (13.7)	0.00375 (13.1)	0.00525 (12.1)	0.0067 (11.5)	0.0075 (11.1)	0.009 (10.6)	0.010 (10.3)	0.0133 (9.5)	0.018 (8.7)	0.0225 (8.0)	0.03 (7.1)

注：括号外为晶粒平均直径 d（mm）；括号内为相应的显微晶粒度级别数。

表 2-3 与标准系评级图Ⅰ、Ⅱ、Ⅳ等同图像的晶粒度级别对照表

图像放大倍数	与标准评级图编号相同图像的晶粒度级别									
	No. 1	No. 2	No. 3	No. 4	No. 5	No. 6	No. 7	No. 8	No. 9	No. 10
25	−3	−2	−1	0	1	2	3	4	5	6
50	−1	0	1	2	3	4	5	6	7	8
100	1	2	3	4	5	6	7	8	9	10
200	3	4	5	6	7	8	9	10	11	12
400	5	6	7	8	9	10	11	12	13	14
800	7	8	9	10	11	12	13	14	15	16
1000	7.5	8.5	9.5	10.5	11.5	12.5	13.5	14.5	15.5	16.5

2. 面积法

（1）面积内晶粒数 N 的计算　　面积法是通过计数计算出面积网格内的晶粒数 N 来测定晶粒度的。测定方法是将已知面积 A（通常使用 $5000mm^2$）的圆形或矩形测量网格置于晶粒图像上，选用合适的放大倍数 M，然后计数完全落在测量网格内的晶粒数 $N_内$ 和被网格所切割的晶粒数 $N_交$。对于圆形测量网格，该面积内的晶粒数 N 按式（2-4）计算；对于矩形测量网格，该面积内的晶粒数 N 按式（2-5）计算（$N_交$ 不包括四个角的晶粒）。图 2-6 所示为圆形测量网格晶粒数计算示意图，图中被网格所切割带有阴影线的晶粒为 23 个，完全落在测量网格内的晶粒有 28 个。图 2-7 所示为矩形测量网格晶粒数计算示意图，图中被网格所切割的晶粒为 43 个（在矩形网格外用数字表示），完全落在测量网格内的晶粒有 53 个（在矩形网格内用数字表示），在矩形网格四个角的晶粒不计算到被切割的晶粒数。

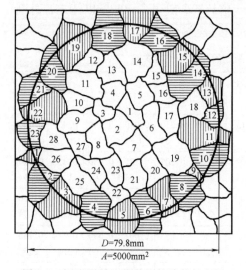

图 2-6　圆形测量网格晶粒数计算示意图

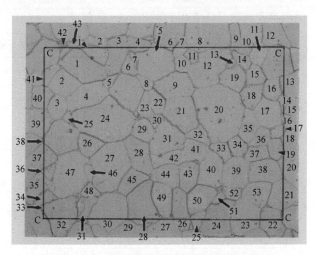

图 2-7　矩形测量网格晶粒数计算示意图

$$N = N_内 + \frac{1}{2}N_交 \tag{2-4}$$

$$N = N_内 + \frac{1}{2}N_交 + 1 \tag{2-5}$$

选择试验圆测量网格内晶粒个数 N 不应超过 100 个。当采用适当的放大倍数，使视场中试验圆内约有 50 个晶粒，可获得最佳的计数精度。如果试验圆内的晶粒数 N 降至 50 个以下，则使用面积法方法评估晶粒度会有较大的分散性。为了避免出现这个问题，选择合适的放大倍数，使 N 大于或等于 50；或者使用矩形和正方形试验图形，采用式（2-5）计算晶粒数 N。在计算晶粒度中随机选择多个视场，使参与计算的晶粒总数不少于 700 个时，采用面积法测定晶粒度的相对准确度可达到 10%。

（2）每平方毫米晶粒数 N_A 计算　　通过测量网格中的晶粒数 N 和观察用的放大倍数 M，可按式（2-6）计算出实际试样检测面上（1 倍）的每平方毫米内晶粒数 N_A：

$$N_A = \frac{M^2 N}{A} \tag{2-6}$$

式中，A 为所使用的测量网格面积（mm^2）。

（3）晶粒级别数 G 的计算　　晶粒级别数 G 按下式计算：

$$G = 3.321928 \lg N_A - 2.954 \tag{2-7}$$

利用单位面积内晶粒数来确定晶粒度级别数 G。面积法的精确度关键在于晶粒界面明显划分晶粒的计数，通过合理计数可实现 ± 0.25 级的精确度。为了确保有效的平均值，最少要计算三个视场。

3. 截点法

截点法是通过计数给定长度的测量线段（或网格）与晶粒边界相交截数来测定晶粒度的。截点法有直线截点法和圆截点法。圆截点法可不必附加过多的视场数，便能自动补偿偏离等轴晶而引起的误差，克服了直线截点法试验线段端部容易产生误差的问题，因此圆截点法是比较适合作为质量检测评估晶粒度的方法。对于非等轴晶粒度，截点法可用于分别测定三个相互垂直方向的晶粒度，也可计算总体平均晶粒度。

N_i 为已知长度直线上的截线数，它为直线通过单相晶粒的截段数，如果通过晶粒则计为1，如果终止在晶内计为 $1/2$。图 2-8a 中通过 6 个晶粒和两端终止在晶内，则 $N_i = 6 + 2 \times 1/2 = 7$。$P_i$ 为已知长度直线上的截点数，定义为直线与晶界的截点个数，图 2-8b 中的截点数为 7。

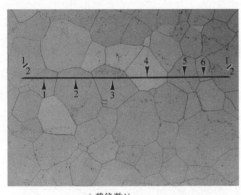
a) 截线数 N_i

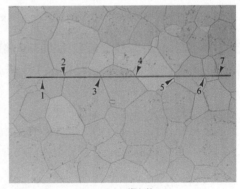
b) 截点数 P_i

图 2-8　截线数 N_i 和截点数 P_i 的说明示意图

推荐使用的 500mm 测量网格如图 2-9 所示。图 2-9 中三个圆的直径分别 79.58mm、53.05mm 和 26.53mm，三个圆的圆周长总和为 250mm+166.7mm+83.3mm = 500.0mm。对于每个视场的计数，按式（2-8）和式（2-9）计算单位长度上的截线数 N_L 或截点数 P_L。对每个视场按式（2-10）计算平均截距长度值 $\bar{l}$。用 N_L、P_L 或 $\bar{l}$ 的 n 个测定值的平均数值，分别按式（2-11）、式（2-12）和式（2-13），可确定平均晶粒度。截点法的精确度是截点或截线计数的函数，通过有效的计数，可达到优于 ± 0.25 级的精确度。截点法的测量结果是无偏差的，重现性和再现性小于 ± 0.5 级。

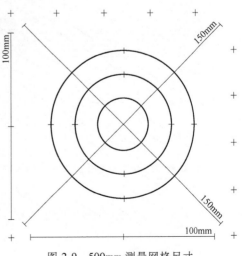

图 2-9　500mm 测量网格尺寸

$$N_L = \frac{N_i}{L/M} = \frac{MN_i}{L} \qquad (2\text{-}8)$$

$$P_L = \frac{P_i}{L/M} = \frac{MP_i}{L} \qquad (2\text{-}9)$$

$$\bar{l} = \frac{1\mathrm{mm}}{N_L} = \frac{1\mathrm{mm}}{P_L} \qquad (2\text{-}10)$$

式中，N_L 为 1 倍下单位长度（mm）试验线穿过晶粒的截线数；P_L 为 1 倍下单位长度（mm）试验线与晶界相交的截点数；M 为所使用的放大倍数；N_i 为在已知长度 L 试验线上的截线数；P_i 为在已知长度 L 试验线上的截点数；L 为试验线长度（mm）；$\bar{l}$ 为 1 倍下的平均截距长度（mm）。

$$G = (6.643856\lg N_L) - 3.288 \qquad (2\text{-}11)$$

$$G = (6.643856\lg P_L) - 3.288 \qquad (2\text{-}12)$$

$$G = (-6.643856\lg \bar{l}) - 3.288 \qquad (2\text{-}13)$$

图 2-10 所示为不同放大倍数下 500mm 测量网格的平均截线数与晶粒度级别数 G 的关系，图中阴影范围是最合适的截线计数范围。在实际截点法测量中，可采用直线截点法、单圆截点法和三圆截点法。均匀、各向同性等轴晶粒显微晶粒度与晶粒参数的关系见表 2-4。

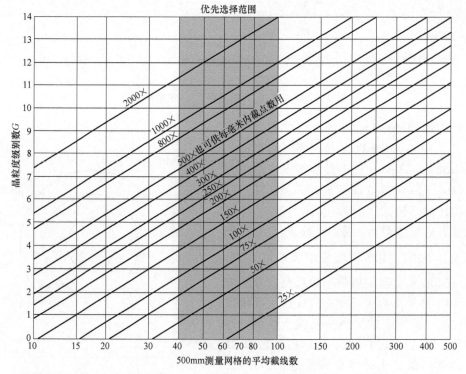

图 2-10　不同放大倍数下 500mm 测量网格的平均截线数与晶粒度级别数 G 的关系

表2-4 均匀、各向同性的等轴晶粒显微晶粒度与晶粒参数的关系

显微晶粒度级别数 G	单位面积内晶粒数 $\overline{N}_A(1\times)$ /(1/mm²)	晶粒平均截面积 $\overline{A}$		平均直径 $\overline{d}$		平均截距 $\overline{l}$		每毫米上截线数 $\overline{N}_L(1\times)$ /(1/mm)
		mm²	μm²	mm	μm	mm	μm	
00	3.88	0.2581	258064	0.5080	508.0	0.4525	452.5	2.21
0	7.75	0.1290	129032	0.3592	359.2	0.3200	320.0	3.12
0.5	10.96	0.0912	91239	0.3021	302.1	0.2691	269.1	3.72
1.0	15.50	0.0645	64516	0.2540	254.0	0.2263	226.3	4.42
1.5	21.92	0.0456	45620	0.2136	213.6	0.1903	190.3	5.26
2.0	31.00	0.0323	32258	0.1796	179.6	0.1600	160.0	6.25
2.5	43.84	0.0228	22810	0.1510	151.0	0.1345	134.5	7.43
3.0	62.00	0.0161	16129	0.1270	127.0	0.1131	113.1	8.84
3.5	87.68	0.0114	11405	0.1068	106.8	0.0951	95.1	10.51
4.0	124.00	0.00806	8065	0.0898	89.8	0.0800	80.0	12.50
4.5	175.36	0.00570	5703	0.0755	75.5	0.0673	67.3	14.87
5.0	248.00	0.00403	4032	0.0635	63.5	0.0566	56.6	17.68
5.5	350.73	0.00285	2851	0.0534	53.4	0.0476	47.6	21.02
6.0	496.00	0.00202	2016	0.0449	44.9	0.0400	40.0	25.00
6.5	701.45	0.00143	1426	0.0378	37.8	0.0336	33.6	29.73
7.0	992.00	0.00101	1008	0.0318	31.8	0.0283	28.3	35.36
7.5	1402.9	0.00071	713	0.0267	26.7	0.0238	23.8	42.04
8.0	1984.0	0.00050	504	0.0225	22.5	0.0200	20.0	50.00
8.5	2805.8	0.00036	356	0.0189	18.9	0.0168	16.8	59.46
9.0	3968.0	0.00025	252	0.0159	15.9	0.0141	14.1	70.71
9.5	5611.6	0.00018	178	0.0133	13.3	0.0119	11.9	84.09
10.0	7936.0	0.00013	126	0.0112	11.2	0.0100	10.0	100.0
10.5	11223.2	0.000089	89.1	0.0094	9.4	0.0084	8.4	118.9
11.0	15872.0	0.000063	63.0	0.0079	7.9	0.0071	7.1	141.4
11.5	22446.4	0.000045	44.6	0.0067	6.7	0.0060	5.9	168.2
12.0	31744.1	0.000032	31.5	0.0056	5.6	0.0050	5.0	200.0
12.5	44892.9	0.000022	22.3	0.0047	4.7	0.0042	4.2	237.8
13.0	63488.1	0.000016	15.8	0.0040	4.0	0.0035	3.5	282.8
13.5	89785.8	0.000011	11.1	0.0033	3.3	0.0030	3.0	336.4
14.0	126976.3	0.000008	7.9	0.0028	2.8	0.0025	2.5	400.0

（1）直线截点法 在被测金相图中采用一条或数条直线组成测量网格，选择适当的测量网格长度和放大倍数，以保证最少能截获约50个截点。根据测量网格所截获的截点数来确定晶粒度。

计算截点时，测量线段终点不是截点不予以计算。终点正好接触到晶界时，计为0.5个

截点。测量线段与晶界相切时，计为1个截点。明显地与三个晶粒汇合点重合时，计为1.5个截点。在不规则晶粒形状下，测量线在同一晶粒边界不同部位产生的两个截点后又伸入形成新的截点，计算截点时，应包括新的截点。

为了获得合理的平均值，应任意选择3～5个视场进行测量。如果这一平均值的精度不满足要求时，应增加足够的附加视场。视场的选择应尽量广地分布在试样的检测面上。

对于明显的非等轴晶组织，如经中度加工过的材料，通过对试样三个主轴方向的平行线束来分别测量尺寸，以获得更多数据。通常使用纵向和横向部分，必要时也可使用法向部分。

可通过平行位移图2-9中任一条100mm线段，在同一图像中标记"+"处截获截点数，进行晶粒度测量。

（2）单圆截点法　对于试样上不同位置晶粒度有明显差别的材料，应采用单圆截点法，在此情况下应进行大量视场的测量。使用的测量网格通常使用100mm、200mm和250mm周长的圆，也可根据实际情况进行选择。单圆截点法应选择适当的放大倍数，以满足每个圆周产生35个左右截点。如测量网格通过三个晶粒汇合点时，截点计数为2。将所需要的几个圆周任意分布在尽可能大的检验面上，视场数增加直至获得足够的计算精度。

（3）三圆截点法　测量网格由三个同心等距，总周长为500mm的圆组成，如图2-9所示。在测量截点时，如测量网格通过三个晶粒汇合点，截点计数为2。试验表明，每个试样截点计数达500时，可获得可靠的测量精确度。三圆截点法应选择适当的放大倍数，使三个圆的试验网格在每一视场上产生40～100个截点计数，目的是通过选择5个视场后可获得400～500个总截点计数，以满足合理的误差范围。

先进结构金属材料的研究与开发是永恒的主题，超细晶粒、高洁净度、高均匀性的金属材料是主要的研究方向，其中得到微米级的超细晶钢是该项目的核心技术。为了适应这一要求，2019年国际标准化组织（ISO）发布了新的晶粒度检验标准，即ISO 643：2019（E）*Steels—Micrographic determination of the apparent grain size* 该标准中增加了15～17级晶粒度检验的数据，见表2-5。从该表中可以看到，17级晶粒度材料的晶粒的平均直径已经到达了$1\mu m$的水平。

表2-5　超细等轴晶粒显微晶粒度与晶粒参数的关系

晶粒度 G	单位面积内晶粒数 （标称值）$\overline{N}_A(1\times)/(1/mm^2)$	晶粒平均直径 $\overline{d}/\mu m$	晶粒平均截面积 $\overline{A}/\mu m^2$	平均截距 $\overline{l}/\mu m$	每毫米上平均截线数 $\overline{N}_L(1\times)/(1/mm)$
15	262144	2.0	3.7	1.70	588
16	524288	1.4	1.9	1.20	833
17	1048576	1.0	0.95	0.87	1149

2.5　非等轴晶晶粒度测定

材料在加工过程中，如轧制或锻造，晶粒沿轧制或锻造方向伸长，不再是等轴晶。此时，非等轴晶晶粒度测量应考虑试样截取方向。对于矩形棒材、板材及薄板材料晶粒度应在纵向、横向和法向截面上进行测量；对于圆棒材晶粒度可在纵向和横向截面上测量。如果等轴偏差不太大（形状比小于3∶1），可在试样的纵向截面上使用圆形测量网格测量晶粒度。推荐采用 GB/T 4335—2013《低碳钢冷轧薄板铁素体晶粒度测定法》测量晶粒度。如果使用直线取向测量网格进行测定，可在三个主要截面的任意两个截面上进行三个取向的测量。对采用面积法或者截点法计算得到的数据进行统计分析，得出材料的晶粒度。

1. 面积法

当晶粒形状不是等轴而是被拉长时，要在纵向、横向和法向三个主截面上进行晶粒计数。在纵向（l）、横向（t）和法向（p）截面上，测定实际试样面上（1倍）每平方毫米内晶粒数 $\overline{N}_{Al}$、$\overline{N}_{At}$ 和 $\overline{N}_{Ap}$，按式（2-14）计算出每平方毫米内平均晶粒数 $\overline{N}_A$，然后按式（2-7）计算晶粒度级别数 G。

$$\overline{N}_A = (\overline{N}_{Al} \cdot \overline{N}_{At} \cdot \overline{N}_{Ap})^{\frac{1}{3}} \tag{2-14}$$

2. 截点法

可随机在三个主试验面上使用圆形测量网格测量，或使用直线段在两个或三个主试验面的3个或6个主要方向上进行截点或者截线计数，测量非等轴晶组织的晶粒度。直线截点法测量晶粒度的6种取向如图2-11所示。在纵向、横向和法向截面上单位长度上晶粒边界的截点平均数分别为 $\overline{P}_{Ll}$、$\overline{P}_{Lt}$ 和 $\overline{P}_{Lp}$；在纵向、横向和法向截面上单位长度上晶粒的截线平均数分别为 $\overline{N}_{Ll}$、$\overline{N}_{Lt}$ 和 $\overline{N}_{Lp}$。通过在三个主平面随机测定的单位长度上晶粒边界截点平均数或单位长

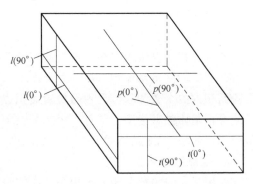

图 2-11　直线截点法测量晶粒度的6种取向
l—纵向面　t—横向面　p—法向面

度上晶粒的截线平均数，按式（2-15）或式（2-16）计算平均值 $\overline{P}_L$ 及 $\overline{N}_L$。

$$\overline{P}_L = (\overline{P}_{Ll} \cdot \overline{P}_{Lt} \cdot \overline{P}_{Lp})^{\frac{1}{3}} \tag{2-15}$$

$$\overline{N}_L = (\overline{N}_{Ll} \cdot \overline{N}_{Lt} \cdot \overline{N}_{Lp})^{\frac{1}{3}} \tag{2-16}$$

用式（2-10）计算出三个主平面各个的 $\overline{l}_l$、$\overline{l}_t$ 和 $\overline{l}_p$，按式（2-17）再计算出的总平均值 $\overline{l}$。

$$\overline{l} = (\overline{l}_l \cdot \overline{l}_t \cdot \overline{l}_p)^{\frac{1}{3}} \tag{2-17}$$

如果在主平面的主方位上使用直线的试验线，只需要在两个主平面上完成三个主方位的取向计数，完成晶粒度的测定。测定纵向面上与变形轴平行（0°）的 $\overline{l}_{l(0°)}$ 和垂直（90°）$\overline{l}_{l(90°)}$，按式（2-18）可得到晶粒形状的各向异性指数 AI。

$$\text{AI} = \overline{l}_{l(0°)} / \overline{l}_{l(90°)} \tag{2-18}$$

通过测定各取向的 $\overline{P}_{Ll(0°)}$、$\overline{P}_{Lt(90°)}$、$\overline{P}_{Lp(90°)}$，按式（2-19）计算 $\overline{P}_L$，再采用公式（2-10）计算出 $\overline{l}$。同理，也可以通过先计算出 $\overline{N}_L$，再采用式（2-10）计算出 $\overline{l}$。

$$\overline{P}_L = (\overline{P}_{Ll(0°)} \cdot \overline{P}_{Lt(90°)} \cdot \overline{P}_{Lp(90°)})^{\frac{1}{3}} \tag{2-19}$$

通过采用式（2-11）、式（2-12）或式（2-13），即可求出非等轴晶组织的平均晶粒度。

2.6 多相晶粒度测定

对少量的第二相的颗粒，不论是否是所希望的形貌，测定晶粒度时可忽略不计，也就是说当作为单相组织来处理，可使用面积法或截点法测定其晶粒度。若无另有规定，其有效的平均晶粒度应视作基体晶粒度。

1. 比较法

对于大多数工业生产检验，如果第二相（或组元）基本上与基体晶粒大小基本相同，由岛状或块状组成，或者是第二相颗粒的数量少而尺寸又小的，并主要位于初生晶粒的晶界处，此时可使用比较法。

2. 面积法

如果基体晶粒边界清晰可见，并且第二相颗粒主要存在基体晶粒之间而不是在晶粒内，则可使用面积法测量第二相占检验面积的百分数。通常，先测定最少含量的第二相的总量，然后，用差额测定基体相（α）百分数 $A_{A\alpha}$；再按 2.4 节中的面积法计算基体晶粒完全落在检验面积内的个数和基体晶粒与检验面积边界相交的个数。选用的测量网格面积大小，应以只能覆盖基体晶粒为度。从每一个视场的测量值中统计分析基体的单位面积的晶粒数 $N_{A\alpha}$，利用式（2-6）确定基体的有效平均晶粒度。

3. 截点法

采用截点法测定两相或多相晶粒度的限制条件与面积法基本相同。此外，还应确定基体相（α）的体积分数 $V_{V\alpha}$，然后使用单圆或三圆的测量网格，计数出测量网格与基体晶粒相的交截数 N_{α}。按式（2-20）确定基体相的平均截线长度 $\bar{l}_{\alpha}$，利用式（2-13）计算出有效晶粒度。

$$\bar{l}_{\alpha} = \frac{V_{V\alpha}(L/M)}{N_{\alpha}} \tag{2-20}$$

式中，$V_{V\alpha}$ 为基相（α）晶粒体积分数（可利用基体相的面积百分数 $A_{A\alpha}$ 估计 $V_{V\alpha}$）；L 为测量网格长度（mm）；M 为放大倍数；N_{α} 为测量网格与基相晶粒交截数。

2.7 电子背散射衍射法晶粒度测定

传统的晶粒尺寸测量是靠对显微组织中的晶界观察实现的，但并非采用常规浸蚀方法能显现所有晶界，有些金属材料在特定的热处理状态下，很难采用传统金相方法清晰地显示晶界。例如，60Si2MnA 钢在淬火、回火状态下的回火索氏体或回火托氏体组织比较细，原马氏体针较小，在光学显微镜下很难清晰地分辨晶界。再例如，为了进一步提高钢铁材料的性能，提出了新一代钢铁材料（超级钢）概念，其核心是超细晶技术，即如果将钢的晶粒细化一个数量级，低合金钢的强度可以提高 1 倍，同时仍然保持良好的塑性和韧性。随着超细晶技术的应用，也使得采用传统的晶粒尺寸测量方法显得力不从心。

电子背散射衍射（EBSD）新技术兴起于 20 世纪 90 年代初，主要应用于扫描电子显微镜（SEM）。此技术发展至今，在一定程度上改变了材料研究领域的传统研究方法，成功实现了显微组织形貌观察和数据分析的同步，能有效地克服传统金相晶粒度检测中的不足，进一步扩大了 SEM 的应用范围。EBSD 能在短时间内获得样品的大量晶体学信息，成为研究材料的晶粒尺寸、组织、晶界、取向、织构及缺陷等问题的理想工具。

GB/T 36165—2018《金属平均晶粒度的测定　电子背散射衍射（EBSD）法》中的 EBSD 方法比传统金相法分辨率高，不仅适用于传统金相方法难以清晰显示晶界的金属材料和细小晶粒的金属材料，还适用于复相材料主相组织平均晶粒尺寸的定量分析。

（1）原理　采用 EBSD 方法测量金属的平均晶粒度，是采用 SEM 对样品的 EBSD 面扫描数据进行处理，根据各扫描点的取向划分晶粒。通过视场内的扫描点数量和扫描步长，得出晶粒的平均面积，再由晶粒的平均面积计算得出平均晶粒度。

EBSD 系统由硬件和软件组成。硬件包括探头部分和控制部分，探头将采集到的 EBSD 花样传送到计算机软件进行标定。控制部分控制电子束进行逐点扫描或控制样品台移动。软件是指计算机系统中的 EBSD 软件包，包括 EBSD 花样的采集标定软件和 EBSD 数据处理软件。

（2）测量步骤　将样品固定在倾斜 70° 的样品台上，预估钢的平均晶粒尺寸，选择小于预估平均晶粒直径的 1/10 作为扫描步长。为提高代表性和测量精度，应随机选择 3 个以上视场在高倍下进行小面积扫描。单视场应至少包含 50 个完整晶粒，所有视场应至少包含 500 个完整晶粒。调整 SEM 和 EBSD 的测试条件，确定图像标定率，进行 EBSD 扫描，获得高质量扫描图像。

（3）计算平均晶粒面积　当扫描点为矩形时，按照式（2-21）计算每个晶粒扫描面积 A_i（μm^2）。

$$A_i = P_i \Delta^2 \tag{2-21}$$

式中，P_i 为数据点数；Δ 为步长（μm）。

当扫描点为六边形时，按照式（2-22）计算每个晶粒扫描面积 A_i。

$$A_i = \frac{\sqrt{3}}{2} P_i \Delta^2 \tag{2-22}$$

扫描范围内包含 N 个完整晶粒，按照式（2-23）计算平均晶粒面积 $\overline{A}$（μm^2）。

$$\overline{A} = \frac{1}{N} \sum_{i=1}^{N} A_i \tag{2-23}$$

式中，N 为晶粒数。

（4）计算晶粒面积的标准偏差　按照式（2-24）计算晶粒面积的标准偏差 S。

$$S = \sqrt{\frac{1}{N-1} \sum_{i=1}^{N} (A_i - \overline{A})^2} \tag{2-24}$$

（5）计算晶粒度级别　按照式（2-25）计算晶粒度级别 G。

$$G = \left[-3.3223 \times \lg(\overline{A} \times 10^{-6}) \right] - 2.995 \tag{2-25}$$

按照式（2-26）计算 95% 置信区间（95%CI）。

$$95\%CI = \pm \frac{tS}{\sqrt{N}} \tag{2-26}$$

式中，t 为 t 分布系数，当晶粒个数 $N \geqslant 500$ 时，$t = 1.960$。

按照式（2-27）计算相对误差%RA。

$$\%RA = \frac{95\%CI}{\overline{A}} \times 100\% \qquad (2-27)$$

也可以根据平均等积圆直径计算晶粒度级别。晶粒面积与该晶粒等积圆直径的关系如图 2-12 所示。晶粒等积圆平均直径是计算在内的每个晶粒的等积圆直径的总和除以晶粒数。按照每个晶粒面积与该晶粒等积圆直径的关系，每个晶粒的等积圆直径 D_{ci} 按照式（2-28）计算。

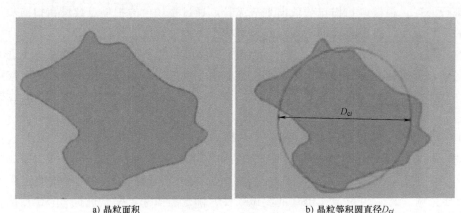

a) 晶粒面积　　　　　　　　　b) 晶粒等积圆直径D_{ci}

图 2-12　晶粒面积与该晶粒等积圆直径的关系

$$D_{ci} = \left(\frac{4A_i}{\pi}\right)^{\frac{1}{2}} \qquad (2-28)$$

整个扫描视场晶粒平均等积圆直径 $\overline{D_c}$ 按照式（2-29）计算。

$$\overline{D_c} = \frac{1}{N}\sum_{i=1}^{N} D_{ci} \qquad (2-29)$$

晶粒度级别 G 按照式（2-30）计算。

$$G = \left[-6.64 \times \lg(\overline{D_c} \times 10^{-3})\right] - 2.95 \qquad (2-30)$$

2.8　晶粒度测定实例

1. 面积法计算晶粒级别数 G 实例

图 2-13 所示为低碳钢金相照片，在该图中叠放直径为 64.4mm 的圆形网格。完全落到测量网格内的晶粒数 $N_内 = 44$，被网格所切割的晶粒数 $N_交 = 43$。

根据式（2-5）和式（2-6）计算每平方毫米内晶粒数 N_A：

$$N_A = \frac{200^2 \times \left(44 + \frac{1}{2} \times 43\right)}{32.2^2 \times \pi} \approx 804.3$$

根据式（2-7）计算晶粒度级别数 G：

$$G = 3.321928\lg804.3 - 2.954 \approx 6.7$$

因此，根据面积法计算图 2-13 的晶粒度级别数 $G=6.7$ 级。

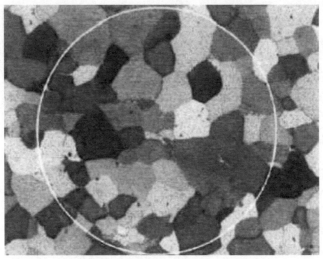

图 2-13　低碳钢金相照片　200×

2. 单圆截点法计算晶粒级别数 G 实例

对图 2-13 低碳钢金相照片采用截点法计算晶粒级别数 G。测量得出 $P=34$，$L=\pi D=202.3\mathrm{mm}$，根据式（2-9）计算单位长度上的截点数 P_L：

$$P_L=\frac{200\times34}{202.3}=33.613445$$

根据式（2-10）计算平均截距长度 $\bar{l}$：

$$\bar{l}=\frac{1\mathrm{mm}}{33.613445}=0.02975\mathrm{mm}$$

根据式（2-13）计算晶粒度级别数 G：

$$G=(-6.643856\lg0.02975)-3.288\approx6.9$$

因此，根据截点法计算图 2-13 的晶粒度级别数 G 为 6.9 级。

由于测量的视场有限，上述计算结果具有一定的误差。

3. 25MnCr5 钢锻造正火晶粒级别评定

图 2-14 所示为 25MnCr5 钢锻造正火组织。采用 4%（体积分数）硝酸乙醇溶液浸蚀，组织为片状珠光体和铁素体，铁素体沿奥氏体晶界分布，与基体相比数量为少量。以珠光体基体与标准评级图进行对比，评定晶粒级别为 4~6 级。

4. 48Mn2V 钢锻造正火晶粒级别评定

图 2-15 所示为 48Mn2V 钢锻造正火组织。采用 4%（体积分数）硝酸乙醇溶液浸蚀，基体为片状珠光体及少量呈网状分布的铁素体。从该金相图中可以看出，钢的晶粒大小不均匀，大晶粒与小晶粒相对比例分别约各占 30% 和 70%，因此应该分别进行评级。与标准评级图进行对比，小晶粒为 7~8 级，大晶粒为 5 级左右。分析产生混晶的原因是终锻造温度较低，致使钢晶粒大小不均匀。

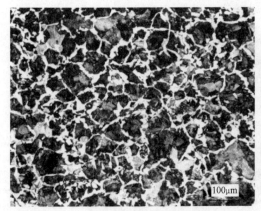
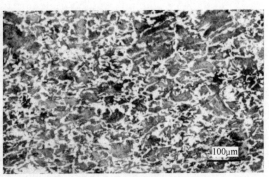

图 2-14　25MnCr5 钢锻造正火组织　　　图 2-15　48Mn2V 钢锻造正火组织

5. W6Mo5Cr4V2 钢晶粒级别评定

图 2-16 所示为 W6Mo5Cr4V2 钢 1220℃加热油冷淬火+回火后组织。高速工具钢淬火晶粒度可以用硝酸乙醇浸蚀，但淬火+回火后组织采用硝酸乙醇溶液浸蚀晶界往往显示不出来，采用三酸乙醇浸蚀，可以清晰地显示淬火+回火后的晶粒度。与标准评级图进行对比，晶粒级别为 5~6 级，参考表 2-3 晶粒度级别对照表中放大倍数 400×的晶粒级别，评定该钢实际晶粒度为 9~10 级。

6. 4Cr5MoSiV1（H13）晶粒度评定

（1）氧化法　试样用金相砂轮打平磨光，然后在 400 目金相砂纸上磨光，在蜡盘上磨抛成镜面。将抛光试样面朝上置于空气加热炉中加热，加热温度为 1030℃±10℃，保温1h，在 10%（质量分数）NaCl 水溶液中冷却。试样氧化后用蜡盘轻轻打磨抛光，直至试样抛光稍微发亮为宜。采用饱和苦味酸乙醇溶液 100mL、洗涤剂 1~5mL、盐酸 1~5 滴来显示奥氏体晶界，浸蚀时间为 3~5min。图 2-17 所示为在 100 倍显微镜下的金相照片，晶粒清晰显示。参照 GB/T 6394—2017 晶粒度评级图对试样进行评定，奥氏体晶粒度级别为 6 级。

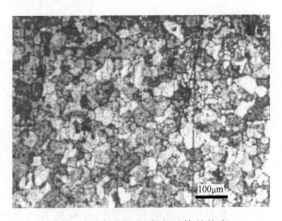

图 2-16　W6Mo5Cr4V2 钢 1220℃　　　图 2-17　氧化法评定奥氏体晶粒度
　　　加热油冷淬火+回火后组织

（2）淬火法　采用与氧化法相同的试样。试样在1030℃保温1h水冷，然后在530℃回火1h。试样经磨制、抛光后，采用饱和苦味酸乙醇溶液100mL、洗涤剂1~5mL、盐酸1~5滴显示奥氏体晶界，浸蚀时间为3~5min。图2-18所示为在100倍显微镜下的金相照片，晶粒清晰显示。参照GB/T 6394—2017晶粒度评级图对试样进行评定，奥氏体晶粒度级别为6级。

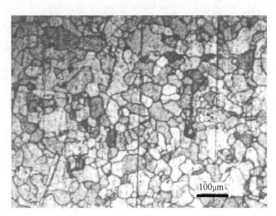

图2-18　淬火法评定奥氏体晶粒度

7. XPM塑料模具钢的晶粒度评定

XPM塑料模具钢的化学成分见表2-6。分别于900℃、1000℃、1100℃和1150℃奥氏体化保温3h后空冷至室温，随后通过560℃回火。采用过饱和苦味酸+少量海鸥牌洗发膏溶液在70℃水浴锅中浸蚀显示晶粒度。XPM钢经不同奥氏体化温度保温后的晶粒度如图2-19所示。采用截线法计算其晶粒度，计算结果为：在900℃、1000℃、1100℃和1150℃奥氏体化保温3h后的奥氏体晶粒度分别是7级（约26.6μm）、6级（约38.3μm）、4级（约74.2μm）、3级（约105.7μm）。

表2-6　XPM塑料模具钢的化学成分

元素	C	Si	Mn	Cr	Mo	Ni	V	P	S	Fe
质量分数（%）	0.30	0.25	1.50	1.80	0.30	1.10	0.08	<0.025	<0.005	余量

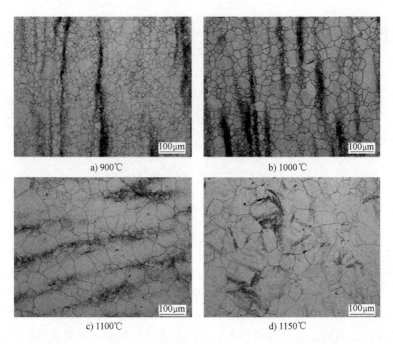

a) 900℃　　　　　　　b) 1000℃

c) 1100℃　　　　　　　d) 1150℃

图2-19　XPM钢经不同奥氏体化温度保温后的晶粒度

8. 图像分析系统截点法晶粒度分析

采用金相显微镜自带 MIAPS 分析软件组成的图像分析系统,对某金属的晶粒尺寸进行分析,在 20 倍物镜下观察试样晶粒形貌,并采用直线截点法测量晶粒的平均截距,然后根据晶粒度计算公式求出平均晶粒度。选择金相组织中的 10 个不同视场,测量平均截距,测量结果列于表 2-7。根据表 2-7,计算出 10 个视场的总平均截距 $\bar{l}_{总} = \sum_{i=1}^{10} \bar{l}_i / 10 = 18.67\mu m = 0.01867mm$。采用式(2-13)计算晶粒度级别数 G:

$$G = (-6.643856 \lg 0.01867) - 3.288 \approx 8.2$$

因此,其晶粒度级别数 G 为 8.2 级。

表 2-7 10 个视场直线截点法测量晶粒的平均截距

视场编号 i	1	2	3	4	5	6	7	8	9	10
平均截距 $\bar{l}_i$/μm	17.22	17.52	17.48	20.25	16.02	20.51	19.98	20.29	20.12	17.31

平均截距计数的标准差 S 按下式计算:

$$S = \sqrt{\frac{1}{n-1} \sum_{i=1}^{n} (\bar{l}_i - \bar{l}_{总})^2} \approx 1.6136$$

式中 n——视场数。

95%置信区间 95%CI 按下式计算:

$$95\%\text{CI} = \pm \frac{tS}{\sqrt{n}} \approx 1.154$$

根据选取视场数 n,上式中的 t 值按表 2-8 选取。

表 2-8 视场数与测定置信限用系数的关系

视场数 n	5	6	7	8	9	10	11	12
t 值	2.776	2.571	2.447	2.365	2.306	2.262	2.228	2.201
视场数 n	13	14	15	16	17	18	19	20
t 值	2.179	2.160	2.145	2.131	2.120	2.110	2.101	2.093

测量计数的相对误差%RA 按下式计算:

$$\%\text{RA} = \frac{95\%\text{CI}}{\bar{l}_{总}} \times 100\% \approx 6.18\%$$

根据 GB/T 6394—2017,对于大多数的工程应用,如%RA 不大于 10%,则测量结果视为有效。

9. 复相组织不同晶粒度分析方法对比

GB/T 6394—2017 主要适用于单相铁素体或者奥氏体组织的晶粒度的检测。对于热轧状态亚共析钢铁素体+珠光体复相组织,该标准经具体规定后也可适用。也就是将复相组织按单相组织处理,并采用面积法和截点法测定晶粒度。除另有规定外,应将有效的平均晶粒度视为基体的晶粒度。目前,金相专用软件中的截点法和面积法还主要采用手动测量,需要对大量的晶粒数据统计和分析,比较烦琐。

　　选取组织均匀的 20 钢热轧板制备金相试样，采用 4%（体积分数）的硝酸乙醇溶液浸蚀。20 钢热轧板的微观组织为铁素体+片状珠光体，如图 2-20 所示。其中铁素体晶粒显示较为完整，晶界轮廓清晰可见，且界面完整，可以对晶粒尺寸进行统计分析；珠光体呈深灰色，面积分数小于 5%，珠光体团尺寸也与铁素体相当。因此，按 GB/T 6394—2017，在测定晶粒度时，珠光体可按少量第二相质点忽略不计，采用铁素体晶粒对该钢进行晶粒度评级。

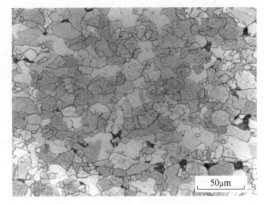

图 2-20　20 钢热轧板的金相组织

　　（1）比较法　通过与标准系列评级图对比，评定该 20 钢热轧板中铁素体平均晶粒度为 10 级。

　　（2）截点法　采用适当的放大倍数，采集 20 钢热轧板的金相照片，如图 2-21 所示。采用金相分析软件，用截点法中的平均截距法进行晶粒度的评级。由图 2-21 可见，20 钢热轧板上 4 条测量线段的总长度为 2273μm，使用手动计数器去除珠光体晶粒，计算得到试样的铁素体晶粒的平均截距为 10.05μm。根据平均截距值和表 2-4，评定该 20 钢热轧板中铁素体平均晶粒度为 10 级。

　　由于标准系列评级图为整数级，评级别差为 0.5 级，为非连续评级。截点法利用计算的截点或截距的函数，通过有效的统计，晶粒度评级精确度可达到 ±0.25 级。截点法的测量的重现性和再现性在 ±0.5 级内。在同一

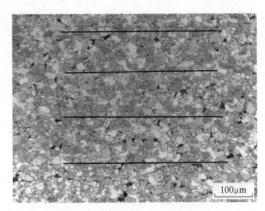

图 2-21　20 钢热轧板截点法的金相照片

精度水平要求下，由于截点法不需要精确标记截点或截距数，因此比面积法测量速度快。如对测量结果有争议时，截点法也是仲裁的方法。

　　（3）EBSD 法　EBSD 试样参照 YB/T4377—2014《金属试样的电解抛光方法》中电解抛光液的配方和使用条件，配制电解抛光液，对 EBSD 试样进行电解抛光。20 钢热轧板电解抛光后珠光体组织与铁素体组织的形貌如图 2-22 所示。

　　尽管珠光体中的可识别相与铁素体两种组织晶体结构相同，均为体心立方结构，但 EBSD 信号质量有明显差别，铁素体组织内应力小，缺陷少，花样质量比较高；珠光体是铁素体和渗碳体混合组织，片层间距比较窄，相互干扰，花样质量较差。因此，可以通过花样质量的差异来区分珠光体组织和铁素体组织，从而实现对主相铁素

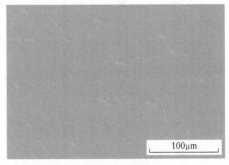

图 2-22　20 钢热轧板电解抛光后珠光体组织与铁素体组织的形貌

体组织进行晶粒度评价。

设定扫描步长小于铁素体晶粒直径的 1/10，且大于珠光体片层间距的长度为宜，在 200~1000 倍的放大倍数下做 EBSD 全视场面扫描。

按照式（2-28），通过扫描电子显微镜自带软件计算每个晶粒的等积圆直径 D_{ci}；按照式（2-29）计算出整个扫描视场晶粒平均等积圆直径 $\overline{D_c}$；而后按照式（2-30）计算得出晶粒度级别。通过对 20 钢热轧板在 400 倍放大倍数下，设定扫描步长为 $1\mu m$，做全视场 EBSD 面扫描并对扫描数据分析，得到衍射条带衬度图（BC 图），如图 2-23 所示。

统计所有晶粒的尺寸，并将等积圆直径在 $2\mu m$ 以下的小晶粒筛选出来。对照 20 钢热轧板 EBSD 面扫描结果的 BC 图，可以发现这些小晶粒集中分布在珠光体对应的位置，是珠光体中的铁素体形成的干扰。将等积圆直径小于 $2\mu m$ 全部清空，去除珠光体中的铁素体的干扰，统计扫描区域内共有晶粒 847 个晶粒，其中等积圆直径最大为 $37.3\mu m$，最小为 $2.25\mu m$，平均值为 $7.7\mu m$。经计算可知，主相的晶粒度为 10.9 级。如果采用金相法中的截点法对铁素体晶粒进行测量，200 个截点得到的平均截距为 $8.7\mu m$，那么经计算可知，主相的晶粒度为 10.4 级，如图 2-24 所示。平均晶粒等积圆直径与截点法的计算结果相差 0.5 级。由此可以认为，在 EBSD 的晶粒尺寸分析中，截线可以有效避免两项组织尺寸特别小的晶粒的干扰，因此测量结果以截点法为准。

图 2-23　20 钢热轧板衍射条带衬度图

图 2-24　20 钢热轧板截点法铁素体晶粒统计

10. 304 不锈钢晶粒度评定

304 不锈钢（相当于我国的 06Cr19Ni10 钢）（体积分数）的硝酸水溶液中电解腐蚀。为避免出现孪晶，电解腐蚀采用 1.2V 低电压，腐蚀时间为 60s。

（1）对比法　在 100 倍的显微镜下与标准评级图对比评定晶粒度。电解腐蚀后样品的金相照片如图 2-25 所示，对比标准评级图，晶粒度级别为 7 级。

（2）面积法　选用放大倍数 M 为 200 的金相照片，将面积 A 为 $5000mm^2$ 的圆形置于金相照片上，落在测量网格内的晶粒数 $N_内$ 为 136 个，被网格所切割的晶粒数 $N_交$ 为 56 个，如

金相试样经磨制和抛光后，常温下在 60%

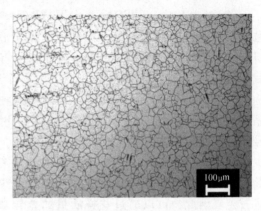

图 2-25　电解腐蚀后样品的金相照片

图 2-26 所示。根据式（2-4）计算得出该网格面积内的晶粒数 $N=N_{内}+\dfrac{1}{2}N_{交}=164$ 个；根据式（2-6）计算得出实际试样检测面上每平方毫米上的晶粒数 $N_A=\dfrac{M^2N}{A}=1312$ 个；根据式（2-7）计算得出 $G=3.321928\lg N_A-2.954=7.4$，即面积法计算得出晶粒度级别为 7.4 级。

（3）三圆截点法　选用三圆截点法进行晶粒度评定。测量网格由 3 个同心总周长为 500mm 的圆组成，如图 2-27 所示。任意选择 5 个不同视场，测量网格上每次的截点数，使每个视场截点数达到 40~100，并按照截点法公式（2-9）进行计算截点数。5 个不同视场的截点数列于表 2-9。

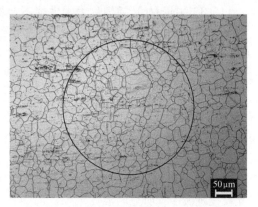

图 2-26　面积法测量晶粒度的金相照片

表 2-9　5 个视场的截点数

视场数 n	1	2	3	4	5
截点数 P_i	103	102	105	106	100

截点数：$\overline{P}=\dfrac{\sum\limits_{i=1}^{5}P_i}{5}=103.2$

计算平均晶粒度级别：$G=(6.643856\lg\overline{P})-3.288=7.45$

根据视场数 $n=5$，查表 2-8 得到扩展因子 $t=2.776$。截点数的标准偏差：

$$S=\sqrt{\dfrac{\sum\limits_{i=1}^{5}(P_i-\overline{P})^2}{n-1}}=2.39$$

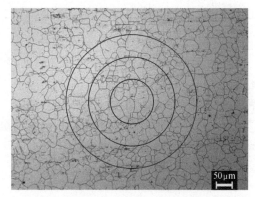

图 2-27　三圆截点法测量晶粒度的金相照片

平均晶粒度 G 相应 95% 的置信区间 95%CL：

$$95\%\mathrm{CL}=3.321928\lg\left(\dfrac{\overline{P}+95\%\,\mathrm{CI}}{\overline{P}-95\%\,\mathrm{CI}}\right)=3.321928\lg\left(\dfrac{\overline{P}+\dfrac{tS}{\sqrt{n}}}{\overline{P}-\dfrac{tS}{\sqrt{n}}}\right)\approx0.08$$

测量相对误差 %RA 为

$$\%\mathrm{RA}=\dfrac{95\%\mathrm{CL}}{G}\times100\%\approx1.11\%$$

通过三圆截点法计算，304 不锈钢的晶粒度级别为（7.45±0.08）级，测量相对误差 %RA 为 1.11%，低于 10%，此测量结果有效。

11. 30CrNi3MoV 钢锻件力学性能不合格分析

30CrNi3MoV 钢锻件主要力学性能技术要求和实测值见表 2-10。热处理采用 850℃淬火+590℃回火后水冷+550℃回火后空冷。从表 2-10 中可以看到，锻件的拉伸性能都能到达技术要求，但三个试样的−40℃低温冲击吸收能量均低于技术要求平均值27J，单个试样冲击吸收能量也低于技术要求单个值22J。化学成分分析表明，材料的化学成分符合技术要求；夹杂物评级符合要求；热处理工艺也符合规范；金相组织为回火索氏体，但晶粒度检验发现锻件有明显的混晶现象。图 2-28 所示为

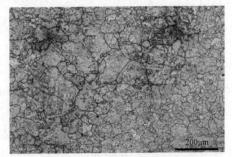

图 2-28　混晶严重的视场

混晶严重的视场，4.0 级的晶粒占 70%，8.0 级的晶粒占约 30%。金相分析表明，锻件出现严重混晶是低温韧性低于技术要求的主要原因。由于该钢是中碳钢淬火+高温回火，组织为回火索氏体，比较难以将晶界与晶内的组织差别显示出来，因此应对浸蚀时间和抛光进行控制。

表 2-10　30CrNi3MoV 钢锻件主要力学性能技术要求与实测值

项目	抗拉强度/MPa	屈服强度/MPa	断面收缩率（%）	伸长率（%）	−40℃低温冲击吸收能量/J
技术要求	≥1000	≥900	≥35	≥12	≥27（平均值），≥22（单个值）
实测值	1161	1040	47	15	三个试样分别为 12、17、16

12. 用"Snyder-Graff"法测定晶粒度

图 2-29 所示为高速钢淬火+回火的金相组织。在图 2-29 中画两条 127mm（5in）交叉的直线，其中一条直线相截 12 个晶界，另一条直线相截 13 个晶界，此外每条直线还与 2 个晶界相切，因此一条直线截点数为 13，另一条为 14。截点数平均值 $G_{S-G} = 13.5$，根据式 (2-1)，计算得出该高速钢淬火+回火金相组织晶粒度级别 $G = 10.2$。根据 ASTM 晶粒度与 Snyder-Graff 晶粒度关系对应曲线（见图 2-30），也同样可以得到同样结论。

图 2-29　高速钢淬火+回火金相组织　1000×

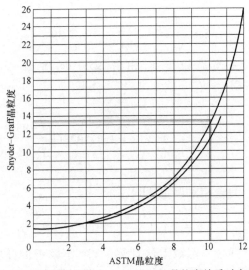

图 2-30　ASTM 晶粒度与 Snyder-Graff 晶粒度关系对应曲线

13. 奥氏体化温度对 W6Mo5Cr4V2 钢晶粒度的影响

奥氏体化温度不仅对 W6Mo5Cr4V2 钢最终硬度有影响，而且对晶粒尺寸也有影响。图 2-31 所示为 W6Mo5Cr4V2 钢采用不同奥氏体化温度淬火得到的淬火金相组织。由于大量合金元素溶入基体，原奥氏体晶界优先于马氏体组织得到腐蚀，因此可以对奥氏体晶粒尺寸进行定量分析。采用 Snyder-Graff 晶粒度测量方法测得的晶粒尺寸如图 2-32 所示。由图 2-32 可以看到，随奥氏体化温度提高，奥氏体晶粒尺寸不断增大。在采用较低的奥氏体化温度时，由于存在有未溶碳化物，特别是细小碳化物具有强烈阻止和钉扎晶界运动，从而阻止了高速工具钢晶粒长大。当提高了奥氏体化温度，碳化物发生溶解，钉扎晶界作用减弱，晶粒发生粗化。淬火后奥氏体组织转变为马氏体，如果奥氏体晶粒细小，形成的马氏体（板条或片状）也细小，材料的韧性也得到提高。

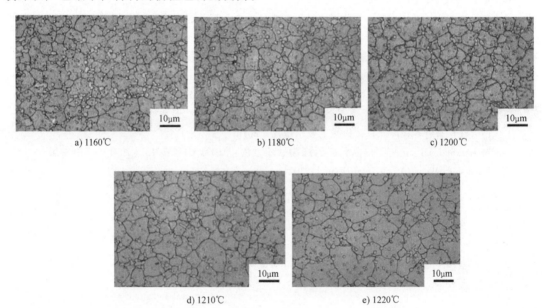

a) 1160℃　　b) 1180℃　　c) 1200℃

d) 1210℃　　e) 1220℃

图 2-31　W6Mo5Cr4V2 钢采用不同奥氏体化温度淬火得到的淬火金相组织

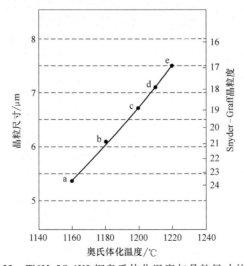

图 2-32　W6Mo5Cr4V2 钢奥氏体化温度与晶粒尺寸的关系

本章主要参考文献

［1］　程丽杰．国内外晶粒度标准综述［J］．理化检验（物理分册），2019，55（8）：515-525，529．

［2］　全国钢标准化技术委员会．金属平均晶粒度测定方法：GB/T 6394—2017［S］．北京：中国标准出版社，2017．

［3］　全国钢标准化技术委员会．金属平均晶粒度的测定　电子背散射衍射（EBSD）法：GB/T 36165—2018［S］．北京：中国标准出版社，2018．

［4］　管爱琴．晶粒度对塑料模具钢性能的影响［J］．金属热处理，2016，41（10）：117-122．

［5］　吕秀乾，石正岩，翟海萌．线截点法测定金属平均晶粒度的不确定度评定［J］．理化检验，2018，54（4）：265-268．

［6］　尹立新，崔桂彬，孟杨，等．亚共析钢复相组织中铁素体晶粒尺寸测定方法［J］．中国冶金，2020，30（8）：46-50，76．

［7］　曹勇．304不锈钢晶粒度评定研究及性能评价［J］．管道技术与设备，2019（1）：18-24．

［8］　International Organization for Standardization（ISO）．Steels—Micrographic determination of the apparent grain size：ISO 643：2019（E）［S］．Geneva：ISO Central Secretariat，2019．

［9］　DOSSETT J L，TOTTEN G E．美国金属学会热处理手册：D卷　钢铁材料的热处理［M］．叶卫平，王天国，沈培智，等译．北京：机械工业出版社，2018．

［10］　ASTM International．测定平均晶粒度的标准试验方法：ASTM E112-2013（2021）（中文版）［S］．West Conshohocken：ASTM International，2021．

第3章 非金属夹杂物金相检验

非金属夹杂物是指存在于钢中的金属或非金属化合物。研究表明，这些夹杂物的种类和形状是多种多样的，对钢材的性能影响程度也不一样。通常非金属夹杂物的存在，破坏了钢基体的连续性，在热处理时易产生淬火裂纹；当金属承受载荷特别是动载荷时，易造成应力集中，使钢的力学性能，特别是塑性、冲击韧性和疲劳强度降低，甚至导致机械零件在使用过程中产生断裂失效；非金属夹杂物的存在，还使钢的耐蚀性降低，并使机械加工后的表面粗糙度增大；有较严重的非金属夹杂物的钢材经热加工后，其组织呈带状分布，从而造成力学性能具有方向性，使冲压性能变坏，易在夹杂物集中处开裂。因此，钢中的非金属夹杂物，被看作是钢中的一种组织缺陷，重要的钢制零部件和模具，需要对钢中非金属夹杂物的含量和分布加以限制。当然，有少数钢材或零件反而希望有多一些的夹杂物，如含硫易切削钢，硫化物的存在改善了其可加工性。

GB/T 10561—2005《钢中非金属夹杂物含量的测定 标准评级图显微检验法》是现行检验、评定压缩比大于或等于3的轧制或锻制钢材中非金属夹杂物的国家标准。其标准评级图谱实际面积相当于100倍下纵向抛光面上的面积为0.5mm^{2}的正方形视场，检验评定方法与国际上的非金属夹杂物评定方法完全接轨。

3.1 非金属夹杂物的分类

钢中存在的非金属夹杂物通常有以下几种：

（1）氧化物 常见的氧化物有Al_2O_3，Cr_2O_3等。用铝脱氧时易产生高硬度的Al_2O_3脆性夹杂，在热加工时它不易变形，总是沿着加工压延方向呈多角形颗粒排列成条状分布。过多的Al_2O_3和Cr_2O_3会使钢的疲劳强度和其他的力学性能下降。这类夹杂物通常称为脆性杂物。图3-1a和图3-1b所示分别为沿变形方向呈串链状分布的Al_2O_3和$FeO \cdot Cr_2O_3$氧化物的典型金相照片。

（2）硫化物 硫化物夹杂物具有塑性，在钢材中呈条状形态。图3-2所示为条带状MnS的典型金相照片。

（3）硅酸盐 钢中的硅酸盐夹杂的成分比较复杂。硅酸盐夹杂物经热加工后一般沿着变形方向延伸，外形粗糙，不光滑。图3-3所示为沿变形方向延伸条带状硅酸盐的典型金相照片，其中图3-3b所示为变形的硅酸盐夹杂包裹着硬度较高未变形的尖晶石形貌。

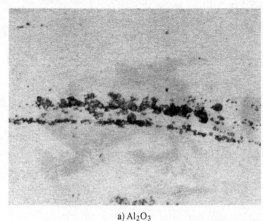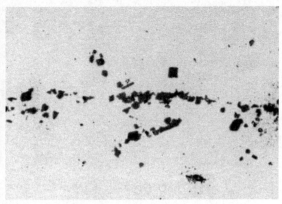

a) Al₂O₃   b) FeO·Cr₂O₃

图 3-1　沿变形方向呈串链状分布的氧化物夹杂物　500×

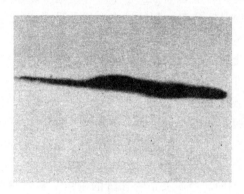

图 3-2　条带状 MnS　800×

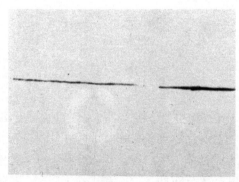

a) 硅酸盐   b) 硅酸盐+尖晶石

图 3-3　沿变形方向延伸条带状硅酸盐　500×

（4）氮化物　氮化物夹杂常见的有 TiN 和 ZrN 和 AlN 等，它在钢中多呈一定规则的几何形状，如方形、矩形、三角形。在明场下具有橘红色的色泽，易辨认。氮化物夹杂物具有很高的熔点和硬度。图 3-4 所示为沿晶界分布的 AlN 夹杂物的典型金相照片。

（5）点状不变形夹杂物　图 3-5 所示为 FeO 点状不变形夹杂物的典型金相照片。

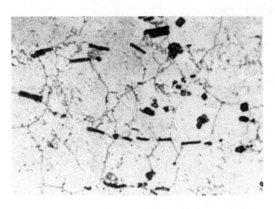

图 3-4　沿晶界分布的 AlN 夹杂物　800×

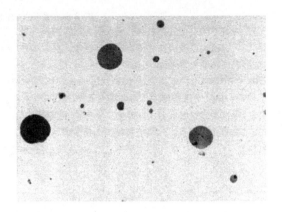

图 3-5　FeO 点状不变形夹杂物　800×

非金属夹杂物类型不同，其显微硬度值也各不相同，根据所测得的显微硬度值大小和金相形貌可大致对夹杂物类型进行判断。钢中常见的非金属夹杂物的显微硬度见表 3-1。

表 3-1　钢中常见非金属夹杂物的显微硬度

类别	夹杂物	硬度 HV	类别	夹杂物	硬度 HV
硫化物	FeS	200~260	硅酸盐	SiO_2（玻璃石英）	700~800
	MnS	180~210		$MnO \cdot SiO_2$	620~680
	$MnS \cdot FeS$	200~240			
氧化物	$MnO \cdot Al_2O_3$	1100~1500		$FeO \cdot SiO_2$	600~660
	$FeO \cdot Al_2O_3$	1150~1250			
	$CaO \cdot Al_2O_3$	930		$CaO \cdot SiO_2$	400~600
	$CaO \cdot 2Al_2O_3$	1100			
	$CaO \cdot 6Al_2O_3$	2200		$2CaO \cdot SiO_2$	400~600

随着采用电子探针对夹杂物进行微区成分分析广泛使用，金相与微区成分分析相结合成为目前研究钢中非金属夹杂物的主要方法，即在金相观察中选出待定夹杂物后，可用电子探针（EPMA）进行微区成分分析或者应用扫描电子显微镜（扫描电镜，SEM）自带能谱分析仪（EDS）进行成分分析。但是，由于金相法使用快捷和长期生产实际中积累了丰富非金属夹杂物资料数据等原因，目前在生产实际中和国家标准中仍然主要采用光学金相法评定夹杂物，即根据夹杂物的分布情况及数量评定相应的级别，评判其对钢材性能的影响。金相法鉴定夹杂物是根据夹杂物的形貌、分布及其在明场、偏光和暗场下的光学特征（见表 3-2），与已知的夹杂物特征对照以确定其类型，与标准非金属夹杂物图谱对比以评定其级别。在有必要时，通过测定夹杂物的显微硬度或经受化学试剂腐蚀的能力进一步判断夹杂物。非金属夹杂物的金相法鉴定步骤见表 3-3。

GB/T 10561—2005（等效 ISO 4967：1998）按夹杂物形态和分布分为 A（硫化物类）、B（氧化铝类）、C（硅酸盐类）、D（球状氧化物类）和 DS（单颗粒球状类）五大类。各类夹杂物的类型与形态见表 3-4。

表3-2　常见非金属夹杂物的光学特征

项目	硫化物	氧化物	硅酸盐	氮化物
明场	铸钢中呈球状或网状分布，轧钢中呈纺锤分布。一般为塑性夹杂，淡灰色	不变形，呈球状孤立存在，灰褐色	铸钢中呈球状或者块状分布，轧钢中呈链状分布，褐色	规则的几何形状，呈方块、三角形等，橘红色
偏光	不透明，各向同性	不透明，各向同性	透明黄色或者红褐色各向异性	不透明，各向同性
暗场	不透明	周围有亮圈	透明	不透明

表3-3　非金属夹杂物的金相法鉴定步骤

步骤	观察视场	观察对象
1	低倍明场（100×）	夹杂物的位置、形状、大小及分布、可塑性夹杂物的色彩夹杂物的抛光性
2	高倍明场（约500×）	夹杂物组织、反光性能、夹杂物色彩
3	高倍暗场	夹杂物的透明程度、透明夹杂物本身的色彩 透明及半透明夹杂物的组织
4	偏光	各向异性效应、夹杂物的色彩、黑十字现象

表3-4　各类夹杂物的类型与形态

类别	类型	形态
A	硫化物	具有高的延性，有较宽范围形态比（长度/宽度）的单个灰色夹杂物，一般端部呈圆角
B	氧化铝	大多数没有变形，带角的，形态比小（一般<3），黑色或带蓝色的颗粒，沿轧制方向排成一行（至少有3个颗粒）
C	硅酸盐	具有高的延性，有较宽范围形态比（一般≥3）的单个呈黑色或深灰色夹杂物，一般端部呈锐角
D	球状氧化物	不变形，带角或圆形的，形态比（一般<3），黑色或带蓝色的，无规则分布的颗粒
DS	单颗粒球状类	圆形或近似圆形，直径≥13μm的单颗粒夹杂物

　　A类硫化物夹杂物形貌和能谱分析如图3-6所示。氧化铝类（B类）夹杂物，铸态下呈不规则块状或颗粒状，在轧制过程中被破碎并沿轧制方向呈链状分布，明场下呈黑色或蓝色。B类氧化铝夹杂物形貌和能谱分析如图3-7所示。硅酸盐类（C类）夹杂物在光镜下呈黑色或深灰色，在暗场下呈透明特征。玻璃质的硅酸盐塑性较好，在高温轧制过程中球形夹杂物沿纵向变形延伸呈条状分布。C类硅酸盐夹杂物形貌和能谱分析如图3-8所示。球形氧化物类（D类）夹杂物尺寸在$3\sim13\mu m$之间，多为球形或不规则块状复合氧化物（如氧化铝、氧化硅、氧化铬及它们的复合夹杂物等）。图3-9所示为颗粒状D类复合氧化夹杂物形貌和能谱分析。单颗粒球状类（DS类）夹杂物呈圆形或近似圆形，其直径大于$13\mu m$。图3-10所示为大颗粒状DS类夹杂物形貌和能谱分析。

　　GB/T 10561—2005中规定，对非传统类型夹杂物的评定，可通过将其形状与上述5类传统夹杂物进行比较，并注明其化学特征。例如，球状硫化物夹杂物可比对D类夹杂物进行评定，用加注下标注明其化学特征，即表示为D_{sulf}。

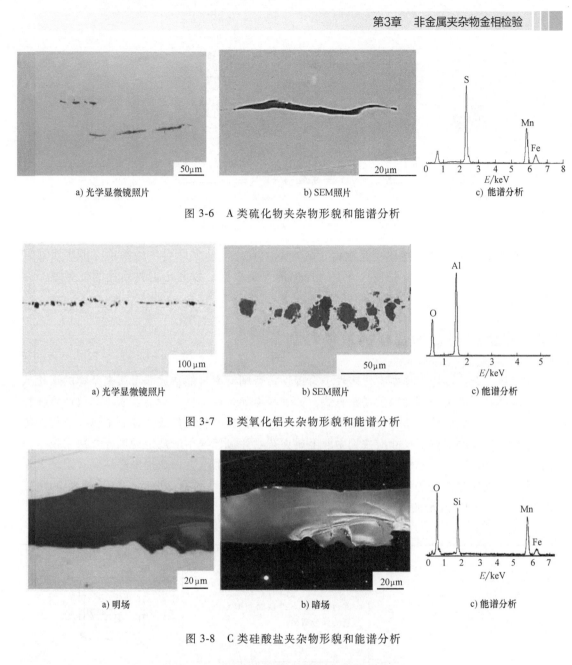

a) 光学显微镜照片   b) SEM照片   c) 能谱分析

图 3-6 　A 类硫化物夹杂物形貌和能谱分析

a) 光学显微镜照片   b) SEM照片   c) 能谱分析

图 3-7 　B 类氧化铝夹杂物形貌和能谱分析

a) 明场   b) 暗场   c) 能谱分析

图 3-8 　C 类硅酸盐夹杂物形貌和能谱分析

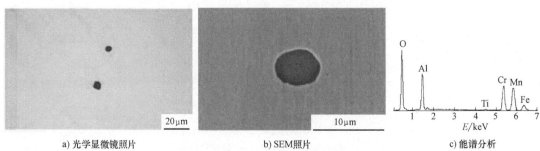

a) 光学显微镜照片   b) SEM照片   c) 能谱分析

图 3-9 　颗粒状 D 类复合氧化夹杂物形貌和能谱分析

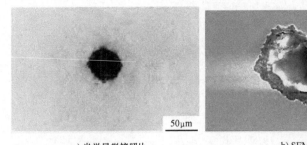

a) 光学显微镜照片　　　　b) SEM照片　　　　c) 能谱分析

图 3-10　大颗粒状 DS 类夹杂物形貌和能谱分析

　　评定非金属夹杂物金相检验是钢材常规检测项目之一。实际生产中采用标准等级比较法，按其外形、分布特征及粒径尺寸，对照标准评定级别，以判定钢材质量的优劣或是否合格。

3.2　非金属夹杂物试样的取样与制备

　　非金属夹杂物试样取样要有代表性、合理性，否则就有可能造成非金属夹杂物的误检或漏检。取样时，若采用不适当的切割方式，如试样冷却条件不良，就会在取样部位产生损伤或裂纹，这将给后面的工作带来严重的影响。在检查金属材料质量或评定非金属夹杂物的等级时，试样截取的部位及尺寸应按钢中非金属夹杂物评级标准中所规定的取样方法或技术协议中有关的规定进行。通常取样应沿钢材或零件的轧制或锻造方向通过中心切取；钢坯上切取的检验面应通过钢材（或钢坯）轴心的纵截面，其面积约为 $200mm^2$（$20mm \times 10mm$）。GB/T 10561—2005 规定的取样位置见表 3-5。

表 3-5　取样位置

钢材分类	尺寸分段	取样位置说明	取样位置图示
钢棒、钢坯	直径或边长>40mm	检验面为钢材外表面到中心的中间位置的部分截面	
	直径或边长>25～40mm	检验面为通过直径的截面的一半（由试样中心到边缘）	
	直径或边长≤25mm	检验面为通过直径的整个截面，其长度应保证得到约 $200mm^2$ 的检验面积	

（续）

钢材分类	尺寸分段	取样位置说明	取样位置图示
钢板	厚度≤25mm	检验面为钢板宽度 b 的 1/4 处的全厚度截面	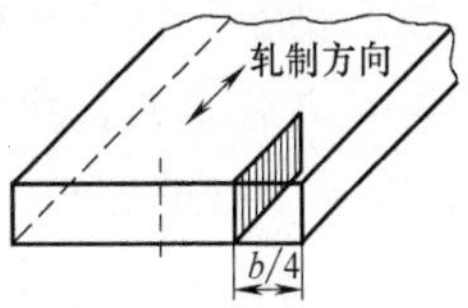 轧制方向 $b/4$
	厚度>25～50mm	检验面为位于钢板宽度 b 的 1/4 和从钢板表面到中心的位置，检验面为钢板厚度的 1/2 截面	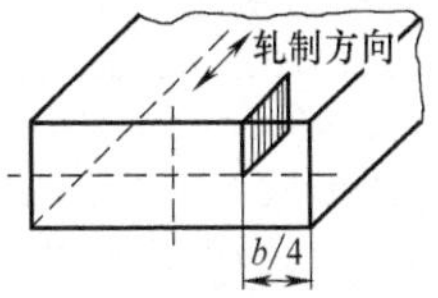 轧制方向 $b/4$
	厚度>50mm	检验面为钢板宽度 b 的 1/4 和从钢板表面到中心的位置，检验面为钢板厚度的 1/4 截面	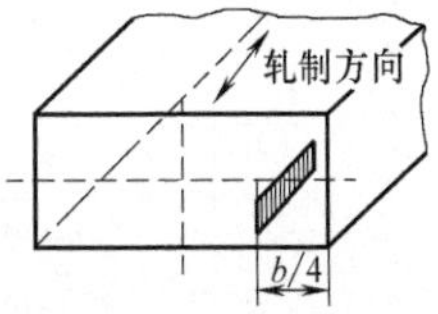 轧制方向 $b/4$
钢管		当产品厚度、直径或壁厚较小时，则应从同一产品上截取足够数量的试样，以保证检验面积为 200mm² ，并将试样视为一支试样；当取样数达 10 个长 10mm 的试样作为一支试样时，允许检验面不足 200mm²	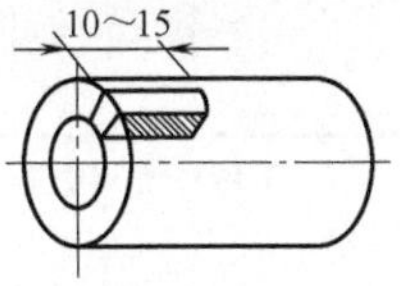 10～15
其他钢材		按相应的产品标准，或双方协议进行。试样应在冷却状态下用机械方法切取。用气割方法取样时，应完全去除热影响区	

对断裂件或失效件分析时，夹杂物检验面的选取应垂直于断裂面，试样最好取在断口裂源处。这样有助于获得更多的信息来判断零件破断的原因，有时还需在远离断裂处取夹杂物的截面试样，以供检验时比较。

如果要全面了解钢中非金属夹杂物的形状、大小及分布特征，则必须考虑材料或零件的加工变形情况。纵向（即平行于轧制或锻造方向）截取试样，可观察夹杂物变形后的形状、分布及鉴别夹杂物的属类，并可分类评定夹杂物的等级。横向（即垂直于轧制或锻造方向）截取试样，可观察到夹杂物变形后的截面形状、大小及分布情况。通过纵向和横向的取样观察，可进一步全面了解非金属夹杂物的变形行为及三维形貌特征。

为保证检验面的平整，避免试样边缘出现圆角，可用夹具或镶嵌的办法加以保护。夹杂物试样应经过砂轮打平、粗磨、细磨（金相砂纸）及抛光处理。试样抛光时，注意防止夹杂物剥落、变形或抛光面被污染，可选用合适的抛光剂和抛光工艺，严格执行操作规范。最理想的检验面是在显微镜 100 倍下看到的是一个无划痕、无污物的镜面。

3.3　非金属夹杂物评级

3.3.1　夹杂物评级界限划分

实际评定非金属夹杂物的过程为将试样仔细抛光，注意夹杂物应保存完好，试样不经浸蚀在放大 100 倍显微镜下观察。把试样上夹杂物最严重的视场与标准级别图片比较来评定其等级。GB/T 10561—2005 对每类夹杂物又根据非金属夹杂物颗粒宽度的不同分成两个系列，即粗系和细系，每个系列由表示夹杂物含量递增的 6 个级别（0.5~3 级）图片组成。这些级别随着夹杂物的长度或串（条）状夹杂物的长度（A、B、C 类），或夹杂物的数量（D 类），或夹杂物的直径（DS 类）的增加而递增。各类夹杂物的评级界限见表 3-6，其宽度见表 3-7。

表 3-6 各类夹杂物的评级界限（最小值）

评级图级别/级	夹杂物类别				
	A	B	C	D	DS
	总长度/μm			数量/个	直径/μm
0.5	37	17	18	1	13
1	127	77	76	4	19
1.5	261	184	176	9	27
2	436	343	320	16	38
2.5	649	555	510	25	53
3	898 (<1181)	822 (<1147)	746 (<1029)	36 (<49)	76 (<107)

注：A、B 和 C 类夹杂物的总长度是按 GB/T 10561—2005 中的附录 D 给出的公式计算得来的，并取最接近的整数。

表 3-7 各类夹杂物的宽度

类别	细系		粗系	
	最小宽度/μm	最大宽度/μm	最小宽度/μm	最大宽度/μm
A	2	4	>4	12
B	2	9	>9	15
C	2	5	>5	12
D	3	8	>8	13

注：D 类夹杂物的最大尺寸定义为直径。

3.3.2 夹杂物评级方法

将抛光后未经浸蚀试样的检验面在显微镜下采用下列两种方法之一进行检验。

1. 投影法

将夹杂物图像投影到照相毛玻璃上，放大 100 倍。毛玻璃视场边长为 71mm 的正方形，实际面积为 $0.5mm^2$，将正方形内的图像与标准评级图进行比较评级。

2. 目镜直接观察法

在目镜上放置如图 3-11 所示的测量试验网格，以使在图像上试验网格框内的面积是 $0.5mm^2$。在试验网格框内观察图像，与标准评级图进行比较评级。

3.3.3 A 法和 B 法的选取

1. A 法（最恶劣视场评定）

把抛光后未经浸蚀的试样置于显微镜下观察，检验整个抛光面。对每一类夹杂物，按细

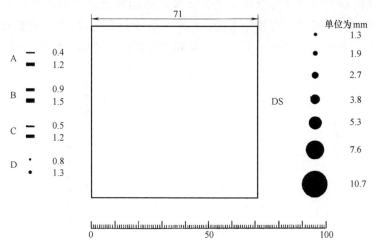

图 3-11　网格轮廓线或标线的测量网

系和粗系记下，然后按细系和粗系记下与所检验面上最恶劣视场相符合的标准图片的级别数。

2. B 法（逐个视场评定）

采用 B 法评定时，应连续地移动视场，检验整个抛光面。保证每个视场相接，而不是随机选择视场。试样每一视场同标准图片相对比，每类夹杂物按细系或粗系记下与检验视场最符合的级别数（标准图片旁边所示的级别数）。为了降低检验费用，可以通过协商减少检验视场数，对试样作局部检验。但无论是视场数，还是这些视场的分布，均应事前协议商定。

3. A 法和 B 法的通则

将每一个观察视场与标准评级图谱进行对比。如果一个视场处于两相邻标准图片之间时，应记录较低的一级。

对于个别的夹杂物和串（条）状夹杂物，如果其长度超过视场的边长（0.71 mm），或宽度或直径大于粗系最大值（见表 3-7），则应当作超尺寸（长度、宽度或直径）夹杂物进行评定，并分别记录。但是这些应纳入该视场的评级。

为了提高实际测量（A、B、C 类夹杂物的长度，DS 类夹杂物的直径）及计数（D 类夹杂物）的再现性，可采用图 3-6 所示的透明网格或轮廓线，并使用表 3-6 和表 3-7 规定的评级界限，以及表 3-4 有关评级图夹杂物形态的描述作为评级图片的说明。

非传统类型夹杂物按与其形态最接近的 A、B、C、D 和 DS 类夹杂物评定。将非传统类别夹杂物的长度、数量、宽度或直径与评级图片上每类夹杂物进行对比，或测量非传统类型夹杂物的总长度、数量、宽度或直径，使用表 3-6 和表 3-7 来选择与夹杂物含量相应的级别或宽度系列（细、粗或超尺寸），然后在表示该类夹杂物的符号后加注下标，以表示非传统类型夹杂物的特征，并在试验报告中注明下标的含义。

对于 A、B 和 C 类夹杂物，用 l_1 和 l_2 分别表示两个在或者不在一条直线上的夹杂物或串（条）状夹杂物的长度。如果两夹杂物之间的纵向距离 d 小于或等于 $40\mu m$ 且沿轧制方向的横向距离 s（夹杂物中心之间的距离）小于或等于 $10\mu m$ 时，则应视为一条夹杂物或串（条）状夹杂物（见图 3-12 和图 3-13）。如果一个串（条）状夹杂物内夹杂物的宽度不同，则应将该夹杂物的最大宽度视为该串（条）状夹杂物的宽度。当同类的粗大和细小的夹杂物出现在同一视场时（呈同一直线分布或不呈同一直线分布），均不可分开评定，其级别应将两系列（粗系、细系）夹杂物的长度或数量相加后按占优势的那种夹杂物评定。

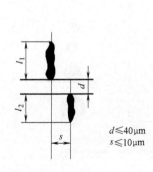

图 3-12　不在一条直线上 A 类和
C 类夹杂物评定方法

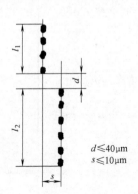

图 3-13　不在一条直线上 B 类
夹杂物评定方法

3.3.4　非金属夹杂物评级图

　　GB/T 10561—2005 中非金属夹杂物评级图谱将原来的 JK 评级图和 ASTM 评级图两套图谱修改为一套 ISO 图谱。用户可根据夹杂物宽度尺寸，选择图片系列；然后，将视场中夹杂物的类型和数量，与该系列的各级标准图片相对比，确定夹杂物级别。表 3-8 ～ 表 3-12 为 A、B、C、D 和 DS 类非金属夹杂物评级图谱。

表 3-8　A（硫化物类）夹杂物 ISO 评级图（100×）

级别 i	细系 宽度 2～4μm	粗系 宽度 >4～12μm
0.5		
	最小总长度 37μm	

（续）

级别 i	细系 宽度 2~4μm	粗系 宽度>4~12μm
1.0		
	最小总长度 127μm	
1.5		
	最小总长度 261μm	

（续）

级别 i	细系 宽度 2~4μm	粗系 宽度>4~12μm
2.0	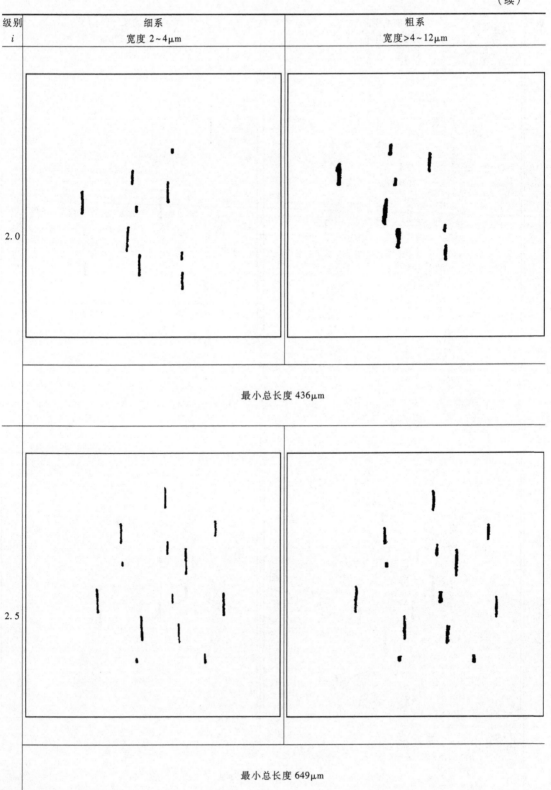	
	最小总长度 436μm	
2.5		
	最小总长度 649μm	

（续）

级别 i	细系 宽度 2~4μm	粗系 宽度>4~12μm
3.0	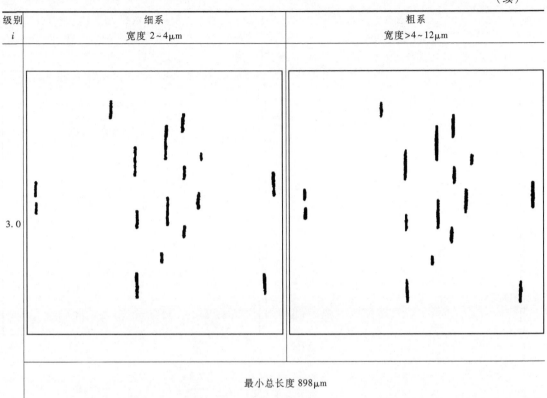	
	最小总长度 898μm	

表 3-9　B（氧化铝类）夹杂物 ISO 评级图（100×）

级别 i	细系 宽度 2~9μm	粗系 宽度>9~15μm
0.5	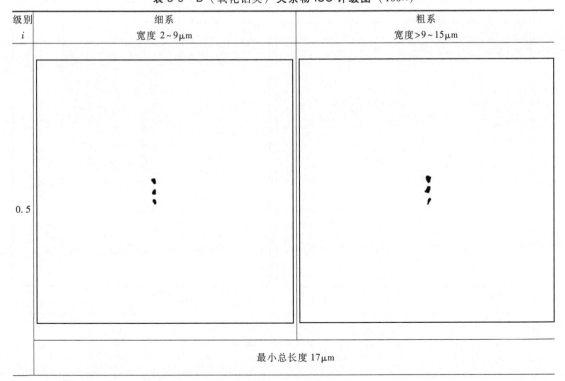	
	最小总长度 17μm	

（续）

级别 i	细系 宽度 2~9μm	粗系 宽度>9~15μm
1.0		
	最小总长度 77μm	
1.5		
	最小总长度 184μm	

（续）

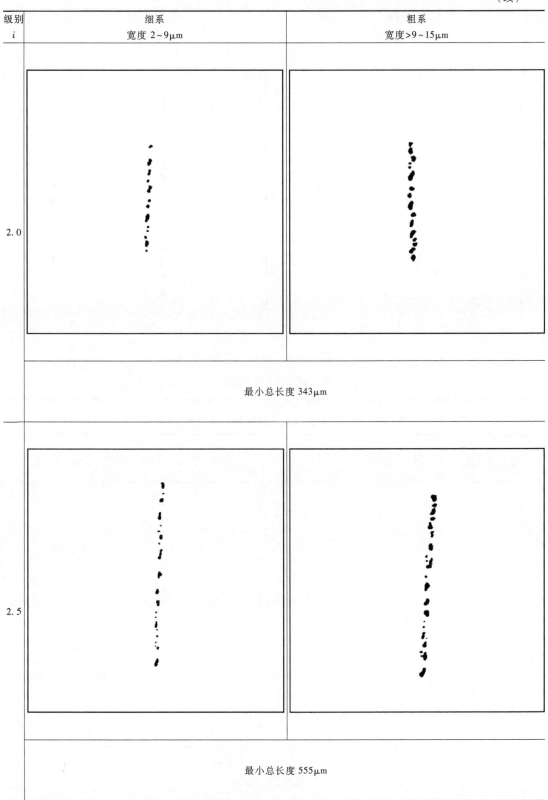

级别 i	细系 宽度 2~9μm	粗系 宽度>9~15μm
2.0		
	最小总长度 343μm	
2.5		
	最小总长度 555μm	

（续）

级别 i	细系 宽度 2~9μm	粗系 宽度>9~15μm
3.0		

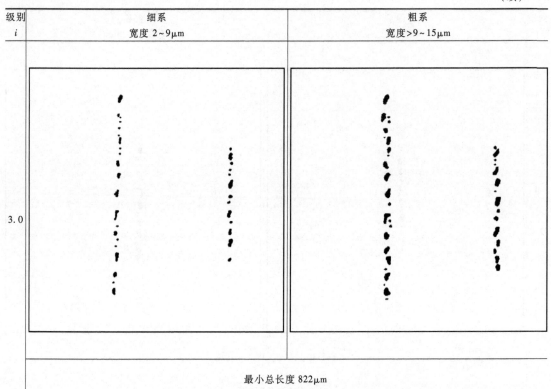

最小总长度 822μm

表 3-10　C（硅酸盐类）夹杂物 ISO 评级图 （100×）

级别 i	细系 宽度 2~5μm	粗系 宽度>5~12μm
0.5		

最小总长度 18μm

（续）

级别 i	细系 宽度 2~5μm	粗系 宽度 >5~12μm
1.0		
	最小总长度 76μm	
1.5		
	最小总长度 176μm	

（续）

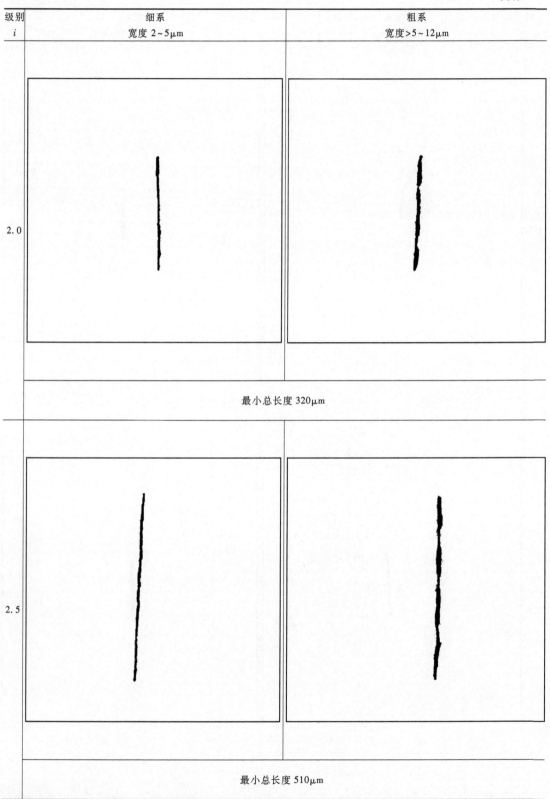

级别 i	细系 宽度 2~5μm	粗系 宽度>5~12μm

2.0

最小总长度 320μm

2.5

最小总长度 510μm

（续）

级别 i	细系 宽度 $2\sim5\mu m$	粗系 宽度 $>5\sim12\mu m$
3.0	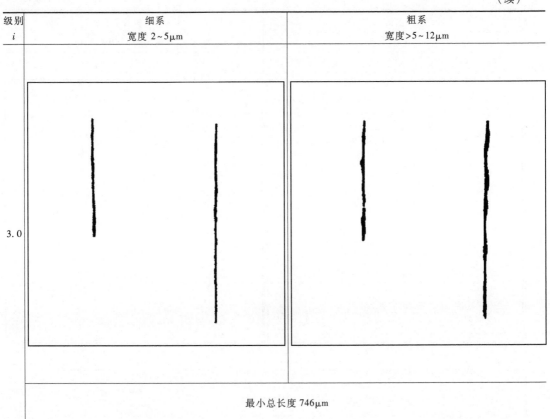	
	最小总长度 $746\mu m$	

表 3-11　D（环状氧化物类）夹杂物 ISO 评级图（100×）

级别 i	细系 直径 $3\sim8\mu m$	粗系 直径 $>8\sim13\mu m$
0.5		
	最小数量 1	

（续）

级别 i	细系 直径 $3 \sim 8 \mu m$	粗系 直径 $> 8 \sim 13 \mu m$
1.0		
	最小数量 4	
1.5		
	最小数量 9	

（续）

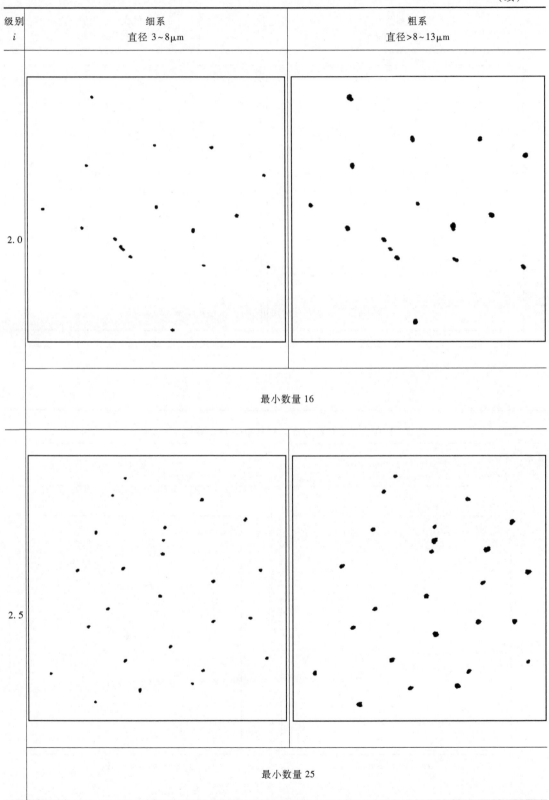

级别 i	细系 直径 3~8μm	粗系 直径 >8~13μm
2.0		
	最小数量 16	
2.5		
	最小数量 25	

（续）

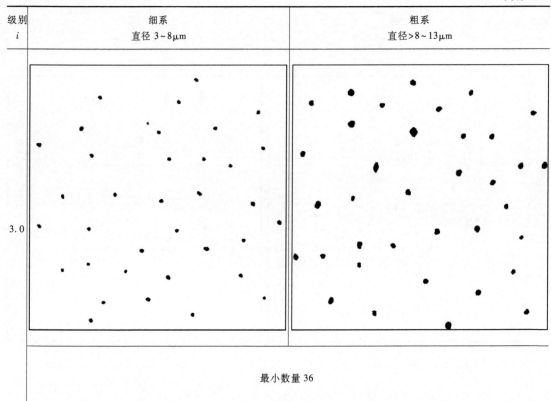

级别 i	细系 直径 3~8μm	粗系 直径>8~13μm
3.0		
	最小数量 36	

表 3-12　DS（单颗粒球状类）夹杂物 ISO 评级图（100×）

级别 i	直径 13~76μm	级别 i	直径 13~76μm
0.5		1.0	
	最小直径 13μm		最小直径 19μm

（续）

级别 i	直径 13~76μm	级别 i	直径 13~76μm
1.5	最小直径 27μm	2.5	最小直径 53μm
2.0	最小直径 38μm	3.0	最小直径 76μm

3.4 夹杂物测定值与级别的关系

通过夹杂物实测值〔A、B、C类夹杂物为长度（μm），D类夹杂物为个数，DS类夹杂物为直径（μm）〕，采用计算公式可计算出夹杂物的级别数，也可以由夹杂物的级别数计算出夹杂物的长度、数量或直径，见表3-13。如果采用双对数坐标作图，A、B、C和D类夹杂物为长度（数量）与夹杂物的级别数呈线性关系，DS类夹杂物的直径与级别数成对数关系。

表 3-13 夹杂物级别与长度、数量或直径的计算公式

夹杂物类型	计算公式	
	根据夹杂物长度（数量、直径）计算级别	根据夹杂物级别计算长度（数量、直径）
A	$\lg i = 0.5605\lg L - 1.179$	$\lg L = 1.784\lg i + 2.104$
B	$\lg i = 0.4626\lg L - 0.871$	$\lg L = 2.1616\lg i + 1.884$
C	$\lg i = 0.4807\lg L - 0.904$	$\lg L = 2.08\lg i + 1.88$
D	$\lg i = 0.5\lg n - 0.301$	$\lg n = 2\lg i + 0.602$
DS	$i = 3.311\lg d - 3.22$	$\lg d = 0.302i + 0.972$

注：i 为夹杂物级别数；L 为夹杂物长度（μm）；n 为每个视场夹杂物个数；d 为夹杂物直径（μm）。

3.5 现行主要非金属夹杂物检验标准对比

我国现行有效的非金属夹杂物检验标准有：GB/T 10561—2005，GB/T 18876.1—2002，GB/T 18876.2—2006，GB/T 18876.3—2008 和 GB/T 30834—2014 共 5 个。其中应用最广泛的为 GB/T 10561—2005《钢中非金属夹杂物含量的测定 标准评级图显微检验法》，该标准等同采用了 ISO 4967：1998 *Steel—Determination of content of nonmetallic inclusions—Micrographic method using standard diagrams*，可以认为这两个标准基本等同。ISO 4967：1998 现已被 ISO 4967：2013 替代，比较新旧版本差别，发现其内容仅有极少变化，其检验方法及评级图均未改变。

在我国，美国材料与试验学会的 ASTM E 45 也是应用相当广泛的非金属夹杂物检验标准，有些客户要求对产品采用该标准对产品非金属夹杂物检验，现行版本为 ASTM E 45-18A *Standard Test Methods for Determining the Inclusion Content of Steel*。此外，德国、英国和日本也有相应的夹杂物检验标准，由于篇幅限制，这里仅就我国现行标准、国际标准和美国材料与试验学会标准进行对比。熟练掌握好这些标准之间的异同点，能在实际工作中更准确、更有效率地完成非金属夹杂物的检验评定。

国内外非金属夹杂物检验标准虽然多种多样，但其评价方法基本可归纳为两大类，即 A 法（最恶劣视场法）和 B 法（逐个视场法）。A 法因夹杂物分布、试样选取和检测视场选取的不确定性，每人或每次所选取的检验面不一致等原因，具有重现性差的特点；B 法是基于众多视场的统计值，其检测结果的重复性和再现性大幅度提高。GB/T 10561—2005 中的 A 法与 ASTM E 45 中的 A 法类似，是对试样抛光面上的夹杂物最严重的视场进行评级，并按照每类夹杂物的粗系和细系进行评定，适用于产品检验；B 法与 ASTM E 45 中 D 法类似，是对抛光面上的每个视场按照每类夹杂物的粗系和细系进行评级，更适用于科研。

GB/T 10561—2005 与 ASTM E 45-18A 相比，在取样部位、取样尺寸、试样检验面大小、取样数量、视场大小和选取方式等方面都有一定的差别，但最主要差别是夹杂物种类和级别有所不相同，GB/T 10561—2005 中夹杂物种类有 A、B、C、D 和 DS 共 5 种，每种夹杂物级别有 0.5、1、1.5、2、2.5、3 共 6 个；而 ASTM E 45-18A 中夹杂物种类有 A、B、C 和 D 共 4 种，每种夹杂物级别有 0.5、1、1.5、2、2.5、3、3.5、4、4.5、5 共 10 个。根据 GB/T 10561—2005 中的计算公式（见表 3-13），得到的夹杂物计算值与给定界限值（最小值）比

较见表 3-14。ASTM E 45-18A 中计算夹杂物级别的公式见表 3-15。ASTM E 45-18A 中的 A 法与 D 法分别对应于 GB/T 10561—2005 中的 A 法与 B 法，其中图像分析法中由夹杂物的测量值计算出夹杂物的级别数的公式与 GB/T 10561—2005 略有不同，但是计算结果基本一致。ASTM E 45-18A 中得到的夹杂物计算值与给定界限值（最小值）比较见表 3-16。比较表 3-14 和表 3-16 中的数据，可以看到，两个标准在 0.5~3 的级别范围内，夹杂物计算值与给定界限值基本相同，而 ASTM E 45-18A 中还有 3.5~5 的级别范围的夹杂物计算值与给定界限值；对直径≥13μm 的大直径球状夹杂物，评定为 D 类超尺寸夹杂物。

表 3-14　GB/T 10561—2005 中得到的夹杂物计算值与给定界限值（最小值）比较

夹杂物级别	A 类夹杂物总长度/μm		B 类夹杂物总长度/μm		C 类夹杂物总长度/μm		D 类夹杂物数量/个		DS 类夹杂物直径/μm	
	计算值	给定值	计算值	给定值	计算值	给定值	计算值	给定值	计算值	给定值
0.5	36.895	37	17.112	17	17.942	18	1.000	1	13.240	13
1	127.057	127	76.560	77	75.858	76	3.999	4	18.707	19
1.5	261.907	261	183.924	184	176.307	176	8.999	9	26.424	27
2	437.560	436	342.536	343	320.732	320	16.000	16	37.325	38
2.5	651.516	649	554.865	555	510.170	510	25.000	25	52.723	53
3	901.954	898	822.897	822	745.439	746	36.000	36	74.473	76

表 3-15　ASTM E 45-18A 中计算夹杂物级别公式

夹杂物类型	计算公式
A	$\lg i = 0.561739 \lg L - 1.18177$
B	$\lg i = 0.463336 \lg L - 0.8735$
C	$\lg i = 0.479731 \lg L - 0.90105$
D	$\lg i = 0.5 \lg n - 0.30102$

注：i 为夹杂物级别数；L 为夹杂物长度（μm）；n 为每个视场夹杂物个数。

表 3-16　ASTM E 45-18A 中得到的夹杂物计算值与给定界限值（最小值）比较

夹杂物级别	A 类夹杂物总长度/μm		B 类夹杂物总长度/μm		C 类夹杂物总长度/μm		D 类夹杂物数量/个	
	计算值	给定值	计算值	给定值	计算值	给定值	计算值	给定值
0.5	36.973	37	17.200	17	17.813	18	1.000	1
1	126.990	127	76.779	77	75.551	76	4.000	4
1.5	261.364	261	184.201	184	175.915	176	9.000	9
2	436.174	436	342.722	343	320.433	320	15.999	16
2.5	648.900	649	554.753	555	510.207	510	24.999	25
3	897.708	898	822.230	822	746.105	746	35.998	36
3.5	1181.172	1181	1146.784	1147	1028.847	1029	48.998	49
4	1498.130	1498	1529.831	1530	1359.049	1359	63.997	64
4.5	1847.611	1898	1972.623	1973	1737.251	1737	80.996	81
5	2228.781	2230	2476.285	2476	2163.935	1738	99.995	100

3.6　非金属夹杂物分析实例

1. 38CrMoAl 钢锥齿轮缺陷分析

38CrMoAl 钢锥齿轮在机械加工过程中发现孔的内壁有缺陷，如图 3-14 所示。在该缺陷处取样进行金相分析，发现沿变形方向有粗大复合夹杂物呈链状分布，如图 3-15 所示。在高倍下观察发现大颗粒复合夹杂物中心和包裹的夹杂物部分颜色深浅不一，夹杂物中心部位具有一定规则的几何形状，显微硬度为 1100HV，周围包裹的夹杂物显微硬度为 1300HV，如图 3-16 所示。初步判断是氧化物包裹氮化物。通过电子探针分析中心部分 Al 含量很高，质量分数达 90%，结合金相形貌判断为 AlN，周围

图 3-14　38CrMoAl 钢锥齿轮内壁缺陷　1×

包裹的 Mn、Cr、Al、Ca 和 Fe 含量很高，结合金相形貌判断为富 Mn、Cr、Al、Ca 的氧化物。采用 A 法根据夹杂物图谱，该试样的夹杂物评定为级别超过 B3、D3。

2. 不锈钢中夹杂物缺陷分析

按夹杂物金相样品制备要求制备样品，在显微镜下观察发现沿变形方向呈条带状分布的夹杂物，如图 3-17a 所示。根据图 3-17a，该夹杂物塑性变形明显，应该属于塑性夹杂物。塑性好易变形的夹杂物只有硫化物和硅酸盐，在高倍下测量显微硬度为 190～210HV，如图 3-17b 所示。根据金相形貌和硬度值可以初步判断为硫化物。通过电子探针分析该夹杂物主要成分为 Mn（质量分数为 57%）和 S（质量分数为 22%），余量为 Fe 和 Cr，因此可以断定为 MnS 夹杂物，测量夹杂物长度约为 400μm。根据夹杂物图谱，采用 A 法评定该样品夹杂物级别为 A2。

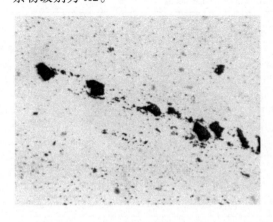

图 3-15　沿变形方向粗大复合夹杂物
　　　　　呈链状分布　100×

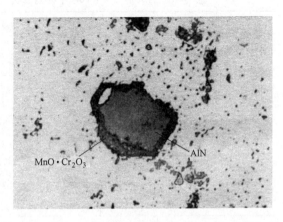

图 3-16　大颗粒复合夹杂物　800×

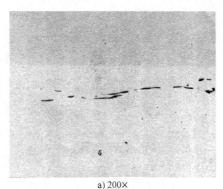 

a) 200×   b) 800×

图 3-17 沿变形方向呈条带状分布的夹杂物

3. 微合金高强度钢中夹杂物分析

CSP 生产线微合金高强度钢试样夹杂物如图 3-18 所示。由于夹杂物尺寸和数量较小，为提高对夹杂物的分析精度，采用扫描电子显微镜照片和能谱进行分析。分析结果为，夹杂物为粗系夹杂物并出现单颗粒球状氧化物，单颗粒球状氧化物尺寸最大为 $11 \sim 12 \mu m$，钙硅酸盐夹杂物为纺锤状，SiO_2 夹杂物为球状，其夹杂物最大颗粒尺寸为 $10 \sim 12 \mu m$，最小颗粒尺寸为 $1 \sim 2 \mu m$。夹杂物评定结果为 B1 ~ 1.5；C0.5e；D1.5；DS0.5。

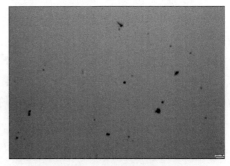

图 3-18 微合金高强度钢试样夹杂物

图 3-19 所示为扫描电子显微镜和能谱对纺锤状钙硅酸盐夹杂物的分析。

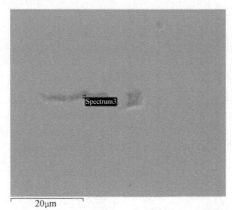

20μm

元素	质量分数(%)	摩尔分数(%)
C	25.96	44.95
O	19.89	25.85
Si	24.58	18.19
Fe	29.57	11.01
合计	100.00	100.00

图 3-19 扫描电子显微镜和能谱对纺锤状钙硅酸盐夹杂物的分析

4. 核电紧固螺栓失效分析

M24mm×140mm 奥氏体不锈钢核电紧固螺栓发生断裂，两个断裂螺栓宏观形貌如图 3-20 所示。两个断口形貌相似，断面平齐，无明显塑性变形；断口中部为瞬断区，断裂源位于螺栓外表面，断口边缘有较多的放射状台阶，整个断口呈疲劳断裂特征。断裂螺栓的化学成分及室温拉伸性能均符合技术要求。对其进行非金属夹杂物和显微组织检验，两个断裂螺栓的非金属夹杂物形貌如图 3-21 所示。两个螺栓组织中均存在较多的非金属夹杂物，其中黑色长条状夹杂物为硅酸盐类夹杂物。根据 GB/T 10561—2005，两个断裂螺栓的非金属夹杂物评定结果均为：A1，B0，C3e，D2。断裂螺栓显微组织为奥氏体＋少量条状铁素

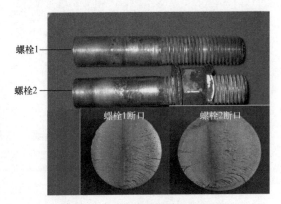

图 3-20　两个断裂螺栓宏观形貌

体，晶粒均匀，未见明显组织异常，如图 3-22 所示。螺栓失效的主要原因是硅酸盐类夹杂物破坏了钢基体的连续性，降低了钢材的力学性能，使之发生早期疲劳断裂。

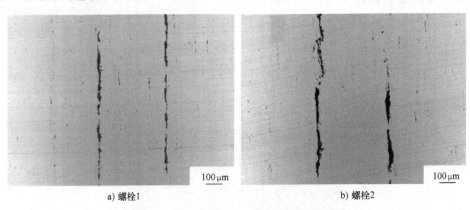

a) 螺栓1　　　　　　　　　　　　　　b) 螺栓2

图 3-21　两个断裂螺栓的非金属夹杂物形貌

a) 螺栓1　　　　　　　　　　　　　　b) 螺栓2

图 3-22　两个断裂螺栓的金相组织

5. X80HD 抗大变形管线钢连铸坯各类夹杂物分析统计

在铸坯宽度的 1/4 处由内弧至外弧取下一长条，再从长条上截取夹杂物分析试样，取样位置如图 3-23 所示。在 200 倍显微镜下，观察 40 个视场。与 GB/T 10561—2005 中级别图片比较，对各视场内观测到的夹杂物最严重的视场进行评定等级。对典型夹杂物，用扫描电子显微镜进行高倍观察和成分检测，以确定夹杂物类型。图 3-24～图 3-28 所示为不同取样位置 A 类、B 类、C 类、D 类和 DS 类夹杂物的最差视场照片及评定的级别。分析结果为，X80HD 钢连铸坯中夹杂物以 D 类和 DS 类球型夹杂较多，A 类、B 类和 C 类夹杂物数量较少，在距内弧 2/4 处 D 类细系夹杂物级别为 2.5，其余类型夹杂物级别均没有超过 2，未发

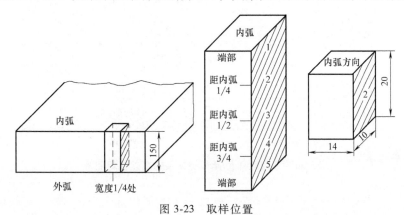

图 3-23　取样位置

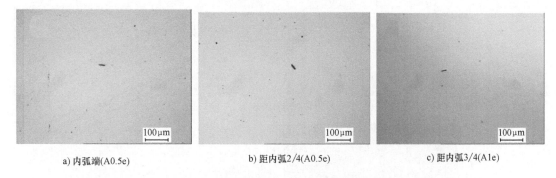

a) 内弧端(A0.5e)　　　　　b) 距内弧2/4(A0.5e)　　　　　c) 距内弧3/4(A1e)

图 3-24　不同取样位置 A 类夹杂物最差视场照片

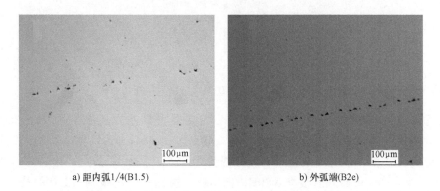

a) 距内弧1/4(B1.5)　　　　　　　b) 外弧端(B2e)

图 3-25　不同取样位置 B 类夹杂物最差视场照片

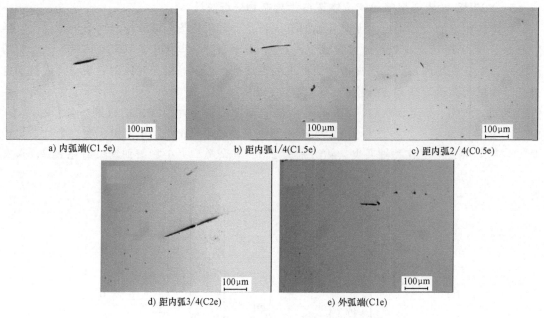

a) 内弧端(C1.5e)　　　b) 距内弧1/4(C1.5e)　　　c) 距内弧2/4(C0.5e)

d) 距内弧3/4(C2e)　　　e) 外弧端(C1e)

图 3-26　不同取样位置 C 类夹杂物最差视场照片

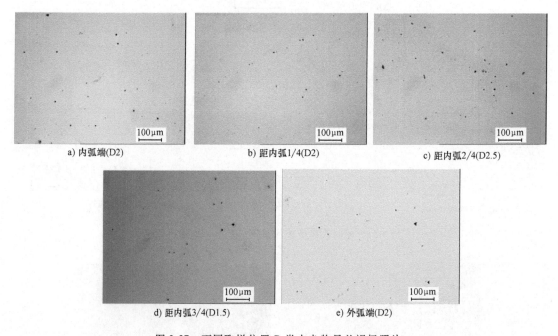

a) 内弧端(D2)　　　b) 距内弧1/4(D2)　　　c) 距内弧2/4(D2.5)

d) 距内弧3/4(D1.5)　　　e) 外弧端(D2)

图 3-27　不同取样位置 D 类夹杂物最差视场照片

现长度或宽度超尺寸夹杂物。具体结果为，A 类夹杂物最差视场级别为 1e，夹杂物长度 43.9μm；B 类夹杂物最差视场级别为 2e，夹杂物长度为 461μm；C 类夹杂物最差视场级别为 2e，长度为 420μm；D 类夹杂物最差视场级别为 2.5，个数为 26 个；DS 类夹杂物最差视场级别为 2，粒径为 49.8μm。根据 X80HD 钢中所有级别夹杂物级别≤2.0 的技术要求，在距内弧 2/4 处 D 类夹杂物未达到技术要求。

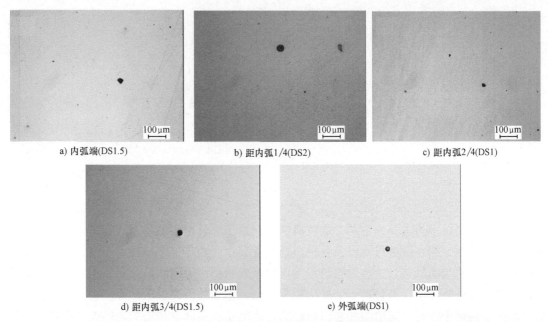

　　a) 内弧端(DS1.5)　　　　　　b) 距内弧1/4(DS2)　　　　　　c) 距内弧2/4(DS1)

　　d) 距内弧3/4(DS1.5)　　　　　　e) 外弧端(DS1)

图 3-28　不同取样位置 DS 类夹杂物最差视场照片

本章主要参考文献

［1］　张国滨，宁玫，周欣欣. 钢中非金属夹杂物分析［J］. 理化检验（物理分册），2021，57（12）：1-7，17.

［2］　马芳，王滨. 国内外钢中非金属夹杂物检验标准解析［J］. 理化检验（物理分册），2016，52（6）：405-408.

［3］　International Organization for Standardization（ISO）. Steel—Determination of content of nonmetallic inclusions—Micrographic method using standard diagrams［S］：ISO 4967：2013. Geneva：ISO Central Secretariat，2013.

［4］　ASTM International. Standard Test Methods for Determining the Inclusion Content of Steel［S］：ASTM E 45-18a. West Conshohocken：ASTM International，2018.

［5］　全国钢标准化技术委员会. 钢中非金属夹杂物含量的测定　标准评级图显微检验法：GB/T 10561—2005［S］. 北京：中国标准出版社，2005.

［6］　刘桂江，程丽杰，谷强，等. 对非金属夹杂物检验标准 GB/T 10561—2005 的探讨［J］. 理化检验（物理分册），2021，57（1）：15-18.

［7］　杨玭，曹晶晶，袁鹏斌. 钢中非金属夹杂物检验用标准 GB/T 10561—2005 与 ASTM E 45—2013 的解析［J］. 钢管，2017，46（6）：77-82.

［8］　刘献良，张路，赖云亭，等. 电站连接螺栓断裂失效分析［J］. 理化检验（物理分册），2018，55（10）：778-781.

［9］　李源. 管线钢及塑料模具钢中的夹杂物研究［D］. 郑州：郑州大学，2014.

第4章　钢材显微组织检验

钢锭在凝固时多为选择性结晶，这使得钢材在冶炼、轧制、热加工过程中，易形成各种组织缺陷。同样，钢在锻造成形以及各种热处理过程中，由于工艺或操作不当，也有可能造成材料或零件的组织缺陷。这些缺陷组织主要包括带状组织、网状碳化物、钢中的非金属夹杂物、过热与过烧组织、钢材表面的氧化脱碳、低碳钢中的游离渗碳体等。

正确鉴别钢中这些组织缺陷和它们的级别，为防止或消除这些组织缺陷提供依据，是确保机械产品的内在质量和使用寿命的重要手段。本章主要介绍钢中的带状组织、魏氏组织、游离渗碳体、低碳变形钢珠光体、珠光体球化级别、网状碳化物和表面脱碳层组织的检验。

4.1　带状组织检验

4.1.1　带状组织比较法评级

铸钢经过热加工后，往往会出现带状组织缺陷。在亚共析钢中，最常见的带状组织表现为铁素体和珠光体沿平行于轧制的方向呈层状或条带状分布。其他的带状组织还包括过共析工具钢中出现的碳化物带和热处理合金钢中出现的马氏体带等。带状组织可导致钢材力学性能各向异性，即沿着带状纵向的强度高，韧性好，横向的强度低，韧性差，极大地降低钢的塑性和韧性，严重缩短材料的使用寿命。此外，带状组织显著影响钢的热加工性能。存在明显带状组织的钢在进行热处理时，由于组织不均匀，产生硬度不均匀，易产生变形开裂；在焊接过程中易形成较大的组织应力，产生焊接裂纹，降低钢的焊接性能。

带状组织出现的根本原因是在热轧生产中作为溶质的合金元素存在成分偏析，并在轧制后形成沿着轧制方向交替堆叠的条带形貌。研究表明，热加工工艺、合金元素的微观偏析、冷却速度和奥氏体的晶粒尺寸是影响带状组织形成的重要因素，其中合金元素的偏析是导致带状组织的最主要原因。

GB/T 34474.1—2017《钢中带状组织的评定　第1部分：标准评级图法》，适用于亚共析钢接近平衡状态的铁素体和珠光体的带状组织评级，也可用于铁素体和其他非平衡组织的带状组织评级。

一般情况下，试样应在交货状态的产品上截取。试样的检验面积约为 $200mm^2$（20mm×10mm），取样部位与非金属夹杂物试样的取样相同（见表3-5），试样磨面应该选取纵向截面，即轧制方向。GB/T 34474.1—2017 中标准评级图片的放大倍数为 100 倍，标准视场直径为 80mm。按钢的碳含量划分 A～E 五个系列的评级图谱：

1）A 系列：碳的质量分数小于 0.10% 钢的带状组织评级。

2）B 系列：碳的质量分数为 0.10%～0.19% 钢的带状组织评级。

3）C 系列：碳的质量分数为 0.20%～0.29% 钢的带状组织评级。

4）D 系列：碳的质量分数为 0.30%～0.39% 钢的带状组织评级；

5）E 系列：碳的质量分数为 0.40%～0.60% 钢的带状组织评级。

每个系列图片的级别分为 6 个级别（0～5 级），这些级别随着铁素体带的数量、贯穿视场的程度、连续性和宽度增加而递增。评级时，应选择检验面上各视场中最严重视场与评级图谱进行对比评级。图 4-1～图 4-5 所示分别为五个系列的带状组织评级图，带状组织评

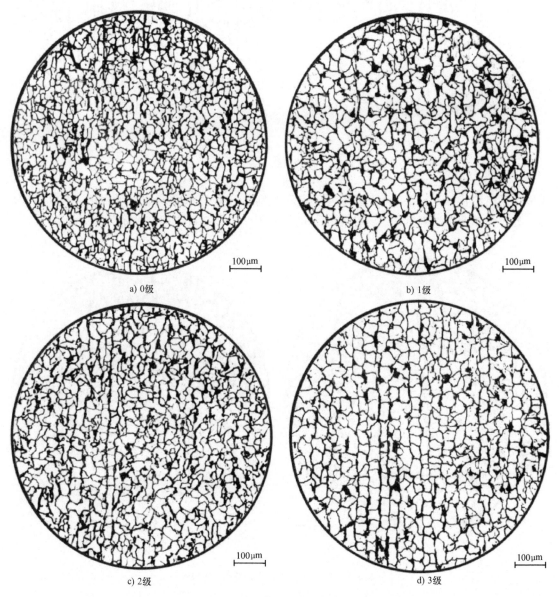

a) 0级　　　　　　　　　　　　b) 1级

c) 2级　　　　　　　　　　　　d) 3级

图 4-1　A 系列带状组织评级图　100×

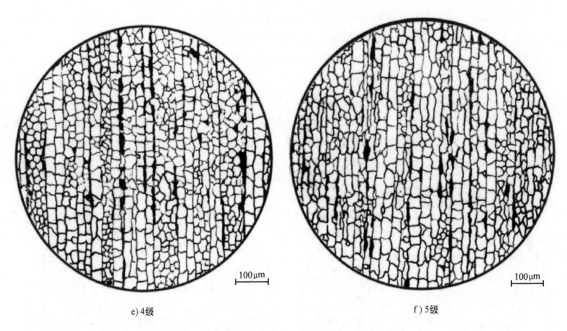

e) 4级   f) 5级

图 4-1　A 系列带状组织评级图　100×（续）

级图中的组织特征见表 4-1。评级结果以表示级别数字和表示系列的字母表示，如 1A、3B 等。处于相邻两个级别之间，评定半级，例如处于 2 级和 3 级之间，评定为 2.5 级。

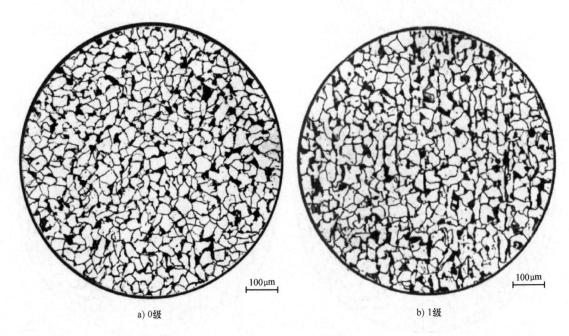

a) 0级   b) 1级

图 4-2　B 系列带状组织评级图　100×

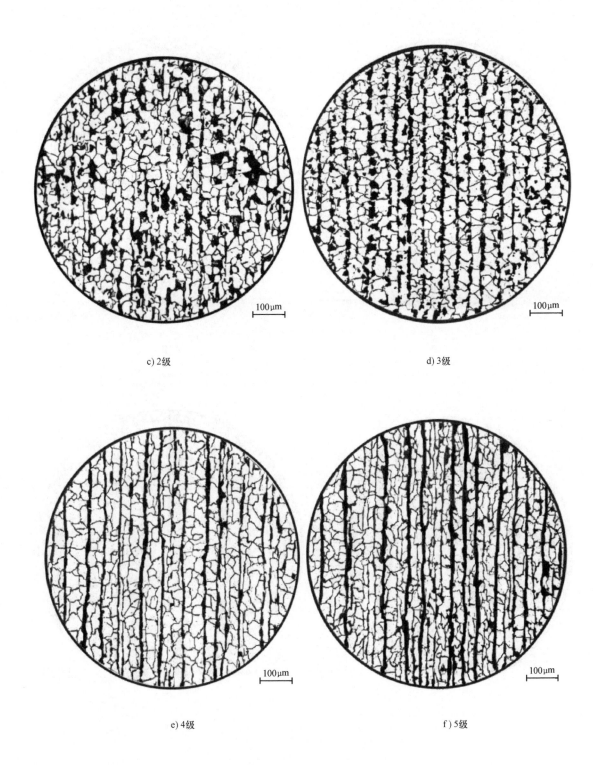

c) 2级

d) 3级

e) 4级

f) 5级

图 4-2　B 系列带状组织评级图　100×（续）

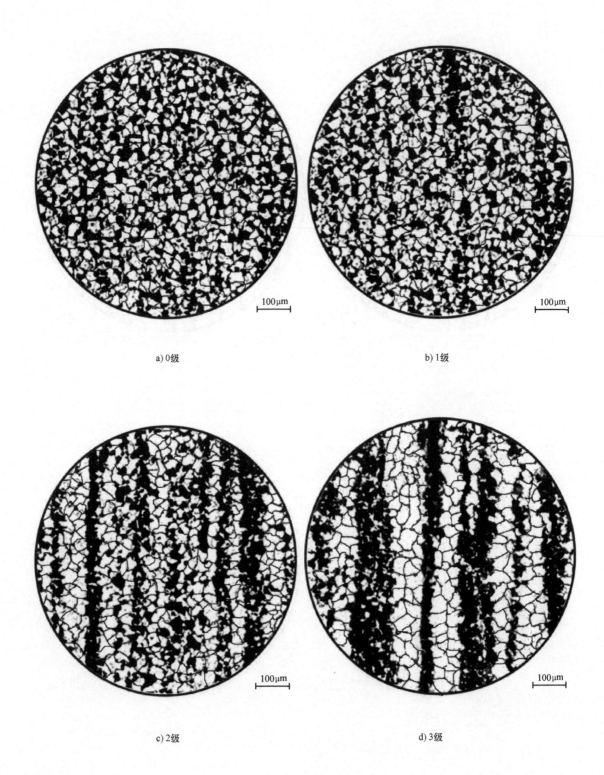

a) 0级

b) 1级

c) 2级

d) 3级

图 4-3 C 系列带状组织评级图 100×

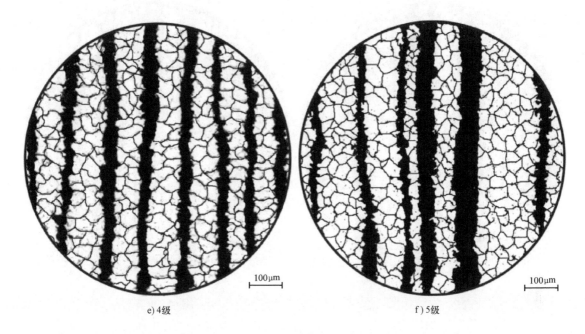

e) 4级　　　　　　　　　　　　　　　　　　f) 5级

图 4-3　C 系列带状组织评级图　100×（续）

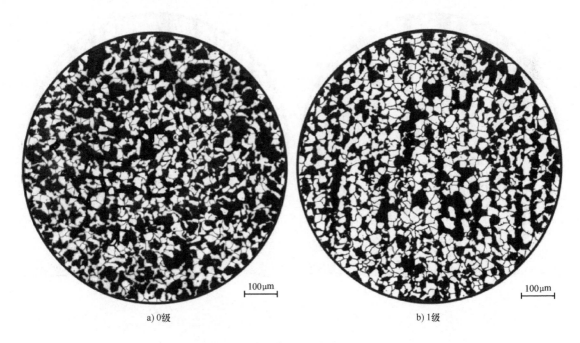

a) 0级　　　　　　　　　　　　　　　　　　b) 1级

图 4-4　D 系列带状组织评级图　100×

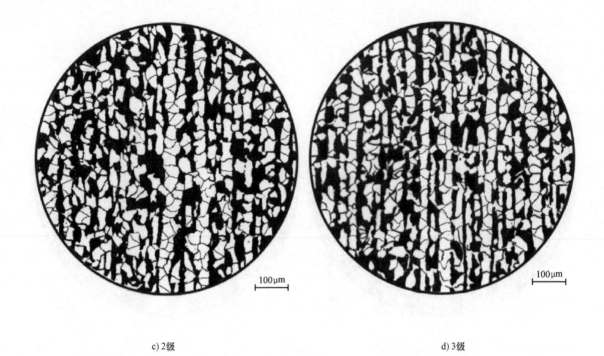

c) 2级

d) 3级

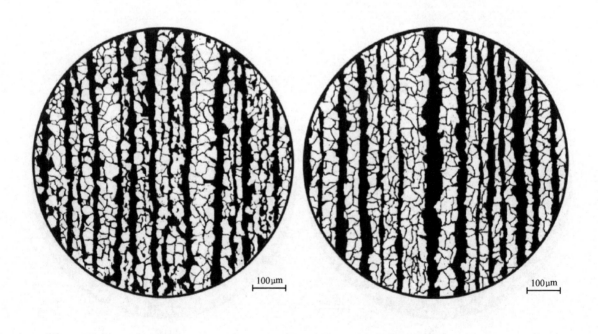

e) 4级

f) 5级

图 4-4　D 系列带状组织评级图　100×（续）

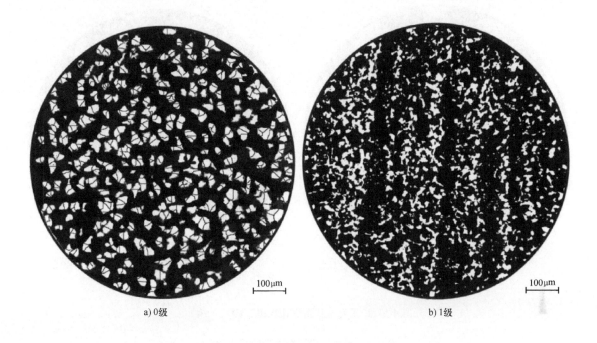

a) 0级   b) 1级

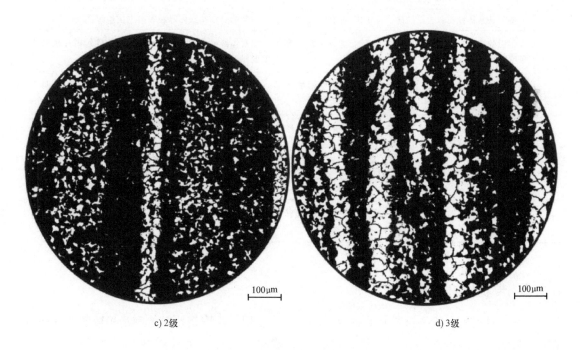

c) 2级   d) 3级

图 4-5　E 系列带状组织评级图　100×

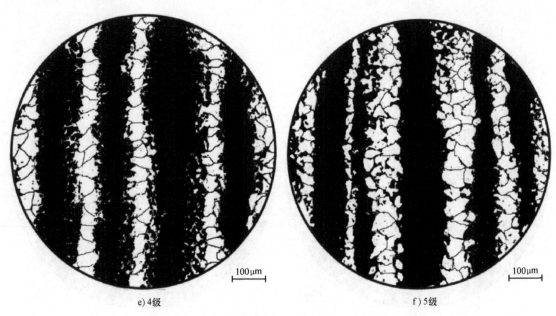

e) 4级　　　　　　　　　　　　　　　　　　　　　f) 5级

图 4-5　E 系列带状组织评级图　100×（续）

表 4-1　带状组织评级图中的组织特征

级别	A 系列组织特征	A 系列之外的其他系列组织特征
0	等轴铁素体晶粒和少量的第二相组织,没有带状	均匀的等轴铁素体晶粒和第二类组织,没有带状
1	组织的总取向为变形方向,没有连续贯穿视场的变形铁素体带	铁素体聚集,沿变形方向取向,没有连续贯穿视场的铁素体带
2	等轴铁素体晶粒基体上有 1~2 条连续的变形铁素体带	有 1~2 条贯穿整个视场的连续的铁素体带,其四周为断续的铁素体带和第二类组织带
3	等轴铁素体晶粒基体上有 2 条以上贯穿整个视场、连续的变形铁素体带	2 条以上贯穿整个视场、连续的铁素体带,其四周为断续的铁素体带和第二类组织带
4	等轴铁素体晶粒和较宽的变形铁素体带组成贯穿视场的交替带	贯穿视场、较宽的、连续的铁素体带和第二类组织带,均匀交替
5	等轴铁素体晶粒和大量较宽的变形铁素体带组成贯穿视场的交替带	贯穿视场、宽的、连续的铁素体带和第二类组织带,不均匀交替

注：A 系列铁素体带指变形的铁素体带。

4.1.2　带状组织定量分析

国内外对钢中带状组织级别的评定方法主要有采用标准图谱比较法和运用数理统计的定量法。其中，图谱比较法方便快捷，适合生产检验，但有一定局限性，只适合两相组织（以铁素体和珠光体为主，也适用于铁素体和第二相贝氏体等）的带状级别评定，不适合单相组织和多相组织的带状级别评定。例如，对于 X80 以上高级别管线钢，其组织多为针状铁素体，以及含有铁素体、贝氏体和 MA（马氏体/奥氏体）岛组织的 TRIP 钢（相变诱发塑性钢）或高碳轴承钢的带状碳化物等，图谱比较法都不太适用。

图谱比较法能迅速给出带状级别，在生产检验具有快速、方便、经济和不需要昂贵设备的优势，但不能建立带状组织与性能之间的定量关系，无法满足科学研究的需要。此外，GB/T 34474.1—2017 只适用对碳的质量分数不大于 0.6% 的亚共析钢带状组织评定，不适用对高碳钢的带状组织的评定。在生产实际和科研中，随着钢铁产品多样性的快速发展，传统图谱比较法已不能完全满足对钢铁组织中的带状组织进行分析的需要。

GB/T 34474.2—2018《钢中带状组织的评定　第 2 部分：定量法》中，规定了钢中带状组织的定性描述、分类及定量评定方法。该标准适用于钢中带状组织的评定，包括取向度、各向异性指数、单位长度上带状组织数目、带状组织之间的距离等参数的测定。其他有取向的组织可参考使用。

1. 定量分析基础

为方便定量分析，定义了带状组织特征截线数（N）和特征截点数（P）等几个参数，图 4-6 所示为带状组织特征截线数（N）和特征截点数（P）计数说明。当测量线与形变方向垂直时，特征截线数从上至下用 $N_\perp$ 计数，特征截点数用 $P_\perp$ 计数，如图 4-6a 所示。当测量线与形变方向平行时，特征截线数从左至右用 $N_{//}$ 计数，特征截点数用 $P_{//}$ 计数。特征截线数（N）和特征截点数（P）的计数规则见表 4-2。

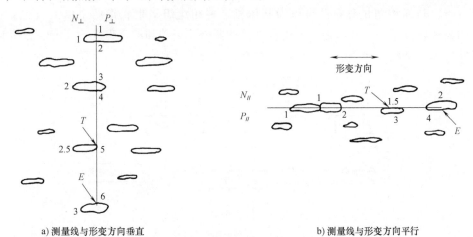

a) 测量线与形变方向垂直　　　　　　　　b) 测量线与形变方向平行

图 4-6　带状组织特征截线数（N）和特征截点数（P）计数说明

注：T 表示带状组织与测量线相切，E 表示测量线终止于带状组织内。

表 4-2　特征截线数（N）和特征截点数（P）的计数规则

序号	计数规则
1	特征截线数(N)表示测量线通过单个颗粒、晶粒或块状相组织的数目
2	特征截点数(P)表示测量线与不同相界面交点的数目
3	如果网格测量线通过两个或多个相邻的颗粒、晶粒或块状相组织(在通过的粒子之间没有与其他相相交)，则特征截线数记数 1(N=1)。对颗粒、晶粒等之间的相或相组成的界面，不计特征截点数(P=0)。在对严重带状组织测量时，经常出现这种情况
4	如果网格测量线与颗粒、晶粒或相关块状相相切，则 N 记数 1/2，P 记数 1
5	当测量线末端终止于颗粒内时，则 N 记数 1/2，P 记数 1。
6	当整条测量线完全在颗粒、晶粒或相关块状相内时，则 N 记数 1/2，P 记数 0。在对严重带状组织测量时，会出现这种情况

2. 取样和制样

通常在试样应在交货状态的产品上截取。检验面应平行于钢材主要形变方向，检验面积约为200mm²(20mm×10mm)。如果产品整个截面尺寸过大，应在有代表性的地方截取试样，例如在次表面或1/2半径处或中心处截取。采用常规的金相试样制备方法进行金相试样制备。

3. 采集图片

将制备好的试样置于载物台，调整试样使带状组织在水平方向。显微镜的放大倍数通常选用5~20倍，在能清晰分辨各相组织、晶界的条件下，应尽可能选择小倍率观察，其他倍数的物镜根据供需双方协议也可选择使用。在评定位置随机采集5个以上视场图片。

4. 带状组织分类

单相组织的带状是由于试样存在宏观成分偏析，经浸蚀后组织显示出明暗不同程度的差异而产生，如马氏体钢淬火+回火后心部产生的偏析带。此类带状根据形貌在定性分析时可分为分散的带、窄带、宽带和混合带四种。

多相组织的带状是指在多相组织中有一种或多种相沿变形方向呈带状分布。这类带状根据呈带状的相数分为单相组织呈带状和多相组织呈带状。单相组织呈带状指仅一相在基体内呈带状分布，其他相随机分布，可作为基体相。多相组织呈带状指两个以上（包括两个）的相呈明显带状分布，无基体相。这两种带状按照带状形貌和严重程度，在定性分析时可分为无带状、部分带状、完全带状、窄带、宽带和混合带六种，如图4-7所示。

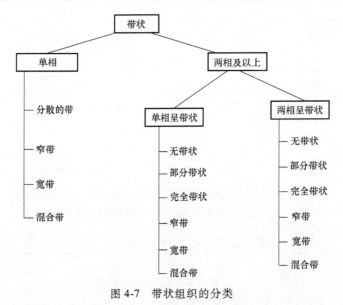

图4-7　带状组织的分类

5. 定量分析

（1）选取分析对象　对于单相组织，宏观偏析区域的带状是测量对象。对于两相或多相组织，如果其中只有一相呈带状分布，则该呈带状组织的相是测量对象；如果两相或多相都呈带状分布，为提高计数速度，通常选择含量少的相进行测量。例如，对于热轧状态的低、中碳钢，其显微组织为铁素体和珠光体两相组织，珠光体含量少于铁素体，通常选择珠光体作为测量对象。

（2）设置测量线　随机将测试网格线放置于图像或显微照片上。测量线与形变方向保持垂直或平行，偏离的角度不能超过5°，否则将影响测量结果的准确性。或利用软件在所采集照片上画出数条平行和垂直带状组织方向的线段。线段间隔相等，其平行度误差不超过5°。单视场内平行和垂直方向测量线总长度均不少于 $5000\mu m$。所画线段应覆盖整个视场，避免测量线只分布在视场局部地方。

（3）特征截线或截点的计数　当带状组织中两个或多个相邻的晶粒被测量线穿过，即晶粒之间不存在其他相，记为一个截线（$N=1$）或两个截点（$P=2$）。测量线和带状组织相切时，记为半个截线（$N=0.5$）或一个截点（$P=1$）。如果测量线终止于一个带状组织内部，记为半个截线（$N=0.5$）或一个截点（$P=1$）。如果测量线完全位于带状组织内（这种情况有时会发生在高度呈带状的材料的平行方向的计数），记为半个截线（$N=0.5$）或零个截点（$P=0$）。可以只计特征截线数或者特征截点数，也可以同时对特征截线数和特征截点数进行计数。特征截线数或者特征截点数应对平行于形变方向和垂直于形变方向的测量线分别计数，得到测试线通过的特征截线数和特征截点数（$N_\perp$、$N_\parallel$、$P_\parallel$ 和 $P_\perp$）。

（4）计算单位长度特征截线数和（或）特征截点数　分别测量出单个视场内平行于形变方向的检验线总长度 $L_{t\parallel}$ 和垂直于形变方向的检验线总长度 $L_{t\perp}$，根据式（4-1）~式（4-4）计算得到单位长度特征截线数和特征截点数（$N_{L\perp}$、$N_{L\parallel}$、$P_{L\perp}$ 和 $P_{L\parallel}$）。

$$N_{L\perp} = \frac{N_\perp}{L_{t\perp}} \tag{4-1}$$

$$N_{L\parallel} = \frac{N_\parallel}{L_{t\parallel}} \tag{4-2}$$

$$P_{L\perp} = \frac{P_\perp}{L_{t\perp}} \tag{4-3}$$

$$P_{L\parallel} = \frac{P_\parallel}{L_{t\parallel}} \tag{4-4}$$

（5）计算多个视场的平均值　根据式（4-5）~式（4-8）计算得到多个（n 个）视场特征截线数和特征截点数的平均值 $\overline{N}_{L\perp}$、$\overline{N}_{L\parallel}$、$\overline{P}_{L\perp}$ 和 $\overline{P}_{L\parallel}$。对于高度呈带状的显微组织，$\overline{N}_{L\perp}$ 约等于 $\overline{P}_{L\perp}$ 的 $1/2$。

$$\overline{N}_{L\perp} = \frac{\sum N_{L\perp}}{n} \tag{4-5}$$

$$\overline{N}_{L\parallel} = \frac{\sum N_{L\parallel}}{n} \tag{4-6}$$

$$\overline{P}_{L\perp} = \frac{\sum P_{L\perp}}{n} \tag{4-7}$$

$$\overline{P}_{L\parallel} = \frac{\sum P_{L\parallel}}{n} \tag{4-8}$$

（6）计算标准误差　设 $\overline{X}$ 为某测量值的平均值（$\overline{N}_{L\perp}$、$\overline{N}_{L\parallel}$、$\overline{P}_{L\perp}$、$\overline{P}_{L\parallel}$），根据式（4-9）计算得到标准误差 S。

$$S = \left[\frac{1}{n-1} \sum_{i=1}^{n} \left[X_i - \overline{X} \right]^2 \right]^{\frac{1}{2}} \tag{4-9}$$

（7）计算95%置信区间　根据式（4-10）得到95%的置信区间，即95%CI。

$$95\%\,\mathrm{CI} = \pm \frac{tS}{\sqrt{n}} \tag{4-10}$$

式中，t 是与检测视场数有关的一个系数（见表4-3），用于和标准误差一起确定95%置信区间。

表4-3　95%置信区间计算时所用的 t 值

$n-1$	2	3	4	5	6	7	8	9	10
t	4.303	3.182	2.776	2.571	2.447	2.365	2.306	2.262	2.228

注：n 为测量视场数。

（8）计算相对误差　根据式（4-11）计算相对误差%RA：

$$\%\,\mathrm{RA} = \frac{95\%\,\mathrm{CI}}{\overline{X}} \times 100 \tag{4-11}$$

如果相对误差不大于30%，则测试结果可信；如果相对误差大于30%，应增加测试视场的数量，降低相对误差百分数，直至相对误差不大于30%，从而得到准确可信结果。

（9）计算带状平均间距　带状组织从带状中心到相邻带状中心的平均距离，即带状平均间距 $SB_{\perp}$，可通过式（4-12）来确定。

$$SB_{\perp} = \frac{1}{N_{\mathrm{L}\perp}} \tag{4-12}$$

（10）计算平均自由程　平均自由程 $\lambda_{\perp}$ 为带状组织从带状边缘到相邻带状边缘的距离。通过（4-13）来确定 $\lambda_{\perp}$。

$$\lambda_{\perp} = \frac{1 - V_v}{N_{\mathrm{L}\perp}} \tag{4-13}$$

式中，V_v 为带状组织体积分数，需要通过网格数点法或其他适用的方法来测定。

（11）计算各向异性指数　各向异性指数 AI 根据式（4-14）计算。如果忽略带状组织与网格线相切的情况和计数误差，P_{L} 应近似为 N_{L} 的两倍，因此根据特征截线数和特征截点数分别计算得到的 AI 应近似相等。随机分布、无取向的组织的各向异性指数 AI 为1。随着带状程度的加重，各向异性指数 AI 逐渐增加。

$$AI = \frac{\overline{N}_{\mathrm{L}\perp}}{\overline{N}_{\mathrm{L}/\!/}} \ \text{或} \ AI = \frac{\overline{P}_{\mathrm{L}\perp}}{\overline{P}_{\mathrm{L}/\!/}} \tag{4-14}$$

（12）计算取向度　根据式（4-15）计算取向度 Ω_{12}。如果忽略带状组织与网格线相切的情况和计数误差，P_{L} 应近似是 N_{L} 的两倍，因此根据特征截线数和特征截点数分别计算得到的 Ω_{12} 应近似相等。取向度 Ω_{12} 在0（完全随机分布）和1（完全带状）之间变化。

$$\Omega_{12} = \frac{\overline{N}_{\mathrm{L}\perp} - \overline{N}_{\mathrm{L}/\!/}}{\overline{N}_{\mathrm{L}\perp} + 0.571 \overline{N}_{\mathrm{L}/\!/}} \ \text{或} \ \Omega_{12} = \frac{\overline{P}_{\mathrm{L}\perp} - \overline{P}_{\mathrm{L}/\!/}}{\overline{P}_{\mathrm{L}\perp} + 0.571 \overline{P}_{\mathrm{L}/\!/}} \tag{4-15}$$

4.2　魏氏组织检验

在亚共析钢或过共析钢中，由高温以较快的速度冷却时，先共析的铁素体或渗碳体从奥氏体晶界上沿着奥氏体的一定晶面向晶内生长，呈针状析出，其间存在着珠光体组织。在显微镜下可以观察到从奥氏体晶界上生长出来的铁素体或渗碳体近似平行，呈羽毛状或三角形的组织称为魏氏组织。实际生产中遇到的魏氏组织大多是铁素体魏氏组织，它的出现使钢的力学性能，尤其是塑性和韧性显著降低，同时使脆性转折温度升高。本节介绍的魏氏组织检验是铁素体魏氏组织检验。

魏氏组织多半是锻造的加热温度过高或热处理加热温度过高，在奥氏体晶粒较粗和在一定的冷却速度范围内容易形成。因此，当工件经过铸造、锻造、焊接或热处理过热后，从高温以一定的速度冷却容易出现魏氏组织，它是一种过热组织的组织特征。消除钢中魏氏组织的措施应从产生的原因上着手，一是控制加热温度，二是控制冷却速度。生产中一般采用细化晶粒的正火、退火及锻造等方法消除魏氏组织，程度严重的可采用二次正火方法加以消除。

根据 GB/T 13299—2022《钢的游离渗碳体、珠光体和魏氏组织的评定方法》，评定珠光体钢过热后的魏氏组织评定魏氏组织的放大倍数为 100 倍。根据钢的碳含量分为 A 系列（碳的质量分数为 0.15%~0.30%）和 B 系列（碳的质量分数为 0.31%~0.50%），考虑析出的针状铁素体数量、尺寸和由铁素体网确定的奥氏体晶粒大小，两个系列各分为 6 个级别（0~5 级）。魏氏组织评级图中的组织特征见表 4-4。

表 4-4　魏氏组织评级图中的组织特征

级别	组　织　特　征	
	A 系列	B 系列
0	均匀的铁素体和珠光体组织，无魏氏组织特征	均匀的铁素体和珠光体组织，无魏氏组织特征
1	铁素体组织中，有呈现不规则的块状铁素体出现	铁素体针状中出现碎块状及沿晶界铁素体网的少量分叉
2	呈现个别针状组织区	出现由晶界铁素体网向晶内生长的针状组织
3	由铁素体网向晶内生长，分布于晶粒内部的细针状魏氏组织	大量晶内细针状及由晶界铁素体网向晶内生长的针状魏氏组织
4	明显的魏氏组织	大量的由晶界铁素体网向晶内生长的长针状的明显的魏氏组织
5	粗大针状及厚网状的非常明显的魏氏组织	粗大针状及厚网状的非常明显的魏氏组织

4.3　游离渗碳体检验

游离渗碳体多指钢在冷却过程中因碳溶解度变化从铁素体中析出的渗碳体，是指独立存在于铁素体基体或晶界上析出的颗粒渗碳体。游离渗碳体沿晶界析出，分布在晶界上，游离渗碳体的析出会使低碳钢的塑性明显下降，进而影响到钢材的冲压以及冷镦等加工。低碳钢尤其是其深冲薄板退火后的正常组织应是铁素体，低碳退火钢板中的游离渗碳体级别超标对钢板的杯突值等冲压性能会造成不良影响，容易导致冷冲钢板冲压时开裂。因此，对于碳的质量分数不大于0.15%的低碳退火钢材，按其产品标准要求检验游离渗碳体级别。以前人们多认为低碳钢的游离渗碳体就是三次渗碳体，近期有研究表明，碳的质量分数≤0.02%低碳退火钢板中的游离渗碳体主要是三次渗碳体，而碳的质量分数大于0.02%的亚共析低碳退火钢的游离渗碳体主要是珠光体的转变产物。

在退火过程中，低碳钢中游离渗碳体的形成是由片状共析渗碳体向粒状珠光体的转变，并伴随着共析铁素体与先共析铁素体界限的消失及其珠光体形貌的消失，与此同时，有极细小碳化物的析出、聚集、长大。从而粒状渗碳体便不受其共析体——珠光体的约束，而呈自由态游离于铁素体的基体之中。影响退火低碳钢游离渗碳体形态的主要因素是坯料的原始组织、退火工艺及变形量等。

根据 GB/T 13299—2022《钢的游离渗碳体、珠光体和魏氏组织的评定方法》，评定低碳钢中游离渗碳体的方法是，在放大500倍下，将试样与相应标准评级图比较，根据渗碳体的形状、分布及尺寸特征选择磨面上各视场中最高级别处进行评定，有 A 系列、B 系列和 C 系列 3 个系列。

A 系列：渗碳体呈网状沿晶界分布，根据个别铁素体晶粒外围被渗碳体网包围部分的比率及渗碳体网的完整程度评定。

B 系列：渗碳体颗粒呈单层、双层或多层链状分布，根据游离渗碳体颗粒大小和链状层状分布程度及链状的长度评定。

C 系列：渗碳体呈点状，根据点状渗碳体颗粒大小和渗碳体带状分布的程度评定。

A 系列、B 系列和 C 系列 3 个系列各由 6 个级别组成。游离渗碳体评级图中的组织特征见表 4-5。

表 4-5　游离渗碳体评级图中的组织特征

级别	组 织 特 征		
	A 系列	B 系列	C 系列
0	游离渗碳体呈尺寸不大于 $5\mu m$ 的粒状，均匀分布	游离渗碳体呈点状或小粒状，趋于形成单层链状	游离渗碳体呈点状或小粒状，均匀分布，略有变形方向取向
1	游离渗碳体呈尺寸不大于 $12\mu m$ 的粒状，均匀分布于铁素体晶内和晶粒间	游离渗碳体呈尺寸不大于 $5\mu m$ 的颗粒，组成单层链状	游离渗碳体呈尺寸 ≤2mm 的颗粒，具有变形方向取向
2	游离渗碳体趋于网状，包围铁素体晶粒周边不大于 1/6	游离渗碳体呈尺寸不大于 $7\mu m$ 的颗粒，组成单层或双层链状	游离渗碳体呈尺寸 ≤2mm 的颗粒，略有聚集，有变形方向取向
3	游离渗碳体呈网状，包围铁素体晶粒周边达 1/3	游离渗碳体呈尺寸为 7~12μm 的颗粒，组成单层或双层链状	游离渗碳体呈尺寸 ≤3mm 的颗粒，聚集状态或分散带状分布，带状沿变形方向伸长
4	游离渗碳体呈网状，包围铁素体晶粒周边达 2/3	游离渗碳体呈尺寸大于 $12\mu m$ 的颗粒，组成双层及 3 层链状，穿过整个视场	
5	游离渗碳体沿铁素体晶界构成连续或近于连续的网状	游离渗碳体呈尺寸 $12\mu m$ 的粗大颗粒，组成宽的 3 层以上（不包括 3 层）链状，穿过整个视场	

注：游离渗碳体大小为最大尺寸，通过目镜或投影屏两种方法测量。

4.4　低碳变形钢珠光体检验

低碳变形钢中的铁素体—珠光体两相变形是不均匀的，塑性变形主要集中在铁素体中。裂纹易于在各种界面处及珠光体团内萌生，并沿着铁素体中的滑移带、晶界及铁素体—珠光体界面扩展，最后断裂是裂纹扩展相互连接所致。

根据 GB/T 13299—2022《钢的游离渗碳体、珠光体和魏氏组织的评定方法》，评定低碳钢中珠光体的方法是在放大倍数为 500 倍，选取检验面上最严重的视场进行评定。根据珠光体的结构（粒状、细粒状珠光体团或片状）、数量和分布特征评定级别。标准中评定级别由 A 系列、B 系列和 C 系列 3 个系列各 6 个级别组成。

A 系列指定作为碳的质量分数为 0.10% ~ 0.20% 冷轧钢中粒状珠光体的评级，级别增大，则渗碳体颗粒聚集并趋于形成带状。

B 系列指定作为碳的质量分数为 0.10% ~ 0.20% 热轧钢中细粒状珠光体团的评级，级别增大，则粒状珠光体向形成变形带的片状珠光体过渡（并形成分割开的带）。

C 系列指定作为碳的质量分数为 0.21% ~ 0.30% 热轧钢中珠光体的评级，级别增大，则细片状珠光体由大小不太均匀而分布均匀的团状结构过渡为不均匀的带状结构，此时必须根据由珠光体聚集所构成的连续带的宽度评定。

低碳变形钢珠光体评级图中的组织特征见表 4-6。

表 4-6　低碳变形钢珠光体评级图中的组织特征

级别	组织特征		
	A 系列	B 系列	C 系列
0	尺寸不大于 5μm 的粒状珠光体，均匀或较均匀分布	细粒状珠光体团均匀分布	不大的细片状珠光体团均匀分布
1	在变形方向上有线度不大的粒状珠光体	少量细粒状珠光体团沿变形方向分布，无明显带状	较大的细片状珠光体团较均匀分布，略呈变形方向取向
2	粒状珠光体呈聚集态沿变形方向不均匀分布	较大细粒状珠光体团沿变形方向分布	细片状珠光体团的大小不均匀，呈条带状分布
3	粒状珠光体聚集块较大，沿变形方向取向	较大细粒状珠光体团呈条带状分布	细片状珠光体团聚集为大块，呈条带状分布
4	一条连续的及几条分散的粒状珠光体呈带状分布	细粒状珠光体团和局部片状珠光体呈条带状分布	连续的一条或分散的几条细片状珠光体带，穿过整个视场
5	粒状珠光体呈明显的带状分布	粒状珠光体团和粗片状珠光体呈明显的条带状分布（条带的宽度应 ≥1/5 视场直径）	粗片状珠光体连成宽带状，穿过整个视场

4.5　珠光体球化级别检验

球化处理的目的是对采用完全退火也不能充分软化的钢进行软化，使之适合于机械加工，并改善过共析钢的韧性。球化处理也是作为过共析钢淬火前的一种预备热处理。

为了保证获得均匀的球状珠光体，重要的是严格控制加热温度。球化退火的加热温度控制在 Ac_1 以上 20 ~ 30℃。如果加热温度过高使渗碳体不能完全球粒化，这时就将出现部分片状珠光体，甚至全部是片状珠光体。因为加热温度过高，将使渗碳体全部溶入奥氏体，造成奥氏体成分的均匀化，而失去了球粒化转变的能力；反之，如果加热温度过低，则原来的片状珠光体未能转变而球化，因而也不能达到球化处理的效果。

球化退火的冷却速度对是否形成球状珠光体几乎不产生影响，而与所形成球粒珠光体组织的粗、细和材料的硬度有着直接的关系。冷却速度大，组织细，硬度高，组织过细又将造成切削方面的困难；冷却速度低，形成的组织粗，也将不符合要求，甚至造成后续热处理工艺的困难，为此必须控制适当的冷却速度。

非合金工具钢、合金工具钢和滚动轴承钢等高碳钢，经热轧和球化退火后，金相组织应为在铁素体的基体上均匀分布细颗粒状的碳化物。如果球化工艺不当，往往会出现部分片状珠光体组织，甚至会出现全部片状珠光体组织。这些球化不良组织都可能影响零件的切削加工性和热处理工艺，以及最终的热处理组织对性能也都将产生不同程度的影响。对退火状态交货的非合金工具钢、合金工具钢等高碳钢，球状珠光体应按 GB/T 1299—2014《工模具钢》珠光体组织标准评级中级别图进行评定。图 4-8 和图 4-9 所示分别为合金工具钢和非合金工具钢珠光体组织标准评级图。滚动轴承钢球状珠光体的评级参照第 8 章。

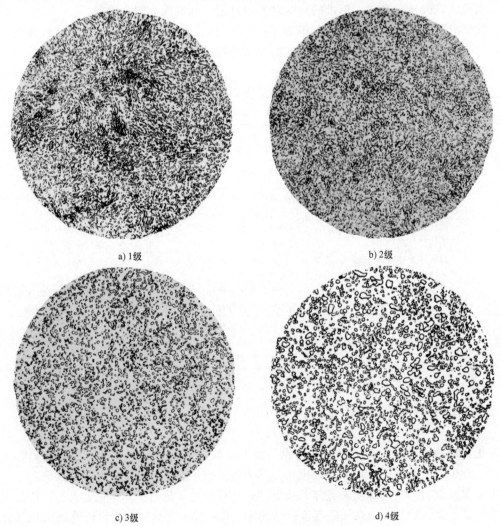

a) 1级

b) 2级

c) 3级

d) 4级

图 4-8 合金工具钢珠光体组织标准评级图

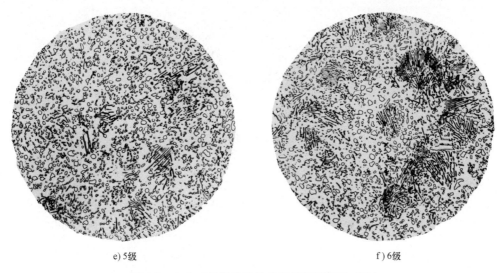

e) 5级　　　　　　　　　　　　　　f) 6级

图 4-8　合金工具钢珠光体组织标准评级图（续）

注：视场直径为 80mm，100μm 代表 10mm。

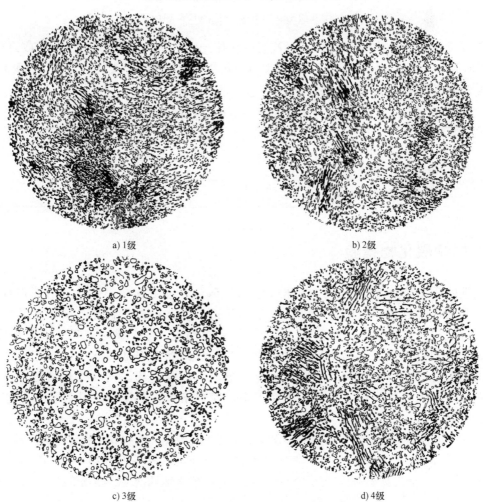

a) 1级　　　　　　　　　　　　　　b) 2级

c) 3级　　　　　　　　　　　　　　d) 4级

图 4-9　非合金工具钢珠光体组织标准评级图

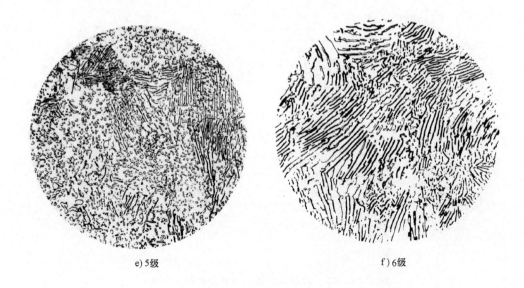

e) 5级   f) 6级

图 4-9 非合金工具钢珠光体组织标准评级图（续）

注：视场直径为 65mm，100μm 代表 10mm。

截面尺寸≤60mm 的退火非合金工具钢球状珠光体组织合格级别见表 4-7；截面尺寸>60mm 的退火非合金工具钢合格级别供需双方协议规定。退火状态交货的合金工具钢等高碳钢球状珠光体合格级别为 1~5 级。

表 4-7 非合金工具钢球状珠光体组织合格级别

牌号	合格级别/级
T7、T8、T8Mn、T9	1~5
T10、T11、T12、T13	2~4

4.6 网状碳化物检验

在碳的质量分数大于 0.77% 的非合金工具钢、合金工具钢、铬轴承钢等钢种，在热加工后的冷却过程中，碳化物沿晶界呈网状析出，这种碳化物称为网状碳化物。钢材在热轧或退火过程中，由于加热温度过高，保温时间太长，造成奥氏体晶粒的粗大，并在缓慢冷却过程中，碳化物沿晶界析出，即形成网状分布的碳化物。此外，当热加工的终止温度较高时，在随后的缓冷中也易形成网状碳化物。网状碳化物的存在，将使钢的力学性能显著降低，尤其是韧性下降，脆性增大，制造的工模具易于在使用中崩刃或开裂。

对退火状态交货的非合金工具钢、合金工具钢等高碳钢，网状碳化物金相检验分别应按 GB/T 1299—2014《工模具钢》中的标准评级图进行评定。图 4-10 和图 4-11 所示分别为合金工具钢和非合金工具钢网状碳化物标准评级图。高碳铬轴承钢网状碳化物的金相检验与评级参考第 8 章。

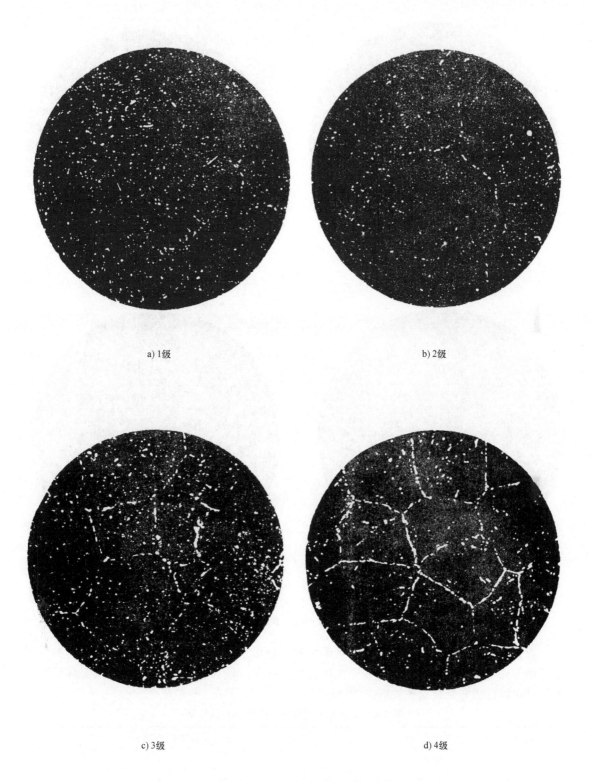

a) 1级

b) 2级

c) 3级

d) 4级

图 4-10　合金工具钢网状碳化物标准评级图　500×

注：视场直径为80mm，100μm 代表 10mm。

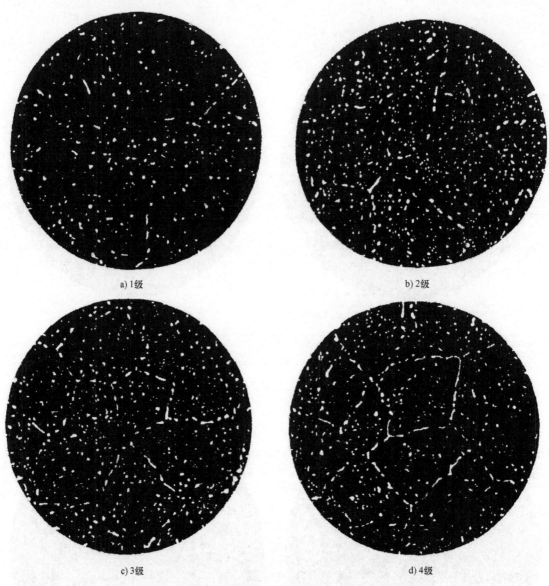

a) 1级 b) 2级

c) 3级 d) 4级

图 4-11 非合金工具钢网状碳化物标准评级图 500×

注：视场直径为 65mm，10μm 代表 10mm。

退火状态交货的非合金工具钢网状碳化物合格级别见表 4-8。截面尺寸≤60mm 的合金工具钢等高碳钢网状碳化物以不大于 3 级为合格级别，截面尺寸>60mm 的合金工具钢等高碳钢网状碳化物合格级别按供需双方协议。

表 4-8 非合金工具钢网状碳化物合格级别

钢材尺寸/mm	合格级别/级 ≤
≤60	2
>60~100	3
>100	双方协议

4.7　表面脱碳层检验

钢的各种热加工工序的加热或保温过程中，由于氧化气氛的作用，使钢材表面的碳全部或部分丧失的现象叫作脱碳。脱碳层深度是指从脱碳层表面到脱碳层与基体在金相组织差异已经不能区别的位置的距离。

钢表层的脱碳大大降低了钢材的表面硬度、耐磨性和疲劳极限。因此，在工具钢、轴承钢、弹簧钢等的相关标准中都对脱碳层有具体规定。重要的机械零件是不允许存在脱碳缺陷的，为此在加工时零件的脱碳层必须除净。

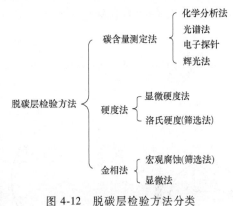

图 4-12　脱碳层检验方法分类

4.7.1　脱碳层检验方法与取样

脱碳层检验方法有碳含量测定法、金相法和硬度法，如图 4-12 所示。在生产实际中，最常用的采用金相法和硬度法，本节主要介绍金相法和硬度法。具体钢表层脱碳层深度测定按 GB/T 224—2019《钢的脱碳层深度测定法》执行。典型脱碳层示意图如图 4-13 所示。

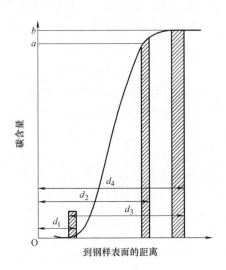

图 4-13　典型脱碳层示意图

d_1—完全脱碳层深度（mm）　d_2—有效脱碳层深度（mm）　d_3—部分脱碳层深度（mm）　d_4—总脱碳层深度（mm）　a—产品标准中规定的碳含量最小值　b—基体碳含量

注：1. 不同脱碳类型的分界线如阴影带所示，阴影带宽度表示在测量过程中由于不确定度所产生的实际差异。

2. 如果制品经过渗碳处理，"基体"的定义由有关各方商定。允许的脱碳层深度将被列入产品技术标准中，或由有关各方商定。

选取的试样检验面应垂直于产品纵轴，如产品无纵轴，检验面的选取应由有关各方商定。例如，小试样（如公称直径不大于 25mm 的圆钢或边长不大于 20mm 的方钢）要检测整个周边。对大尺寸样品（如公称直径大于 25mm 的圆钢或边长大于 20mm 的方钢），为保证取样的代表性，可截取样品同一个或几个部位，且保证总检测周长不小于 35mm。不同规格材料的取样部位如图 4-14 所示。具体取样数量和取样部位应在有关产品标准中规定。脱碳试样的截取和测定需要垂直表面，截面垂直于产品纵轴，测定脱碳层深度必须垂直于试样表面，这样测定的才是脱碳层深度。

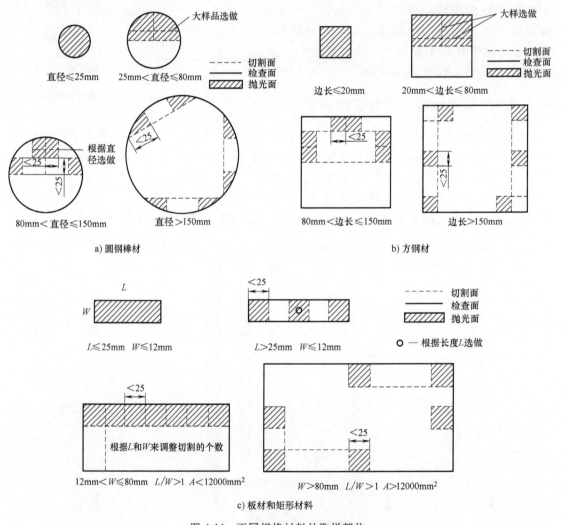

图 4-14 不同规格材料的取样部位

L—长度 W—宽度 A—钢板或矩形试样检验面的面积

4.7.2 金相法脱碳层深度测定

1. 脱碳层界限的划分

使用金相法测定脱碳层深度，关键是脱碳层界限的划分，这直接影响结果的准确性，而金相组织千差万别，需要理论支撑和检测技术及经验，才能准确识别脱碳层界限。图 4-15

所示脱碳层结构示意图。从表面到基体之间存在碳的浓度梯度，从材料表面向心部分别为完全脱碳层—部分脱碳层（过渡层）—未脱碳的基体组织。完全脱碳为碳含量低于铁素体中固溶极限；部分脱碳为碳含量低于基体碳含量，但高于在铁素体中固溶极限。总脱碳是完全脱碳和部分脱碳之和。

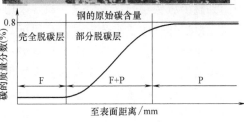

图 4-15　脱碳层结构示意图

2. 测定方法

金相法测定脱碳层深度的具体方法有最严重视场法和平均法。最严重视场法是对每一个试样，在最深的均匀脱碳区的一个视场内，随机进行几次测量（至少 5 次），以这些测量值的平均值作为脱碳层深度。平均法是 GB/T 224—2019 中新增加的检测方法，在最深均匀脱碳区测量第一点，然后从这点开始表面被等分成若干部分，如无特殊规定，至少分为 4 等份，在每一部分的结束位置测量最深处的脱碳层深度，以这些测量值（至少 4 个）的平均值作为试样的脱碳层深度。其中，轴承钢、工具钢、弹簧钢等对脱碳要求较高的钢种适用最严重视场法进行测定，不适用平均法进行测定。

金相法脱碳层深度测定是利用脱碳引起的显微组织变化来间接显示出碳含量的变化。借助于测量目镜刻尺或者利用金相图像分析系统测定软件，观察和测量从表面到其组织已无区别的那一点的距离。不同金相组织碳含量不同，铁素体中碳的质量分数小于 0.0218%，近似为 0，珠光体中碳的质量分数为 0.77%，渗碳体中碳的质量分数为 6.67%。不同组织中碳含量的差异，奠定了以显微组织变化观测脱碳层的基础。铁素体和珠光体是钢接近平衡状态的组织，可以用金相法测定脱碳层深度。

在钢的球化退火过程中，表面如发生脱碳，使表面碳含量降低和 A_{cm} 降低，则表面不能与基体一样球化，则球化退火组织的脱碳表现为表面出现片状珠光体，这成为脱碳的主要标志。片状珠光体片层间距越大，脱碳越严重。在基体组织为片状珠光体时，表面粗片珠光体也是其脱碳的标志。

过饱和马氏体和贝氏体是非平衡组织，它们的碳含量是变化的，但只有碳含量的变化达到一定程度才会引起组织形态的变化。具有这种组织的钢，只有在特定条件下才能测定脱碳层深度。例如，脱碳降低了淬透性，表层没有形成马氏体，或者脱碳造成碳化物消失，表面只剩下铁素体，只有在这种情况下用金相法测定脱碳层相对准确。如果钢的表层碳含量减少没有引起非平衡组织明显变化，采用金相法检测脱碳层深度通常偏低，可能造成测量不准确。

3. 适用范围

金相法主要适用于具有退火或正火组织（铁素体+珠光体）的钢种，也可有条件地用于那些硬化、回火、轧制或锻造状态的产品。

4. 总脱碳层的测定

一般来说，观测到的组织差别，在亚共析钢中是以铁素体与其他组织组成物的相对量的变化来区分的，在过共析钢中是以碳化物含量相对基体的变化来区分的。对于硬化组织或者淬火回火组织，当碳含量变化引起组织显著变化时，也可用该方法进行测量。

借助于测微目镜，或利用金相图像分析系统观察和定量测量从表面到其组织和基体组织已无区别的那一点的距离。

放大倍数的选择取决于脱碳层深度。如果需方没有特殊规定，由检测者选择。建议使用能观测到整个脱碳层的最大倍数。通常采用放大倍数为100倍。

当过渡层和基体较难分辨时，可用更高放大倍数进行观察，确定界限。先在低放大倍数下进行初步观测，保证四周脱碳变化在进一步检测时都可发现，查明最深均匀脱碳区。

脱碳层最深的点由试样表面的初步检测确定，不受表面缺陷和角效应的影响。对每一试样，在最深的均匀脱碳区的一个显微镜视场内，应随机进行几次测量（至少5次），以这些测量值的平均值作为总脱碳层深度。轴承钢、工具钢、弹簧钢测量最深处的总脱碳层深度。完全脱碳层的测定和有效脱碳层的测定方法与总脱碳层的测定方法相同。

金相法测定完全脱碳层深度的依据和原则见表4-9。总脱碳层深度测定的原则是以脱碳引起的组织变化为界测定。金相法测定总脱碳层深度的依据和原则见表4-10。

在有些情况下，采用金相法测定脱碳层确定脱碳的终止点很困难。例如，高合金工具钢和固溶退火的奥氏体高锰钢，采用普通浸蚀方法，很难区分脱碳引起的组织变化，因此需要采用其他的工艺和特殊的浸蚀方法，进行金相法脱碳层测定。总的来说，采用金相法测定脱碳层的深度，就是要通过浸蚀，清晰显示由于脱碳造成了组织变化。

表4-9　金相法测定完全脱碳层深度的依据和原则

基体组织	评定原则	评定依据
铁素体+珠光体	表面测量至最初发现珠光体的位置	全部连续的铁素体组织，从表面测量至最初发现其他组织的位置
球化退火组织	表面测量至最初发现碳化物的位置	
淬火组织	表面测量至最初发现淬火组织的位置	

表4-10　金相法测定总脱碳层深度的依据和原则

基体组织	评定原则	评定依据
亚共析钢退火或正火组织（铁素体+珠光体）	表面测量至珠光体开始减少	珠光体数量变化
过共析钢退火或正火组织（珠光体+过共析碳化物）	表面测量至珠光体开始减少或珠光体片加粗或过共析碳化物开始减少	珠光体数量、形态变化或者碳化物数量变化
球化退火组织（铁素体基体+细小颗粒碳化物）	表面测量至出现片状珠光体或碳化物开始减少	珠光体形态变化或者碳化物含量变化
硬化组织或淬回火组织（回火马氏体组织）	表面测量至黑色回火马氏体出现处	脱碳提高 Ms 点，发生自回火或出现非马氏体组织
高合金工具钢退火组织	深腐蚀由颜色变化来确定	不同碳含量出现颜色深浅差别

5. 完全脱碳层、部分脱碳层及总脱碳层示例

一般来说，退火或正火组织（铁素体+珠光体）的钢种脱碳量取决于珠光体的减少量（见图4-16），硬化组织或淬火、回火后的回火马氏体组织由晶界铁素体的变化来判定完全脱碳层（见图 4-17），球化退火组织可由表面碳化物明显减少区确定部分脱碳区（见图 4-18）。图 4-18 所示为完全珠光体合金钢热轧无脱碳和部分脱碳的显微组织对比。图 4-19 所示为完全马氏体合金钢无脱碳、部分脱碳和总脱碳层的显微组织对比。

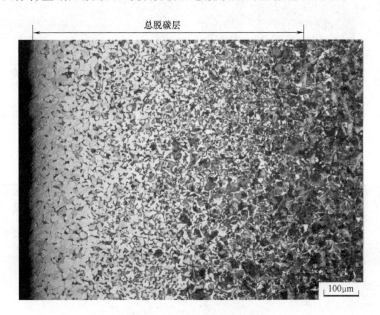

图 4-16　碳素钢表面脱碳

注：1. 化学成分（质量分数）：C0.81%，Si0.18%，Mn0.33%。

　　2. 热处理工艺：960℃ 加热 2.5h 炉冷。

　　3. 组织说明：珠光体减少区域为部分脱碳。

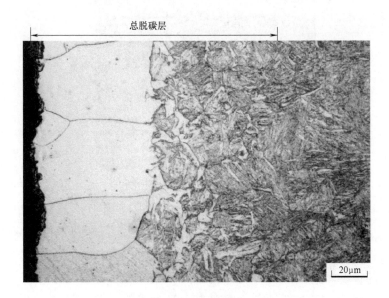

图 4-17　60Si2MnA 弹簧钢表面脱碳

注：1. 热处理工艺：870℃ 加热 20min 油淬+440℃ 加热 90min 空冷。

　　2. 组织说明：白色铁素体部分为完全脱碳区，含有片状铁素体区为部分脱碳。

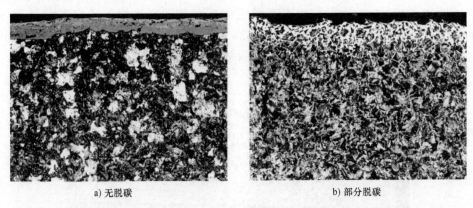

a) 无脱碳 　　　　　　　　　　　　　　b) 部分脱碳

图 4-18　完全珠光体合金钢热轧无脱碳和部分脱碳的显微组织对比

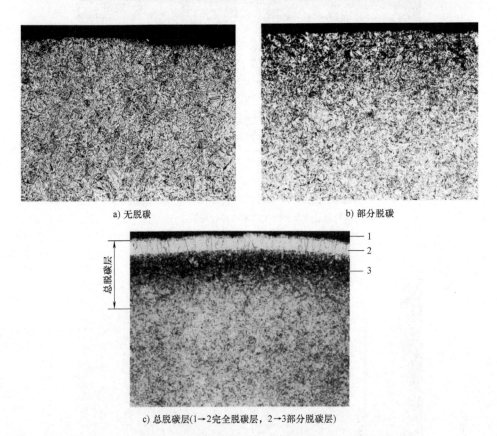

a) 无脱碳 　　　　　　　　　　　　　　b) 部分脱碳

c) 总脱碳层(1→2完全脱碳层，2→3部分脱碳层)

图 4-19　完全马氏体合金钢无脱碳、部分脱碳和总脱碳层的显微组织对比

在亚共析钢中，总脱碳层是以铁素体与珠光体的相对量的变化来区分的。图 4-20 所示为亚共析钢（35MnBH 钢）的脱碳层组织，从表层到心部为铁素体→铁素体+珠光体，基体组织为珠光体+网状铁素体。

在共析钢中，脱碳层是以珠光体含量的减少来确定的。图 4-21 所示为共析钢（LT-B6钢）的脱碳层组织，从表层到心部为铁素体+珠光体→珠光体+网状铁素体，基体组织为珠光体，总脱碳层的测量深度为试样表面至铁素体消失点的距离。

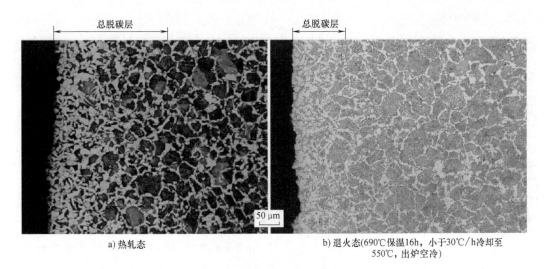

a) 热轧态

b) 退火态(690℃保温16h，小于30℃/h冷却至550℃，出炉空冷)

图 4-20　亚共析钢的脱碳层

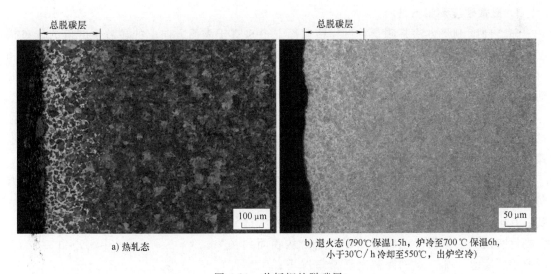

a) 热轧态

b) 退火态 (790℃保温1.5h，炉冷至700℃保温6h，小于30℃/h冷却至550℃，出炉空冷)

图 4-21　共析钢的脱碳层

过共析钢中脱碳层是以珠光体或碳化物数量减少来测定的。图 4-22 所示为过共析钢（GCr15）的脱碳层组织，从表层到心部为铁素体+珠光体→珠光体+网状铁素铁，基体组织为珠光体+网状碳化物。热轧态的总脱碳层深度如图 4-22a 所示。退火表面脱碳层应从表面测量至片状珠光体消失的区域，如图 4-22b 所示。

4.7.3　硬度法脱碳层深度测定

硬度法是利用碳含量与热处理后钢的硬度存在一定的关系来测定脱碳层深度的。其理论依据是淬火钢的基体组织马氏体的硬度随碳含量的增加而增大，因此钢件表面至基体如果脱碳，不同脱碳程度区域其硬度值也不同。但由于淬火马氏体中碳的质量分数增至 $0.6\% \sim 0.7\%$ 后，其硬度不再随碳含量增高而有明显变化等，所以该方法的应用范围应尽量限制于亚共析钢。

a) 热轧态   b) 退火态(800℃保温4h，以10℃/h缓冷至650℃,空冷)

图 4-22   过共析钢的脱碳层

1. 显微硬度测量方法

显微硬度测量方法是测量在试样横截面上沿垂直于表面方向上的显微硬度值的分布梯度。这种方法只适用于脱碳层相当深，但和淬火区厚度相比却又很小的亚共析钢、共析钢和过共析钢。同时也可用于脱碳层完全在硬化区内的情况，以避免淬火不完全引起的硬度波动。这种方法不适合低碳钢。

试样的选取和制备与金相法一样，应小心防止试样的过热。当使用维氏硬度测量法时，具体操作步骤可以依据 GB/T 4340.1—2009 进行；当使用努氏硬度测量法时，具体操作步骤可依据 GB/T 18449.1—2009 进行。

在实际操作过程中可以通过直线法（垂直于表面方向上）或者斜线法（倾斜于表面方向上）去测量试样横截面上的显微硬度值的分布梯度。其中，直线法适合测量较深脱碳层，斜线法适合测量有较浅脱碳层。脱碳层深度规定为从表面到所要求硬度值的那一点的距离。通常情况下，为减少测量数据的分散性，应尽可能使用大载荷，通常采用 0.49～4.9N（50～200gf）载荷。图 4-23 所示为之字法硬度测量点分布，起始点分布在宽度不超过 1.5mm 的带内，各压痕中心之间的距离应不超过 0.1mm，同时压痕之间的距离至少应为压痕对角线长度的 2.5 倍。至少要在相互距离尽量远的位置进行 4 组测定，其测定值的平均值作为脱碳层深度。受硬度压痕的制约，无法测定脱碳层较浅（几微米到几十微米）的试样。脱碳层深度规定为从表面到已达到所要求硬度值的那一点的距离，它的测量界限可以是：

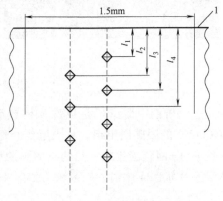

图 4-23   之字法硬度测量点分布

1—表面 l_i—第 i 个压痕的测量距离 （$i=1\sim4$）

注：虚线代表测量线。

1）由试样表面测至技术条件规定的硬度值处。

2）由试样表面测至硬度值平稳处。

3）由试样表面测至硬度值平稳处的某一百分数。

采用何种测量界限由技术条件或双方协议规定。

2. 表面洛氏硬度测量法

用洛氏硬度计测定时，对不允许有脱碳层的产品，直接在试样的原产品表面上测定；对允许有脱碳的样品，在去除允许脱碳层的面上测定。表面洛氏硬度测量法只用于判定产品是否合格，主要适用于对经过硬化、硬化后回火或者球化退火钢材的检验。

4.8 钢材显微组织分析实例

1. 25MnCr5 钢锻造后正火组织

图 4-24a 所示为 25MnCr5 钢锻造后 900℃ 加热正火，采用 4%（体积分数）硝酸乙醇溶液浸蚀的显微组织。其组织为片状珠光体及铁素体，铁素体呈带状、网状分布，带状组织评级为 2 级，属缺陷组织。图 4-24b 所示为图 4-24a 放大 400 倍后的组织。产生带状组织的原因是正火冷却速度不够造成的。该组织会导致材料强度偏低而不合格。具有此种不良显微组织的工件在机械加工时容易产生黏刀现象，使刀具严重损坏。更为严重的是会使工件渗碳热处理后变形量超标。

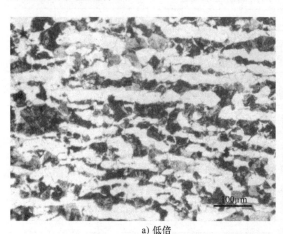
a) 低倍

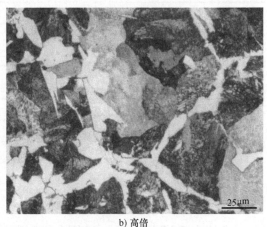
b) 高倍

图 4-24 25MnCr5 钢锻造后正火显微组织

2. ABS AH32 船用钢带状组织定量分析

ABS AH32 船用钢的化学成分见表 4-11。沿轧制方向取样，在纵向试样上随机取 5 个带状组织的视场图，图 4-25 是其中一个视场图。通过在软件中设置网格的行数和列数等参数，在每个视场图上自动创建生成网格测量线。其组织为铁素体+珠光体两相组织，两相组织均呈带状分布。网格等间距，12 条平行线每条线长度为 620.261μm，12 条垂直线每条长度均为 465.043μm。此视场平行线段实际总长度为 620.261μm×12 = 7.443132mm，在 200 倍放大倍数下相当于 7.443132mm×200 = 1488.626mm>500mm，满足测量要求；垂直线段实际总长度为 465.043μm×12 = 5.580516mm，在 200 倍放大倍数下相当于 5.580516mm×200 = 1116.103mm>500mm，满足测量要求。根据金相照片珠光体是少数相，按珠光体分别计数每一条平行线段和垂直线段截取特征物（珠光体）的截线数，然后累加得到：$N_\perp = 182.0$ 个，

$N_{//} = 62.5$ 个，根据式（4-1）和式（4-2）计算得出：$N_{L\perp} = N_{\perp}/L_{t\perp} = 182$ 个/5.580516mm = 32.613 个/mm；$N_{L//} = N_{//}/L_{t//} = 62.5$ 个/7.443132mm = 8.397 个/mm。根据式（4-14）计算出各向异性指数 $AI = \overline{N}_{L\perp}/\overline{N}_{L//} = 32.613/8.397 = 3.88$。在实际检验中，必须测量至少 5 个视场，并计算测量相对误差。如果相对误差高于 30%，要补充取几个视场的显微组织相来测量，重新修正相对误差。该样品 5 个测量视场的结果见表 4-12。

根据该钢的碳含量，选择 GB/T 34474.1—2017 中的 B 系列评级图进行比较，图 4-25 所示 ABS-AH 32 钢纵向带状组织评为 4.5 级。需要指出的是，比较法与定量分析的数据不能进行简单的类比。定量分析方法中 AI 值是钢中带状程度或方向性程度的定量评定数据，当 $AI = 1$ 时，表示组织完全无方向性或完全不呈带状分布，相当于评级图比较法评级的 0 级，AI 值越大表示带状组织越严重。

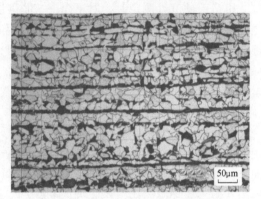

图 4-25 ABS-AH 32 钢的纵向带状组织

表 4-11 ABS AH32 船用钢的化学成分

元素	C	Mn	Al	Si	P	S	Nb	V
质量分数（%）	≤0.18	0.70~1.60	≥0.015	0.10~0.50	≤0.04	≤0.04	0.015~0.050	0.030~0.100

表 4-12 ABS-AH 32 钢带状组织定量检测结果

项目	$\overline{N}_{L\perp}$/（个/mm）	$\overline{N}_{L//}$/（个/mm）	AI
$\overline{X}$	32.96	8.51	3.87
S	1.13	1.42	
95%CI	1.40	1.76	
%RA	4.25	20.7	
n	5	5	

3. 8Cr4Mo4V 轴承钢带状碳化物定量分析

8Cr4Mo4V 轴承钢淬火+低温回火的组织如图 4-26 所示。基体为无取向回火马氏体（黑色），在基体上有拉长带状、有方向性的合金碳化物（白色）。与基体相比，合金碳化物数量较少，选择碳化物对带状组织进行定量分析。随机选择了 6 个视场（图 4-26 为其中一个视场），采用 4.2 节中带状组织定量分析方法进行分析，分析统计结果见表 4-13。结果表明，该钢中的合金碳化物具有较明显的方向性。虽然该定量分析的数据

图 4-26 8Cr4Mo4V 轴承钢淬火+
低温回火的组织 50×

无法与钢的带状碳化物级别对应，但可以用于同类钢定量比较。

表 4-13 8Cr4Mo4V 轴承钢定量分析结果

参数	$\overline{N}_{L\perp}$（个/mm）	$\overline{N}_{L//}$（个/mm）	$AI(\overline{N}_{L\perp}/\overline{N}_{L//})$	Ω_{12}	$\overline{P}_{L\perp}$（个/mm）	$\overline{P}_{L//}$（个/mm）	$AI(\overline{P}_{L\perp}/\overline{P}_{L//})$	Ω_{12}
$\overline{X}$	33.79	2.56	1.48	0.23	7.30	4.98	1.47	0.23
S	0.48	0.77	—	—	0.97	1.48	—	—
95%CI	±0.51	±0.81	—	—	±1.02	±1.55	—	—
%RA	1.51	31.64	—	—	13.97	31.12	—	—
n	6	—	—	—	—	—	—	—

4. ZG310-570 钢汽车拨叉零件毛坯

ZG310-570 钢汽车拨叉零件的加工工序为退火毛坯—模锻成形—正火—冷整形—机加工。图 4-27 所示为该毛坯的心部组织。其组织为片状珠光体、块网状及针状分布的铁素体，晶粒甚为粗大，呈魏氏组织。魏氏组织评级评为 3 级，为不合格组织。

5. WRCH35K 热轧盘条魏氏组织及混晶组织分析

碳的质量分数为 0.35% 的 WRCH35K 热轧盘条，广泛用于螺栓、螺母等各类紧固件

图 4-27 ZG310-570 钢汽车拨叉零件
经正火毛坯的心部组织

和各种冷镦成形的零配件。某批 WRCH35K 热轧盘条生产中出现拉拔断裂，经金相分析，发现组织中有魏氏组织、粒状贝氏体和混晶等缺陷，如图 4-28 所示。分析产生该缺陷的主要原因是控制轧制及控冷工艺不当。通过优化控轧控冷工艺，其性能明显改善，经金相分析，消除了混晶和魏氏组织，组织为细小均匀的珠光体+铁素体组织，晶粒度为 7~8 级，如图 4-29 所示。

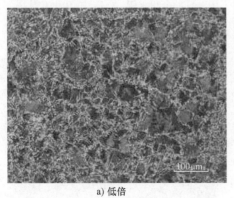

a) 低倍

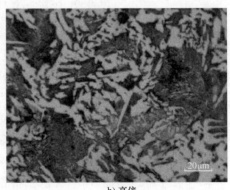

b) 高倍

图 4-28 魏氏组织、粒状贝氏体和混晶缺陷组织

6. QS87Mn 线材断裂原因分析

QS87Mn 钢中碳的质量分数为 0.89%，为高碳缆索用钢。铅浴热处理后出现了钢丝绳断

 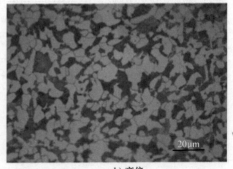

a) 低倍   b) 高倍

图 4-29 优化控轧控冷工艺后的珠光体+铁素体细晶组织

裂现象, 取样分析断裂原因。经化学成分分析, 断裂试样的合金成分和硫、磷含量均符合相关标准要求。经金相检验, 断裂试样裂纹边部处组织为索氏体+网状铁素体+魏氏组织, 没有断裂边部处试样组织为索氏体+少量网状铁素体, 如图 4-30 所示。经分析, 断裂的主要原因是, 热处理过程中表面产生了少量脱碳, 晶粒长大, 并形成网状铁素体和魏氏组织, 导致钢材表面性能变差。

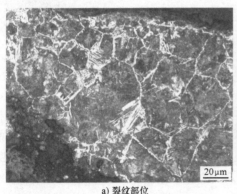 

a) 裂纹部位   b) 无裂纹部位

图 4-30 QS87Mn 线材不同部位的金相组织

7. W6Mo5Cr4V2 刀具断裂失效原因分析

W6Mo5Cr4V2 齿轮刀具在使用中发生断裂, 对断裂的齿轮刀具进行化学成分分析、硬度检测、断口分析、非金属夹杂物检验以及金相组织检验。检测结果表明, 刀具的化学成分正常, 非金属夹杂物检验合格, 硬度合格, 断裂类型是脆性断裂。金相分析表明, 断裂刀具中的碳化物呈网状分布, 如图 4-31 所示。根据 GB/T 1299—2014《工模具钢》中第三级别图进行评定, 网状碳化物为 3~4 级, 属于较严重的碳化物分布不均匀。W6Mo5Cr4V2 齿轮刀具脆断原因是金相组织中碳化物分布异常, 呈网

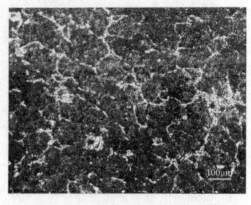

图 4-31 断裂刀具中的网状碳化物

状分布。

8. 45钢锻造退火再淬火后开裂

图4-32所示为45钢套筒零件锻造退火再淬火发生开裂后的组织。表面出现一层全脱碳铁素体层，次层黑色为托氏体；里层为淬硬区，组织为针状马氏体。套筒表面全脱碳层是由于淬火加热不当而引起的。套筒开裂是由于淬火的冷却不均匀，各部分组织转变不同产生较大的内应力，从而导致淬火裂纹的产生。脱碳层深度根据图4-32测量为0.25~0.30mm。

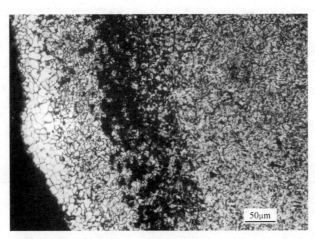

图4-32　45钢套筒零件锻造退火再淬火发生开裂后的组织

9. 45钢小型锥齿轮模锻成型组织

图4-33所示为45钢小型锥齿轮的原材料在煤炉中加热后采用高速模锻成形，油冷淬火，经4%（体积分数）硝酸乙醇溶液浸蚀的齿根部显微组织。从图4-33中可以看出，脱碳层深度为0.15~0.30mm。最表面为全脱碳层，组织为铁素体，次表层为铁素体和珠光体。这种较深脱碳组织严重降低了齿轮表面的强度和硬度，降低了接触疲劳强度。

10. T8钢表面脱碳

T8钢表面脱碳是制约其产品质量的关键问题。在实际生产中，表面脱碳多在热轧过程中产生，而后在经冷轧表面极易出现起皮、开裂等质量问题。为研究T8钢的脱碳规律，一种方案采用850~1200℃加热，保温时间为60min；另一种采用在950℃加热，保温时间分别为20min、30min、60min和90min。保温后空冷。不同温度下保温60min的金相照片如图4-34所示。根据图4-34测得总脱碳层深度，见表4-14。从图4-34和表4-14中可见，在900℃以下加热时，表面并未出现明显脱碳；随

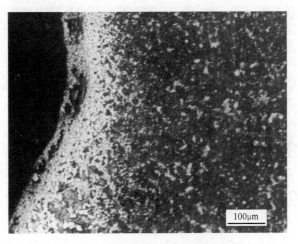

图4-33　45钢小型锥齿轮高速模锻成形、油冷淬火后的齿根部组织

加热温度进一步提高，出现脱碳现象，并随温度的提高，脱碳加剧。

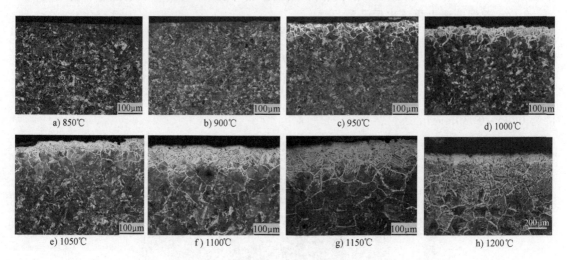

a) 850℃   b) 900℃   c) 950℃   d) 1000℃

e) 1050℃   f) 1100℃   g) 1150℃   h) 1200℃

图 4-34 不同温度下保温 60min 的金相照片

表 4-14 T8 钢在不同温度下保温 60min 的总脱碳层深度

保温温度/℃	850	900	950	1000	1050	1100	1150	1200
总脱碳层深度/mm	0	0	0.148	0.200	0.265	0.326	0.504	1.050

11. 硬度法确定 42CrMo4 钢棒材调质脱碳层深度

直径为 φ28mm 和 φ40mm，长度为 500mm 的 42CrMo4 钢棒材采用网带炉调质处理。图 4-35 所示为 42CrMo4 钢棒材调质处理后截面的金相照片。从图 4-35 中看到，表层有明显的脱碳。采用硬度法确定脱碳层深度，从表层到心部采用之字法硬度测量点分布测定维氏显微硬度 HV0.05。当连续 3 点的硬度值相近时，表明从这 3 个硬度测定点的第 1 点起，对应的组织为未脱碳的调质组织，对应的距离为总脱碳层深度。从图 4-35 中可以看到，φ28mm 和 φ40mm42CrMo4 钢棒材的总脱碳层深度分别为约 247.48μm 和 311.19μm。

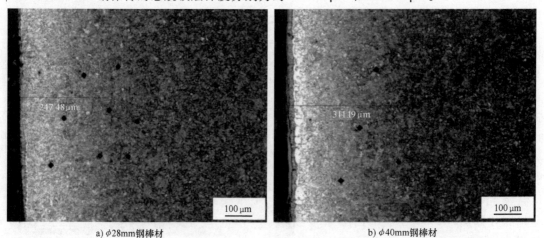

a) φ28mm钢棒材   b) φ40mm钢棒材

图 4-35 42CrMo4 钢棒材调质处理后截面的金相照片

本章主要参考文献

［1］　全国钢标准化技术委员会. 钢中带状组织的评定　第1部分：标准评级图法：GB/T 34474.1—2017［S］. 北京：中国标准出版社，2017.

［2］　ASTM International. Standard practice for assessing the degree of banding or orientation of microstructures：ASTM E1268-01—2001（2016）［S］. West Conshohocken：ASTM International，2016.

［3］　全国钢标准化技术委员会. 钢中带状组织的评定　第2部分：定量法：GB/T 34474.2—2018［S］. 北京：中国标准出版社，2018.

［4］　温娟，鞠新华，贾惠平，等. 一种钢中带状组织定量评定方法介绍及探讨［J］. 理化检验（物理分册），2019，55（9）：593-597.

［5］　刘金源，陈远生，雷中钰，等. 运用ASTM E 1268-01标准定量评定钢中显微带状组织［J］. 物理测试，2010，29（11）：37-41.

［6］　秦国防，董战利，付岩. SWRCH35K热轧盘条魏氏组织及混晶组织的消除［J］. 河南冶金，2020，28（6）：14-16，42.

［7］　季灿南，唐佳勇，张凤杰，等. QS87Mn线材断裂原因分析［J］. 河北冶金，2020，（8）：63-66.

［8］　杨涛. 碳素工具钢T8表面脱碳规律研究［J］. 山东冶金，2019，41（3）：23-25.

［9］　吴旻. W6Mo5Cr4V2齿轮刀具断裂原因分析［J］. 西南大学学报（自然科学版），2018，40（12）：179-182.

［10］　全国钢标准化技术委员会. 工模具钢：GB/T 1299—2014［S］. 北京：中国标准出版社，2014.

［11］　International Organization for Standardization（ISO）. Steels—Determination of the depth of decarburization：ISO 3887：2017（E）［S］. Geneva：ISO central secretariat，2017.

［12］　ASTM International. Standard test methods for estimating the depth of decarburization of steel specimens：ASTM E1077—2014［S］. West Conshohocken：ASTM International，2014.

［13］　全国钢标准化技术委员会. 钢的脱碳层深度测定法：GB/T 224—2019［S］. 北京：中国标准出版社，2019.

［14］　程丽杰. 国内外脱碳层深度测定方法标准综述［J］. 物理测试，2020，38（10）：32-47.

［15］　郑挺，史文，张青，等. 42CrMo4钢棒材的调质处理［J］. 上海金属，2021，43（6）：38-46.

［16］　陈晓泉.《钢的脱碳层深度测定法》标准浅析［J］. 物理测试，2013，31（10）：51-56.

［17］　全国钢标准化技术委员会. 钢的游离渗碳体、珠光体和魏氏组织的评定方法：GB/T 13299—2022［S］. 北京：中国标准出版社，2022.

第5章 低、中碳钢球化组织检验

5.1 冷镦钢简介

由于冷镦工艺制造紧固件不仅效率高、质量好，而且用料省、成本低，所以冷镦钢在汽车、机械、建筑、轻工等行业得到了广泛应用。冷镦钢包括一般优质碳钢、合金结构钢、双相（铁素体-马氏体）钢、轴承钢和不锈钢等。紧固件的生产工艺：盘条—球化退火—酸洗—磷化—皂化—拉拔—冷镦—滚丝—表面检查—热处理（调质处理）—检验入库。冷镦过程中局部区域的塑性变形可达 60%~80%，钢材的原始组织会直接影响着冷镦加工时的成形能力，为此，要求钢材必须具有良好的塑性。

用于冷镦、冷挤压、冷弯及切削加工用低、中碳钢最合适的冷镦变形组织是碳化物球化组织，其强度和硬度较低，塑性较好，有利于冷镦变形。为评价低、中碳钢的冷镦变形性能好坏，需对该冷镦、冷挤压及冷弯加工的低、中碳钢进行碳化物球化组织评级。

低、中碳冷镦钢对钢中 P、S 和 O 等元素严格控制，合金钢中硅、铝和锰等元素控制在中下限。我国冷镦钢的标准化工作起步较晚，目前尚未形成完整体系，典型的牌号有 ML10Al、ML30CrMo 和 ML20MnVB 等或采用国外牌号 SWRCH35K（非调质）、SCM435、SWRCH22A 等。

低、中碳冷镦钢，中碳合金冷镦钢通常采用等温球化退火，在 Ac_1+20~30℃加热后，炉冷到略低于 Ar_1 温度等温，然后炉冷至 500℃左右出炉空冷。其球化退火的组织为点状球化体及少量球化体+铁素体或均匀分布球化体+铁素体。JB/T 5074—2007《低、中碳钢球化体评级》为现行的低、中碳钢球化体组织进行评级的行业标准，GB/T 38770—2020《低、中碳钢球化组织检验及评级》为现行的国家标准，本章以 GB/T 38770—2020 进行介绍。图 5-1a 和图 5-1b 所示分别为中碳合金冷镦钢退火前和退火后的组织。退火前组织为细片状珠光体、块状铁素体及少量贝氏体，在等温球化退火转变过程中，组织转变为均匀分布球化体（球状碳化物）+铁素体组织。在 GB/T 38770—2020 中，定义长宽比小于 5 的碳化物颗粒为球状碳化物。球化退火软化获得后续加工（拉拔和冷镦等）所需要的组织和力学性能，同时软化造成的硬度下降可提高冷镦用模具的使用寿命，提高冷镦制品的合格率。球化退火后，试样的硬度较低（理想的硬度为 83~85HRB，相当于 155~164HV，抗拉强度为 500~

620MPa），可通过测量试样的硬度来评价球化退火工艺好坏。金相组织是决定塑性成形优劣的关键，一般要求晶粒度控制在 5~8 级，除了 10.9 级以上螺栓合金钢线材要求晶粒度为 6~8 级，以保证成品强度外，冷镦中碳钢线材晶粒度应控制在 5~7 级。细小的球化体可显著地提高钢材塑性变形的能力。对珠光体含量较多的中碳钢和中碳合金钢而言，在冷镦前必须进行球化退火，以便获得均匀细致的球化体。

 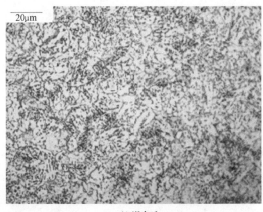

a) 退火前　　　　　　　　　　　　　　　　　b) 退火后

图 5-1　中碳合金冷镦钢退火前后的组织

最合适的冷镦变形组织是碳化物为球化组织，其强度和硬度较低，塑性较好，有利于冷镦成形。SWRCH35K 和 ML35 为典型的中碳冷镦钢线材，当冷镦变形量≥60%时，冷镦前应进行 700~730℃ 保温 4~6h（可根据装炉量增减）的低温退火，使珠光体球化组织达到 4~5 级，保证成品的加工塑性；而对于中碳合金钢 SCM435、ML40Cr，采用等温球化退火，在 750~770℃（Ac_1 以上 20~40℃）加热保温 4~6h（可根据装炉量增减）后，炉冷到 680~700℃ 保温 6~8h（保温时间可根据装炉量增减），然后冷至 500℃ 左右出炉空冷，使珠光体球化组织控制在 4~6 级。

5.2　低、中碳钢球化组织评级

对于低、中碳碳素钢，中碳合金结构钢，GB/T 38770—2020 把球化体按数量、分布等分为 6 级，球化率最好为 6 级，最差为 1 级。在 500 倍或 1000 倍下，对照标准中的各标准评级图进行对比评定。球化体评级应随机选取 5 个视场对照比较标准图谱分别进行评定，取平均值，将其精确到个位数作为评定结果。低碳碳素结构钢可不检查珠光体组织，低碳合金结构钢须经供需双方协议规定评级。对于中碳碳素结构钢和中碳合金结构钢，变形量≤80%，组织中的球化体 4~6 级为合格；变形量>80%，组织中的球化体 5~6 级为合格。自动机床用易切削结构钢，组织中的球化体 1~4 级为合格；低碳结构钢、低碳合金结构钢、中碳结构钢、中碳合金结构钢，组织中的球化体 1~3 级为合格。

低碳碳素结构钢及低碳合金结构钢球化组织分级图如图 5-2 所示。中碳碳素结构钢球化组织分级图如图 5-3 所示。中碳合金结构钢球化组织分级图如图 5-4 所示。

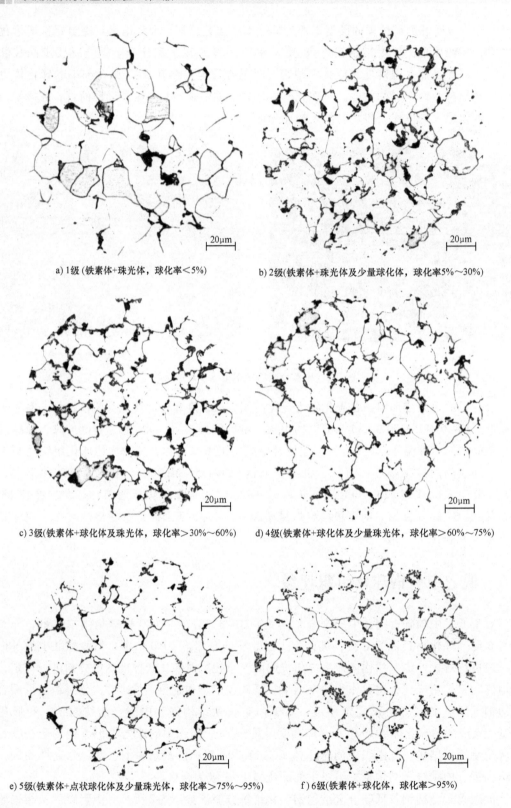

a) 1级 (铁素体+珠光体，球化率＜5%)

b) 2级(铁素体+珠光体及少量球化体，球化率5%～30%)

c) 3级(铁素体+球化体及珠光体，球化率＞30%～60%)

d) 4级(铁素体+球化体及少量珠光体，球化率＞60%～75%)

e) 5级(铁素体+点状球化体及少量珠光体，球化率＞75%～95%)

f) 6级(铁素体+球化体，球化率＞95%)

图 5-2　低碳碳素结构钢及低碳合金结构钢球化组织分级图　500×

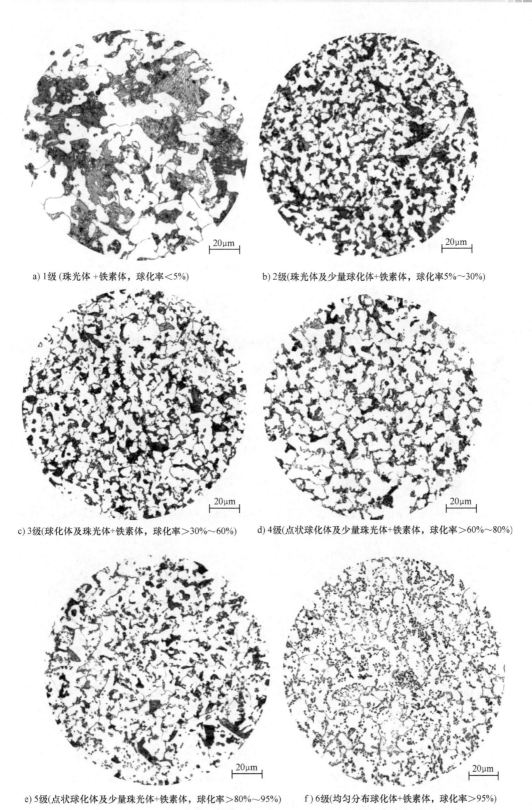

a) 1级(珠光体+铁素体，球化率<5%)　　　b) 2级(珠光体及少量球化体+铁素体，球化率5%～30%)

c) 3级(球化体及珠光体+铁素体，球化率>30%～60%)　　d) 4级(点状球化体及少量珠光体+铁素体，球化率>60%～80%)

e) 5级(点状球化体及少量珠光体+铁素体，球化率>80%～95%)　　f) 6级(均匀分布球化体+铁素体，球化率>95%)

图 5-3　中碳碳素结构钢球化组织分级图　500×

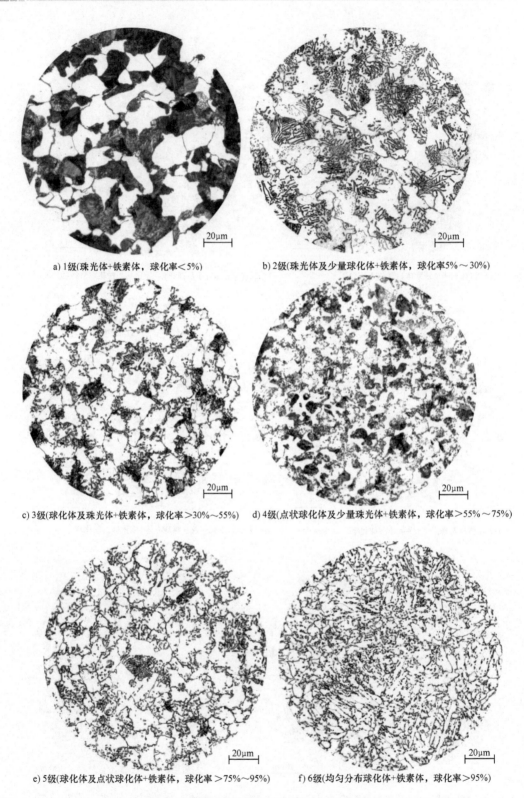

a) 1级(珠光体+铁素体，球化率<5%)

b) 2级(珠光体及少量球化体+铁素体，球化率5%～30%)

c) 3级(球化体及珠光体+铁素体，球化率>30%～55%)

d) 4级(点状球化体及少量珠光体+铁素体，球化率>55%～75%)

e) 5级(球化体及点状球化体+铁素体，球化率>75%～95%)

f) 6级(均匀分布球化体+铁素体，球化率>95%)

图 5-4　中碳合金结构钢球化组织分级图　500×

本章主要参考文献

［1］ 全国热处理标准化技术委员会．低、中碳钢球化组织检验及评级：GB/T 38770—2020［S］．北京：中国标准出版社，2020.

［2］ 全国热处理标准化技术委员会．低、中碳钢球化体评级：JB/T 5074—2007［S］．北京：机械工业出版社，2007.

第6章　中碳钢与中碳合金结构钢金相检验

6.1　中碳钢与中碳合金结构钢及其热处理工艺与性能

中碳钢与中碳合金结构钢包括优质碳素结构钢和合金结构钢，其常用钢的牌号见表 6-1。这类钢中碳的质量分数通常为 0.3%～0.5%，合金结构钢是在碳素结构钢的基础上添加了 Cr、Ni、Mn、Mo、Si 和 B 等合金元素，其作用主要是提高钢的淬透性和保证工件在淬火加（高温）回火后获得预期的综合力学性能。根据钢的淬透性，中碳钢与中碳合金结构钢可分为低淬透性、中淬透性和高淬透性三大类。

表 6-1　中碳钢与中碳合金结构钢常用牌号

类型	常用牌号
优质碳素结构钢	35、40、45、50、55、30Mn、40Mn、45Mn、50Mn
合金结构钢	30Mn2、30Cr、40Cr、50Cr、30CrMo、42CrMo、38CrMoAl、40CrV、50CrV、50CrVA、40CrMn、40CrNi、40CrNiMoA、40B、45B、35SiMn、38CrSi、35Cr2Ni4Mo、40CrMnMo、30CrMnSiA、35CrMnSiA

中碳钢与中碳合金结构钢一般淬火温度在 Ac_3 以上 30～50℃，保温后淬火，在淬透的理想情况下，得到马氏体组织。淬火后应立即进行回火，使钢获得一定的强度、塑性和韧性，具有良好的综合力学性能，具体温度范围视钢的化学成分和零件的技术条件而定。在生产实际中，淬火得到的组织与淬火温度、保温时间和冷却条件密切相关。例如，淬火加热温度过高，则晶粒尺寸和马氏体针粗大；冷却速度不够，整个截面不能得到全马氏体，铁素体或托氏体会沿晶界析出。回火温度根据工件的性能要求，可选择低温回火、中温回火和高温回火，分别得到回火马氏体、回火托氏体和回火索氏体组织。在生产实际中，中碳钢与中碳合金结构钢最常采用的热处理工艺是淬火+高温回火工艺，也称调质处理工艺。

图 6-1a 所示为 45 钢 860℃加热保温后水冷淬火组织，图 6-1b 所示为调质处理后保持马氏体位向的回火索氏体组织。45 钢淬火后得到淬火马氏体，它的强度及硬度很高（硬度可达 58～60HRC 左右），而其韧性及塑性则明显下降。为了消除淬火时的内应力和组织应力，淬火的工件应及时进行回火处理。当回火温度达 600℃时，马氏体则发生分解，析出极细的渗碳体颗粒，从而使基体分解为回火索氏体组织（硬度为 28HRC）。此时工件的强度和硬度有所下降，而塑性及韧性则显著提高，因此可获得良好的综合力学性能，以适应制造强度较

高，塑性及韧性也好的机械零件。

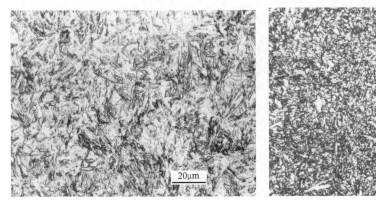

a) 水冷淬火组织

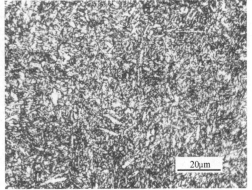

b) 调质组织

图 6-1 45 钢水冷淬火组织和调质组织

中碳钢与中碳合金结构钢经普通退火处理后，组织中存在较多的先共析铁素体，其珠光体片间距较宽，因此虽然塑性较高，但强度、硬度较低。图 6-2 所示为 45 钢 830℃典型退火处理组织。基体为珠光体及铁素体，片状珠光体的体积分数约占基体总体积分数的 50%。铁素体沿奥氏体晶界呈网络状分布，晶粒细小，由此可以判断此钢退火温度不高。

中碳钢与中碳合金结构钢经长时间 720～760℃退火处理后，片状珠光体中渗碳体发生球粒化，如图 6-3 所示。经长时间退火处理后，钢的强度和硬度明显下降，韧性和塑性则显著增加。具有这种球化后的组织的钢材，在冷变形时不易开裂，该退火工艺适合进行冷挤压和冷冲压制造零件的热处理工艺。

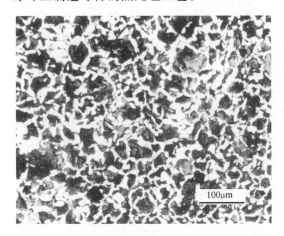

图 6-2 45 钢 830℃典型退火组织

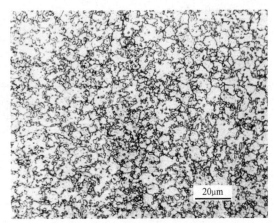

图 6-3 45 钢 720℃长时间退火组织

作为淬火前的预备热处理，调质钢锻件一般需经过正火处理。图 6-4 所示为 40Cr 钢经 860℃正火后的典型组织。其组织为珠光体和网状分布的铁素体。正火与退火组织相比，其晶粒更加细小，珠光体片间距也更加窄。随着正火冷却速度增大，钢中珠光体的体积分数也相应增加。

虽然退火与正火后调质钢塑性较高，但强度、硬度偏低。因此，退火与正火一般作为预

图 6-4 40Cr 钢正火后的典型组织

备热处理。淬火后采用低温回火，也可以调整硬度和强度，但塑性和韧性比较低。因此，调质钢通常采用淬火+高温回火作为最终热处理。表 6-2 和表 6-3 分别为 45 钢和 40Cr 钢经不同热处理工艺的力学性能数据。

表 6-2　45 钢不同热处理工艺力学性能

工　艺	R_m/MPa	$R_{p0.2}$/MPa	$A(\%)$	$Z(\%)$	a_K/(J/cm^2)	硬度 HRC
820~840℃ 退火	521	275	32.5	49.3	59	160~200HBW
820~840℃ 正火	670	332	16.5	50	49	170~240HBW
820~840℃ 油淬	882	607	19	48	—	45~50
820~840℃ 水淬	1078	705	7.5	13	—	50~60
820~840℃ 水淬+ 180~200℃ 回火 ($\phi20~\phi40mm$)	≥1274	≥1127	≥6	≥22	22	50
820~840℃ 水淬+ 560~620℃ 回火 ($\phi20~\phi40mm$)	686	538	16	47	68	196~241HBW
完全淬透+520℃ 回火	980	826	20	55	108	30

表 6-3　40Cr 钢不同热处理工艺力学性能

工　艺		R_m/MPa	$R_{p0.2}$/MPa	$A(\%)$	$Z(\%)$	a_K/(J/cm^2)	硬度 HRC
850~860℃ 退火		573	289	—	53	61	≤207HBW
850~860℃ 正火		678	388	19.3	51	80	≤250HBW
860℃ 正火再 860℃ 油淬($\phi25mm$)	200℃ 回火	1921	1558	4.5	34	27	55
	300℃ 回火	1666	1489	5.9	45	19.6	48
	400℃ 回火	1470	1391	6.7	53	48	44
	500℃ 回火	1098	1068	9.5	59	94	38
	600℃ 回火	902	823	12.7	68	143	29
	700℃ 回火	686	607	16.4	70	208	23
锻件 750℃ 炉冷至 500℃ 出炉， 850℃ 油淬,620℃ 水冷		892	779	21	64	176	26

6.2　原始缺陷组织对钢的影响

生产实践表明，中碳钢与中碳合金结构钢原始组织正常与否，对后续的热处理和最终的性能影响很大。在中碳钢与中碳合金结构钢的原始组织中，可能出现各种缺陷组织，例如带状组织、魏氏组织和非金属夹杂物等不合格等，它们可能是单独存在，也可以是复合存在，这些淬火前的原始缺陷组织对淬火开裂和淬火变形影响很大。

6.2.1　带状组织的影响

在 GB/T 38720—2020《中碳钢与中碳合金结构钢淬火金相组织检验》中，中碳钢与中碳合金结构钢中的 Cr-Mo 钢、Cr-Ni-Mo 钢的带状组织应不大于 3 级，其他钢种应不大于 2 级。带状组织是在高温锻压和热轧后的过程中，其铁素体和珠光体沿着变形方向，形成平行交替的条带状组织。图 6-5 所示为 35CrMo 钢原材料组织存在带状偏析的组织。带状组织的出现，将导致材料力学性能呈现方向性，即顺着带状方向的强度、塑性、韧性较高，而垂直于带状方向的强度、塑性及韧性明显地下降。带状组织的存在，不仅使钢的切削性能变坏，同时使热处理变形与硬度的不均匀性增加。淬火前存在带状组织，淬火的加热过程中不可能全部消除，淬火后残存的带状组织，会引起零件较大的组织应力，甚至导致开裂。

带状组织是起因是成分偏析或夹杂物数量过多，并在热轧的拉伸、压延过程中形成。消除的方法通常采用正火。如一次高温正火（900℃保温 2.5h 空冷）消除带状组织后晶粒粗大，硬度又较高，可采用再次普通正火（860℃保温后空冷却）以细化晶粒、降低硬度、改善切削加工性能。但如果带状组织是由于夹杂物形成的话，采用正火方法是难以消除的，此时必须采用双向锻造才能显著改善。图 6-6 所示为 45 钢调质处理后出现纵向裂纹，其原因是原材料成分存在带状偏析，淬火时内应力过大，产生裂纹。

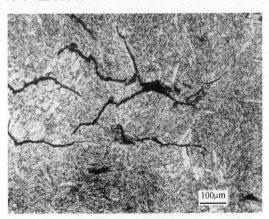

图 6-5　35CrMo 钢原材料存在的带状偏析组织　　　　图 6-6　45 钢调质处理后出现的纵向裂纹

如果钢材存在带状偏析，在后续的热处理时会造成组织差异，从而导致性能差异。例如，35CrMoA 热轧钢材金相组织如图 6-7 所示。从图 6-7 中在钢材的不同位置，带状组织的严重程度不同。边部没有明显带状组织。1/4 厚度处和心部有明显的带状组织。1/4 厚度处的带状组织宽度比较窄，但条带数量多，而心部的组织带状组织宽度比较宽，但条带数量少。这种带状组织在正常淬火温度加热时，无法消除带状组织中的合金元素偏析，因此这种带状组织会遗传到后续的热处理组织中，造成组织差异和性能低。图 6-8 所示为该具有带状组织的 35CrMoA 热轧钢材采用 865℃温度保温后淬火的组织，可以看到淬火后的组织中仍保留有原来的带状组织的形貌。

消除带状组织最有效方法是采用两次正火快冷，即第一次高温正火消除带状组织后，如果晶粒粗大，硬度又较高，可采用第二次普通正火以细化晶粒，降低硬度，改善切削加工性能。

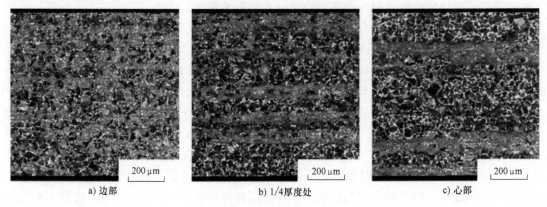

a) 边部   b) 1/4厚度处   c) 心部

图 6-7 35CrMoA 热轧钢材金相组织

6.2.2 晶粒粗大和魏氏组织的影响

在 GB/T 38720—2020 中，中碳钢与中碳合金结构钢晶粒度级别要求 5 级以上，有特殊要求时由供需双方协商。如果热锻后组织中出现晶粒粗大或魏氏组织，则力学性能大大恶化，特别是在室温下的冲击韧性会明显下降。如果这种组织直接淬火，还易于造成开裂。图 6-9 所示为 UNS G10400 钢（相当于我国 40 钢）锻造空冷组织，其晶粒粗大，铁素体沿晶界分布，呈少量魏氏组织。如该组织直接淬火，容易造成零件晶粒粗大和开裂。要消除粗大晶粒和魏氏组织，必须在淬火前进行正火处理以细化晶粒来改善组织。

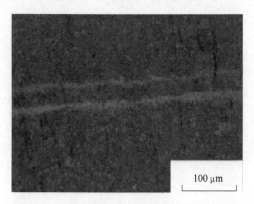

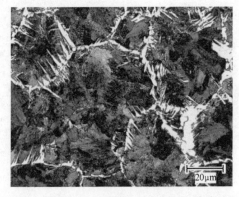

图 6-8 35CrMoA 热轧钢材 865℃淬火后组织   图 6-9 UNS G10400 钢锻造空冷出现少量魏氏组织

6.2.3 氧化脱碳组织的影响

在调质件锻造加热时，由于温度较高，易产生氧化皮，在锻打时氧化皮去除，表面又会脱碳；在随后的退火、正火中也会产生氧化脱碳。一旦脱碳层形成，在调质过程中无法消除，只能使其深度增加。如果零件表面产生氧化脱碳，则其表面碳含量降低，淬火后硬度和耐磨性下降，更严重的是降低了疲劳强度。由于疲劳破坏是从表面开始的，所以脱碳层也同夹杂物等一样是引起疲劳断裂的疲劳源。图 6-10 所示为 45 钢锻造、退火和淬火后组织，其中表层为脱碳层，次表层黑色为托氏体，里层为淬火得到的马氏体组织。

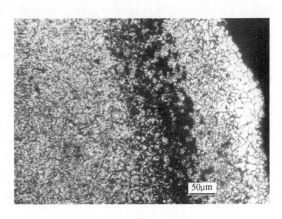

图 6-10　45 钢锻造、退火和淬火后组织

6.2.4　非金属夹杂物的影响

中碳钢与中碳合金结构钢中的非金属夹杂物的合格级别应满足表 6-4 的要求。如果钢中的非金属夹杂物不合格，有时会在热处理调质工序后才反映出来，易引起应力集中产生淬火裂纹和在夹杂物集中处开裂，最终造成产品报废。

表 6-4　中碳钢与中碳合金结构钢中的非金属夹杂物的合格级别

类别	A（硫化物类）	B（氧化铝类）	C（硅酸盐类）	D（球状氧化物类）	DS（单颗粒球状类）
细系	≤2.5	≤2.0	≤1.5	≤2.0	≤2.0
粗系	≤2.0	≤1.5	≤1.0	≤1.5	

例如，由于钢中的非金属夹杂物不合格，当在调质处理后发现裂纹和产生开裂，通常这种裂纹在调质前可能就已经存在，原始裂缝呈闭合状态或为皮下裂纹而未被发现。例如，SAE1527 钢汽车车轴管调质处理后发现产品开裂，分析揭示其开裂主要原因是原材料中夹杂物超标。产品采用 ϕ178.0mm×9.0mm，长度 2500mm 的无缝钢管下料，进行多道工序成型后均未发现问题，在 880℃淬火加 550℃回火调质处理工序后质检时才发现产品外表面存在有裂纹。产品成分在合格范围，力学性能检测发现在裂纹区附近的横向冲击吸收能量较无裂纹区的横向冲击吸收能量相对偏低，金相组织分析发现裂纹周边分布有条状、点状夹杂物，如图 6-11 所示。裂纹局部有氧化脱碳现象，说明裂纹在调质工序前就已经存在。夹杂物采用 SEM 能谱分析判断为（Fe，Mn）S 和 Fe_3O_4 夹杂物，如图 6-12 所示。根据 GB/T

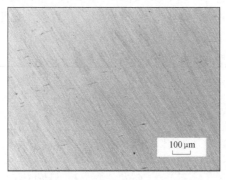

图 6-11　裂纹周边的条状、点状夹杂物

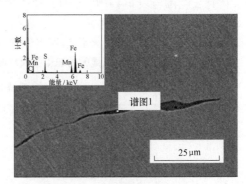

图 6-12　夹杂物 SEM 能谱分析

10561—2005 中的最恶劣视场评定法，钢中裂纹周边 A（细）类夹杂物为 3.0 级。可以判定热处理前的组织中非金属夹杂物超标，削弱了基体组织的结合力，在调质处理过程中，使原呈闭合状态裂缝或为皮下裂纹发生扩展，产生开裂。

6.3 中碳钢与中碳合金结构钢淬水、回火组织检验

中碳钢和中碳合金结构钢由于碳含量不完全相同，合金成分差异，奥氏体化温度差别，淬火后得到的板条马氏体和针状马氏体的比例会有一些差别。例如，在正常淬火条件下，组织为板条与针状马氏体混合组织，当碳含量较低时，形态特征趋向于低碳马氏体；当碳含量较高，形态特征趋向于高碳马氏体。淬火冷却条件不同，例如工件尺寸差别以及冷却介质不同，也会对淬火组织产生影响。现行的中碳钢与中碳合金钢检测标准为 JB/T 9211—2008《中碳钢与中碳合金钢马氏体等级》。该标准主要对马氏体组织进行检测，将马氏体组织等级分为 8 级，在金相显微镜 500× 下观察 5 个以上视场与标准图片进行比较定级。JB/T 9211—2008 在对组织进行评级中，没有考虑淬火过程中可能出现非马氏体组织的问题。

调质锻件一般也采用中碳和中碳低合金结构钢制造，在高温回火前的组织状态大致可分为：完全淬火状态、不完全淬火状态、半淬火状态和部分淬火状态，以及过冷组织和接近正火状态等几种类型的组织。经过高温回火处理后的锻件组织主要取决于淬火后的组织形态。现行的调质锻件金相组织评级标准为 GB/T 13320—2007《钢质模锻件　金相组织评级图及评定方法》。按 GB/T 13320—2007 中的评级图 3 的要求，锻件调质处理的金相组织评级是在 500× 金相显微镜下观察，按 1~8 级评定，其中 1 级组织最好，8 级组织最差。

GB/T 38720—2020 的特点是更加全面，它采用淬火显微组织等级对淬火组织进行评定，把马氏体针长与晶粒尺寸结合起来考虑，使评定的依据更加清晰。此外，在评级时，该标准充分考虑到了加热过热和淬火过程中出现非马氏体组织的问题，本节主要对该标准进行介绍。该标准中有低温回火（180℃）、中温回火（450℃）和高温回火（600℃）三套评级图。

该标准适用于中碳钢与中碳合金结构钢生产制作的零件淬火、回火后显微组织的检验与评定，但不适用于淬火回火后含有脱碳、过烧的显微组织以及在等温淬火状态下的显微组织的评定。

6.3.1 淬火组织等级与显微组织评定

淬火组织等级与显微组织评定按淬火+180℃低温回火显微组织的标准图谱评级。淬火显微组织等级及显微组织与对应的晶粒度等级和标准图谱见表 6-5 和图 6-13。将表 6-5 中的马氏体针长范围与表 2-4 中的等轴晶粒的平均直径进行比较，可以根据钢的马氏体针长范围确定钢的晶粒度范围，这样就将钢的马氏体针长与钢的晶粒尺寸联系起来了。这对中碳钢和中碳合金结构钢在淬火+回火后晶界难以显示出来的钢来说，有助于对淬火组织的评定。

表 6-5　淬火显微组织等级及显微组织与对应的晶粒度等级和标准图谱

淬火显微组织等级/级	显微组织特征	晶粒度等级/级	对应标准图谱
1	回火板条马氏体+回火粗针状马氏体（马氏体针长≥44.9μm）	6 以下	图 6-13a
2	回火板条马氏体+回火针状马氏体（31.8μm≤马氏体针长<44.9μm）	6~7	图 6-13b
3	回火板条马氏体+回火针状马氏体（22.5μm≤马氏体针长<31.8μm）	6~7	图 6-13c

（续）

淬火显微组织等级	显微组织特征	晶粒度等级/级	对应标准图谱
4	回火板条马氏体+回火细针状马氏体（15.9μm≤马氏体针长<22.5μm）	8~9	图6-13d
5	回火细针状马氏体+回火板条马氏体（7.9μm≤马氏体针长<15.9μm）	9~11	图6-13e
6	回火隐针马氏体（马氏体针长<7.9μm）+回火细针状马氏体（7.9μm≤马氏体针长<15.9μm）+铁素体（体积分数<5%）	11以上	图6-13f
7	回火马氏体+少量铁素体（5%≤体积分数<10%）	—	图6-13g
8	回火马氏体+条块状铁素体（体积分数≥10%）	—	图6-13h
9	回火马氏体+网状托氏体	—	图6-13i1
9	回火马氏体+网状铁素体	—	图6-13i2
10	回火马氏体（体积分数<80%）	—	图6-13j

a）1级（回火板条马氏体+回火粗针状马氏体）

b）2级（回火板条马氏体+回火针状马氏体）

c）3级（回火板条马氏体+回火针状马氏体）

d）4级（回火板条马氏体+回火细针状马氏体）

图6-13　淬火显微组织等级标准图谱（淬火+180℃低温回火）

e) 5级(回火细针状马氏体＋回火板条马氏体)　　　　f) 6级(回火隐针马氏体＋回火细针状马氏体＋铁素体)

g) 7级(回火马氏体＋少量铁素体)　　　　h) 8级(回火马氏体＋条块状铁素体)

1)回火马氏体＋网状托氏体　　　　2)回火马氏体＋网状铁素体

i) 9级(回火马氏体＋网状非马氏体)

图 6-13　淬火显微组织等级标准图谱（淬火+180℃低温回火）（续）

j) 10级（回火马氏体）

图 6-13　淬火显微组织等级标准图谱（淬火+180℃低温回火）（续）

在 GB/T 38720—2020 的 10 个等级淬火显微组织中，以马氏体针、铁素体和托氏体作为淬火显微组织等级评定要素，其中 1~6 级淬火显微组织，主要以淬火加热温度为考虑对象，采取了过热、加热温度偏高、加热温度正常、加热温度偏低时形成的马氏体针长的差异状态进行分级。而在 7~10 级淬火显微组织，主要考虑冷却因素的影响，根据产生铁素体组织的数量和形态，出现网状非马氏体组织（铁素体组织和托氏体）以及马氏体组织体积分数小于 80% 的状态进行分级。

GB/T 38720—2020 适用于中碳钢与中碳合金结构钢整体淬火或淬火+回火组织等级的检验。淬火、回火被检试样随机在放大 500 倍下，观察 5 个以上代表性视场，并与标准图谱比较，确定组织级别。在该标准中未对检验试样的具体取样位置做出明确的规定，只是要求试样的有效壁厚、化学成分、热处理前状态、热处理批次应能表征被检测零件（在 GB/T 13320—2007 中，对试样的取样部位有明确的规定，当锻件取样部位有效厚度≤20mm 时，在 1/2 处作为检验部位取样；当锻件取样部位有效厚度≥20mm 时，在距表面 10mm 处作为检验部位取样）。在该标准中也没有对淬火显微组织合格级别进行规定和要求，因此，在执行该标准时，这些试样的取样条件和合格级别需要由供需双方协商约定。

6.3.2　回火组织等级与显微组织评定

在生产实际中，通常中碳钢与中碳合金结构钢整体淬火后，应经过中温或高温回火。一般中碳钢或中碳合金结构钢淬火后所得的马氏体组织，经回火后所得的回火托氏体和回火索氏体保留有原来马氏体针分布长度的特性。利用这一组织特点，可以对回火后的显微组织等级进行评级。GB/T 38720—2020 给出中温和高温回火后的显微组织等级评级图。淬火+450℃中温回火的显微组织等级和对应标准图谱见表 6-6 和图 6-14。淬火+600℃高温回火的显微组织等级和对应标准图谱见表 6-7 和图 6-15。虽然回火过程不会改变马氏体针长，但由于随着回火温度提高，淬火态的马氏体形貌没有淬火态明显，因此回火后的显微组织等级评级图主要作为淬火显微组织等级标准图谱的补充和参考。

表 6-6 淬火+450℃中温回火显微组织等级和对应标准图谱

淬火+450℃中温回火显微组织等级/级	显微组织特征	对应标准图谱
1	回火托氏体	图 6-14a
2	回火托氏体	图 6-14b
3	回火托氏体	图 6-14c
4	回火托氏体	图 6-14d
5	回火托氏体	图 6-14e
6	回火托氏体+铁素体（铁素体数量<5%）	图 6-14f
7	回火托氏体+少量铁素体（5%≤铁素体数量<10%）	图 6-14g
8	回火托氏体+条块状铁素体（铁素体数量>10%）	图 6-14h
9	回火托氏体+网状托氏体	图 6-14i1
	回火托氏体+网状铁素体	图 6-14i2
10	回火托氏体+条块状铁素体+贝氏体+珠光体	图 6-14j

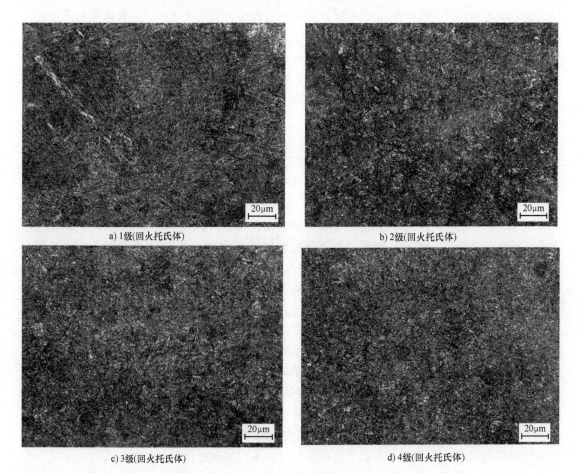

a) 1级(回火托氏体) b) 2级(回火托氏体)

c) 3级(回火托氏体) d) 4级(回火托氏体)

图 6-14 淬火+450℃中温回火显微组织等级标准图谱

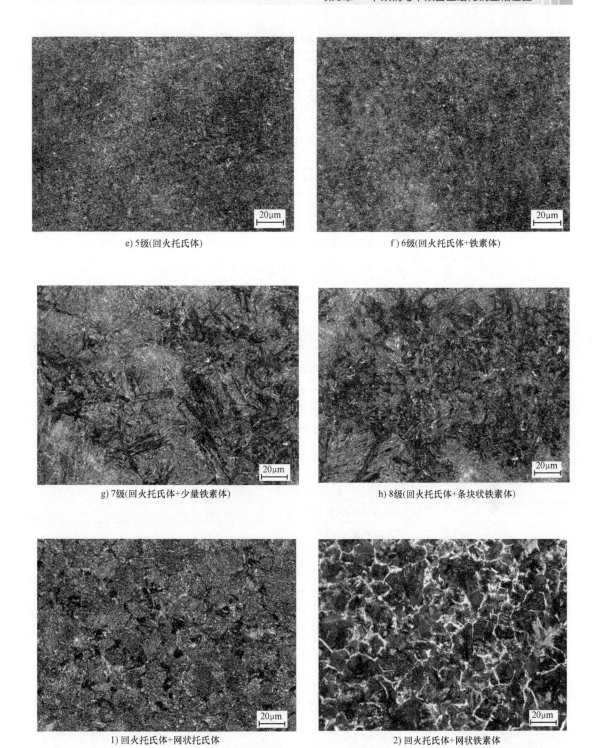

e) 5级(回火托氏体)

f) 6级(回火托氏体+铁素体)

g) 7级(回火托氏体+少量铁素体)

h) 8级(回火托氏体+条块状铁素体)

1) 回火托氏体+网状托氏体

2) 回火托氏体+网状铁素体

i) 9级(回火托氏体+网状非马氏体)

图 6-14　淬火+450℃中温回火显微组织等级标准图谱（续）

j) 10级(回火托氏体+条块状铁素体+贝氏体+珠光体)

图 6-14 淬火+450℃中温回火显微组织等级标准图谱（续）

表 6-7 淬火+600℃高温回火显微组织等级和对应标准图谱

淬火+600℃高温回火 显微组织等级/级	显微组织特征	对应标准图谱
1	回火索氏体	图 6-15a
2	回火索氏体	图 6-15b
3	回火索氏体	图 6-15c
4	回火索氏体	图 6-15d
5	回火索氏体	图 6-15e
6	回火索氏体+铁素体（铁素体数量<5%）	图 6-15f
7	回火索氏体+少量铁素体（5%≤铁素体数量<10%）	图 6-15g
8	回火索氏体+条块状铁素体（铁素体数量>10%）	图 6-15h
9	回火索氏体+网状托氏体	图 6-15i1
	回火索氏体+网状铁素体	图 6-15i2
10	回火索氏体+条块状铁素体+贝氏体+珠光体	图 6-15j

a) 1级(回火索氏体)

b) 2级(回火索氏体)

图 6-15 淬火+600℃高温回火显微组织等级标准图谱

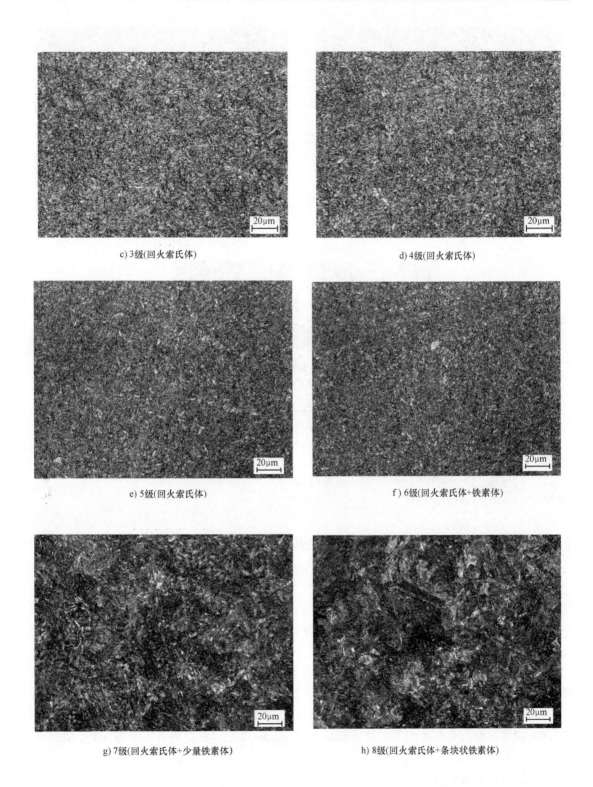

c) 3级(回火索氏体)

d) 4级(回火索氏体)

e) 5级(回火索氏体)

f) 6级(回火索氏体+铁素体)

g) 7级(回火索氏体+少量铁素体)

h) 8级(回火索氏体+条块状铁素体)

图 6-15　淬火+600℃高温回火显微组织等级标准图谱（续）

1) 回火索氏体+网状托氏体

2) 回火索氏体+网状铁素体

i) 9级(索氏体+网状非马氏体)

j)10级(回火索氏体+条块状铁素体+贝氏体＋珠光体)

图 6-15　淬火+600℃高温回火显微组织等级标准图谱（续）

6.4　中碳钢与中碳合金结构钢组织分析实例

1. 粗针状马氏体组织

中碳钢在淬火后微观组织有时会得到粗大针状马氏体，一旦出现粗大针状马氏体，即使采用合理的回火温度进行回火，也不能获得较好的综合力学性能。具有该组织的零件在使用过程中极有可能发生早期断裂失效事故。

中碳钢中粗大针状马氏体组织产生的主要原因是淬火温度过高，保温时间过长，造成奥氏体晶粒明显地长大，在淬火冷却时马氏体针变得粗大。这种组织在热应力和组织应力作用下，如应力超过材料断裂强度时，极容易出现显微裂纹，引起零件断裂。图 6-16 所示为 42CrMo 钢淬火粗大马氏体组织，马氏体针长在 50μm 以上。根据表 6-5 和图 6-13，图 6-16 中的淬火显微组织评为 1 级。

2. 块状铁素体组织

淬火后组织中如出现较多的铁素体，将会大大地降低调质钢的力学性能。产生这种情况的原因可能是淬火加热不足。例如，钢经锻造后未经退火或正火处理而直接进行淬火，由于淬火前来经正火处理，铁素体数量较多，在淬火温度偏低、保温时间不充分的情况下，造成一部分铁素体未能全部溶解成为奥氏体，冷却后块状未溶铁素体保存了下来，分布在马氏体基体上。这种组织属于淬火欠热组织，此时工件硬度低，强度也较低。此外，钢的淬透性差，工件尺寸较大时，在正常淬火加热时，工件中心部实际上经受了一次类似正火的过程，此时组织中呈现出网状+针状+块状铁素体组织，图6-17所示为45钢淬火网状+针状+块状铁素体组织。根据表6-5和图6-13，图6-17中出现的淬火显微组织评为9级。调质处理（淬火+高温回火）后出现较多的铁素体往往是在淬火后已经形成或先于淬火形成的组织，应从淬火工艺或淬火前工序找原因。

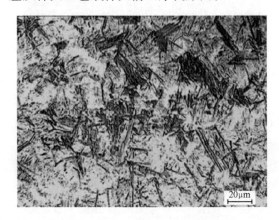

图6-16 42CrMo钢淬火粗大马氏体组织

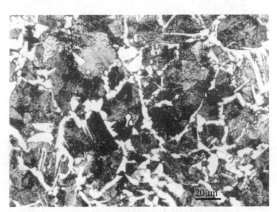

图6-17 45钢淬火网状+针状+块状铁素体组织

对于锻造后的调质件，一般中间需要经过正火或退火处理，作为淬火前的预备热处理，使组织均匀细化；同时可以改善切削性能，也有利于减少淬火时变形。

3. 淬火出现托氏体组织

如果调质钢淬火温度恰当，保温时间充足，但淬火冷却速度小于临界淬火速度，也不能得到全马氏体组织，会在晶界上产生托氏体或贝氏体组织。尽管可以通过最终回火将硬度调整到合格范围，但其综合力学性能（尤其是强度指标）与得到全马氏体组织工件相差很大。图6-18所示为45钢热锻后直

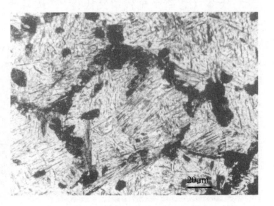

图6-18 45钢淬火冷却速度不足
出现的托氏体组织

接淬油，淬火冷却速度不足出现的托氏体组织。根据表6-5和图6-13，图6-18中出现的淬火显微组织评为9级。

4. 淬火+中高温回火组织

图6-19所示为10B21钢（相当于我国的20MnB钢）淬火+中温回火的回火托氏体组织。根据表6-5和图6-14，评定其淬火+中温回火显微组织为3级。图6-20所示为40Cr钢淬火+高温回火的回火索氏体组织。根据表6-6和图6-15，评定其淬火+高温回火显微组织为2级。

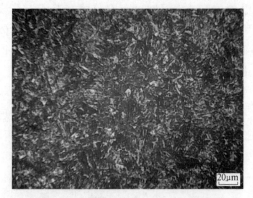

图 6-19　10B21 钢淬火+中温回火的
回火托氏体组织

图 6-20　40Cr 钢淬火+高温回火的
回火索氏体组织

5. 60Si2CrVAT 钢不同淬火温度的组织

60Si2CrVAT 钢分别采用 800℃、850℃、910℃、935℃、950℃、980℃ 淬火温度加热，保温 15min 后油冷，得到的显微组织如图 6-21 所示。从图 6-21 可以看到，采用 800℃ 加热，组织中残留有少量块状铁素体和珠光体，其他温度加热的淬火组织主要是马氏体，随淬火温度的提高，钢中马氏体针不断增长。通过测量得到不同淬火温度下的马氏体针长，见表 6-7。根据 GB/T 38720—2020 对显微组织进行评级，采用 800℃ 淬火，残留有少量块状铁素体和珠光体等非马氏体组织，其体积分数小于 10%，评为 7 级；采用其他温度淬火，组织为全马氏体（忽略少量残留奥氏体），按马氏体针长进行显微组织评级，显微组织评级和相应的晶粒度列于表 6-8。将显微组织评级结果和实际力学性能检测结合分析得出，60Si2CrVAT 钢的理想淬火温度范围为 850~910℃。

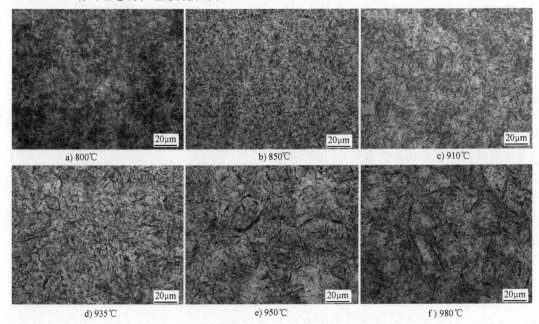

a) 800℃　　　　　　b) 850℃　　　　　　c) 910℃

d) 935℃　　　　　　e) 950℃　　　　　　f) 980℃

图 6-21　60Si2CrVAT 钢采用不同淬火温度的显微组织

表 6-8　淬火温度对 60Si2CrVAT 钢组织的影响

淬火温度/℃	800	850	910	935	950	980
马氏体针长/μm	8	9	26	30	42	60
淬火显微组织等级/级	7	5	3	2	2	1
对应的晶粒度级别/级	—	9~11	7~8	6~7	6~7	低于6

6. UNS G43400 钢淬火+低温回火组织

图 6-22 所示为 UNS G43400 钢（相当于我国 40CrNi2MoA 钢）淬火+低温回火组织。其组织由回火马氏体（浅灰）和贝氏体（深灰色）混合组成，贝氏体的体积分数约占30%。

图 6-22　UNS G43400 钢淬火+低温回火组织

本章主要参考文献

［1］　刘勇，高文娟. 35CrMoA 钢力学性能不合格原因分析［J］. 山东冶金，2018，40（1）：24-26.

［2］　黄佑启. 汽车车轴管调质开裂原因分析及探讨［J］，钢管，2020，49（3）：47-50.

［3］　全国热处理标准化技术委员会. 中碳钢与中碳合金结构钢淬火金相组织检验：GB/T 38720—2020［S］. 北京：中国标准出版社，2020.

［4］　张先鸣，雷素兰. 金相组织评价高强度螺栓热处理质量［J］. 机电产品开发与创新，2021，34（6）：145-159.

［5］　蔡红，刘国强，王绍中，等，马京山. 淬火温度对 60Si2CrVAT 弹簧钢组织与性能的影响［J］. 金属热处理，2017，42（2）：185-198.

［6］　VANDER VOORT G F. ASM Handbook：Vol 9 Metallography and Microstructures［M］. Russell County：ASM International，2004.

第7章 弹簧钢金相检验

7.1 弹簧钢及其热处理工艺与性能

弹簧钢是用于制造各种弹性元件的专用结构钢，它具有高弹性极限、足够的韧性与塑性和较高的疲劳强度。碳素弹簧钢中碳的质量分数为 0.6% ~ 1.05%，合金弹簧钢中碳的质量分数为 0.4% ~ 0.74%。普通弹簧钢中主加合金元素为硅、锰、铬和钒等，重要用途的弹簧钢还加入钨、钼、铌等，目的是提高淬透性和稳定性。我国现行的弹簧钢标准为 GB/T 1222—2016《弹簧钢》，常用钢种有 65、65Mn、70、70Mn、85、55SiCrV、60Si2Mn、60Si2MnA、51CrMnV、50CrVA、60Si2MnCrV 和 52Si2CrMnNi 等。与 GB/T 1222—2007 相比，在 GB/T 1222—2016 中，加严了部分钢中 S 和 P 的要求，增加了氧含量的要求，例如，大部分合金钢中的要求 $w(S) \leqslant 0.020\%$，$w(P) \leqslant 0.025\%$，$w(O) \leqslant 0.0025\%$；此外，增加了对钢中 DS 类夹杂物的要求，加严了热轧材脱碳层深度的要求。

常用弹簧钢的热处理工艺有：

（1）淬火+中温回火 热成形弹簧或经退火软化后采用冷成形加工的弹簧都需要进行淬火+中温回火处理，以保证获得高的弹性极限。弹簧的淬火温度是根据材料的临界温度而定，一般是 Ac_3+50℃。淬火后组织为中碳马氏体，即由板条马氏体与孪晶马氏体组成的混合马氏体。为避免不均匀变形或疲劳寿命降低，淬火后金相组织中应无游离铁素体和渗碳体。在保证晶粒不粗化、不氧化脱碳的前提下，适当提高淬火加热温度，能使合金元素充分溶解到奥氏体中去，以提高钢的淬透性和淬火后力学性能的均匀性。

中温回火后的组织为回火托氏体，具有高的弹性极限与屈服强度，同时又有足够的韧性和塑性。一般来说，弹簧钢的弹性极限在回火温度为 350~450℃时出现最大值，而疲劳极限在回火温度为 450~500℃时出现最大值。回火的保温时间与材料的直径或有效厚度有关。表 7-1 为常用弹簧钢牌号、淬火+中温回火规范和力学性能。

（2）等温淬火 等温淬火就是将弹簧加热到淬火温度，保温一定时间，然后淬入 Ms 以上 20~50℃的熔盐中进行等温并保持足够长的时间，使过冷奥氏体基本上完全转变成下贝氏体组织，再将弹簧取出在空气中冷却。

采用等温淬火不仅能保证弹簧钢强度高，弹性好，而且塑性和韧性也显著提高。等温淬火后的弹簧还有较高的抗微塑性变形能力和抗松弛稳定性，热应力和组织应力都很小，弹簧

表 7-1　常用弹簧钢牌号、淬火+中温回火规范和力学性能

牌号	淬火温度[①]/℃	淬火冷却介质	回火温度[②]/℃	力学性能			
				R_m/MPa	R_{eL}/MPa	$A(\%)$	$Z(\%)$
70	830	油	480	1030	835	8.0	30
65Mn	830	油	540	980	785	8.0	30
60Si2MnA	870	油	440	1570	1375	5.0	20
60Si2MnCrV	860	油	400	1700	1650	5.0	30
50CrVA	850	油	500	1275	1130	10.0	40
51CrMnV	850	油	450	1350	1200	6.0	30
52Si2CrMnNi	860	油	450	1450	1300	6.0	35

① 淬火温度允许调整范围：±20℃。

② 回火温度允许调整范围：±50℃。

变形明显减小，因此，可减小矫正弹簧变形的工作量。等温淬火时的盐浴温度必须严格控制在稍高于该钢种的 Ms 点，以获得下贝氏体组织。如果温度偏高，则得到的是上贝氏体组织，硬度就会降低；如果温度过低，虽能提高弹性极限，但塑性、韧性较差，以致失去等温淬火的优越性。常用弹簧钢等温淬火工艺规范见表 7-2。

表 7-2　常用弹簧钢等温淬火工艺规范

牌　号	加热温度/℃	等温淬火温度/℃	保温时间/min	硬度　HRC
65	820±10	320~340	15~20	46~48
65Mn	820±10	270(320~340)	15(15~20)	52~54(46~48)
60Si2MnA	870±10	320~340	30	52
65Si2MnWA	870±10	260	60	55~57
50CrVA	850±10	320	30	52

（3）去应力回火　对于经过强化处理截面直径小于 8mm 的钢丝冷卷成形的中小型弹簧，因其力学性能已基本达到技术条件的要求，不需要进行淬火+中温回火处理，但在冷卷成形后应进行去应力回火，以消除冷加工成形所产生的应力，稳定弹簧尺寸，同时可使弹性极限略有提高。铅浴淬火冷拉碳素钢丝低温回火温度范围为 240~340℃，油淬火回火合金钢钢丝低温回火温度范围为 350~460℃，回火时间约为 30min。去应力回火的温度应按钢种选择。

7.2 弹簧钢的组织分析

7.2.1 供货状态组织

1. 以热轧状态供货弹簧钢的组织

热轧钢材一般截面尺寸较大,尺寸公差比较大,其有效直径或厚度为 5 ~ 50mm。采用加热成形制造弹簧,然后再经淬火、回火热处理获得所需要的性能。热轧供货钢材一般采用完全退火工艺,得到的组织应该是片状珠光体和铁素体的混合组织。图 7-1 所示为 60Si2Mn 钢的热轧退火组织。

2. 以退火状态供货弹簧钢的组织

这类钢材以光亮退火状态供应,对于较小尺寸(直径一般为 0.5 ~ 14mm)的弹簧可用软化退火后的钢条冷卷成形,再经

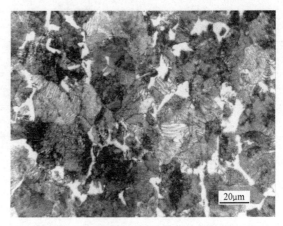

图 7-1 60Si2Mn 钢的热轧退火组织

淬火、回火热处理。退火状态供货弹簧钢的组织为片状珠光体与球粒状珠光体。图 7-2 所示为光亮退火状态供货弹簧钢的组织,该组织适合进行冷变形加工。

3. 铅浴等温淬火冷拉钢丝的组织

将盘条钢材坯料直接通电加热奥氏体化后,在 500 ~ 550℃的铅浴中等温分解成索氏体,然后经过多次冷拉至所需直径钢丝。通过调整冷拉时的变形量,可得到理想的尺寸和力学性能。钢丝成形后在 250 ~ 300℃进行回火,以消除冷拉(轧)和冷卷时的内应力。图 7-3 所示为 50CrVA 钢在 Ac_3 以上加热,500 ~ 550℃铅浴等温淬火后经冷拉的组织,其基体组织为细长纤维状索氏体。

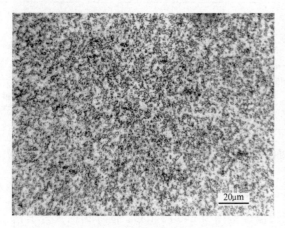

图 7-2 光亮退火状态供货弹簧钢的组织

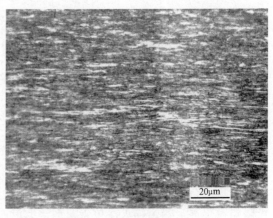

图 7-3 50CrVA 钢的铅浴等温淬火后经冷拉组织

7.2.2 淬火+中温回火组织

对于热成形弹簧及采用退火或软化后材料经冷成形加工的弹簧都需要进行淬火+回火处理，以保证得到较好的综合力学性能。淬火组织中应无游离铁素体和渗碳体。中温回火后的组织为回火托氏体。图 7-4 所示为 60Si2Mn 钢的淬火组织和回火组织。

a) 淬火组织（基体为针状淬火马氏体）　　b) 回火组织（基体为回火托氏体）

图 7-4　60Si2Mn 钢的淬火组织和回火组织

注：热处理工艺为 860~870℃油冷淬火+450~460℃回火。

7.3　弹簧钢的组织检验

弹簧钢的组织检验包括低倍组织检验、非金属夹杂物与石墨碳检验、表面脱碳层检验和显微组织检验等。

7.3.1　低倍组织检验

在钢的横向酸浸低倍组织检验中，不允许有可见的残余缩孔、气泡、裂纹、夹杂、翻皮等低倍组织缺陷。钢的低倍组织缺陷，包括一般疏松、中心疏松、中心偏析和锭型偏析，均要求不大于 2 级。

7.3.2　非金属夹杂物与石墨碳检验

钢材应进行非金属夹杂物检验，试样取样部位一般在材料端部，也可按照双方协议的规定。夹杂物检验合格级别应符合表 7-3 要求，具体检查方法及评级按 GB/T 10561—2005，参见第 3 章。

Si-Mn 弹簧钢在 650℃温度下长时间保温、经长时间退火或多次返修退火后，钢中碳化物容易分解而以游离石墨的形态析出。弹簧钢中出现游离石墨后，不仅破坏了基体的连续性，而且降低了固溶体中的碳含量，从而影响抗拉强度、屈服强度、淬火硬度和疲劳寿命等各项力学性能。弹簧钢出现石墨析出所造成的弹簧断裂称为黑脆。通常根据 GB/T 13302—1991《钢中石墨碳显微评定方法》，将未经浸蚀的试样在显微镜 250 倍下与标准评级图比较，对弹簧钢中游离石墨碳进行评定。标准评级图分为团絮状和片条状系列，各系列标准评级与石墨碳面积百分分数见表 7-4。

表 7-3 夹杂物检验合格级别

非金属夹杂物类型	合格级别/级 ≤			
	1组		2组	
	细系	粗系	细系	粗系
A	2.0	1.5	2.5	2.0
B	2.0	1.5	2.5	2.0
C	1.5	1.0	2.0	1.5
D	1.5	1.0	2.0	1.5
DS	2.0		—	

表 7-4 各系列标准评级与石墨碳面积百分分数

级别/级		0.5	1.0	1.5	2.0
石墨碳面积分数（%）	团絮状类	0.135	0.270	0.540	1.080
	片条状类	0.101	0.202	0.404	0.808

7.3.3 表面脱碳层检验

弹簧在工作受力时，截面上的应力是沿径向从中心至表面逐渐增加，在表面达到最大。如果弹簧表面出现脱碳层，则会造成表面的强度下降，容易产生裂纹并导致失效。理论分析和生产试验都证明，弹簧表面产生脱碳之后，弹簧的各项力学性能都会受到严重影响，其中疲劳强度明显下降，从而使弹簧产生早期疲劳失效。GB/T 1222—2016《弹簧钢》规定，脱碳深度根据材料的厚度或直径的百分数而定，钢材总的脱碳层（全脱碳+部分脱碳）深度，每边应符合表 7-5 中的规定（扁钢脱碳层在宽面检查）。表面以剥皮、磨光状态交货的钢材，表面不应有脱碳层。热轧材的组别应在供货合同中注明，未注明时按表 7-5 中 2 组供货。检查材料表面脱碳时，试样的切取部位均在材料两端或其中任意一端。对弹簧成品或半成品进行脱碳层检验时，一般试样可在任意部位切取。具体脱碳层检查方法按 GB/T 224—2019，参见第 4.6 节。

表 7-5 表面每边总脱碳层深度

类型	公称尺寸（直径、边长或厚度）/mm	总脱碳层深度不大于公称尺寸的百分比（%）					
		热轧材				锻制材	冷拉材
		圆钢、盘条		方钢、扁钢			
		1组	2组	1组	2组		
硅弹簧钢	≤8	2.0	2.5	2.5	2.8	供需双方协商	2.0
	>8~30	1.8	2.0	2.0	2.3		1.5
	>30	1.5	1.5	1.6	1.8		—
其他弹簧钢	≤8	1.8	2.0	2.0	2.3		1.5
	>8~20	1.2	1.5	1.6	1.8		1.0
	>20	1.0	1.5	1.2	1.6		1.0

7.3.4　60Si2Mn 钢螺旋弹簧金相检验

60Si2Mn 钢是最常用的弹簧钢之一，在长期的生产实践中总结出了适合于控制热处理质量的行业标准，即 JB/T 9129—2000《60Si2Mn 钢螺旋弹簧　金相检验》。该标准为 60Si2Mn 钢螺旋弹簧检验淬火及中温回火的显微组织评定提供了依据，对控制弹簧热处理工艺，提高产品质量和使用寿命具有现实的指导意义。此外，JB/T 9129—2000 也可供其他硅锰钢、锰钢螺旋弹簧金相检验时参考。图 7-5 所示为 60Si2Mn 钢马氏体淬火针叶长度等级评定金相参考图。图 7-6 所示为 60Si2Mn 钢中温回火组织等级评定金相参考图。淬火后半成品的组织按图 7-5 进行评定，其中 1~3 级为合格，4~5 级为不合格。淬火、回火后成品的组织按图 7-6 进行评定，其中 1~3 级为合格，4~5 级为不合格。

a) 1级（细马氏体针叶长≤15μm）

b) 2级（较细马氏体针叶长≤20μm）

c) 3级（较粗大马氏体针叶长≤35μm）

d) 4级（粗大马氏体针叶长>53μm）

图 7-5　60Si2Mn 钢马氏体淬火针叶长度等级评定金相参考图　500×

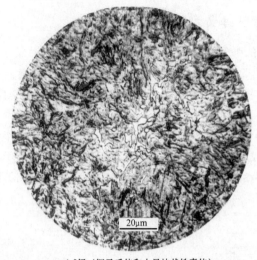

e) 5级（细马氏体和少量块状铁素体）

图 7-5　60Si2Mn 钢马氏体淬火针叶长度等级评定金相参考图　500×（续）

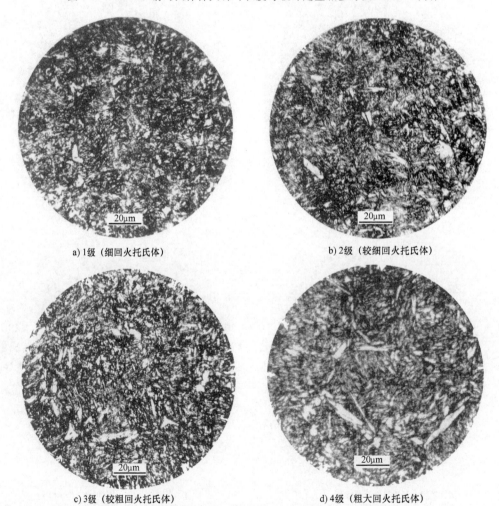

a) 1级（细回火托氏体）　　　　　　　　　　　b) 2级（较细回火托氏体）

c) 3级（较粗回火托氏体）　　　　　　　　　　d) 4级（粗大回火托氏体）

图 7-6　60Si2Mn 钢中温回火组织等级评定金相参考图　500×

e) 5级（回火托氏体和少量块状铁素体）

图 7-6　60Si2Mn 钢中温回火组织等级评定金相参考图　500×（续）

对于其他弹簧金相检验，如 QC/T 528—1999《汽车钢板弹簧　金相检验标准》等现已废止，目前尚无新的替代标准。在新标准制定出来之前，大多数企业按内控标准控制其热处理质量，以达到国家标准规定的硬度值和疲劳寿命要求。一般情况下，只要钢板弹簧片硬度和疲劳寿命满足要求，相对的金相组织也能达到规定的要求。

7.4　弹簧钢缺陷分析

7.4.1　常见的表面缺陷

弹簧钢经过冶炼、轧（拉）制等一系列加工过程，表面可能产生以下常见缺陷：

1. 裂纹和折叠

在弹簧钢冷、热加工过程中，如坯料表面未经打磨或剥皮，在轧（拉）制过程中将边皮或氧化皮带进线材中形成折叠。随着钢丝轧（拉）制变形，折叠被轧入钢坯形成裂纹，并延轧制方向呈纵向分布。这种缺陷最终可能导致弹簧在使用过程中断裂。这种缺陷的特点是在退火处理后，折叠的两侧面上含有明显的脱碳。

2. 划痕和拉丝

材料在拉拔时由于模具的孔不光洁或润滑不足，材料表面产生纵向长条划伤或表面拉丝。标准规定划痕深度不得超过材料规定公差。

3. 凹坑

杂质或氧化皮在钢丝拉拔时附在表面，以后又脱落造成凹坑；或者由于保管不当，材料因锈蚀而产生表面麻点或凹坑缺陷。轻度的凹坑经打磨可去除，严重的凹坑则不宜使用。

7.4.2　显微组织缺陷

1. 表面脱碳

钢坯成材过程中，经多次加热退火，在材料表面常有脱碳现象。脱碳层的组织为铁素体，它将使材料疲劳寿命下降，其测定和计算方法按 GB/T 224—2008 进行。图 7-7 所示为 65Si2MnW 钢在 850℃ 和 900℃ 保温 60min 的表层组织。从图 7-7 中可以看出，其表层存在有明显的完全脱碳层。图 7-8 所示为 65Si2MnW 和 60Si2Mn 钢在 1000℃ 下保温 60min 的表层组织。从图 7-9 中没有看到有明显的完全脱碳层，其原因是在 1000℃ 下 65Si2MnW 和 60Si2Mn 钢的氧化更加剧烈，热处理过程中形成的完全脱碳层被氧化，在清洗氧化层的过程中被除去了。如果认为它们的氧化去除厚度相同，那么 65Si2MnW 钢的总脱碳层深度小于 60Si2Mn 钢。

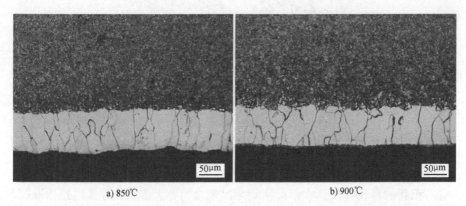

a) 850℃   b) 900℃

图 7-7　65Si2MnW 钢在 850℃ 和 900℃ 保温 60min 的表层组织

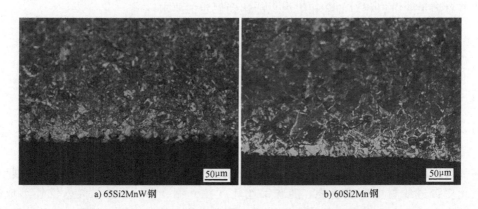

a) 65Si2MnW 钢   b) 60Si2Mn 钢

图 7-8　65Si2MnW 和 60Si2Mn 钢在 1000℃ 下保温 60min 的表层组织

2. 带状偏析

在原材料组织中沿轧制方向会形成铁素体带状偏析。经淬火+中温回火后，带状组织痕迹仍部分保留。灰白色带状区域说明其原先是铁素体带状区。淬火后该区域碳含量相对于其他区域低一些。图 7-9 所示为典型的 60Si2Mn 钢带状偏析回火托氏体。造成原材料组织出现带状偏析的原因：一种是轧制工艺不当；另一种是钢材在冶炼时产生硫、磷夹杂偏析，轧制时铁素体在夹杂物或偏析周围析出。前者可采用热处理方法消除，后者难以用热处理方法消除。

3. 游离石墨

硅锰弹簧钢碳含量较高，而且含有促使石墨化的元素硅。因此，这种钢经长时间退火或多次反复退火后将产生石墨化现象。图 7-10 所示为 70Si3MnA 钢中出现的珠光体、铁素体及游离石墨组织，其中网状铁素体的出现是由于存在数量较多的游离石墨（体积分数为0.24%）所造成的。

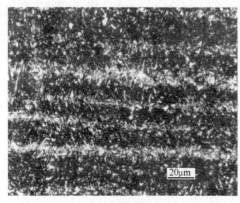

图7-9　60Si2Mn钢带状偏析回火托氏体

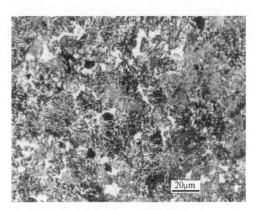

图7-10　70Si3MnA钢中出现的珠光体、铁素体及游离石墨组织

4. 未溶铁素体

淬火温度偏低，则会出现马氏体及铁素体的混合组织，也就是说，淬火温度低于Ac_3时将有未溶解的铁素体存在。图7-11所示为60Si2Mn钢淬火温度偏低后中温回火的组织。

5. 淬火过热组织

淬火温度过高，将得到粗大马氏体及残留奥氏体组织。此时组织晶粒粗大，马氏体粗大，从而引起钢的脆性明显增大，使弹簧在使用过程中容易产生断裂。图7-12所示为50CrV钢的淬火过热（1150℃加热，油冷淬火）组织。

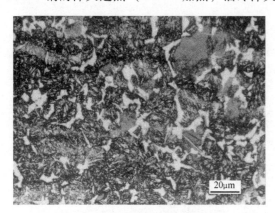

图7-11　60Si2Mn钢淬火温度偏低后中温回火的组织

图7-12　50CrV钢的淬火过热组织

6. 淬火冷却不足组织

原热轧弹簧钢晶粒粗大，淬火时冷却速度不够而造成沿原奥氏体晶界析出托氏体组织的现象称为淬火冷却不足。例如，60Si2Mn钢在870℃盐浴加热油冷，由于淬火转移速度过慢，其组织中沿晶界析出少量托氏体，如图7-13所示。这种组织将使弹簧的疲劳性能下降。

7. 淬火加热不足组织

由于淬火温度偏低或保温时间偏短，在淬火组织中将出现少量条状、粒状铁素体等混合组织，即淬火加热不足组织，也称不完全淬火组织。图 7-14 所示为 60Si2Mn 钢在 810℃ 盐浴加热油冷，组织为淬火马氏体和少量呈带状未溶铁素体组织。这种组织同样会使弹簧的疲劳性能下降。

图 7-13　60Si2Mn 钢沿晶界析出少量托氏体

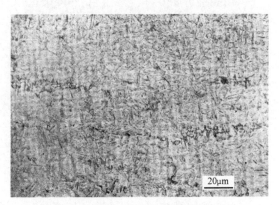

图 7-14　60Si2Mn 钢淬火加热不足组织

本章主要参考文献

［1］ 全国钢铁标准化技术委员会. 弹簧钢：GB/T 1222—2016 ［S］. 北京：中国标准出版社，2017.

［2］ 徐乐，陈良，陈高进，等. 65Si2MnW 弹簧钢的氧化脱碳特性及疲劳性能 ［J］. 金属热处理，2018，43（8）：83-89.

第8章 高碳铬轴承钢金相检验

8.1 高碳铬轴承钢及其热处理工艺与性能

8.1.1 高碳铬轴承钢的化学成分与特点

轴承钢按化学成分和使用特性分为渗碳轴承钢、高碳铬不锈轴承钢和高温轴承钢、高碳铬轴承钢四大类。渗碳轴承钢主要有 G20CrMo、G20Cr2Ni4 钢等，不锈钢轴承钢有 95Cr18、12Cr18Ni9、14Cr17Ni2 和 Cr13 类型，高温轴承钢以 Cr4Mo4V、W18Cr4V、W6Mo5Cr4V2 为代表，高碳铬轴承钢以 GCr15、GCr15SiMn 钢为代表。本章主要介绍高碳铬轴承钢及其金相检验。

高碳铬轴承钢对冶金质量的要求比一般工业用钢更严格，质量检测项目比较多。其中纯洁度和均匀性是各类轴承钢对冶金质量要求的两大基本特征。纯洁度是指严格控制钢中杂质和有害元素（如硫、磷）含量，并控制钢中非金属夹杂物和钢中气体含量。均匀性是指化学成分均匀一致，尽可能降低成分偏析，并尽可能减少钢中碳化物的不均匀性。大颗粒碳化物是一种脆性相，它的危害性与脆性夹杂物相似，易形成疲劳源，使钢的使用寿命下降。碳化物的不均匀性会增加钢的局部过热和硬度不均匀性。因此，轴承钢标准比其他种类钢对碳化物的均匀性要求更严。此外，高碳铬轴承钢材表面不得有裂纹、折叠、拉裂、结痕、夹渣及其他有害缺陷。

高碳铬轴承钢的相关标准主要有 GB/T 18254—2016《高碳铬轴承钢》和 GB/T 34891—2017《滚动轴承　高碳铬轴承钢零件　热处理技术条件》或 JB/T 1255—2014《滚动轴承　高碳铬轴承钢零件　热处理技术条件》。在上述标准中，对高碳铬轴承钢的牌号、化学成分、冶炼方法、交货状态、力学性能、工艺性、低倍组织、各种状态下金相组织检验等做了明确的规定。高碳铬轴承钢的牌号和化学成分见表 8-1，三个质量等级钢中残余元素的限制见表 8-2。在高碳铬轴承钢冶金质量三个等级中，优质钢主要满足摩托车、玩具等低端需求，高级优质钢主要满足机械、家电等中端需求，特级优质钢主要满足风电、核电、铁路、汽车、数控机床等高端需求。

GCr15 为典型的高碳铬轴承钢，自 20 世纪初诞生以来，其化学成分基本未发生变化，但由于生产工艺的不断改进，其疲劳寿命成倍提高，并得到了良好的综合性能，是目前用量

表 8-1　高碳铬轴承钢的牌号和化学成分

牌号	化学成分（质量分数,%)				
	C	Si	Mn	Cr	Mo
G8Cr15	0.75~0.85	0.15~0.35	0.20~0.40	1.30~1.65	≤0.10
GCr15	0.95~1.05	0.15~0.35	0.25~0.45	1.40~1.65	≤0.10
GCr15SiMn	0.95~1.05	0.45~0.75	0.95~1.25	1.40~1.65	≤0.10
GCr15SiMo	0.95~1.05	0.65~0.85	0.20~0.40	1.40~1.70	0.30~0.40
GCr18Mo	0.95~1.05	0.20~0.40	0.25~0.40	1.65~1.95	0.15~0.25

表 8-2　三个质量等级钢中残余元素的限制

冶金质量	化学成分（质量分数,%)										
	Ni	Cu	P	S	Ca	O	Ti	Al	As	As+Sn+Sb	Pb
	≤										
优质钢	0.25	0.25	0.025	0.020	—	0.0012	0.0050	0.050	0.04	0.075	0.002
高级优质钢	0.25	0.25	0.020	0.020	0.0010	0.0009	0.0030	0.050	0.04	0.075	0.002
特级优质钢	0.25	0.25	0.015	0.015	0.0010	0.0006	0.0015	0.050	0.04	0.075	0.002

最大的轴承钢。为了提高淬透性，在 GCr15 化学成分的基础上加入适量的 Si、Mn 或 Mo，形成了以 GCr15SiMn、GCr15SiMo 和 GCr18Mo 为代表的高碳高淬透性铬轴承钢，以适应大尺寸轴承零件的需要。在 GCr15 化学成分的基础上适当降低碳含量，形成了 G8Cr15 低碳铬轴承钢。高碳铬轴承钢除制造滚动轴承外，也广泛用于制造冲模、轧辊、量具等工模具。

高碳铬轴承钢轴承零件热处理后的原奥氏体晶粒尺寸和碳化物粒径是影响轴承性能与寿命的关键因素，因此高碳铬轴承钢在显微组织上追求原奥氏体晶粒和碳化物的双超细化。具体是指通过循环淬火、等温淬火和形变热处理等各种方法，将钢的晶粒平均尺寸降低到 ≤5μm 和将钢的碳化物平均粒径降低到 ≤0.30μm。

2020 年，我国颁布了 GB/T 38885—2020《超高洁净高碳铬轴承钢通用技术条件》。该标准对高碳铬轴承钢的成分、残余元素含量、低倍缺陷合格级别、非金属夹杂物合格级别、显微组织的合格级别、碳化物不均匀指标等有了进一步更严格的要求。由于篇幅有限，不在这里介绍。

8.1.2　高碳铬轴承钢的热处理工艺与性能

1. 正火与退火

900~950℃×30~60min 正火主要用于消除或减轻网状碳化物，870~890℃×30~60min 正火主要用于细化组织，880~900℃×30~60min 正火主要用于过热零件返修。

高碳铬轴承钢为过共析钢，热轧后的显微组织通常有少量沿晶界分布的先共析碳化物。在球化退火过程中，将这些先共析碳化物溶断，以减小最终显微组织中碳化物网状程度。等温球化退火工艺为 780~810℃×3~6h，以 <20℃/h 的速度冷却到 720℃ 保温 2~4h，再用同样速度冷却到 650℃ 后出炉，得到球化组织。GCr15SiMn、GCr15SiMo 硬度控制在 179~217HBW，其余牌号硬度控制在 179~207HBW。退火主要用于为切削加工和淬火做组织准

备。去应力退火工艺为 400~670℃×4~8h，空冷。

2. 淬火与回火

淬火通常选择 830~860℃ 加热后油冷或采用 120~160℃ 分级淬火等。淬透性由低到高的顺序为：G8Cr15、GCr15、GCr18Mo、GCr15SiMn、GCr15SiMo；在油中的最大淬透直径（心部硬度不低于 60HRC）分别为：G8Cr15 为 15~20mm，GCr15 为 23~25mm，GCr18Mo 为 36~40mm，GCr15SiMn 为 50~65mm，GCr15SiMo 为 70mm 左右。

淬火零件冷却到室温后应及时回火。一般选择 150~180℃ 回火，硬度为 61~65HRC；200℃ 回火，硬度 ≥60HRC；250℃ 回火，硬度 ≥58HRC。有时为进一步降低残留奥氏体，减少变形，稳定零件尺寸，淬火后采用立即冷处理和附加回火。GCr15 钢经不同温度淬火 +160℃ 回火后组织和性能的关系见表 8-3。

表 8-3　GCr15 钢经不同温度淬火 +160℃ 回火后组织和性能的关系

淬火温度 /℃	马氏体级别 /级	马氏体中碳含量 （质量分数，%）	残留奥氏体量 （体积分数，%）	硬度 HRC	抗弯强度 σ_{bb} /MPa	冲击韧度 α_{KV} /(J/cm²)
810	欠热	—	—	61.5	—	—
820	1	0.41	—	62.8	3234	6.67
835	1~2	0.49	10.4	63.7	2724	5.19
845	2	0.52	14.7	63.9~64.1	3420	5.19
855	3	0.55	—	64.4~64.9	3263	3.53
865	3~4	0.59	16.9	64.3~65.1	2960	3.43
875	5	0.67	21.2	64.5~65.4	2739	2.55
885	过热	0.67	—	64.8~65.3	2450	2.45

GCr15 钢有时也采用贝氏体等温淬火或马氏体和贝氏体复合淬火。贝氏体等温淬火后，钢的基体组织为贝氏体；而马氏体和贝氏体复合淬火后，其基体组织为马氏体与贝氏体组成的复合组织。与淬火 + 低温回火得到的回火马氏体组织相比，基体组织为贝氏体或马氏体 + 贝氏体的复合组织时，钢的断裂韧度明显改善，但热处理工艺相对复杂，成本较高，硬度略低，因此 GCr15 钢现普遍采用的热处理工艺仍为淬火 + 低温回火。

热处理后 GCr15 钢的力学性能主要与未溶碳化物的体积分数、未溶碳化物的尺寸和分布，以及原奥氏体晶粒尺寸相关。为了改善 GCr15 钢最终的力学性能，需要对未溶碳化物的体积分数和分布、细化马氏体针和原奥氏体晶粒进行控制。

8.2　高碳铬轴承钢的组织检验

高碳铬轴承钢的组织检验中的非金属夹杂物检验、碳化物网状检验、碳化物带状检验、碳化物液析检验试样等采用 820~840℃（含 Mo 钢为 840~880℃）加热淬油冷却（保温时间按试样厚度计算：1.5min/1mm）+150℃×1~2h 回火。

8.2.1　低倍组织检验

高碳铬轴承钢的低倍组织检验主要是指中心疏松、一般疏松、锭型偏析和中心偏析的检验。按照 GB/T 18254—2016《高碳铬轴承钢》规定的评级图进行评定与控制。低倍组织检验系将试样放入温度为 65~80℃、50%（体积分数）盐酸水溶液中浸蚀 25~40min，以能正确显示钢的低倍组织为准，用目视或不大于 10 倍放大镜观察。中心疏松、一般疏松和锭型偏析和中心偏析评级图分别见 GB/T 18254—2016 中的第 1~4 评级图。除连铸钢的中心疏松合格级别应不大于 1.5 级，中心偏析不大于 2.0 级外，其余轴承钢的钢坯的低倍组织检验的合格级别均应不大于 1.0 级。除此之外，原材料横向酸浸试样不允许有缩孔、皮下气泡、白点、过烧、裂纹、折叠、结疤、夹渣等缺陷存在。

8.2.2 非金属夹杂物和脱碳层检验

高碳铬轴承钢中的非金属夹杂物分按 GB/T 10561—2005 中的 A 法进行评级，其检验结果应符合表 8-4 中的合格级别。

表 8-4 高碳铬轴承钢各级别非金属夹杂物的合格级别

冶金质量	A		B		C		D		DS
	细系	粗系	细系	粗系	细系	粗系	细系	粗系	
	合格级别/级 ≤								
优质钢	2.5	1.5	2.0	1.0	0.5	0.5	1.0	1.0	2.0
高级优质钢	2.5	1.5	2.0	1.0	0	0	1.0	0.5	1.5
特级优质钢	2.0	1.5	1.5	0.5	0	0	1.0	0.5	1.0

高碳铬轴承钢的总脱碳层深度是指全脱碳层和半脱碳层的总和，其脱碳层深度检验按 GB/T 224—2008 进行检验，钢材表面每边总脱碳层深度应符合表 8-5 中的规定。

表 8-5 钢材表面每边总脱碳层深度要求

钢材种类	公称直径/mm	每边总脱碳层深度 ≤
热轧圆钢 锻制圆钢 圆盘条	≤10	0.10mm
	>10~150	公称直径的 1%
	>150	协商
冷拉圆钢	—	公称直径的 1%

注：剥皮、磨光或车光交货的钢材不允许有脱碳。

8.2.3 碳化物不均匀性检验

高碳铬轴承钢中碳化物不均匀性检验包括碳化物网状、碳化物带状和碳化物液析三个方面。高碳铬轴承钢在热加工后的冷却过程中，二次碳化物在晶粒边界上析出，构成网状，称为碳化物网状。碳化物带状和碳化物液析均由凝固过程中的枝晶偏析所引起，并且均为渗碳体（Fe_3C），但两者有本质的区别。由于液体中碳及合金元素富集并产生亚稳定莱氏体共晶形成了液析碳化物。它是由液态偏析引起，从钢液中直接形成的一次碳化物，热变形后沿着延伸方向呈条状或链状分布。液析碳化物对钢材组织不均和性能有明显不利的影响：当液析碳化物存在于轴承表面，易引起剥落，加快轴承的磨损；当液析碳化物存在于晶界，易成为疲劳裂纹源和增大零件淬火开裂倾向。

带状碳化物是钢锭凝固时形成的枝晶偏析引起的。在各枝晶之间，同时也在晶体二次轴之间富碳和富铬，引起成分和组织的不均匀性。钢锭经热轧后，这些富碳和富铬的区域沿轧制方向被拉长，结果在钢材中形成了带状碳化物。带状碳化物为共析碳化物，在热变形后的冷却过程中从固相析出。高碳铬轴承钢中存在严重带状碳化物，将对钢的组织、力学性能和接触疲劳寿命产生较大影响：主要影响是退火时不易获得均匀粒状珠光体；增加淬火变形和开裂倾向，提高冷加工钢材表面粗糙度，以及降低轴承钢的接触疲劳寿命。

1. 碳化物网状

高碳铬轴承钢中如出现网状碳化物，除了降低钢的横向力学性能，尤其是冲击韧性，还会导致钢在淬火时容易产生很大的组织应力，易产生变形和裂纹。消除碳化物网状的主要方法是控制轧制（或锻造）工艺，控制终轧（或终锻）温度，在轧制（或终锻）后采用吹风冷却或喷雾冷却，以防止碳化物网状析出。如锻件毛坯中出现严重的网状碳化物，则必须在球化退火前利用正火工艺消除。粗大的碳化物网状可采用较高的正火温度，如930~950℃加热正火消除；一般细的碳化物网状可以在900~930℃加热正火消除。

退火温度过高，保温时间太长，也可能产生粗大的二次碳化物网状。其晶界碳化物粗大，晶内组织球化不良，甚至不球化，或者是粗片珠光体和粗大颗粒状碳化物的混合体。在正常锻造后缓冷遗留下来的碳化物网状，一般不影响晶粒内部珠光体的球化，淬火、回火组织正常。但终锻温度过高，冷却过缓，会形成特别粗大的网状，常规退火后无法消除，这将影响淬火、回火组织和性能。

碳化物网状在淬火后的横向试样上评定。对供切削加工和冷压力加工用球化退火钢材检查碳化物网状时，试样抛光后用4%（体积分数）硝酸乙醇浸蚀，在放大500倍下按GB/T 18254—2016《高碳铬轴承钢》中的碳化物网状评级图谱对比评定。直径小于60mm的球化退火钢材，碳化物网状不得大于2.5级；直径大于60mm的球化退火钢材，碳化物网状由供需双方协议规定。球化退火碳化物网状评级图如图8-1所示。交货状态为软化退火钢材和热轧（或锻造）钢材，碳化物网状一般不要求检验，但不能超过GB/T 18254—2016中的合格

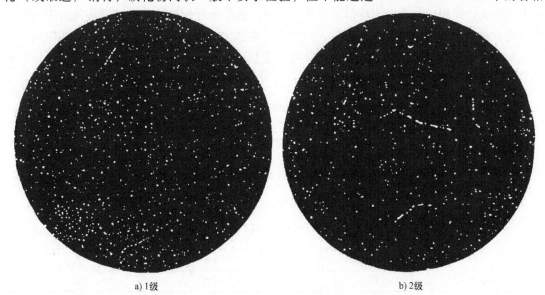

a) 1级   b) 2级

图 8-1 球化退火碳化物网状评级图 500×

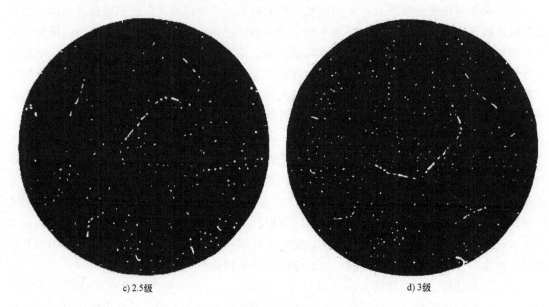

c) 2.5级   d) 3级

图 8-1　球化退火碳化物网状评级图　500×（续）

界限图（第 7 评级图）。

2. 碳化物带状

钢锭冷却时，由于结晶偏析，在枝晶间最后凝固的部分富集着碳和铬等溶质元素，凝固后会析聚大量碳化物，在锻轧过程中逐步沿热加工变形方向延伸成带状，称之为碳化物带状。碳化物带状会导致轴承零件淬火组织不均匀，耐磨性不一致，常会在碳化物集中处出现剥落，从而降低使用寿命，因此要对它们进行检验控制。

碳化物带状在淬火+回火后的纵向（沿轧制方向）试样上评定。试样抛光后进行深腐蚀，根据 GB/T 18254—2016《高碳铬轴承钢》中碳化物带状评级图评定碳化物聚集程度、大小和形状，采用 100 倍和 500 倍放大倍率结合，按取最严重处进行评定。在放大 100 倍下的评定依据为碳化物的聚集程度和带状的宽度；在放大 500 倍下的评定依据为碳化物的大小和分布情况，以及碳化物颗粒的形状。碳化物带状的合格级别见表 8-6。碳化物带状评级图见 GB/T 18254—2016 中的第 8 评级图。

表 8-6　碳化物带状合格级别

交货状态	公称直径/mm	优质钢、高级优质钢	特级优质钢
		合格级别/级　≤	
热轧或锻造球化退火 热轧或锻造软化退火	≤30	2.0	1.5
	>30~60	2.5	2.0
	>60~150	3.0	2.5
热轧或锻造	≤80	3.0	2.5
	>80~150	3.5	3.0
冷拉	—	2.0	1.5

注：公称直径大于 150mm 的钢材，由供需双方协议。

3. 碳化物液析

高碳铬轴承钢钢锭凝固时，常常产生严重的宏观元素偏析，一般在最后凝固的区域溶质含量高，形成碳及合金元素富集区，甚至在其晶界附近达到共晶成分，凝固后出现莱氏体（非平衡的离异共晶）。浇注温度越高，锭坯越大，冷却越慢，莱氏体组织就越严重，特别是在 3 个晶粒的交界处。经轧制后，这种离异共晶碳化物大多呈白亮多角状的破碎小块，且沿轧制方向分布成链状或条状，称为碳化物液析。钢中存在严重的液析时，会导致轴承零件产生淬火裂纹，组织和力学性能具有方向性，耐磨性变差，从而引起轴承表面早期疲劳剥落。

有时在液析区还伴生显微孔隙，这种显微孔隙是在钢锭（坯）均匀化退火并经轧制后形成的。均匀化退火时，严重的液析区回溶，液固两相因膨胀系数的差异破坏了两相间的牢固结合，在随后热轧时被撕裂成显微孔隙。这类钢材只有加大锻（轧）比，改锻（轧）成小规格材料，或锻成毛坯时，才有可能将显微孔隙焊合起来。碳化物液析经过长时间的高温均匀化退火，原则上可以得到改善。

碳化物液析在淬火后的纵向试样上评定。试样抛光后用 4%（体积分数）硝酸乙醇浸蚀后放大 100 倍，根据 GB/T 18254—2016 中的第 9 评级图对比评定。碳化物液析的合格级别应符合表 8-7 的规定。

表 8-7　碳化物液析的合格级别

交货状态	公称直径/mm	优质钢、高级优质钢	特级优质钢
		合格级别/级　≤	
热轧或锻造球化退火 热轧或锻造软化退火	≤30	0.5	0.5
	>30～60	1.0	1.0
	>60～150	2.0	1.5
热轧或锻造	≤60	2.0	1.5
	>60～150	2.5	2.0
冷拉	—	0.5	0.5

注：公称直径大于 150mm 的钢材，由供需双方协议。

8.2.4　显微组织检验

1. 退火组织

高碳铬轴承钢的理想退火组织是铁素体基体上分布着细、小、匀、圆的碳化物颗粒的球化组织，为以后的切削加工及最终的淬火、回火做组织准备。碳化物的形状、大小、数量和分布对最终的力学性能影响很大，而碳化物的组织形态是很难由最终的淬火和回火改变的。因为淬火组织中存在有相当一部分未溶碳化物，它们的形态基本上仍是由球化退火决定的，所以应对球化退火工艺和组织进行严格控制。通常退火组织检验根据 GB/T 34891—2017《滚动轴承　高碳铬轴承钢零件　热处理技术条件》或 JB/T 1255—2014《滚动轴承　高碳铬轴承钢零件　热处理技术条件》检验。退火组织采用 2%（体积分数）硝酸乙醇或 5%（质量分数）苦味酸乙醇溶液浸蚀，根据碳化物的尺寸、数量及形状，在放大 500 倍或 1000倍下按标准中第一级评级图评定：2～4 级为合格组织，允许有细点状球化组织存在，不允许有1级（欠热）和5级（碳化物不均匀）组织出现。图8-2所示为退火组织评级图。评级时主要考虑：①球状珠光体颗粒的大小和分布均匀性；②球化退火组织中片状珠光体的比例；③片状珠光体的粗细程度。图8-2中的5个级别评级图说明如下：

1级：点状珠光体加部分细粒状珠光体加少量细片状珠光体。

2级：细粒状珠光体加少量点状珠光体。

3级：均匀的球状珠光体加极少量点状珠光体。

4级：稍大的均匀分布的球状珠光体。

5级：部分重新熔化大颗粒碳化物加球状珠光体。

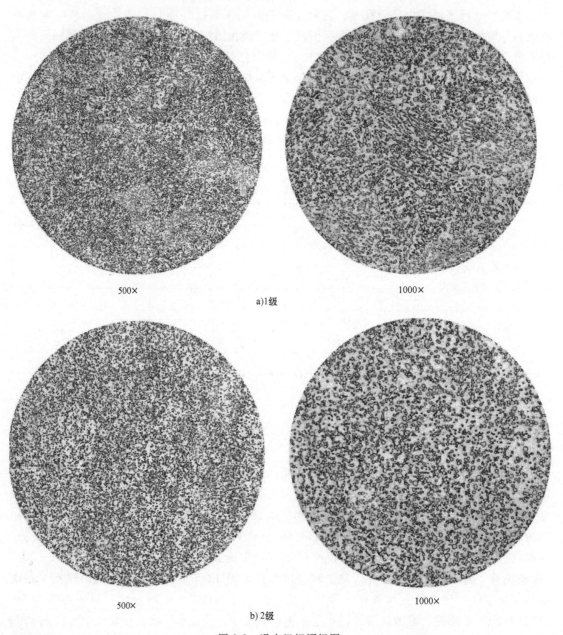

500×　　　　　　　　　　　　　　　1000×

a)1级

500×　　　　　　　　　　　　　　　1000×

b)2级

图8-2　退火组织评级图

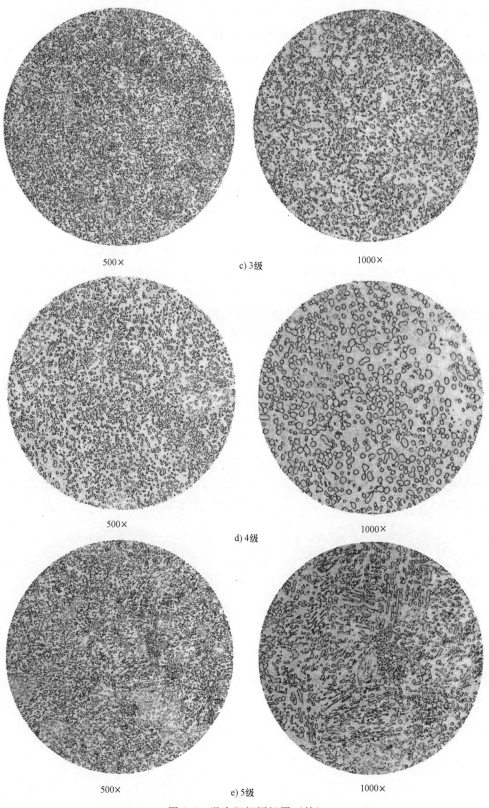

500×   c) 3级   1000×

500×   d) 4级   1000×

500×   e) 5级   1000×

图 8-2 退火组织评级图（续）

2. 淬火+回火组织

淬火+低温回火是决定高碳铬轴承钢性能关键的热处理工序。加热温度在 $Ac_1 \sim Ac_{cm}$ 之间，奥氏体化温度越高，奥氏体基体的碳含量越高，淬火后组织中残留奥氏体越多，片状马氏体越多，尺寸越大，越易形成淬火显微裂纹。与此同时，随奥氏体化温度的提高，淬火后硬度提高，韧性下降。但奥氏体化温度过高，则会因淬火后残留奥氏体过多而导致硬度下降，并且冲击韧性和疲劳强度明显下降。理想的高碳铬轴承钢马氏体淬火、回火后显微组织应由隐晶、细小结晶马氏体或小针状马氏体、均匀分布的细小残留碳化物和少量残留奥氏体组成，除微型轴承外，允许存在少量的针状或块状托氏体。淬火后马氏体基体中碳的质量分数为 0.55% 左右，基体组织形态通常为隐晶马氏体、结晶马氏体；其亚结构主要为位错缠结以及少量的孪晶。随淬火温度提高或保温时间延长，组织形态逐步由隐晶→结晶→细小针状过度。一般淬火后的正常组织为隐晶+结晶+细小针状马氏体的混合物。一旦出现大量明显的针状马氏体，则组织为不合格组织，应设法避免。淬火、回火组织也根据 JB/T 1255—2014《滚动轴承 高碳铬轴承钢零件 热处理技术条件》检验，以纵断面为准，采用 2%（体积分数）硝酸乙醇或 5%（质量分数）苦味酸乙醇溶液浸蚀，根据马氏体粗细程度及残留碳化物颗粒大小和数量，在放大 500 倍或 1000 倍下按标准中第二级评级图评定，淬火、回火马氏体评级图如图 8-3 所示。托氏体根据其形状、大小和数量按第三级别图评定；淬火、回火托氏体评级图如图 8-4 所示。JB/T 1255—2014 将马氏体组织和托氏体组织的合格级别按轴承零件的公差等级、有效壁厚和所用的具体钢种而定。一般来说，对于有效壁厚不大、公差等级要求不高的轴承零件，马氏体组织 1~4 级为合格，托氏体组织 1~2 级为合格；对于公差等级要求更高的轴承零件，则马氏体组织 1~3 级为合格。

自 20 世纪 80 年代，洛阳轴承研究所与重庆轴承厂合作，开始了贝氏体等温淬火在高速铁路轴承上的应用研究，并得了良好的效果。目前贝氏体等温淬火工艺已在轧机、机车、铁路客车等的轴承上得到较为广泛的推广应用。JB/T 1255—2014 中正式将贝氏体等温淬火的技术内容列入标准条文，其贝氏体评级根据贝氏体粗细程度及残留碳化物的尺寸、数量及形状进行。

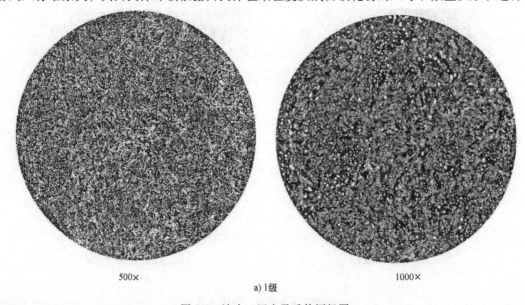

500×   1000×

a) 1 级

图 8-3　淬火、回火马氏体评级图

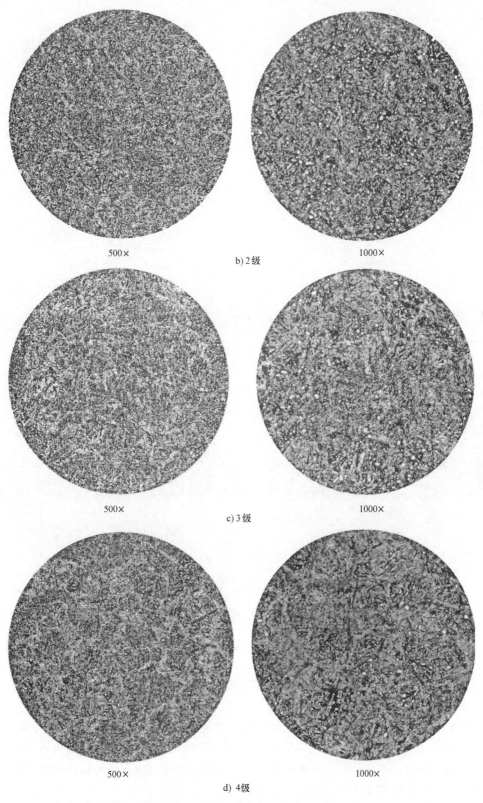

500×　　　　　　　　b) 2级　　　　　　　　1000×

500×　　　　　　　　c) 3级　　　　　　　　1000×

500×　　　　　　　　d) 4级　　　　　　　　1000×

图 8-3　淬火、回火马氏体评级图（续）

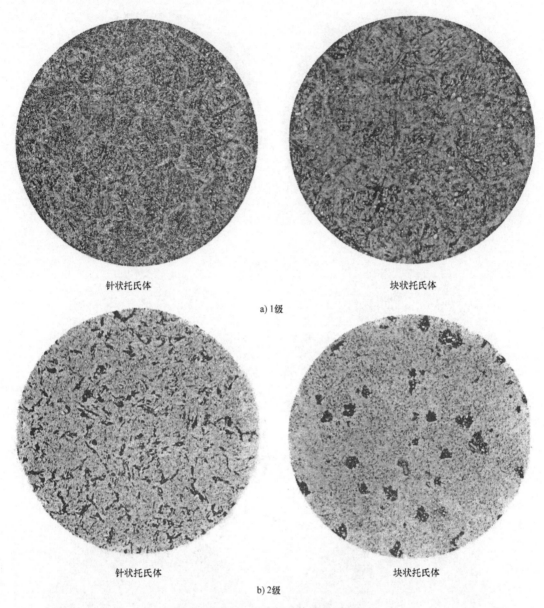

针状托氏体   块状托氏体

a) 1级

针状托氏体   块状托氏体

b) 2级

图8-4　淬火、回火托氏体评级图 500×

8.3　高碳铬轴承钢组织分析实例

1. 碳化物带状偏析

　　GCr15 钢经 850℃ 油冷淬火+200℃ 回火后，用 4%（质量分数）硝酸乙醇溶液深浸蚀，其组织出现碳化物带状偏析，如图 8-5 所示。图 8-5 中的黑色基体为回火马氏体，白色带状为聚集分布的颗粒状碳化物所构成的带状偏析。按标准评定图 8-5 中的碳化物带状偏析相当于 4 级，属于不合格组织。

　　碳化物带状偏析的产生原因是凝固时枝晶偏析严重，在轧制后使偏析处的带状显得长而宽，并贯穿整个视场。这种分布形式使钢材在球化退火及淬火、回火后获得不均匀的显微组织，从而使钢的力学性能，尤其是疲劳性能显著下降。

由于铬元素的扩散极慢，因此碳化物带状偏析不能用一般的退火或均匀化退火来消除，而只能用较大压缩比的热压力加工来改善。

2. 锻造空冷组织

图 8-6 所示为 GCr15 钢锻造后的空冷组织（采用体积分数为 4% 硝酸乙醇溶液浸蚀）。图 8-6a 所示组织的基体为极细片状珠光体。锻造空冷时的冷却速度较大，故得到极细片状珠光体，此时渗碳体及铁素体的层片间距分辨不清，所以又可称为索氏体型珠

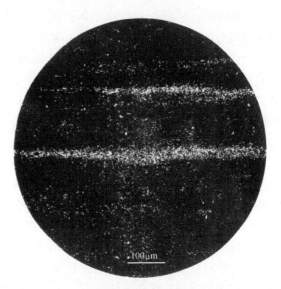

图 8-5　GCr15 钢的碳化物带状偏析

光体。图中珠光体呈黑、灰、白不同的色泽，系不同领域的珠光体在明场下的反射色泽。该组织属良好的锻造后组织。

图 8-6b 所示组织极细片状珠光体及沿晶界分布的白色细网状碳化物。晶粒大小中等，相当于 4 级。锻造温度正常，但由于停锻温度较高，冷却又稍缓慢，所以沿原奥氏体晶界析出二次碳化物。由于晶界处存在有一层薄脆硬的碳化物，通过球化退火还会有部分网状碳化物存在，故该组织属较差的锻造后组织。

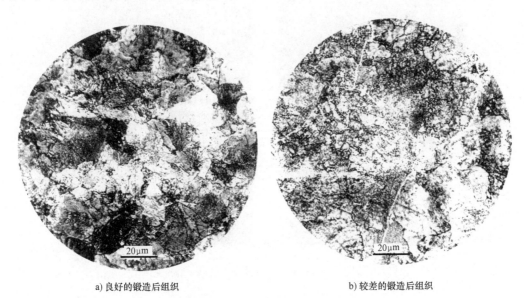

a) 良好的锻造后组织　　　　　　　　　　　b) 较差的锻造后组织

图 8-6　GCr15 钢锻造后的空冷组织

3. 锻造后球化退火组织

GCr15 钢始锻温度为 1100℃ 左右，终锻温度为 850℃ 左右，锻后的硬度较高，一般为

255～340HBW，组织为片状珠光体组织（见图8-7）。为了给最终淬火、回火处理做好组织准备，使其具有优良的切削加工性能，GCr15钢必须经过球化退火，从而获得均匀分布的细粒状珠光体组织，并把硬度控制在170～220HBW。GCr15钢零件球化退火后理想的显微组织为细小、均匀分布的球化组织，如图8-8a所示。根据JB/T 1255—2014，图8-8a中的球化组织评为3级。

在实际生产过程中，受工件大小、装炉方法、装炉数量、球化加热温度以及退火前组织不均匀等因素

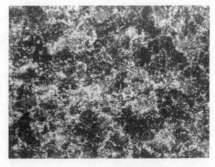

图8-7　GCr15钢锻造后组织　500×

的影响，会使球化退火后组织产生过热（粗片状珠光体）、欠热（细片状珠光体）、不均匀粗粒状珠光体等不合格组织。图8-8b所示为球化退火过热组织，其特征是组织中出现大小分布不均的粒状珠光体和部分粗片状珠光体。图8-8c所示为球化退火欠热组织，其组织特征为点状加部分细片状珠光体组织。产生退火欠热组织的原因较多，如整炉或部分工件退火温度偏低（局部低于765℃）或保温时间太短；炉子大，装炉量多，炉内均温性差，原材料组织不均匀（带状网状碳化物超标）等。粗粒状珠光体球化组织是指退火冷却后得到的大小不均的球状组织。图8-8d所示为粗粒状珠光体组织。产生粗粒状珠光体组织的原因是加热温度偏高，冷却速度非常缓慢等。

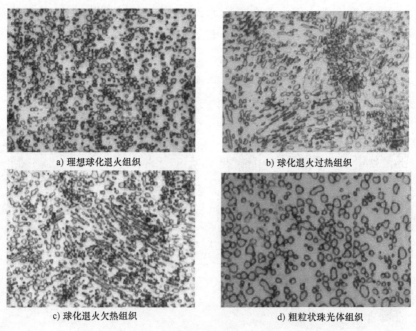

a) 理想球化退火组织

b) 球化退火过热组织

c) 球化退火欠热组织

d) 粗粒状珠光体组织

图8-8　GCr15钢锻后球化退火组织　1000×

4. 淬火组织

图8-9a所示为GCr15钢840℃加热油冷淬火正常组织。其组织为隐针和针状马氏体、碳化物及残留奥氏体分布均匀，晶粒均匀细小。

淬火温度过高或在淬火温度上限加热保温时间过长，会使碳化物溶解过多，奥氏体的碳

及合金元素的含量增加，从而使马氏体转变点（Ms）迅速下降。由于奥氏体化温度的提高，奥氏体晶粒长大，组织中明显地出现了针状马氏体，残留奥氏体量增多，如图 8-9b 所示。

淬火温度过低或加热保温时间不足，铬的碳化物不易溶解到奥氏体中去，使奥氏体的碳及合金元素的含量低，而且成分不均匀，未溶碳化物的大量存在，降低了过冷奥氏体的稳定性，因而在正常淬火冷却条件下，淬火组织中就会产生块状托氏体（见图 8-9c），工件硬度较低。

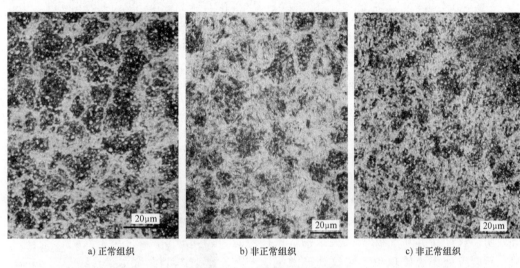

| a) 正常组织 | b) 非正常组织 | c) 非正常组织 |

图 8-9 GCr15 钢淬火组织对比

52100 钢（相当于我国 GCr15 钢）是中等淬透性低合金钢，最大淬透截面尺寸约为 19mm。如果轴承的截面尺寸比最大淬透截面大，或者是淬火工件尺寸超过淬火的散热能力，工件的淬火转移时间过长，则会出现不完全淬火情况。如出现不完全淬火，将导致淬火中出现非马氏体组织（深色浸蚀组织，缓冷组织和上贝氏体）。非马氏体组织以明显深色分布在马氏体基体中，如图 8-10 所示。

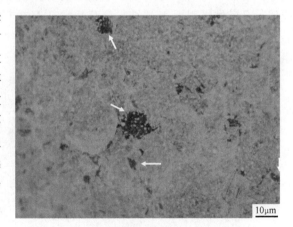

图 8-10 52100 钢不完全淬火非马氏体组织
（深色浸蚀区域）

5. 淬火、回火组织

图 8-11a 所示为 GCr15 钢 840℃淬火油冷+150℃回火正常组织。其组织为回火隐针和针状马氏体、碳化物及残留奥氏体分布均匀，晶粒均匀细小。

图 8-11b 所示为 GCr15 钢淬火温度过高，淬火过热后回火组织。其组织为回火针状马氏体、碳化物及残留奥氏体，碳化物大部分溶解，晶粒粗大，残留奥氏体量显著增加，钢的硬度也大为降低。

6. GCr15 钢轴承套圈开裂原因分析

采用 ϕ60mm GCr15 圆钢加工轴承套圈，其工艺流程为：圆钢→中频感应加热→锻造→

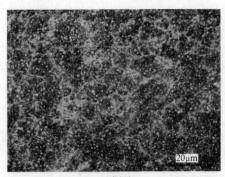
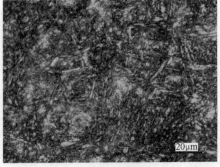

a) 正常组织   b) 非正常组织

图 8-11　GCr15 钢淬火+回火组织　500×

球化退火→粗车→淬火、回火→精磨。在其中一批次加工过程中，出现套圈开裂现象，取样分析套圈开裂原因。化学成分检测结果表明，开裂试样的化学成分符合 GB/T 18254—2016 的要求。裂纹从表面向中心延伸，深度约 443.152μm，呈脆性断裂，断口上有二次裂纹，如图 8-12 所示。裂纹附近夹杂物分析表明，仅存在有 0.5 级 A 类夹杂物。试样经过浸蚀显示裂纹处无脱碳现象，裂纹处显微组织与其他部位的显微组织一致，均为粗针状马氏体+残留奥氏体，马氏体级别大于 4 级，部分地方还存在有沿

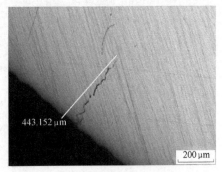

图 8-12　开裂裂纹处

晶显微裂纹，如图 8-13 所示。分析结论是，该轴承套圈开裂原因是淬火温度过高，形成了粗针状马氏体。

a) 裂纹附近组织   b) 其他部位组织

图 8-13　粗针状马氏体+残留奥氏体

7. GCr20SiMo 钢热处理工艺分析

GCr20SiMo 钢 20mm×20mm×20mm 试样采用表 8-8 中工艺进行热处理。淬火和回火的硬度见表 8-9。随着淬火温度的升高，试样的回火硬度逐步增高，其硬度为 62~64HRC，符合 JB/T 1255—2014 的要求。将淬火+回火后的试样磨制成金相试样，按图 8-3 和图 8-4 评定。图 8-14 所示为不同热处理工艺的金相组织。其中，图 8-14a 中，由于加热温度偏低，黑白区

域分布明显不均匀，为奥氏体化不均匀所致，马氏体级别评为 2 级；图 8-14b、图 8-14c 和图 8-14d 所示均为细小马氏体基体上分布有均匀细小的碳化物，马氏体级别评为 3 级；图 8-12e 所示马氏体针明显增大，局部出现有粗大针状的马氏体，马氏体级别评为 4 级。在评定的组织中均未发现托氏体组织。

表 8-8　GCr20SiMo 钢热处理工艺

工艺编号	试验工艺
1#	淬火温度 850℃，保温 30min，油淬；回火温度 210℃，保温 3.5h
2#	淬火温度 860℃，保温 30min，油淬；回火温度 210℃，保温 3.5h
3#	淬火温度 870℃，保温 30min，油淬；回火温度 210℃，保温 3.5h
4#	淬火温度 880℃，保温 30min，油淬；回火温度 210℃，保温 3.5h
5#	淬火温度 890℃，保温 30min，油淬；回火温度 210℃，保温 3.5h

表 8-9　GCr20SiMo 高淬透性轴承钢淬火和回火的硬度

淬火温度/℃	淬火后硬度　HRC	回火后硬度　HRC
850	64.5,63,64	62,62,62.5
860	65.5,65.5,65.5	63.5,63,63
870	65,65.5,65.5	63.5,62.5,63
880	65.7,66,65.5	63,63.5,63
890	65.5,65.5,66	63.5,64,64

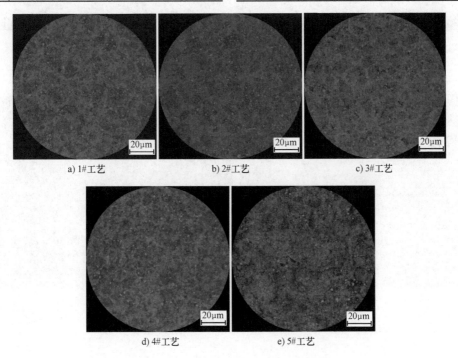

a) 1#工艺　　　b) 2#工艺　　　c) 3#工艺

d) 4#工艺　　　e) 5#工艺

图 8-14　不同热处理工艺的金相组织

8. 高碳铬轴承钢碳化物级别评定

高碳铬轴承钢在轧制或锻造后冷却过程中，当冷却速度低于伪共析转变临界值，碳化物将从奥氏体中析出，在晶界形成网状碳化物，从而增加了开裂倾向，并降低了轴承的疲劳寿命。网状碳化物的级别是反映高碳铬轴承钢性能的重要指标。依据 GB/T 18254—2016，分别对有效厚度为 45mm 的大型轴承和有效厚度为 13mm 的小型轴承试样进行热处理，而后进行网状碳化物检验。

图 8-15a 和图 8-15b 所示分别为大型轴承表层和心部的网状碳化物。根据图 8-15 中圈出

区域，在放大 500 倍下，对比 GB/T 18254—2016 中的第 6 评级图，图 8-15a 中网状碳化物评定为 2.5 级，图 8-15b 中网状碳化物评定为 3.0 级。图 8-15a 和图 8-15b 所示分别为小型轴承表层和心部的网状碳化物。按同样方法，图 8-16a 和图 8-16b 中网状碳化物都评定为 1.0 级。根据检验结果分析，大型轴承心部与表层冷却速度差异较大，心部网状碳化物级别大于表层；而小型轴承心部与表层冷却速度差异不大，心部与表层网状碳化物级别基本相同。

a) 表层　　　　　　　　　　　　　　　　b) 心部

图 8-15　大型轴承的网状碳化物

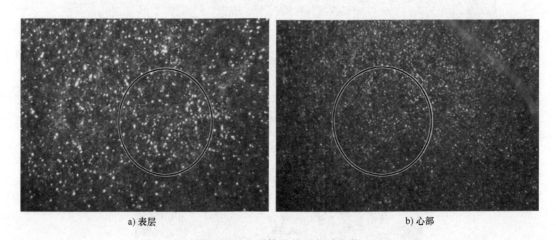

a) 表层　　　　　　　　　　　　　　　　b) 心部

图 8-16　小型轴承的网状碳化物

本章主要参考文献

［1］　张朝磊，朱禹承，蒋波. 高碳铬轴承钢组织双超细化的研究现状与发展趋势［J/OL］. 材料导报（电子版），2022（1）：1-12［2022-04-05］. https：//kns. cnki. net/kcms/detail/50. 1078. TB. 20220106. 1434. 003. html.

［2］　全国钢标准化技术委员会. 高碳铬轴承钢：GB/T 18254—2016［S］. 北京：中国标准出版社，2016.

［3］　全国滚动轴承标准化技术委员会. 滚动轴承　高碳铬轴承钢零件　热处理技术条件：GB/T 34891—2017［S］. 北京：中国标准出版社，2017.

［4］　全国滚动轴承标准化技术委员会. 滚动轴承　高碳铬轴承钢零件　热处理技术条件：JB/T 1255—

2014 ［S］. 北京：中国标准出版社，2014.

［5］　叶德新，邓湘斌，何健楠，等. GCr15 轴承钢套圈开裂原因分析 ［J］. 物理测试，2019，37（4）：44-46.

［6］　郝奥玄，孙小东，王云广. 高淬透性轴承钢热处理工艺研究 ［J］. 热处理技术与装备，2020，41（1）：34-37.

［7］　庄权，王雨田，董智鹏. 高碳铬轴承钢网状碳化物评价标准的对比分析 ［J］. 金属热处理，2021，46（6）：27-30.

［8］　孙钦贺. 高碳铬轴承钢制轴承零件球化退火组织缺陷分析 ［J］. 金属加工（热加工），2018，（6）：78-80.

［9］　DOSSETT J L，TOTTEN G E. 美国金属学会热处理手册：D 卷　钢铁材料的热处理 ［M］. 叶卫平，王天国，沈培智，等译. 北京：机械工业出版社，2018.

第9章 工模具钢金相检验

在 GB/T 1299—2014《工模具钢》中，按用途将工模具钢分为刃具模具用非合金钢、量具刃具用钢、耐冲击工具用钢、轧辊用钢、冷作模具用钢、热作模具用钢、塑料模具用钢和特殊用途模具用钢八类。此外，高速工具钢也应属于工模具钢之类，但由于用量大，金相组织复杂，被专门列入 GB/T 9943—2008《高速工具钢》中。

工模具钢的金相检验，包括了工模具钢材的金相检验和工模具在制造中的金相检验两部分内容。由于工模具钢材的金相检验在冶金生产和机械制造中均需进行，而且检验内容或试验方法等基本相同，为避免重复，本章仅从机械制造方面介绍工模具钢的金相检验。

工模具钢的微观组织与性能有着明显的对应关系，工模具钢的金相检验无论在冶金生产或机械制造中均具有十分重要的地位。工模具钢的金相检验过程，常按加工工序分为原材料检查、热加工工序制品（坯料）和热处理制品（成品）检验三阶段。三个阶段往往互有联系，互成因果关系，因此在检查过程中，应避免对检查项目做孤立的分析，以免影响判断的正确性。

9.1 非合金工具钢金相检验

9.1.1 非合金工具钢的化学成分与特点

非合金工具钢是指碳含量在 0.7%~1.3%（质量分数）之间的高碳钢，其主要钢号有 T7、T8、T8Mn、T10、T12 等。随着钢中的含碳量增高，淬火后，钢中未溶碳化物数量增多，从而保证了非合金工具钢热处理后获得高的硬度和耐磨性，可应用于制造某些刃具和模具。根据钢中 S、P 等杂质元素含量，非合金工具钢可分为优质钢和高级优质钢，高级优质钢在钢号后加"A"。

非合金工具钢的优点是不含合金元素，冶炼和热加工较为容易，价格低廉，热处理后能获得高的硬度和耐磨性。非合金工具钢的缺点是淬透性较差，φ20mm 左右的工件在水中冷却就不能淬透，需采用冷却能力更强的冷却介质淬火，淬火后工件变形大，容易造成裂纹；另一个缺点是热处理后刀具的热稳定性差，当工作温度达 200℃ 左右，硬度便显著下降。根据非合金工具钢的优缺点，非合金工具钢适合用于制造手工工具、低速切削刀具、冷作模具和量具等。

9.1.2 原组织与退火组织检验

1. 锻造、轧制状态组织

非合金工具钢的锻造、轧制状态组织为片状珠光体+网状渗碳体，如图9-1所示。这种组织硬度较高，切削加工比较困难。该组织经退火后，网状渗碳体组织不易消除，使工件脆性很大。同时由于网状渗碳体的存在，造成钢的化学成分不均匀，网状附近碳元素大量富集，远离网状处碳元素贫乏，这样在淬火时将造成大的组织应力，容易引起工件变形及淬裂。为了改善这种组织，通常采用正火消除网状渗碳体，而后再进行球化退火。

2. 退火组织及评级

非合金工具钢球化退火时受加热温度、等温温度、冷却速度等因素的影响，球化退火后的组织常出现球状、球状与片状混合或全部为片状的珠光体。这三种组织的形态特征如下：

（1）细片状珠光体　在放大500倍的显微镜下观察，珠光体的两边轮廓不能分辨，而且往往伴有点状或小球状珠光体。这种细小密集的片状组织，称为细片状珠光体，如图9-2所示。此组织的形成是由于退火加热温度较低，渗碳体溶解不够，有的区域仍保留薄片存在，有的渗碳体片层虽已断开，但溶解不够，形成了过多的点状碳化物；另一方面是由于等温时间不足，使锻造、轧制组织中的部分细片状珠光体尚未溶解。

（2）球状珠光体　球状珠光体是理想的组织。随着退火温度的提高，以及在等温时间充足的条件下，点状及小球状珠光体逐渐长大，球的轮廓清晰可见，但并不是全部呈圆球状，有时也呈椭圆形以至不规则形状，如图9-3所示。

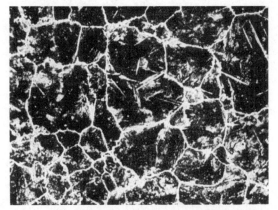

图9-1　非合金工具钢锻造片状珠光体+网状渗碳体组织

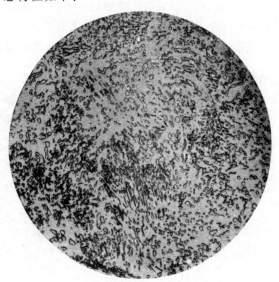

图9-2　非合金工具钢细片状珠光体　500×

（3）粗片状珠光体　粗片状珠光体中的珠光体片轮廓清晰可辨，并伴有粗球状珠光体，如图9-4所示。此种组织是由于退火加热温度过高和等温时间较长所致，是退火的过热组织。

非合金工具钢理想的退火组织是球状珠光体，但在实际生产中要获得全部球状珠光体比较困难。因此，在GB/T 1299—2014中，对T7、T8、T8Mn、T9碳含量相对较低的钢，珠光

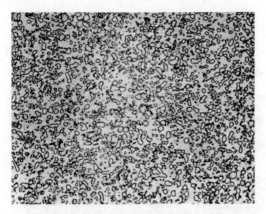

图 9-3 非合金工具钢球状珠光体 500×　　　　图 9-4 非合金工具钢粗片状珠光体 500×

体组织的合格级别为 1~5 级；对 T10、T11、T12、T13 碳含量相对较高的钢，珠光体组织的合格级别为 2~4 级。退火交货硬度不大于 187~207HBW。对某些要求精度高和变形小的刃具和量具，可对钢材再次进行球化退火，以获得理想的球化组织。

非合金工具钢的原始组织对球化退火组织有明显的影响。例如 AISI W1 钢（相当于我国 T10 钢），以轧制得到的粗片珠光体加细小珠光体（见图 9-5a）作为原始组织，加热至 760℃保温后，以 11℃/h 的冷却速度冷却至 595℃进行球化退火，得到的组织如图 9-5b 所示；但如果采用 870℃奥氏体加热，油冷得到细小的珠光体作为原始组织（见图 9-5c），采用同样的球化退火工艺，得到的球化组织如图 9-5d 所示。由图 9-5 可以看到，采用后面一种组织作为球化退火的原始组织，得到的球化组织更加均匀。

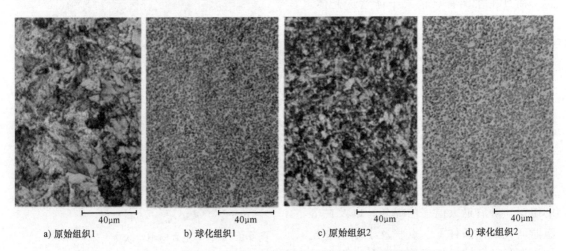

a) 原始组织1　　　　b) 球化组织1　　　　c) 原始组织2　　　　d) 球化组织2

图 9-5 非合金工具钢的原始组织对球化退火组织的影响

3. 退火缺陷组织

（1）网状碳化物　高碳非合金工具钢在热加工后的冷却过程中，过剩碳化物沿晶界上析出而形成网状碳化物。网状碳化物的网络越明显，连续性越强，钢的脆性越大，冲击韧性越低，由此导致制成的工具容易崩刃，从而降低工具的使用寿命。

碳化物网络的粗细及连续程度与钢的成分、热加工终了温度和冷却速度有关。非合金工具钢比低合金工具钢的网络粗大。热加工终了温度高及随后冷却速度慢，则网状就严重。检查网状碳化物的试样，应按正常淬火+回火处理，磨面抛光后经4%（体积分数）硝酸乙醇溶液深浸蚀，在放大500倍下观察，通常按 GB/T 1299—2014 中的第3评级图进行评级。对尺寸小于或等于 60mm 的非合金工具钢，网状碳化物的合格级别要求不大于2级；对尺寸 60~100mm 的非合金工具钢，网状碳化物的合格级别要求不大于3级；对尺寸大于 100mm 的非合金工具钢，网状碳化物的合格级别协商确定。网状碳化物的网络越明显，则评定的级别越高，详细评级方法见第4章中4.5节。

（2）脱碳 由于非合金工具钢碳含量比结构钢高，故脱碳倾向也比结构钢大。表层碳含量的降低，会引起等温转变曲线发生变化，使退火冷却过程中，表层与心部发生不同的组织转变，因此可较方便地按组织的差异来划分脱碳层的界限。脱碳严重时，表层出现铁素体的全脱碳组织，随后是铁素体逐渐减少，珠光体逐渐增多直至出现心部组织为止；脱碳不严重时，出现铁素体及珠光体二相混合的脱碳层，称部分脱碳组织。图4-34所示为不同温度加热时出现脱碳的组织，部分脱碳层为存在铁素体及片状珠光体、片状珠光体及球状珠光体二相混合的表层区域。

脱碳层使非合金工具钢在热处理后硬度降低、耐磨性变差，有时还会产生裂纹，所以必须用切削加工方法全部加以去除。按照 GB/T 1299—2014，非合金工具钢一边总脱碳层深度（铁素体+过渡层）应符合表9-1中的规定。脱碳层的测定按照 GB/T 224—2019《钢的脱碳层深度测定法》规定进行，详细测定方法见第4章中4.6节。热轧和锻制的钢材一边总脱碳层深度应符合表9-1中2组的规定，在经过供需双方协议的情况下，可按1组供货。刀具在热处理后，切削刃部不允许有脱碳。

表9-1 热轧和锻制的钢材一边总脱碳层深度

钢材直径或边长/mm	总脱碳层深度/mm ≤	
	1组	2组
5~150	0.25+1%D	0.20+2%D
>150	双方协议	

注：D为钢材截面公称尺寸。

（3）石墨碳 游离石墨碳是非合金工具钢容易产生的一种缺陷。退火温度过高、保温时间过长和缓慢冷却或者多次退火，会造成碳以石墨形式析出。游离石墨碳使钢材强度下降、脆性增加，易产生崩折现象。

游离石墨碳检验试样经抛光后，无须腐蚀，可直接观察。石墨碳显微特征为灰黑色的点状或不规则形状，如图9-6所示。在试样制备的过程中要小心，以防止石墨碳脱落。当与抛光凹坑无法辨别时，可腐蚀后观察。这是因为石墨碳周围贫碳，铁素体量较多，可以与抛光

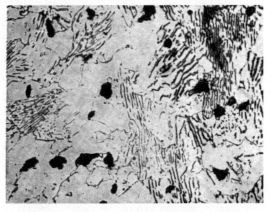

图9-6 非合金工具钢石墨碳组织 500×

凹坑加以区别。

9.1.3 淬火、回火组织检验

非合金工具钢的淬火是将钢加热至 $Ac_1 \sim Ac_{cm}$ 之间，经保温后通常采用水冷，以大于临界冷却速度快速冷却到 Ms 点以下，使过冷奥氏体转变为马氏体。淬火后钢中仍保留一定数量未溶的渗碳体，可增加钢的硬度和耐磨性。

直径或厚度在 15mm 以下的非合金工具钢，水冷可完全淬透，得到马氏体+残留奥氏体。直径或厚度大于 20mm 的非合金工具钢，水冷也无法完全淬透，导致表层与心部硬度差别很大。用临界直径法（心部为 50%马氏体的直径）测得 T8、T10 和 T12 钢在不同冷却条件下的临界直径分别见表 9-2 和表 9-3。

表 9-2 T8 钢的临界直径

淬火冷却介质	18℃的 10%（质量分数）NaCl 水	18℃的 10%（质量分数）NaCl 水（激烈搅动）	18℃的水（静止）	18℃的水（激烈搅动）
临界直径/mm	19	25	13	19

表 9-3 T10 和 T12 钢的临界直径

淬火冷却介质		20℃的 5%（质量分数）NaCl 水溶液	20℃水	40℃水	油（静止）
临界直径/mm	T10	28	26	22	14
	T12	34	33	28	18

碳的质量分数为 0.6%~0.7%，有效厚度为 1~5mm 的非合金工具钢，水冷淬火硬度可达 62~63HRC；当钢中碳的质量分数增加到 0.9%~1.0% 以上时，硬度可提高到 65HRC。但如果冷却速度不够快，过冷奥氏体会发生高、中温转变，分解转变成珠光体或贝氏体组织。非合金工具钢奥氏体转变温度与转变产物及其硬度关系见表 9-4。在实际生产中，钢的热处理工艺大都采用连续冷却，所以过冷奥氏体大都是在连续冷却中转变的，得到的产物可能不是单一的组织。例如，钢件淬火时没有淬透，组织中除有未溶碳化物外，其截面组织由表面至心部一般是：马氏体→马氏体+托氏体→托氏体→索氏体→珠光体。

表 9-4 奥氏体转变温度与转变产物及其硬度关系

奥氏体转变温度/℃	转变产物	转变产物硬度 HRC
717	粗片状珠光体	7
704	片状珠光体	15
675	细片状珠光体	22
648	索氏体	28
593	托氏体	33
450	上贝氏体	44
300	下贝氏体	55
200	马氏体	63

非合金工具钢淬火和回火组织按 JB/T 9986—2013《工具热处理金相检验》进行检验，其内容包括马氏体级别和托氏体组织。马氏体针叶的粗细，对钢的性能产生明显的影响。淬火温度越高或保温时间越长，马氏体针叶也越粗大，针叶长度也越长。粗大的马氏体为钢的过热组织，该组织使钢的力学性能降低、脆性增大，导致过热组织的刀具在使用过程中容易造成崩刃、开裂等缺陷。因此，工件在淬火后要求得到细针状马氏体，一般以不大于 2~3级为宜，检验马氏体针叶长度采用放大 500 倍，选择居多的马氏体针长为测量依据，参考马氏体针叶长度评级图（见图 9-7）进行评级。各种非合金工具钢刃具、量具的马氏体级别应符合表 9-5 要求。

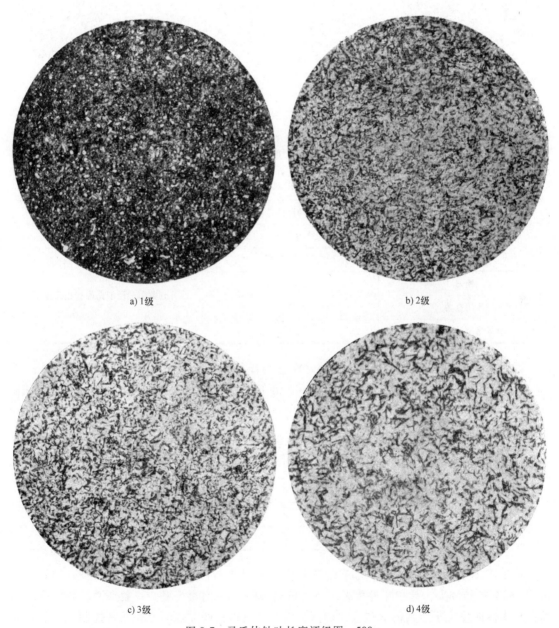

a) 1级

b) 2级

c) 3级

d) 4级

图 9-7　马氏体针叶长度评级图　500×

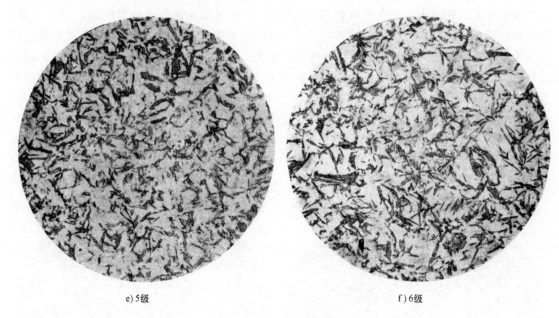

e) 5级　　　　　　　　　　　　　　　　　　　　f) 6级

图 9-7　马氏体针叶长度评级图　500×（续）

表 9-5　非合金工具钢刃具及量具马氏体合格级别

产 品 名 称	淬火（回火）马氏体合格级别/级	备 注
卡尺、量爪、深度尺	≤3.5	测量面不允许有托氏体
丝锥	≤3	切削刃部位不允许有托氏体
锉刀	≤3	
手用锯条	≤2.5	
高频感应淬火工件	≤4.5	

　　因为回火后马氏体的针叶不易显示，检查马氏体级别应在淬火后回火前进行。用 4%（体积分数）硝酸乙醇溶液浸蚀，在放大 500 倍下选择视场中一般长度的针叶为测量依据。马氏体级别和马氏体针叶长度见表 9-6。

表 9-6　非合金工具钢、合金工具钢的马氏体级别和马氏体针叶长度

马氏体级别/级	马氏体针叶长度（放大 500 倍）/mm	马氏体级别/级	马氏体针叶长度（放大 500 倍）/mm
1	≤1.5	4	>4～6
2	>1.5～2.5	5	>6～8
3	>2.5～4	6	>8～12

　　在生产实际的产品检验中，非合金工具钢主要是进行硬度检验和晶粒度检验。T12A 钢采用 780℃加热淬火，晶粒度为 9 级，而共析成分的 T8A 钢为 5 级。一般来说，共析成分钢晶粒长大倾向要大于亚共析钢和过共析钢，因此对共析钢的加热温度要严格控制。当然淬火后非合金工具钢的晶粒尺寸除与加热温度有关外，还与钢的淬火前组织有关。

在评定淬火晶粒度时，为便于采用 GB/T 6394—2017《金属平均晶粒度测定法》中的晶粒度图谱进行比较，在其他放大倍数下，可用 JB/T 9986—2013 中的第一级别图评定，而后根据按式（9-1）换算成放大 100 倍时的实际晶粒度。

$$G_{100} = G_M + 6.64 \lg \frac{M}{100} \tag{9-1}$$

式中，M 为显微镜的放大倍数；G_M 为放大 M 倍时，按 JB/T 9986—2013 中第一级别图评定的晶粒度；G_{100} 为放大 100 倍时的实际晶粒度。

例如，在放大 450 倍下，按 JB/T 9986—2013 中第一级别图评定的晶粒度为 4 级，则按式（9-1）计算的换算为 100 倍时的实际晶粒度为 8.5 级。具体计算过程如下：

$$G_{100} = G_{450} + 6.64 \lg \frac{450}{100} = 4 + 4.34 = 8.34 \approx 8.5$$

在晶粒尺寸非常细小时，也可在放大 1000 倍下，按 Snyder-Graff 截数法得到截数，而后按式（2-1）计算或按图 2-30 换算为 ASTM 晶粒度。

非合金工具钢由于淬火临界速度较大，截面较大的刀具不能淬透，冷却时易产生托氏体。当出现未淬透的区域，表面层淬硬的组织为马氏体，次层为马氏体+托氏体，移向心部为托氏体，心部有时还会得到珠光体组织。托氏体为黑色团絮状组织，有时沿晶界分布。一般根据目测估计其含量，如图 9-8 中工具钢淬火后托氏体的面积分数约占 10%。刀具如出现托氏体组织，其硬度较低，切削能力极差，强度也明显降低。如丝锥会因切削力丧失，切削阻力增加而使丝锥发生扭曲。为了保证刃量具有高的硬度和耐磨性，一般在刃部和工作面不允许有托氏体存在。但对于非切削刀具，可允许存在一定数量的托氏体。

图 9-8　工具钢淬火后的托氏体组织　500×

非合金工具钢淬火后的组织是淬火马氏体和少量残留奥氏体。过共析非合金工具钢在淬火后除上述组织外，尚有颗粒状二次碳化物存在于基体组织之中。马氏体和残留奥氏体在淬火状态下都处于亚稳定状态，回火过程中这种亚稳定状态组织转变为接近平衡状态的稳定组织。对于切削刀具、量具和冷作模具，为了获得高的硬度和耐磨性，应采用 160~180℃ 低温回火。此时，淬火马氏体将转变为回火马氏体，淬火应力部分被消除。

非合金工具钢经低温回火后的组织为回火马氏体+碳化物。回火马氏体在显微镜下呈黑色，看不到针叶轮廓，生产实际中，通常以黑色的程度判别工件回火是否充分。图 9-9 所示为 T10 钢淬火态与回火后的组织。当对工具进行质量分析或失效分析时，通常工具已经回火，为显现和测量回火状态下马氏体针叶长度，可用 2%（体积分数）硝酸乙醇溶液作浅浸蚀显现其马氏体针叶。

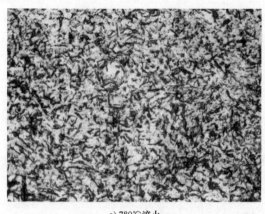

a) 780℃淬火   b) 780℃淬火+170℃回火

图 9-9　T10 钢淬火态与回火后的组织　500×

9.2　低合金工具钢金相检验

9.2.1　低合金工具钢的化学成分与特点

为了弥补非合金工具钢性能上的不足，在非合金工具钢化学成分的基础上，特意加入Cr、Mn、W、Mo、V 等合金元素，加入合金元素总的质量分数<5%的钢称为低合金工具钢。GB/T 1299—2014《工模具钢》中，列入量具刃具钢的低合金工具钢牌号有 9SiCr、8MnSi、Cr06、Cr2、9Cr2、W，列入冷作模具钢的低合金工具钢牌号有 9Mn2V、CrWMn、9CrWMn，列入耐冲击工具钢中的 5 个牌号也可以列到低合金工具钢中，如 5CrW2Si、6CrW2Si 等。此外，GCr15 轴承钢除用于制造轴承外，在机械工厂中也常将它当成低合金工具钢，用来制造工具、量具和冷作模具。

合金元素通过对奥氏体、铁素体和碳化物的影响，对临界点和相组成以及对原子扩散的影响等而影响钢中各种组织变化。合金元素对这些转变的影响多数是延缓钢中各种组织变化，并使钢的组织细化。例如，低合金工具钢的片状珠光体、球状珠光体、网状碳化物，均比非合金工具钢相应的组织细小，所以从退火组织上能区别出这两类钢的组织特征。图 9-10 所示为 9SiCr 钢的球化退火组织。合金工具钢淬火后的马氏体也比较密集，较细小马氏体呈隐针状，经浸蚀后不易显示。回火状态下碳化物含量比非合金工具钢增多，而且更加细小。随着合金元素增多，这种现象更加明显。图 9-11 所示为 9SiCr 钢淬火和回火后的组织。

与非合金工具钢相比，低合金工具钢的临界淬火冷却速度降低了许多，大大地提高了钢的淬透性，使大截面工件也能淬

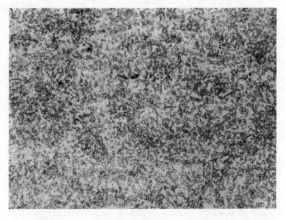

图 9-10　9SiCr 钢的球化退火组织　500×

a) 870℃淬火　　　　　　　　　　b) 870℃淬火+160℃回火

图 9-11　9SiCr 钢淬火和回火后组织　500×

硬；并且由于采用了较缓慢的淬火冷却介质，减少了工件淬火时的变形及开裂倾向。

9.2.2　原始组织与退火组织检验

低合金工具钢原材料的金相检验项目和方法等与非合金工具钢在很多方面均相同，为此，对有相同之处不再重复说明。与原材料金相检验相同，低合金工具钢热加工工序制品金相检查内容为珠光体评级、脱碳层测量和网状碳化物评定等。

低合金工具钢退火组织为珠光体+过剩碳化物。但由于钢中加入了合金元素，细化了钢的组织，使碳化物颗粒细小，弥散度增大，因此低合金工具钢的球状珠光体或片状珠光体均比非合金工具钢细小。具有片状珠光体的钢材，其硬度高，切削性能差，加工后表面粗糙，再进行热处理时刀具变形较大，且容易造成过热，所以要求低合金工具钢供应状态是球状珠光体。

退火状态交货的 9SiCr、Cr2、CrWMn、9CrWMn、Cr06、W 及 9Cr2 等钢应对珠光体组织进行检验，并按 GB/T 1299—2014 所附的级别图评定，其珠光体合格级别应为 1~5 级。对于制造螺纹刀具用的 9SiCr 钢，其珠光体合格级别为 2~4 级。对热压力加工钢不检验珠光体组织。

合金工具钢退火状态脱碳层组织与非合金工具钢相同，主要是观察珠光体的变化情况，脱碳严重时同样有铁素体组织出现。按照 GB/T 1299—2014 规定，热轧及锻造钢材单边总脱碳层允许深度也应符合表 9-1 的规定。

合金工具钢碳化物颗粒及形成网状碳化物的网线均比非合金工具钢细小，但评级方法与非合金工具钢基本相同。退火状态交货的 CrWMn、Cr2、Cr06 和 9SiCr 等钢应检验网状碳化物，并按 GB/T 1299—2014 中所附的级别图评定。一般钢材截面尺寸小于 60mm 时，其网状碳化物合格级别等于或小于 3 级，也就是允许有破碎的半网存在，但不允许有封闭的网状碳化物存在。这是因为网状碳化物具有较大的脆性，容易造成刀具的崩刃。对于制造螺纹刀具的截面尺寸小于或等于 60mm 的 9SiCr 钢，其网状碳化物合格级别应等于或小于 2 级。

9.2.3　淬火、回火组织检验

低合金工具钢淬透性较好，油冷淬火也能获得马氏体组织。低合金工具钢的淬火组织为针状马氏体，但当马氏体针细小时，多呈丛集状分布，不如非合金工具钢的马氏体针叶那样清晰。低合金工具钢通常采用低温回火，以获得高的硬度和耐磨性。其回火组织为回火马氏体+细小颗粒碳化物。回火马氏体极易被腐蚀，在显微镜下呈黑色。

低合金工具钢淬火和回火组织按 JB/T 9986—2013《工具热处理金相检验》进行检验，马氏体针叶长度与级别的评定方法与非合金工具钢相同（见表 9-5）。一般工具以马氏体级别不大于 2~3 级为合格，对某些大型工具可适当放宽。低合金工具钢刃具马氏体合格级别为小于或等于 3.5 级。

9.3　高碳高合金冷作模具钢金相检验

冷作模具钢主要用于工件在冷状态（室温）条件下进行成形的模具，如冲压模具、冷镦模具、冷挤压模具等。冷作模具材料大体上可分为非合金冷作模具钢与低合金冷作模具钢、高碳高铬冷作模具钢等。由于部分非合金冷作模具钢、低合金冷作模具材料和非合金工具钢、低合金工具钢基本相同，这里不再赘述。在 GB/T 1299—2014 中的高碳高合金冷作模具钢牌号主要有 Cr12Mo1V1、Cr12MoV、Cr12、6W6Mo5Cr4V 和 W6Mo5Cr4V2 等，其主要化学成分见表 9-7。为方便起见，W6Mo5Cr4V2 钢将在 9.4 节中进行介绍，这里主要介绍 Cr12 型钢的金相检验。

表 9-7　高碳高合金冷作模具钢的成分

牌号	化学成分（质量分数，%）							
	C	Si	Mn	Cr	W	Mo	V	Co
Cr12	2.00~2.30	≤0.40	≤0.40	11.50~13.00	—	—	—	—
Cr12MoV	1.45~1.70	≤0.40	≤0.40	11.00~12.50	—	0.40~0.60	0.15~0.30	—
Cr12Mo1V1	1.40~1.60	≤0.60	≤0.60	11.00~13.00	—	0.70~1.20	0.50~1.10	≤1.00
6W6Mo5Cr4V	0.55~0.65	≤0.40	≤0.60	3.70~4.30	6.00~7.00	4.50~5.50	0.70~1.10	
W6Mo5Cr4V2	0.80~0.90	0.15~0.40	0.20~0.45	3.80~4.40	5.50~6.75	4.50~5.50	1.75~2.20	

9.3.1　高碳高合金冷作模具钢的化学成分与热处理

1. Cr12 型钢的化学成分

Cr12 型钢的化学成分特点是高碳高铬，其化学成分特点决定了 Cr12 型钢是莱氏体钢。由于 Cr12 型冷作模具钢中的碳化物数量多，经常用于制造高耐磨性、微畸变、高负荷下服役的冷加工用的模具和工具，其中以 Cr12 钢和 Cr12MoV 钢应用最广。铬能使钢有很高的淬透性，是形成 M_7C_3 型碳化物的主要元素，也是促成碳化物不均匀分布的主要元素。加入钼、钒能进一步提高钢的淬透性，细化晶粒和共晶碳化物，改善韧性，提高回火稳定性。Cr12MoV 钢的碳含量比 Cr12 钢低，又因加入了钼和钒，因此，其碳化物数量、粒度、形态、不均匀程度都比 Cr12 钢有较大的改善，从而韧性得到明显提高。Cr12Mo1V1 钢性能优于 Cr12MoV 钢。由于 Cr12Mo1V1 钢的钼、钒含量比 Cr12MoV 钢高，并含有 Co，改善了钢的组织，所以其强韧性、耐磨性均有所提高。

Cr12 型钢中含有大量共晶碳化物，淬火后碳化物总残留量仍可达 13%~20%（体积分数)。碳化物的膨胀系数比基体组织小 30%左右,加热时它阻止基体膨胀,冷却时又阻止基体收缩,所以定向分布的大量碳化物会引起工件在热处理时不均匀畸变。工件淬火后,沿轧制方向纵向伸长量大,横向伸长量小,甚至会收缩。力学性能也呈各向异性,对于碳化物不均匀度较高的钢材,横向抗弯强度比纵向要低 30%~40%,塑性要低 30%~50%。Cr12 型钢碳化物堆集处在 1155℃左右就可能出现液相,所以热加工时过热、过烧现象时有发生。此类钢中碳化物堆集和粗大的角状碳化物,是引起模具崩角和脆裂的重要原因。因此,采用合理的热加工工艺,改善共晶碳化物的形态、粒度和分布,是正确应用 Cr12 型钢的主要工作。

Cr12 型钢中的碳化物数量多,且硬而脆,塑性极差,当共晶碳化物枝晶非常发达、块度又很粗大时,锻造时容易锻裂。由于 Cr12 型钢中的碳及合金元素含量高,奥氏体再结晶温度高,其变形抗力比非合金工具钢要高 2~3 倍,所以锻造加热温度不能太低;由于 Cr12 型钢的导热性能差,加热时必须分阶段预热,否则在加热时就会开裂,如钢中共晶碳化物呈堆集状网状分布,锻造加热时该熔点低处容易熔化,所以锻造加热温度不能太高。总之,该类钢材锻造温度区间比较狭窄。

一般采用 Cr12 型钢制造要求较高的、精密加工的小型模具,锻件要求进行网状碳化物检验,级别应小于或等于 2 级,一般模具或大型模具可适当放宽到 3 级的要求。

Cr12Mo1V1、Cr12MoV 和 Cr12 钢应检验共晶碳化物不均匀度,可按 GB/T 14979—1994《钢的共晶碳化物不均匀度评定法》中的第 4 评级图评定。根据钢材的尺寸不同,共晶碳化物不均匀度合格级别也不相同,详细的合格级别请参考 GB/T 1299—2014。有关非金属夹杂物的检验合格级别要求,脱碳层的检验要求与低合金工具钢相同。

2. Cr12 型钢的热处理

Cr12MoV 钢为国内外应用最广泛的一种 Cr12 型钢冷作模具钢。其碳含量低于 Cr12 钢,具有较高的耐磨性、淬透性、淬硬性、强韧性、热稳定性和抗压强度等性能,热处理畸变较小。有效厚度小于 400mm 的 Cr12MoV 钢工件可以淬透,特别适用于大型冷作模具。现以 Cr12MoV 钢为例说明 Cr12 型钢热处理。

Cr12MoV 钢在结晶过程中会形成大量的网状共晶碳化物。这些碳化物硬而脆,虽经开坯轧制,反复镦拔,碳化物有一定程度的破碎,但仍会呈带状、网状和块状分布,偏析程度随钢材直径增加而加重,增加了热处理的难度。

Cr12MoV 钢锻后空冷的硬度也较高,难以切削加工,必须进行退火,即预备热处理。常用的退火工艺有普通退火和等温退火,退火后的硬度为 207~255HBW。Cr12MoV 钢的临界点温度与退火工艺分别见表 9-8 和表 9-9。锻造退火后的组织为索氏体+块粒状碳化物。

表 9-8　Cr12MoV 钢的临界点温度

临界点	Ac_1	Ac_{cm}	Ar_1	Ar_3	Ms	Mf
温度(近似值)/℃	830	855	750	785	230	0

表 9-9　Cr12MoV 钢的退火工艺

退火	≤100℃/h 加热至 870~890℃×3~4h 保温,≤30℃/h 冷至 550℃出炉
等温退火	(850±10)℃×2h,炉冷至(730±10)℃×3~4h,≤30℃/h 冷至 550℃出炉

　　Cr12MoV 钢有两种热处理方案：一种是一次硬化法，即采用较低的淬火温度+低温回火；另一种是二次硬化法，即采用较高的淬火温度配以多次高温回火。Cr12MoV 钢又称为微变形模具钢，通过调整淬火温度可以控制淬火组织中的残留奥氏体量，而残留奥氏体量的多少与工件变形量密切相关，所以通过改变热处理工艺，可控制淬火畸变量，以满足生产上的不同需求。

　　一次硬化法的淬火温度为 950~1040℃，硬度为 60~64HRC；二次硬化法的淬火温度为 1100~1130℃，淬火后残留奥氏体的体积分数达 60%~90%，硬度只有 42~50HRC，经多次高温回火时会析出大量弥散分布的合金碳化物，并使残留奥氏体转变为马氏体，产生二次硬化效应。二次硬化法不仅可使模具的硬度提高到 60~63HRC，而且使模具具有较高的热硬性和回火稳定性等优异性能，并能充分消除淬火应力，从而提高了模具的耐磨性和抗疲劳性能。图 9-12 所示为 D2 钢（相当于我国的 Cr12MoV 钢）采用不同奥氏体化温度加热空冷后的组织，组织为马氏体、残留奥氏体加块状未溶碳化物，但马氏体与残留奥氏体在该浸蚀条件无法分辨。

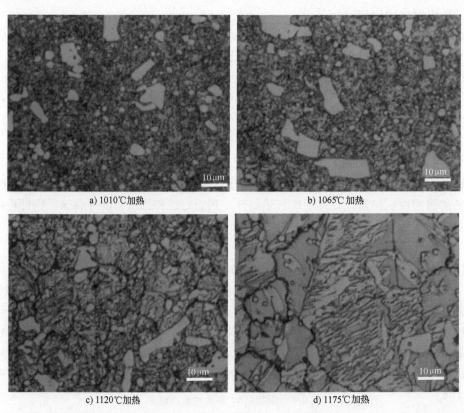

a) 1010℃加热　　　　　　　　　　　　　b) 1065℃加热

c) 1120℃加热　　　　　　　　　　　　　d) 1175℃加热

图 9-12　D2 钢采用不同奥氏体化温度加热空冷后的组织

注：采用 100mL 乙醇+5mL HCl+1g 苦味酸浸蚀。

　　图 9-13 所示为淬火温度对 Cr12MoV 钢的晶粒度、硬度和残留奥氏体数量的影响。根据图 9-13，可以按模具的要求为 Cr12MoV 钢选择合适的淬火工艺。淬火温度不同，回火工艺也不同，有高淬高回和低淬低两种工艺。Cr12MoV 钢的淬火和回火工艺见表 9-10。Cr12MoV 钢淬火和回火的组织如图 9-14 所示。

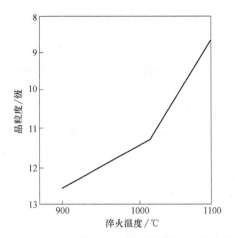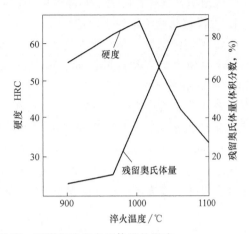

图 9-13　淬火温度对 Cr12MoV 钢晶粒度、硬度和残留奥氏体量的影响

表 9-10　Cr12MoV 钢的淬火和回火工艺

方案	淬火温度/℃	回火		
		用途	温度/℃	硬度　HRC
1		消除应力	150~170	61~63
2	1020~1040	消除应力,降低硬度	200~275	57~59
3		消除应力,降低硬度	400~425	54~56
4			510~520℃多次回火	60~61
5	1120~1130	去应力及形成二次硬化	-78℃冷处理+510~520℃多次回火	60~61
6			-78℃冷处理+一次 510~520℃回火, 再进行-78℃冷处理	61~63

注：方案 1 适用于要求高耐磨性、高硬度的中小型模具，热处理畸变小；方案 2、3 适用于力学性能要求高及畸变小的模具；方案 4、5 适用于热硬性、耐磨性要求高的模具。

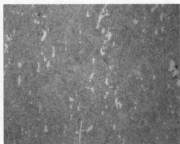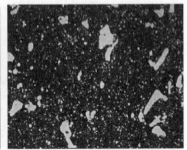

a) 1120℃淬火　　　　　　　　b) 1120℃淬火+200℃回火　　　　　　c) 1120℃淬火+530℃回火3次

图 9-14　Cr12MoV 钢淬火和回火的组织　500×

9.3.2　高碳高铬钢冷作模具钢组织评定

由于 Cr12 型钢的化学成分特点和组织特点，其组织检验除了 GB/T 1299—2014《工模具钢》中的珠光体检验、网状碳化物检验和脱碳层检验外，还包括共晶碳化物不均匀度评

定、淬火组织马氏体针叶大小及晶粒度评定等。

1. 共晶碳化物不均匀度评定

Cr12 型钢铸态有共晶网状碳化物组织，经过锻轧等热压力加工后可使部分网状组织破碎，由于热压力加工程度的不同，可以出现各种分布的碳化物。按照 GB/T 14979—1994《钢的共晶碳化物不均匀度评定法》，在放大 100 倍下，参考标准中共晶碳化物不均匀度级别评级图（第 4 级评级图）进行评级。Cr12 型钢原材料共晶碳化物不均匀度的合格级别应满足表 9-11 的要求，试样在钢材或钢坯上纵截面取样，无论是圆钢还是方钢，磨面长度均为 10~12mm。试样抛光后可采用硝酸乙醇溶液浸蚀。对共晶碳化物呈网状分布的，要考虑网的变形、完整程度以及堆积程度；对碳化物呈条状分布的，要考虑条带宽度以及带内碳化物的聚集程度。应选择最严重的视场与标准评级图片进行评定。

表 9-11 共晶碳化物不均匀度的合格级别

钢材截面尺寸/mm	共晶碳化物不均匀度的合格级别/级 ≤	
	Ⅰ组图片	Ⅱ组图片
≤50	3	4
>50~70	4	5
>70~120	5	6
>120	6	双方协议

2. 大块碳化物级别评定

JB/T 7713—2007《高碳高合金钢制冷作模具显微组织检验》规定了高碳高铬钢大块碳化物级别评定方法。碳化物级别试样采用氯化铁（5g）+盐酸（15mL）+乙醇（100mL）浸蚀，在放大 500 倍显微镜下检验，大块碳化物按颗粒大小、数量多少分为 5 级，参考 JB/T 7713—2007 中的图 1 Cr12 型大块碳化物级别评级图进行评级，各级别的碳化物最大尺寸见表 9-12。大块碳化物均以金相比较法评定，取检测面上碳化物最严重处与评级图进行对照评级，通常碳化物不得大于 3 级。在没有争议时，可测定最大碳化物尺寸。测量值按式（9-2）计算：

$$最大碳化物尺寸 = (a+b)/2 \tag{9-2}$$

式中，a 为碳化物最大长度（mm）；b 为垂直于最大长度方向的碳化物最大长度（mm）。

表 9-12 各级别的碳化物最大尺寸

级别/级	1	2	3	4	5
碳化物最大尺寸/mm	0.009	0.013	0.017	0.021	0.025

3. 马氏体级别评定

JB/T 7713—2007 中规定了高碳高铬钢马氏体级别评定方法。碳化物级别试样采用氯化铁（5g）+盐酸（15mL）+乙醇（100mL）浸蚀，在放大 500 倍显微镜下检验，马氏体级别按马氏体形貌分为 5 级，参考马氏体级别评级图（见图 9-15）进行评级，各级别的马氏体针叶最大长度见表 9-13。

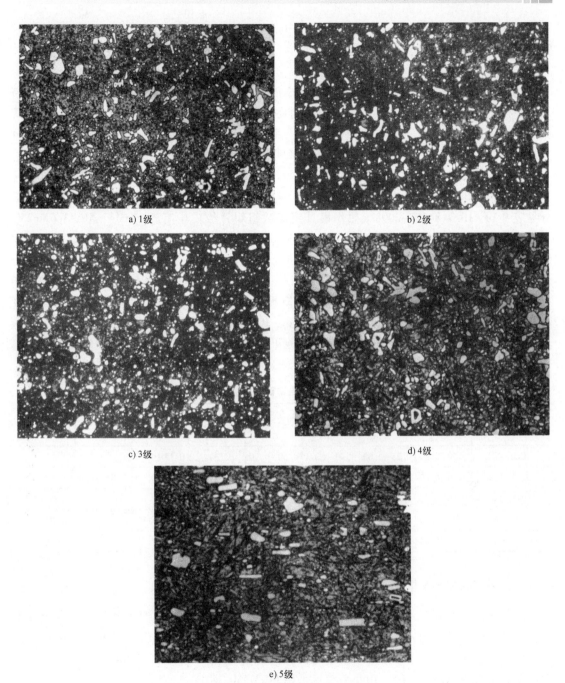

a) 1级　　　　　　　　　　b) 2级

c) 3级　　　　　　　　　　d) 4级

e) 5级

图 9-15　马氏体级别评级图　500×

表 9-13　各级别马氏体针叶最大长度

马氏体级别/级	显微组织特征	马氏体针最大长度/mm
1	隐针马氏体+残留奥氏体+碳化物	0.003
2	细针马氏体+残留奥氏体+碳化物	0.006
3	针状马氏体+残留奥氏体+碳化物	0.010
4	较大粗针状马氏体+残留奥氏体+碳化物	0.014
5	粗大针状马氏体+残留奥氏体+碳化物	0.018

9.4 热作模具钢金相检验

热作模具钢主要用于制作在高温状态下金属进行成形的模具，如热锻模、热镦模、热挤压模、压铸模及高速成形模等。热作模具材料按所含合金元素总量，可分为低合金热作模具钢、中合金热作模具钢及高合金热作模具钢。根据模具钢的性能特点，又可把热作模具钢分为高韧性热作模具钢、高热强性热作模具钢和强韧兼备热作模具钢。

在 GB/T 1299—2014《工模具钢》中，新增了 10 个热作模具钢牌号，现有 22 个牌号。典型牌号有 5CrNiMo、5CrMnMo、3Cr2W8V、4Cr5MoSiV 和 4Cr5MoSiV1（H13），其化学成分见表 9-14。JB/T 8420—2008《热作模具钢显微组织评级》中有 5CrNiMo、5Cr4W5Mo2V、3Cr2W8V、3Cr2Mo3W2V、4Cr5MoSiV 和 4Cr3Mo2NiVNbB 6 个钢的马氏体评级图，每一种评级图根据组织特征和马氏体针最大长度分为 6 个级别，通过对照标准中的金相检验图片进行评定。马氏体均以金相比较法进行评定，检查不得少于 3 个视场，取其马氏体针最长的视场对照相应钢种的评级图进行评定。通常热作模具钢的马氏体针级别以 2~4 级为宜，晶粒度级别以 7~10 级为宜。本节主要介绍 5CrNiMo、3Cr2W8V 和 4Cr5MoSiV1 这 3 种典型热作模具钢的金相检验，其他热作模具钢的金相检验可根据参照 JB/T 8420—2008 中的相应评级图进行。

表 9-14　典型热作模具钢化学成分

牌号	化学成分（质量分数，%）							
	C	Si	Mn	Cr	W	Mo	Ni	V
5CrMnMo	0.50~0.60	0.25~0.60	1.20~1.60	0.60~0.90	—	0.15~0.30	—	—
5CrNiMo	0.50~0.60	≤0.40	0.50~0.80	0.50~0.80	—	0.15~0.30	1.40~1.80	—
3Cr2W8V	0.30~0.40	≤0.40	≤0.40	2.20~2.70	7.50~9.00	—	—	0.20~0.50
4Cr5MoSiV	0.33~0.43	0.80~1.20	0.20~0.50	4.75~5.50	—	1.10~1.60	—	0.30~0.60
4Cr5MoSiV1	0.32~0.45	0.80~1.20	0.20~0.50	4.75~5.50	—	1.10~1.75	—	0.80~1.20

9.4.1 高韧性热作模具钢金相检验

5CrNiMo 钢和 5CrMnMo 钢应用已久，为成熟的低合金亚共析热锻模具钢，具有较好的淬透性。例如，5CrNiMo 钢 300mm×400mm×300mm 模块经淬火、回火后，截面各部位硬度几乎相同，有良好的韧性，常用来制造边长 400mm 以下、400℃左右工作条件的锻模。一般大中型模具采用 5CrNiMo 钢，中小型模具采用 5CrMnMo 钢。

1. 高韧性热作模具钢的热处理

5CrNiMo 钢和 5CrMnMo 钢热处理主要包括锻后退火和最终淬火、回火热处理，其热处理工艺基本相同，现以 5CrNiMo 钢为例进行说明。

（1）锻后退火　5CrNiMo 钢的临界点温度与退火工艺分别见表 9-15 和表 9-16。5CrNiMo 钢钢坯锻造后空冷，由于冷却速度较大，使先共析铁素体自奥氏体中析出受到抑制，易得到全部珠光体伪共析组织。此时钢坯硬度大，不易切削加工。为此，5CrNiMo 钢钢坯锻造后必须进行退火处理。图 9-16 所示为 5CrNiMo 钢锻造后空冷和 800℃×4h 退火组织。

表 9-15　5CrNiMo 钢的临界点温度

临界点	Ac_1	Ac_3	Ar_1	Ar_{cm}	Ms
温度/℃	730	780	610	640	230

表 9-16　5CrNiMo 钢的退火工艺

名称	装炉方式	加热温度/℃	保温时间/h	等温温度/℃	保温时间/h	冷却方式
棒料退火	低于 500℃ 入炉升温	760~780	2+Dmin/mm	—	—	随炉冷却至低于 500℃ 出炉空冷（硬度为 194~241HBW）
锻坯等温退火	低于 500℃ 入炉升温	720~740	1+Dmin/mm	680±10	2+Dmin/mm	随炉冷却至低于 500℃ 出炉空冷（硬度为 194~241HBW）

注：1. D 为工件有效尺寸（mm）。
　　2. 退火组织为片状珠光体及块状铁素体。

a) 锻造后空冷组织　　　　　　　　　　　　b) 锻造后800℃×4h退火组织

图 9-16　5CrNiMo 钢锻造后空冷和 800℃×4h 退火组织

（2）预防白点退火　5CrMnMo 钢和 5CrNiMo 钢有形成白点的倾向。为防止白点的产生，对于小型锻件，锻造后应缓慢冷至 150~200℃ 后空冷；对于大型锻件，锻造后必须在 600~650℃ 保温，然后缓冷至 150~200℃ 出炉空冷。

（3）淬火　5CrNiMo 钢正常淬火温度应为 830~860℃。由于该钢具有很高的淬透性，因此淬火冷却介质可采用油或低温硝盐。为了减少淬火应力和变形，工件（模具）加热后应预冷到 750~780℃ 后再淬火；淬入油中后应在 150~200℃ 时出油，以防止模具内存在大的内应力而引起开裂；出油后应立即回火，不允许冷到室温再回火，以防止模具开裂。

如选择淬火温度上限淬火，合金元素在钢中得到充分溶解，这样模具在淬火、回火后就能获得良好的综合力学性能，显著地提高使用寿命。但是，并非所有模具都能选择高的淬火温度，应视模具的尺寸而定。一般来说，大型锻模虽然经过锻造，但其组织均匀性肯定不如小型模具好，为了保证大型锻模在淬火时合金元素得到充分溶解，此时就应该选用较高的淬火温度。

图 9-17 所示为 5CrNiMo 钢 840℃ 加热保温后油冷淬火组织。其组织为针状马氏体及极少量残留奥氏体，硬度为 60~62HRC。5CrNiMo 钢的奥氏体连续冷却转变图如图 9-18 所示。在

连续冷却中过冷奥氏体的珠光体与贝氏体转变区分开，而且贝氏体孕育期明显小于珠光体孕育期，因此在连续冷却过程中模具的心部容易出现上贝氏体组织，产生脆性。

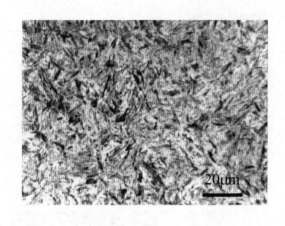

图 9-17 5CrNiMo 钢淬火组织

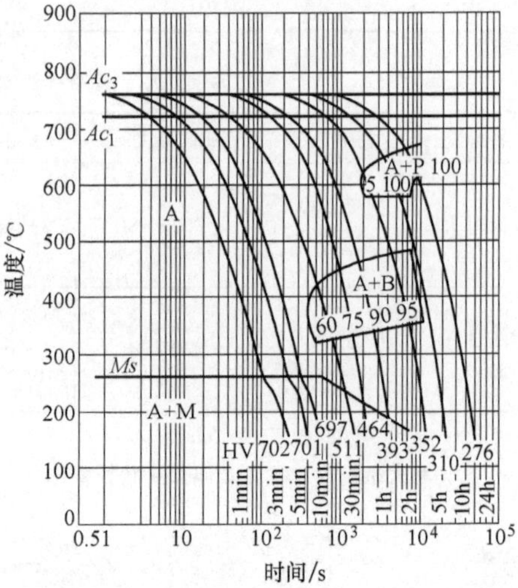

图 9-18 5CrNiMo 钢的奥氏体连续冷却转变图

（4）回火 根据热锻模的尺寸和工作条件的不同，应采取不同温度的回火以达到消除淬火应力、稳定组织与尺寸的目的。一般应根据由于热锻模的尺寸，选择工作面硬度，然后选择回火温度。热锻模燕尾部分是直接与锻锤锤杆连接的，在生产中，燕尾部分常因硬度太高而发生脆性断裂，故对燕尾部分可以提高回火温度，以提高其韧性。按锻模尺寸不同，工作面部分和锻模燕尾部分的回火温度和硬度值要求见表 9-17。5CrNiMo 钢锻模经 840℃ 加热后油冷淬火，200~250℃ 出油后立即置于 250℃ 炉中保温，而后升温至 460℃ 回火 2h 的工作面组织为均匀而细小的回火托氏体，如图 9-19 所示。

表 9-17 不同尺寸锻模回火温度与硬度值

锻模尺寸/mm	工作面		燕尾部分	
	回火温度/℃	硬度 HV	回火温度/℃	硬度 HV
小型锻模<250	450~500	444~387	580~610	364~321
中型锻模 250~400	500~540	415~369	580~610	340~302
大型锻模>400	540~580	364~321	650~680	302~255

2. 原始组织与退火组织

高韧性热作模具钢原始组织检验是指带状组织、中心疏松、一般疏松和偏析等检验，可参考 GB/T 1299—2014《工模具钢》进行，参见第 4 章 4.1 节。普通退火组织为片状珠光体及块状铁素体，等温退火组织为细粒状珠光体。

3. 淬火组织

高韧性热作模具钢淬火组织检验包括马氏体级别和晶粒度检验。淬火马氏体级

图 9-19 5CrNiMo 钢锻模淬火、回火后的工作面组织

别参照 JB/T 8420—2008《热作模具钢显微组织评级》进行评级，对其显微组织特征及马氏体针的最大长度，在放大 500 倍的显微镜下进行检验，通常马氏体针长 ≤ 4 级。高韧性热作模具钢马氏体评级图如图 9-20 所示。热作模具钢显微组织特征及马氏体针最大长度见表 9-18。高韧性热作模具钢晶粒度通常要求以 7~10 级为宜，晶粒度评级方法参见第 2 章。

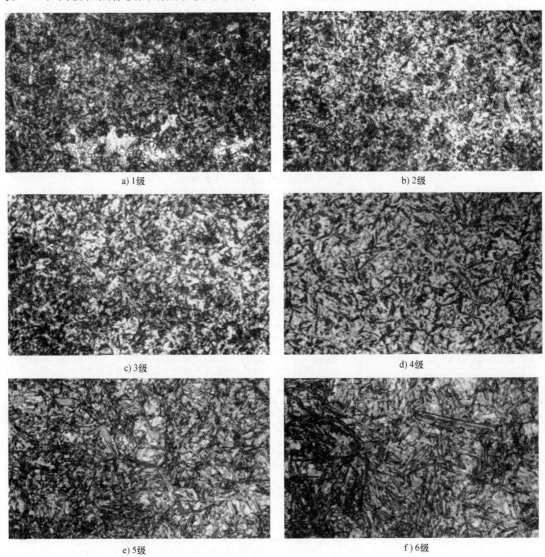

a) 1级　　　　　　　　　　　b) 2级

c) 3级　　　　　　　　　　　d) 4级

e) 5级　　　　　　　　　　　f) 6级

图 9-20　高韧性热作模具钢马氏体评级图　500×

表 9-18　热作模具钢显微组织特征及马氏体针最大长度

牌号（适用牌号）	马氏体级别/级	显微组织特征	马氏体针最大长度/mm
5CrNiMo（5CrMnMo、5CrMnMoSiV、5CrNiMoV、4SiMnMoV、5Cr2NiMoV）	1	马氏体+细珠光体+铁素体	0.006
	2	隐针马氏体+极少量残留奥氏体	0.008
	3	细针马氏体+少量残留奥氏体	0.014
	4	针状马氏体+残留奥氏体	0.018

（续）

牌号（适用牌号）	马氏体级别/级	显微组织特征	马氏体针最大长度/mm
5CrNiMo（5CrMnMo、5CrMnMoSiV、5CrNiMoV、4SiMnMoV、5Cr2NiMoV）	5	较粗大针状马氏体+较多残留奥氏	0.024
	6	粗大针状马氏体+大量残留奥氏体	0.040
5Cr4W5Mo2V（5Cr4Mo3SiMnVAl）	1	马氏体+细珠光体+少量碳化物	0.003
	2	隐针马氏体+极少量残留奥氏体+碳化物	0.004
	3	细针马氏体+少量残留奥氏体+碳化物	0.010
	4	针状马氏体+残留奥氏体+碳化物	0.016
	5	较粗大针状马氏体+较多残留奥氏体+碳化物	0.030
	6	粗大针状马氏体+大量残留奥氏体+碳化物	0.036
3Cr2W8V	1	马氏体+细珠光体+少量碳化物	0.003
	2	隐针马氏体+极少量残留奥氏体+碳化物	0.004
	3	细针马氏体+少量残留奥氏体+碳化物	0.010
	4	针状马氏体+残留奥氏体+碳化物	0.016
	5	较粗大针状马氏体+较多残留奥氏体+碳化物	0.030
	6	粗大针状马氏体+大量残留奥氏体+碳化物	0.036
4Cr3Mo3W2V（4Cr3Mo3VSi、4Cr3Mo3V、4Cr3Mo2MnVB）	1	马氏体+细珠光体+少量碳化物	0.003
	2	隐针马氏体+极少量残留奥氏体+少量碳化物	0.004
	3	细针马氏体+少量残留奥氏体+少量碳化物	0.010
	4	针状马氏体+残留奥氏体+少量碳化物	0.016
	5	较粗大针状马氏体+较多残留奥氏体+极少量碳化物	0.030
	6	粗大针状马氏体+大量残留奥氏体+极少量碳化物	0.036
4Cr5MoSiV（4Cr5Mo2MnVSi、4Cr5MoSiV、4Cr5W2VSi、4Cr5WMoVSi）	1	马氏体+上贝氏体	0.003
	2	隐针马氏体+极少量残奥氏体	0.004
	3	细针马氏体+少量残留奥氏体	0.010
	4	针状马氏体+残留奥氏体	0.016
	5	较粗大针状马氏体+较多残留奥氏体	0.030
	6	粗大针状马氏体+大量残留奥氏体	0.036
4Cr3Mo2NiVNbB（4Cr3Mo3W4VNb、4Cr3Mo2MnVNbB、4Cr3Mo2MnWV）	1	马氏体+细珠光体+针状铁素体+少量碳化物	0.003
	2	隐针马氏体+极少量残留奥氏体+碳化物	0.004
	3	细针马氏体+少量残留奥氏体+碳化物	0.010
	4	针状马氏体+残留奥氏体+碳化物	0.016
	5	较粗大针状马氏体+较多残留奥氏体+碳化物	0.030
	6	粗大针状马氏体+大量残留奥氏体+碳化物	0.036

9.4.2　高热强性热作模具钢金相检验

在 GB/T 1299—2014《工模具钢》中，最典型的高热强性热作模具钢是 3Cr2W8V，属钨系高热强性热作模具钢，当模具截面≤80mm 时均能淬透。该钢化学成分与 W18Cr4V1 钢淬火基体成分相似，所以也称为基体钢。3Cr2W8V 钢含有较多的碳化物形成元素，属于过共析钢，在回火中具有二次硬化效应，因而有较高的高温强度、硬度和热稳定性，具有很高的回火稳定性，常用来制作工作温度达 650~700℃ 的热作模具。由于该钢含有较多的合金元素，韧性和抗急冷急热的热疲劳能力较差，易使模腔产生龟裂和导致早期脆断失效，所以适宜制作工作温度较高，但冲击载荷较小和不剧烈冷却的中小机锻模、铝铜压铸模、挤压模等。

1. 3Cr2W8V 钢的热处理

（1）退火　3Cr2W8V 钢的临界点温度与退火工艺分别见表 9-19 和表 9-20。3Cr2W8V 钢坯锻造后空冷，由于冷却速度较大和合金元素偏多，此时钢坯硬度大，组织不均匀，不易切削加工。为此，对 3Cr2W8V 锻造钢坯一般均应进行不完全退火，为最终热处理做组织准备。图 9-21 所示为 3Cr2W8V 钢锻造后 850℃×4h 退火的组织，组织为细索氏体基体上分布均匀颗粒状二次碳化物。

表 9-19　3Cr2W8V 钢的临界点温度

临界点	Ac_1	Ac_3	Ar_1	Ar_3	Ms
温度/℃	800	850	690	750	380

表 9-20　3Cr2W8V 钢退火工艺

名称	装炉方式	加热温度/℃	保温时间/h	等温温度/℃	保温时间/h	冷却方式
棒料退火	低于 500℃ 入炉升温	840~860	2+Dmin/mm	—	—	随炉冷却至低于 500℃ 出炉空冷（硬度为 207~255HBW）
锻坯等温退火	低于 500℃ 入炉升温	830~850	1+Dmin/mm	730±10	2+Dmin/mm	随炉冷却至低于 500℃ 出炉空冷（硬度为 207~255HBW）

注：D 为工件有效尺寸（mm）。

（2）淬火和回火　根据 3Cr2W8V 钢奥氏体等温转变图（见图 9-22），为减少变形和提高强韧性配合，在生产中该钢常采用等温淬火工艺。3Cr2W8V 钢 1080℃ 加热后于 350℃ 碱硝停留 4min 后空冷（等温淬火）的组织如图 9-23 所示。淬火组织为贝氏体＋马氏体＋未溶粒状碳化物及少量残留奥氏体，硬度为 49HRC。此工艺可部分得到具有良好综合力学性能的下贝氏体组织。采用表 9-21 中的常规淬火工艺，得到的组织为隐晶马氏体＋细针马氏体＋残留奥氏体＋未溶粒状碳化物。此工艺可部分得到具有良好综合力学性能的下贝氏体组织，为压铸模常用工艺。

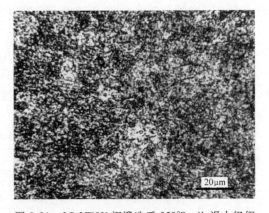

图 9-21　3Cr2W8V 钢锻造后 850℃×4h 退火组织

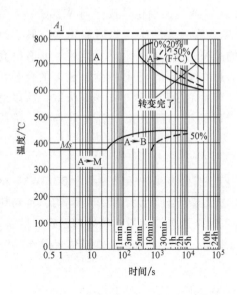

图 9-22 3Cr2W8V 钢奥氏体等温转变图
注：奥氏体化温度为 1120℃。

图 9-23 3Cr2W8V 钢等温淬火组织

表 9-21 3Cr2W8V 钢的常规淬火工艺

第 1 次预热	第 2 次预热	淬火温度/℃	保温时间/(s/mm)	冷却介质	硬度 HRC
箱式炉加热温度：550℃，保温时间：30min+Dmin/mm	盐浴炉加热时间：850℃，保温时间：10min+0.5Dmin/mm	1050~1100	(20~25)D	油	54~57

注：D 为工件有效尺寸（mm）。

3Cr2W8V 钢采用等温淬火工艺后，一般选择较低的回火温度进行回火，如选择 360℃左右进行回火。因为若选择高温回火，易沿原奥氏体晶界析出碳化物，使模具的韧性下降。3Cr2W8V 钢采用常规淬火工艺后，通常采用两次或多次高温回火，回火温度为 560~620℃。在该温度范围回火，析出细小的碳化物，产生二次硬化现象。表 9-22 为 3Cr2W8V 钢 1050℃加热淬火后经不同回火温度的硬度与组织。3Cr2W8V（H21）钢加热至 1200℃油冷淬火，在 595℃回火两次的组织为回火马氏体+一次未熔碳化物，如图 9-24 所示，其硬度为 53.5HRC。

图 9-24 3Cr2W8V（H21）钢油冷淬火+
回火两次组织

表 9-22 3Cr2W8V 钢 1050℃淬火后经不同回火温度的硬度和组织

回火温度/℃	400	550	600	650	700
硬度 HRC	50	46	48	40	30
组织	回火马氏体+少量粒状碳化物	回火马氏体+粒状碳化物	回火马氏体+粒状碳化物	回火托氏体+粒状碳化物	回火索氏体+粒状碳化物

2. 原始组织与退火组织

3Cr2W8V 钢原始组织检验包括带状组织、中心疏松、一般疏松和偏析、共晶碳化物和网状碳化物等检验，可参考 GB/T 1299—2014《工模具钢》进行，参见第 4 章 4.1 节。普通退火组织为细索氏体基体上分布着均匀的颗粒状碳化物，等温退火组织为细粒状珠光体+颗粒状碳化物。

3. 淬火组织

3Cr2W8V 钢淬火组织检验包括马氏体级别和晶粒度检验。淬火马氏体级别参照 JB/T 8420—2008《热作模具钢显微组织评级》进行评级，对其显微组织特征及马氏体针的最大长度，在放大 500 倍的显微镜下进行检验，通常马氏体针长≤4 级。3Cr2W8V 钢马氏体评级图如图 9-25 所示。热作模具钢显微组织特征及马氏体针最大长度见表 9-20。高热强性热作模具钢晶粒度通常要求以 7~10 级为宜，晶粒度评级方法参见第 2 章。

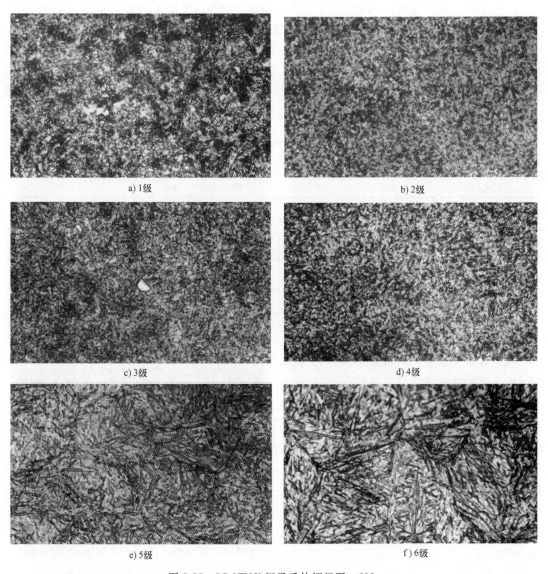

a) 1级　　　　　　　　　　　　b) 2级

c) 3级　　　　　　　　　　　　d) 4级

e) 5级　　　　　　　　　　　　f) 6级

图 9-25　3Cr2W8V 钢马氏体评级图　500×

9.4.3 强韧兼备热作模具钢金相检验

强韧兼备5Cr系热作模具钢属（过）共析钢，在GB/T 1299—2014《工模具钢》中有4Cr5MoSiV1（H13）和4Cr5MoSiV牌号。4Cr5MoSiV1钢和4Cr5MoSiV是空冷硬化热作模具钢，具有较高的热强性，在600~650℃的抗拉强度、高温硬度、冲击韧性、热稳定性等均较好。其合金元素含量较3Cr2W8V钢低，因此易切削性和锻造性能均优于3Cr2W8V钢。与3Cr2W8V钢相比，其空淬温度较低，淬火变形小，厚度小于或等于150mm的模具油冷淬火时硬度均匀，在600℃以下服役，有较高的强韧性和抗热疲劳性能，但在600℃以上情况下服役时，其热强性比3Cr2W8V钢低。这种钢的综合性能良好，被广泛用于制作中型锤锻模、中小机锻模、热挤压模，以及铝、镁合金压铸模。

1. 5Cr系热作模具钢的热处理

（1）退火 4Cr5MoSiV1钢的临界点温度与退火工艺分别见表9-23和表9-24。4Cr5MoSiV1钢坯锻造后空冷，由于冷却速度较大和合金元素偏多，此时钢坯可获得部分马氏体，不易切削加工，应进行退火。经860~890℃锻造后退火，得到球状珠光体和少量碳化物，降低材料的硬度，改善切削加工性，并为淬火做组织准备。4Cr5MoSiV1钢锻造后880℃保温2~4h降温到750℃保温4~6h，随炉冷却<500℃出炉后的球化退火组织为细点状和小球珠光体，如图9-26所示。

表 9-23　4Cr5MoSiV1钢的临界点温度

临界点	Ac_1	Ac_3	Ar_1	Ar_3	Ms	Mf
温度/℃	860	915	775	815	340	215

表 9-24　4Cr5MoSiV1钢的退火工艺

名称	装炉方式	加热温度/℃	保温时间/h	等温温度/℃	保温时间/h	冷却方式
去应力退火	低于500℃入炉升温	730~760	$2+D\min/mm$	—	—	随炉冷却至低于500℃出炉空冷（硬度≤229HBW）
锻坯等温退火	低于500℃入炉升温	860~890	$1+D\min/mm$	730±10	$2+D\min/mm$	随炉冷却至低于500℃出炉空冷（硬度≤229HBW）

注：D为工件有效尺寸（mm）。

（2）淬火和回火 根据4Cr5MoSiV1钢奥氏体连续冷却转变图（见图9-27），当淬火冷却速度为20℃/s到15℃/min之间时，均得到马氏体组织；当淬火冷却速度为100℃/h时，得到贝氏体+马氏体+残留奥氏体组织。4Cr5MoSiV1钢在生产中常采用油冷淬火工艺。对要求热硬性为主的模具采用1050~1080℃淬火，硬度为54~57HRC；对要求韧性高的模具采用1020~1050℃淬火，硬度为53~56HRC。

4Cr5MoSiV1钢采用常规淬火工艺后，通

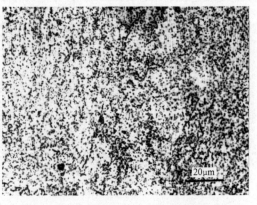

图 9-26　4Cr5MoSiV1钢的球化退火组织

常采用两次或多次回火，回火温度为 550~620℃。在该温度范围回火，析出细小碳化物，产生二次硬化现象。4Cr5MoSiV1（H13）钢 1025℃加热空冷淬火，595℃二次回火，硬度为 42HRC，组织为回火马氏体+少量细小未熔碳化物，如图 9-28 所示。

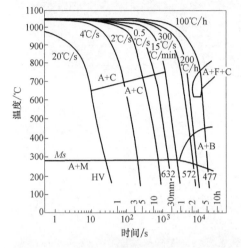

图 9-27　4Cr5MoSiV1 钢奥氏体连续冷却转变图

图 9-28　4Cr5MoSiV1 钢 1025℃淬火+
595℃二次回火组织

采用表 9-25 中的常规淬火工艺，得到的组织为隐晶马氏体+细针马氏体+残留奥氏体+未溶粒状碳化物。用下限温度淬火，马氏体的针细小，基体中残留奥氏体数量较少，在一般放大倍数下不易察觉到；用上限温度淬火，随碳化物溶解增多，马氏体的针变粗，基体中残留奥氏体数量增多。

表 9-25　4Cr5MoSiV1 钢淬火工艺

第 1 次预热	第 2 次预热	淬火温度/℃	保温时间/(s/mm)	冷却介质	硬度 HRC
箱式炉加热温度：550℃，保温时间：30min+Dmin/mm	盐浴炉加热时间：850℃，保温时间：10min+0.5Dmin/mm	1020~1080	20~25D	油	54~57

注：D 为工件有效尺寸（mm）。

2. 原始组织与退火组织

4Cr5MoSiV1 钢原始组织检验包括带状组织、中心疏松、一般疏松和偏析、共晶碳化物和网状碳化物等检验，可参考 GB/T 1299—2014《工模具钢》进行，参见第 4 章 4.1 节。普通退火组织为细索氏体基体上分布着颗粒均匀的碳化物，等温退火组织为细粒状珠光体+颗粒状碳化物。

3. 淬火组织

4Cr5MoSiV1 钢淬火组织检验包括马氏体级别和晶粒度检验。淬火马氏体级别参照 JB/T 8420—2008《热作模具钢显微组织评级》进行评级，对其显微组织特征及马氏体针的最大长度，在放大 500 倍的显微镜下进行检验，通常要求马氏体针长≤4 级。4Cr5MoSiV1 钢马氏体评级图如图 9-29 所示。热作模具钢显微组织特征及马氏体针最大长度见表 9-20。强韧兼备热作模具钢晶粒度通常要求以 8~10 级为宜，晶粒度评级方法参见第 2 章。

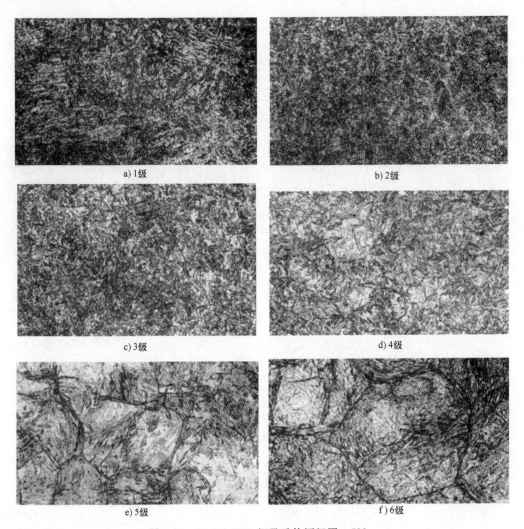

图 9-29 4Cr5MoSiV1 钢马氏体评级图 500×

9.5 高速工具钢金相检验

高速工具钢可将切削速度提高到 50m/min 以上，以能进行高速切削而得名。由于具有硬质合金等超硬工具材料所不能比拟的强韧性及优良的可加工性，同时，高速工具钢比超硬材料成本低廉，比非合金工具钢、低合金钢、高铬模具钢具有更优良的热硬性及耐磨性，因此被广泛用于制造高速切削刀具，如钻头、车刀、铣刀等，此外约有 15% 的高速工具钢被用于制作冷挤压模具及冷镦模具。

9.5.1 高速工具钢的化学成分与热处理

1. 高速工具钢的化学成分

根据 GB/T 9943—2008《高速工具钢》，高速工具钢共有 19 个牌号，分为 W 系高速工具钢和 W-Mo 系高速工具钢两个系列。其中 W18Cr4V 和 W12Cr4V5Co5 为 W 系高速工具钢，其余牌号为 W-Mo 系高速工具钢，以 W6Mo5Cr4V2 为代表。我国最常用的高速工具钢牌号有 W18Cr4V、W6Mo5Cr4V2 和 W9Mo3Cr4V，在国内市场所占有的份额分别为 16.5%、69% 和 11%。在 GB/T 9943—2008 中，对部分牌号的化学成分进行了调整，常用的高速工具钢的主要化学成分见表 9-26。

表 9-26　我国常用高速工具钢的主要化学成分

牌号	主要化学成分(质量分数,%)				
	C	W	Cr	Mo	V
W18Cr4V	0.73~0.83	17.2~18.70	3.80~4.50	—	1.00~1.20
W6Mo5Cr4V2	0.80~0.90	5.50~6.75	3.80~4.40	4.50~5.50	1.75~2.20
W9Mo3Cr4V	0.77~0.87	8.50~9.50	3.80~4.40	2.70~3.30	1.30~1.70

高速工具钢的化学成分主要有 C、W、Cr、V、Mo、Co、Al 等，由于含合金元素量较多，所以热处理时具有高的淬透性，热处理后能获得热硬性。高速工具钢的化学成分特点决定了它是莱氏体钢，组织中存在大量的共晶碳化物，淬火状态碳化物的体积分数占 13%~20%。

W 系高速工具钢中的大量 W 是提高高速工具钢热硬性的主要元素，也是强碳化物形成元素，能形成多种碳化物。淬火加热时，部分 W 的碳化物不易溶解，从而对晶粒长大起阻碍作用，使钢加热至 1280℃，仍然保持细小晶粒。该类钢淬火温度范围较宽，不易过热，回火过程中，析出钨的碳化物，弥散分布于马氏体基体上，与钒的碳化物一起造成钢的二次硬化效应。W 系高速钢的缺点是碳化物不均匀度较为严重，热塑性差，同时它的合金元素含量较高，所以不够经济。因此，近年来国内外已对 W 系高速工具钢的使用大幅度降低，取而代之的是 W-Mo 系高速工具钢的大量采用。

W-Mo 系高速工具钢中的 Mo 在钢中的作用与 W 相似，是提高 W-Mo 系高速工具钢的热硬性和强度，造成二次硬化的主要元素。按质量分数计算，1% 的 Mo 约可代替 2% 的 W，因此价格相对较低。钢中的 Mo 能降低高速工具钢结晶时包晶转变温度，从而使铸态组织中莱氏体比 W 系高速工具钢细小。在相同条件下，经锻造后碳化物不均匀度比 W 系高速工具钢小一级，同时其密度比 W 系高速工具钢低 6%。

几乎所有高速工具钢中铬的质量分数约为 4%，它是提高高速工具钢淬透性的主要元素；高速工具钢中的 V 是造成高速工具钢热硬性的主要元素之一，在回火过程中，VC 以细小质点弥散析出，产生二次硬化效果。由于 VC 具有较高的硬度和耐磨性，所以钢的可磨削性能差，如制造精密刀具其表面粗糙度将受影响。因此，高 V 高速工具钢一般只用于制造形状简单的刀具。Co 是非碳化物形成元素，在高速工具钢中绝大部分溶入固溶体中，增加其合金度并提高热硬性。Co 使钢在回火过程中析出弥散度较大的碳化物，提高了回火后的硬度。含 Co 高速工具钢的硬度可达 68~70HRC，被称为超硬高速钢，切削能力及热硬性大大提高，适合制造加工硬材料、高强度、高韧性材料和在冷却条件不良情况下加工的切削刀具。

2. 高速工具钢的热处理

在最常用的高速工具钢牌号中，W18Cr4V 钢和 W6Mo5Cr4V2 钢的用量最大，下面以 W18Cr4V 和 W6Mo5Cr4V2 钢为例说明高速工具钢热处理。W18Cr4V 钢和 W6Mo5Cr4V2 钢的热处理主要包括锻后球化退火和最终淬回火，高速工具钢常规球化退火工艺和淬火、回火工艺分别见表 9-27 和表 9-28。

表 9-27　高速工具钢常规球化退火工艺

牌号	升温	加热温度/℃	保温时间/h	冷却工艺	退火硬度 HBW
W18Cr4V	缓慢	860~880	2~4	炉冷至 740~760℃，保温 4~6h，再炉冷至 500~600℃，出炉空冷	≤255
W6Mo5Cr4V2		840~860	2~4		

表 9-28　高速工具钢常规淬火、回火工艺

牌号	预热		淬火加热			淬火冷却介质	回火制度	硬度 HRC
	温度/℃	时间/(s/mm)	介质	温度/℃	时间/(s/mm)			
W18Cr4V	850	24D	中性盐浴	1260~1300	12~15D	油	560℃ 回火 3 次，每次 1h，空冷	≥62
				1200~1240（冷作模具）	12~20D			≥62
W6Mo5Cr4V2				1200~1220（薄刃刀具）	12~15D			≥62
				1230（复杂刀具）				≥63
				1240（简单刀具）				≥64
				1150~1200（冷作模具）	20D			≥60

注：D 为工件有效尺寸（mm）。

9.5.2　铸态组织与退火组织检验

1. 铸态组织

高速工具钢属莱氏体钢类型，通常铸锭冷却较快，合金元素来不及扩散，一般得不到平衡组织，在包晶反应区包晶转变不完全，保留 δ 相析出细小的碳化物，成为"黑色组织"，它是马氏体与托氏体的混合组织。在 γ 相区未进行共析转变，成为以马氏体为主的"白色组织"。δ 相过冷与液相反应形成共晶莱氏体，形态为骨骼状。骨骼状莱氏体的粗细影响碳化物均匀度，较细小的莱氏体经锻轧、退火后可获得较均匀的碳化物。

2. 退火组织

高速工具钢退火状态的显微组织为索氏体和碳化物。经锻轧后，共晶碳化物呈带状和变形的网状分布。共晶碳化物严重不均匀，将降低高速工具钢的热塑性，热处理过程中易造成过热及开裂，大块碳化物附近碳含量较高，也容易造成过热，因此须对高速工具钢碳化物进行检验。

（1）共晶碳化物不均匀度　压力加工原材料的碳化物有时呈带状形态，有时呈变形网状形态。其不均匀度测定的取样通常是切取厚度 10~12mm 的横向试片，将其沿半径分割为扇形，经正常淬火后在 680~700℃ 回火 1~2h，然后沿锻轧方向磨制试样，在显微镜放大100 倍下观察距离钢材直径的 1/4 处，选取最严重部位进行评定。根据工件尺寸，具体取样部位请参考 GB/T 14979—1994。对共晶碳化物呈带状形态的，主要考虑碳化物带宽及碳化物的聚集程度；对共晶碳化物呈网状形态的，主要考虑碳化物网的变形、完整程度以及网上碳化物的堆积程度。原材料碳化物不均匀度级别与组织及说明见表 9-29。

表 9-29　原材料碳化物不均匀度级别与组织说明

碳化物不均匀度级别/级	组织说明
1	碳化物呈细小粒状均匀分布，无带状出现
2	碳化物呈带状，带的宽度为 1～2mm
3	碳化物呈明显带状，带的宽度为>2～4mm
4	碳化物呈较宽带状，带的宽度为>4～6mm
5	碳化物带宽>6～8mm 或碳化物网破碎，少量残余网状呈不明显分叉形式
6	碳化物带宽>8～11mm 或碳化物网破碎，部分残余网状呈明显分叉形式
7	碳化物带宽>11～16mm 或碳化物呈较完整变形网状，在网角处有堆积现象
8	碳化物带宽>16～23mm 或碳化物呈完整变形网状并有堆积现象

注：带状为聚集的碳化物长度大于宽度的 4 倍，相邻两带间距应超过其中宽带的 1/2 才为两条带。

图 9-30 所示为 W6Mo5Cr4V2（M2）钢不同直径棒材心部的碳化物偏析。由图 9-30 可以看到，在同样的条件下，高速工具钢棒材直径越大，偏析的程度也是越严重。

按 GB/T 9943—2008，高速工具钢共晶碳化物不均匀度检验引用 GB/T 14979—1994 的规定。按 GB/T 14979—1994 中第 1 级评级图和第 2 级评级图分别对尺寸不大于 120mm 的锻轧 W 系和 W-Mo 系高速工具钢共晶碳化物不均匀度进行评级；对于尺寸大于 120mm 的钢棒，W6Mo5Cr4V2 和 W9Mo3Cr4V 钢按第三级别图评定。标准评级图分带状及网状两个系列，每个系列各分 1～8 级。带状越宽，网状越完整，则级别越高，碳化物不均匀度合格级别应符合表 9-30 的规定。

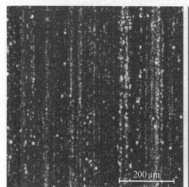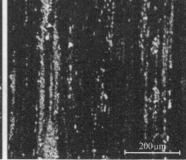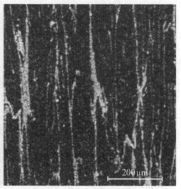

a) φ27mm　　　　b) φ67mm　　　　c) φ105mm

图 9-30　W6Mo5Cr4V2（M2）钢不同直径棒材心部的碳化物偏析

表 9-30　碳化物不均匀度合格级别

截面尺寸（直径、边长、厚度或对边距离）/mm	共晶碳化物不均匀度合格级别/级　≤
≤40	3
>40～60	4
>60～80	5
>80～100	6
>100～120	7
>120～160	6A、5B
>160～200	7A、6B
>200～250	8A、7B

实际生产中高速工具钢锻轧材不能直接加工刀具，必须按单件刀具尺寸进行反复镦锻，以改善钢的碳化物不均匀度，改善流线方向。经镦锻后，高速工具钢碳化物不均匀情况与供应状态不同，碳化物分布没有明显的规律。检验锻件碳化物分布的取样方法与原材料的也不同，一般按刀具的使用部分加以考虑，如齿轮滚刀取相当于成品齿根部位。对于要求严格的精密刀具，碳化物不均匀度级别≤3级；对于一般刀具，碳化物不均匀度级别≤4级；对于大型刀具，碳化物不均匀度级别≤5级。图9-31所示为高速工具钢锻件的碳化物不均匀度级别参考图。

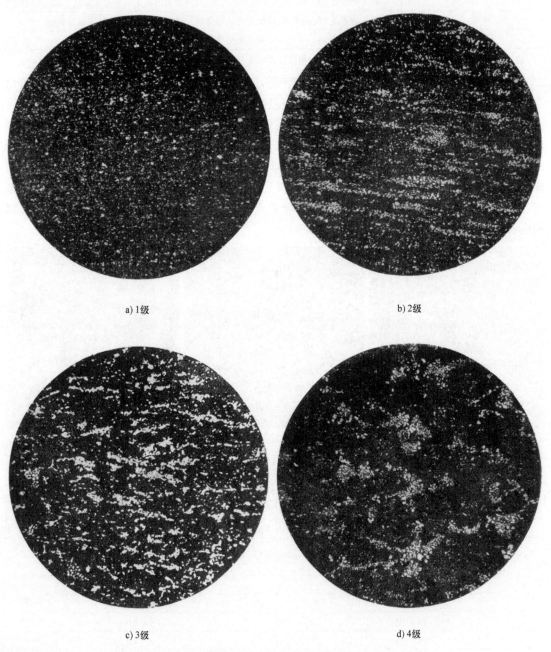

a) 1级　　　　　　　　　　　　　　　　　　　b) 2级

c) 3级　　　　　　　　　　　　　　　　　　　d) 4级

图9-31　高速工具钢锻件的碳化物不均匀度级别参考图　100×

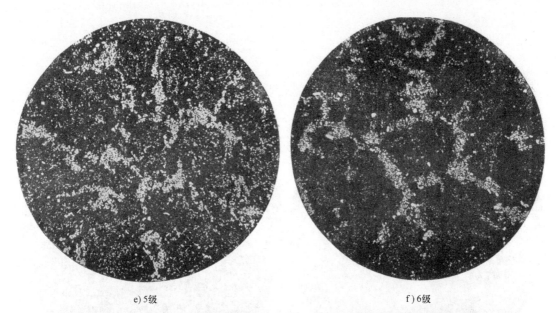

e) 5级　　　　　　　　　　　　　　　　　f) 6级

图 9-31　高速工具钢锻件的碳化物不均匀度级别参考图　100×（续）

（2）大块碳化物评级　GB/T 9943—2008 给出了高速工具钢大块碳化物评级图，该评级图适用于评定钨系高速工具钢热轧、锻制或冷拉条钢的大块角状碳化物及钨钼系高速工具钢的大颗粒碳化物。根据有关标准或供需双方协议，该评级图也可用于评定高速工具钢钢板、钢带等其他钢材的大块碳化物。

评级图分为钨系和钨钼系两类评级图，其中钨系高速工具钢大块角状碳化物评级图分为 A 列（分散系列）和 B 列（集中系列），各级别的大块角状碳化物分 1~4 级。图 9-32 所示为钨系高速工具钢大块碳化物级别的评级图，各级别大块碳化物最大尺寸见表 9-31。钨钼系

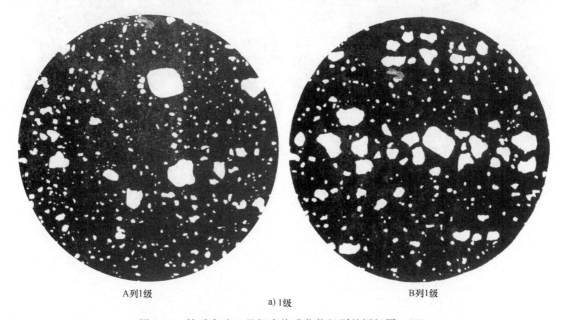

A列1级　　　　　　　　　　　　　　　　　B列1级

a) 1级

图 9-32　钨系高速工具钢大块碳化物级别的评级图　500×

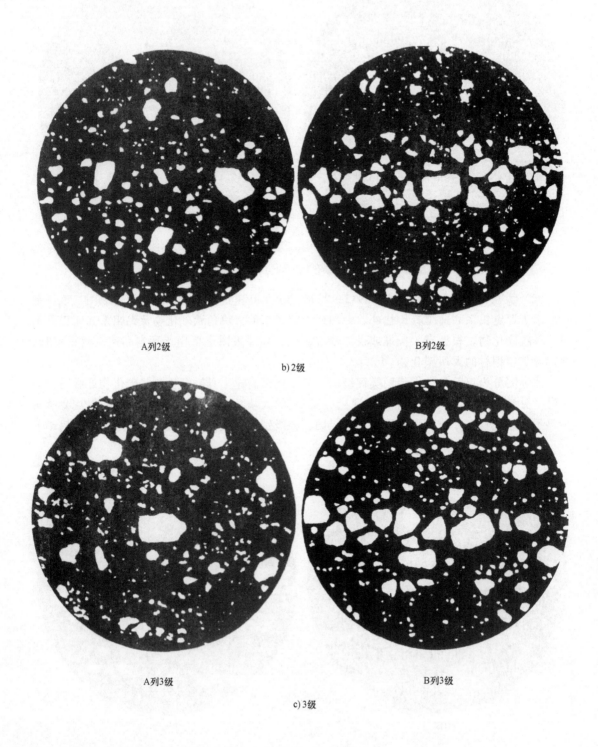

A列2级   B列2级

b) 2级

A列3级   B列3级

c) 3级

图 9-32 钨系高速工具钢大块碳化物级别的评级图 500×（续）

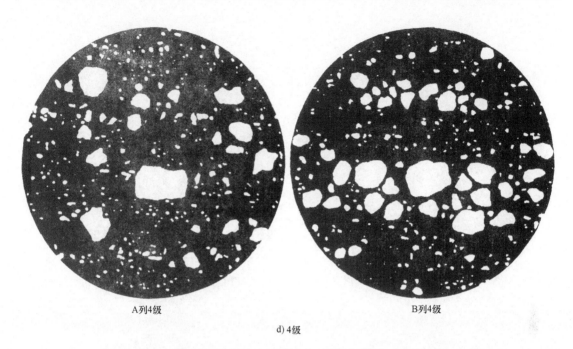

A列4级   B列4级

d) 4级

图 9-32 钨系高速工具钢大块碳化物级别的评级图 500×（续）

高速工具钢大块角状碳化物级别分 1~6 级。图 9-33 所示为钨钼系高速工具钢大块碳化物级别的评级图，各级别大块碳化物最大尺寸见表 9-32。

表 9-31 钨系高速工具钢各级别大块碳化物最大尺寸

级别/级		1	2	3	4
碳化物最大尺寸 /μm	A列（分散系列）	18	21	23	25
	B列（集中系列）	16	18	21	23

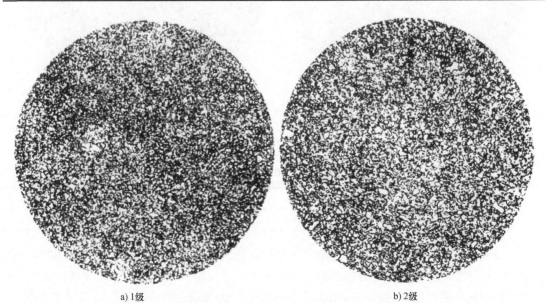

a) 1级   b) 2级

图 9-33 钨钼系高速工具钢大块碳化物级别的评级图 500×

c) 3级　　　　　　　　　　　　　　　　d) 4级

e) 5级　　　　　　　　　　　　　　　　f) 6级

图 9-33　钨钼系高速工具钢大块碳化物级别的评级图　500×（续）

表 9-32　钨钼系高速工具钢各级别大块碳化物最大尺寸

级别/级	1	2	3	4	5	6
碳化物最大尺寸/μm	—	6.1	8.3	12.5	15.6	22.1

　　对于钨系高速工具钢，检验大块角状碳化物应在试样直径或对角线的 1/4 处的纵向截面上进行。试样按相应标准规定的热处理工艺淬火后，于 680~700℃ 回火 1~2h。在放大 500 倍下，以视场中最严重处与图 9-32 评级图对比评定，大块碳化物合格级别应符合表 9-33 的规定。对于钨钼系高速工具钢，大块碳化物合格级别不大于 4 级。

表 9-33　大块碳化物合格级别

钢棒尺寸/mm	合格级别/级　≤	钢棒尺寸/mm	合格级别/级　≤
≤15	1	>80~120	4
>15~40	2	>120	双方协议
>40~80	3		

（3）脱碳层深度　脱碳层深度指铁素体+过渡层的总深度，剥皮及银亮钢材不允许有脱碳。退火组织要进行脱碳层深度测定，脱碳层深度从钢棒实际尺寸算起，应符合表 9-34 的规定。具体检验参见第 4 章 4.7 节。

表 9-34　脱碳层总脱碳层深度应符合的规定

分　类	脱碳层深度/mm　≤	
	钨系	钨钼系
热轧、锻制棒材,盘条	0.30+1%D	0.40+1.3%D
冷拉	1.0%D	1.3%D
银亮	无	无

注：D 为圆钢公称直径或方钢公称边长。热轧、锻制扁钢的脱碳层深度按其相同面积方钢的边长计算，扁钢脱碳层深度在宽面检查。W9Mo3Cr4V 钢的脱碳层深度为 0.35mm+1.1%D。

9.5.3　淬火、回火组织检验

1. 淬火组织

高速工具钢淬火后的组织为马氏体、碳化物及体积分数为 20%~30% 的残留奥氏体。马氏体为隐针状，浸蚀后难以显示，与残留奥氏体一起呈白色基体组织。W6Mo5Cr4V2（M2）高速工具钢 1120℃ 奥氏体化加热油冷，480℃ 两次回火后的组织为回火马氏体加残留奥氏体和未溶碳化物（见图 9-34），硬度为 62HRC。

随加热温度提高，晶粒长大，晶粒边界的碳化物溶解析出，会有网状组织及次生莱氏体出现；如淬火温度偏低，淬火加热不足，则高速工具钢淬火晶粒小，碳化物数量偏多，有时晶界难以看清。高速工具钢淬火晶粒度大小是检验热处理质量的重要标志，因为经回火后高速工具钢的组织为回火马氏体（黑色），晶界不易显现，

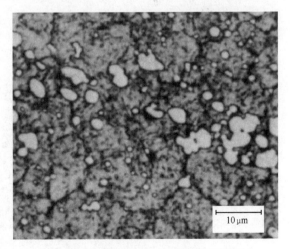

图 9-34　W6Mo5Cr4V2（M2）1120℃ 加热
油冷+480℃ 两次回火的组织

测定通常在放大 450 倍下，淬火后回火前进行。一般刀具晶粒度范围为 9~10 级；对于形状较为简单及硬度高的刀具，晶粒度范围为 8~10 级；对于微型刀具，晶粒度可为 10 级以上。晶粒度的具体测定方法参见第 2 章。图 9-35 所示为高速工具钢 7~11 级晶粒度参考图。

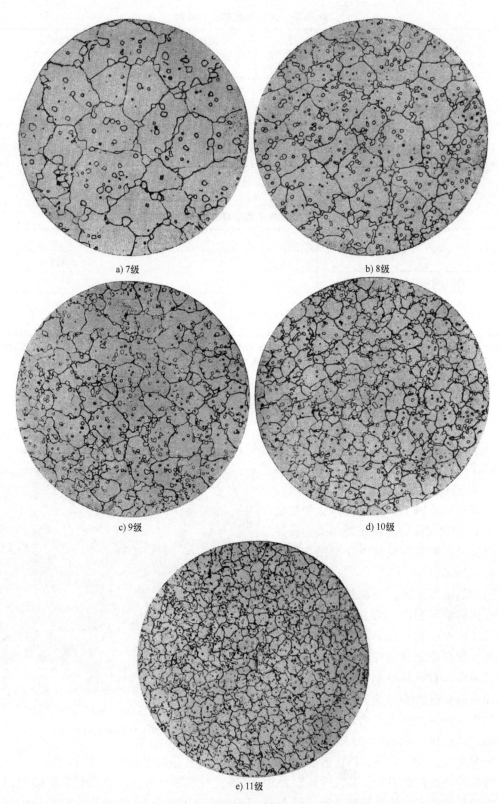

a) 7级

b) 8级

c) 9级

d) 10级

e) 11级

图 9-35 高速工具钢 7~11 级晶粒度参考图 450×

高速工具钢淬火后奥氏体晶粒大小除受加热温度影响外，也与试样的化学成分、原始组织、尺寸大小等因素有很大关系。例如，采用不同直径的材料同时进行淬火，其晶粒度就有很大差别。高速工具钢材料尺寸大，热压力加工的变形量较小，所以碳化物偏析较为严重。碳化物偏析附近化学成分往往不均匀，使淬火时晶粒容易长大且易出现不均匀现象，造成过热或过烧缺陷。因此，一般对于大规格高速工具钢材料制成的工具，其淬火温度应选择下限。

淬火的缺陷组织主要有特大晶粒和异常晶粒。特大晶粒又称萘状断口晶粒，打开的断口上表现为鱼鳞状的花斑。特大晶粒产生的主要原因是刀具经过重复的高温加热，中间未经退火。异常晶粒是在大晶粒中央有许多细晶粒，浸蚀后色泽较深，有点状析出物。异常晶粒产生的原因是原材料退火不完全，淬火加热时间过长等。淬火组织的过热或过烧在回火状态检验较为方便。

2. 回火组织

由于高速工具钢淬火后组织中有大量残留奥氏体，通常应进行三次回火。多次回火后，显微组织为回火马氏体加碳化物和残留奥氏体。高速工具钢回火组织检验包括：

（1）回火程度　高速工具钢正常的回火组织浸蚀后整个视场呈黑色回火马氏体加碳化物，一般观察不到原奥氏体晶粒，则说明是回火充分；如果回火组织中出现黑色回火马氏体不均匀或个别区域或碳化物堆集处有白色区域，则说明是回火不充分。回火不充分时，在有较大部分白色区存在的地方可观察到原奥氏体晶粒。图 9-36 所示为 W18Cr4V 钢回火不充分组织。

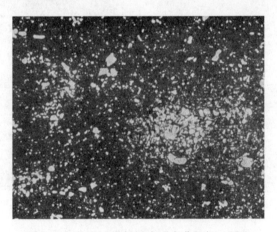

图 9-36　W18Cr4V 钢回火不充分组织　500×

（2）过热或过烧组织　淬火时，由于加热温度过高，晶粒边界的碳化物部分熔化，冷却时析出呈半网状或网状的碳化物，使钢的力学性能降低、脆性增大。淬火过热组织在回火后较容易检验。过热以晶粒边界碳化物的溶解程度和在冷却过程中析出网状程度来确定过热程度。此时部分碳化物变形、呈棱角状或呈网状。过烧时，出现铸态黑色组织及共晶莱氏体，使刀具严重变形和脆化。过烧与过热的主要区别是，过烧组织出现了莱氏体，莱氏体呈细小骨骼状存在于晶界上。采用 4%（体积分数）硝酸乙醇溶液浸蚀，在放大 500 倍下，对照图 9-37 所示高速工具钢过热组织级别参考图，对高速工具钢淬火过热组织进行检验。对于形状较为简单的刀具（如车刀、钻头等），为了使其具有高的热硬性，往往加热温度较高，故过热程度可至≤2 级，而其他刀具过热程度控制在≤1 级。

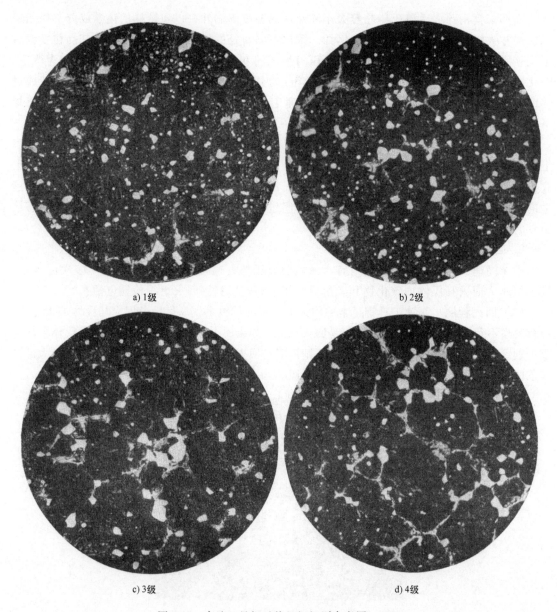

a) 1级

b) 2级

c) 3级

d) 4级

图 9-37　高速工具钢过热组织级别参考图　500×

9.6　工模具钢组织分析实例

9.6.1　优化工模具钢淬火工艺

1. W6Mo5Cr4V2（M2）钢淬火温度的确定

由于高速工具钢的化学成分波动和热处理前的组织状态不同，在实际生产中，往往根据高速工具钢的淬火晶粒度来确定淬火温度，晶粒度的变化在一定程度上能反映出淬火温度的变化。图 9-38 所示为 W6Mo5Cr4V2（M2）钢不同温度淬火后的组织。从图 9-38 可以看出，随淬火温度升高，晶粒尺寸逐渐长大，晶界变直、变粗，混晶程度加剧，晶粒内未溶解的碳化物颗粒数减少。根据图 9-38，采用比较法测得晶粒度和对钢的淬火、回火后硬度进行测定，列于表 9-37。由于用比较法评估晶粒度时一般存在 ±0.5 级的偏差，评估值的重现性与再现性通常为 ±1 级。对照表 9-35 和图 9-38，可以看到，虽然淬火温度 1180℃ 与 1220℃ 相差达 40℃，硬度相差 1.2HRC，晶粒度只相差 1 级，但碳化物的溶解程度差异非常明显。因此，淬火温度的确定，不仅要根据晶粒度尺寸，还要考虑组织中碳化物的溶解程度。只有根据高速工具钢工件的特定服役条件，对淬火状态下的晶粒度和碳化物溶解程度进行综合考虑，才能对淬火温度做出正确的选择。

表 9-35　W6Mo5Cr4V2（M2）钢不同淬火温度的晶粒度和淬火、回火后硬度

淬火温度/℃	1180	1190	1200	1210	1220	1230
晶粒度/级	10.5	10.5	10	10	9.5	9
硬度　HRC	64.2	64.2	64.8	64.9	65.4	66.0

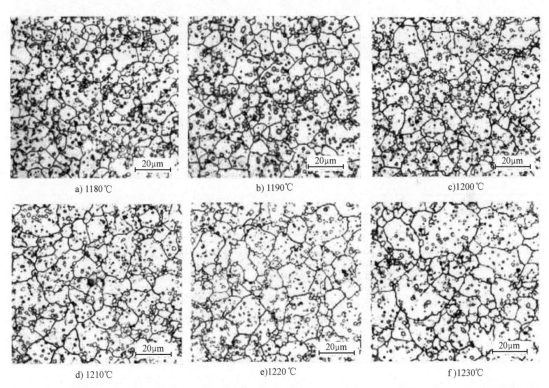

a) 1180℃　　　b) 1190℃　　　c)1200℃

d) 1210℃　　　e)1220℃　　　f)1230℃

图 9-38　W6Mo5Cr4V2（M2）钢不同温度淬火后的组织

2. H13E 钢淬火工艺的分析

H13 钢（相当于我国的 4Cr5MoSiV1 钢）淬火温度在 1000~1100℃ 之间，淬火后硬度为 52~58HRC；回火后硬度为 48~54HRC，冲击韧度为 14~20J/cm²。H13E 钢是在 H13 钢的基础上，进一步优化调整了合金元素，提高了其强韧性。为优化其热处理工艺，选择 1020~1080℃ 温度范围淬火。图 9-39 所示为在不同温度保温 20min 后油冷淬火的组织；图 9-40 所示为显示出的原奥氏体晶粒。根据表 2-4 和 JB/T 8420—2008《热作模具钢显微组织评级》

中的评级图，估计出图 9-39 和图 9-40 中的马氏体级别和晶粒度，并测量出不同温度淬火的硬度和冲击吸收能量，一并列于表 9-36。根据表 9-36 中的实验数据，可以初步判断 H13E 钢的淬火温度应选择在 1040~1060℃。

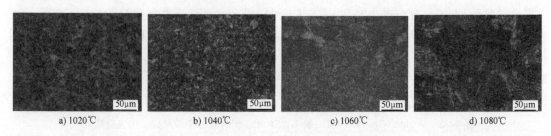

a) 1020℃　　　　b) 1040℃　　　　c) 1060℃　　　　d) 1080℃

图 9-39　在不同温度保温 20min 后油冷淬火的组织

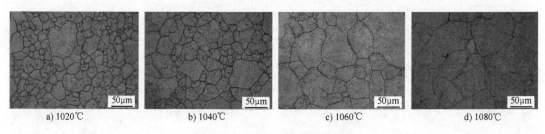

a) 1020℃　　　　b) 1040℃　　　　c) 1060℃　　　　d) 1080℃

图 9-40　显示出的原奥氏体晶粒

表 9-36　H13E 钢不同淬火温度的晶粒尺寸、马氏体级别和力学性能

淬火温度/℃	1020	1040	1060	1080
晶粒尺寸/μm	20.66	28.68	47.23	61.80
晶粒度/级	8	7.5	5.6	5
马氏体级别/级	3	4	4~5	6
硬度 HRC	60.3	60.9	61.6	60.6
冲击吸收能量/J	27.5	29.5	16.5	11

3. 淬火冷却速度对 H13 钢组织性能的影响

H13 钢采用真空炉加热淬火，加热工艺为 650℃×80min+850℃×60min+1030℃×50min；加热后采用 80℃ 的油冷却 10min 出炉，采用 0.3MPa 氮气冷却至 80℃ 出炉和采用随炉冷却至 80℃ 出炉三种冷却方式冷却；冷却后采用 580℃×120min 和 600℃×120min 二次回火。图 9-41 所示为三种热处理工艺后的组织。从图 9-41 中可以看到，随着冷却速度的降低，晶界上析出的碳化

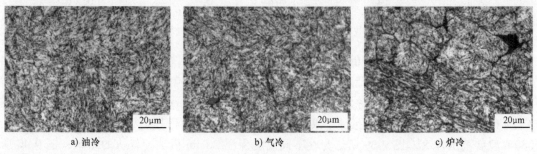

a) 油冷　　　　　　b) 气冷　　　　　　c) 炉冷

图 9-41　三种热处理工艺后的组织

物数量增多，造成冷却后马氏体的合金过饱和度降低，从而使回火后钢的强度、硬度和热稳定性下降；同时冷却速度慢时，碳化物沿晶界析出，造成钢的韧性明显下降。表 9-37 列出了三种热处理工艺的力学性能实测数据，力学性能实测数据证明了上述金相分析的结果。

表 9-37　三种热处理工艺的力学性能实测数据

淬火冷却方式	硬度　HRC	冲击韧度/(J/cm^2)	屈服强度/MPa	断面收缩率(%)
油冷	51.5	15.1	1683	49.5
气冷	50.9	11.9	1673	45.1
炉冷	49.3	6.8	1669	20.2

9.6.2　低倍组织缺陷分析

1. 疏松及锻后出现裂纹

钢材经酸蚀试验，发现表面部分区域组织不致密，出现一些肉眼可见的空隙，这些空隙呈现腐蚀程度较其他部分颜色深浅不规则的暗黑小点，称为疏松。如果疏松集中于试样的中心部分，称为中心疏松；如果疏松较均匀地分布于试样的表面，称为一般疏松。图 9-42 所示为 φ90mm W18Cr4V 钢棒出现的中心疏松和中心疏松处锻造时出现的裂纹。

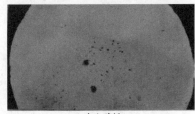 

a) 中心疏松　　　　　　　　　b) 中心疏松处锻造时出现的裂纹

图 9-42　φ90mm W18Cr4V 钢棒出现的中心疏松和中心疏松处锻造时出现的裂纹

2. 带状组织引起早期断裂

W18Cr4V 钢制热锻用冲头，1280℃ 加热保温后，淬入 560℃ 盐浴中分级后空冷，经 560℃ 回火 3 次。热处理后硬度为 56~62HRC。热冲头使用不久发生早期断裂。从断口处取样进行金相检验，发现原材料中碳化物带状偏析比较严重，如图 9-43 所示。按 GB/T 9943—2008 评定为 4 级。在放大 500 倍的显微镜下观察，发现在碳化物聚集成堆处，马氏体针叶极为明显和粗大，且呈回火不充分的现象，如图 9-44 所示。因此，该热锻用冲头在工作过程中产

图 9-43　碳化物带状偏析　　　　　　图 9-44　碳化物聚集处的马氏体针叶

生的早期断裂失效事故，是原材料材质欠佳，存在严重的碳化物带状偏析所致。

3. 碳化物分布不均匀引起早期断裂

W6Mo5Cr4V2 钢锻造成形的活塞销冷挤压顶杆模具，使用时由两顶端模具向中心对顶 20Cr 钢活塞销坯料，使之冷挤压成形。该模具仅使用几百次出现在过渡圆角处脆性断裂，裂纹自过渡圆角一侧表面处发生，并沿径向扩展。

该模具于 560℃和 850℃两次预热后在 1190℃加热保温（保温时间按 15s/mm 计），随后淬入 560℃盐浴中分级后油冷，再经 560℃保温 1h 回火 2 次。热处理后硬度为 61HRC。经金相检验发现，钢中碳化物分布不均匀，按 GB/T 14979—1994 中第 2 级评级图，碳化物分布不均匀度评为 4~5 级，如图 9-45 所示。

图 9-46 所示该模具的组织为回火马氏体+少量残留奥氏体+共晶和二次碳化物，在碳化物聚集处基体组织回火不充分，浸蚀后呈浅黄色。

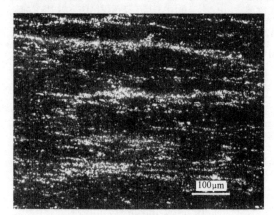
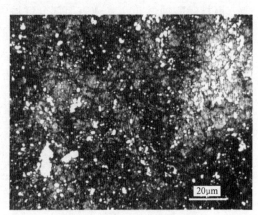

图 9-45 钢中碳化物分布不均匀	图 9-46 模具回火不充分组织

失效原因为：模具原材料碳化物级别超标，同时模具回火工艺不当，致使局部区域回火不充分，造成模具的脆性较大。模具工作时，又因机床对中精度不良，在冷挤压时受力不均匀，当继续承受更大的挤压力时，在顶杆过渡圆角应力集中处产生开裂。

9.6.3 锻造工艺不当造成的缺陷分析

采用 Cr12MoV 冷作模具钢制作的模具，热处理回火后发现裂纹。该模具的工艺过程为：下料→锻造→球化退火→机加工→淬火→回火→磨削。化学成分分析结果表明，模具材料化学成分符合标准要求，模具的硬度为 58~62HRC。

图 9-47 所示为模具组织中碳化物分布情况。从图 9-47 可看出，碳化物分布具有方向性，呈带状分布。图 9-48 所示为裂纹附近的组织。裂纹附近无氧化脱碳现象，碳化物分布不均匀。该模具在锻造过程中未充分打碎共晶碳化物，使之均匀分布，而 Cr12MoV 钢中的共晶碳化物不均匀会使淬火后的模具硬度分布不均，变形大，容易造成模具淬火时开裂。由此说明，锻造工艺不当，组织中存在带状碳化物和碳化物分布不均匀，在淬火时产生过大的组织应力和热应力，是造成模具开裂的根本原因。

9.6.4 热处理工艺不当造成的缺陷分析

1. 5CrNiMo 钢缺陷分析

采用 5CrNiMo 钢制造 $\phi120mm \times 100mm$、空型腔为 $\phi6.0mm$ 的圆柱体热锻模具。模具加

图 9-47　模具组织中碳化物分布情况

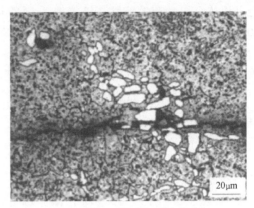

图 9-48　裂纹附近的组织

工工艺为：下料→锻造→退火→粗加工→淬火→回火。模具在刚开始热锻时，就自中心型腔沿径向开裂。

宏观分析表明，断口平坦，断口四周无明显塑性变形，放射纹路起源于中心型孔一端，属脆性开裂。低倍酸洗检验表明，酸洗面完好，在整个酸洗面上未见气泡、裂纹、缩孔和大夹杂物缺陷。化学成分分析符合标准，硬度为48HRC，符合模具设计要求。

在断裂源部位取样进行金相分析，存在少量氧化物和硫化物夹杂，其中氧化物为 B1.5 级，硫化物为 A1.5，如图 9-49 所示。其组织为回火托氏体+针状下贝氏体+上贝氏体，如图 9-50 所示。

图 9-49　氧化物和硫化物夹杂

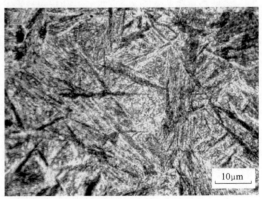

图 9-50　回火托氏体+针状下贝氏体+上贝氏体

由 5CrNiMo 钢奥氏体连续冷却转变图可以看出，过冷奥氏体的珠光体与贝氏体转变区分开，贝氏体孕育期明显小于珠光体孕育期。因此，在连续冷却过程中，模具的心部可能出现上贝氏体组织，产生脆性。该模具采用的热处理工艺为：850℃加热保温后预冷至750～800℃，淬入30～80℃油中，待模具表面达 Ms 点以下后取出空冷。调查发现，在实际操作中为防止淬火开裂出油温度偏高（250℃），此时心部还未发生马氏体转变，在随后的立即回火过程中，热锻模中心部的过冷奥氏体转变成上贝氏体或下贝氏体等中温转变组织，并且在回火过程中沿奥氏体晶粒边界析出的碳化物颗粒，导致模具强度和热稳定性显著下降，从而造成模具早期失效。

2. 高速工具钢螺钉槽铣刀脱碳

按工艺规定，高速工具钢刀具连续淬火 5h，必须对盐浴炉进行一次脱氧处理，保证盐浴炉中 BaO 的质量分数 ≤0.50%，如淬螺钉槽铣刀之类的不磨齿刀具，则要求 BaO 的质量分数 ≤0.20%。但有些单位盲目追求产量，淬火6h 也不对盐浴炉脱氧，致使炉中的氧化物越来越多，特别是工件上氧化皮（Fe_2O_3）、卡具上的氧化皮不断掉落，增加了盐浴中氧化物的含量，使刀具产生脱碳。图 9-51 所示为 $\phi40mm\times$1mm 高速工具钢螺钉槽铣刀的脱碳金相照片。

图 9-51　高速工具钢螺钉槽铣刀
的脱碳金相照片　1500×

本章主要参考文献

［1］　全国钢标准化技术委员会. 工模具钢：GB/T 1299—2014［S］. 北京：中国标准出版社，2014.

［2］　全国刀具标准化技术委员会. 工具热处理金相检验：JB/T 9986—2013［S］. 北京：机械工业出版社，2014.

［3］　全国热处理标准化技术委员会. 高碳高合金钢制冷作模具显微组织检验：JB/T 7713—2007［S］. 北京：机械工业出版社，2007.

［4］　全国热处理标准化技术委员会. 热作模具钢显微组织评级. JB/T 8420—2008［S］. 北京：机械工业出版社，2008.

［5］　全国钢标准化技术委员会. 高速工具钢：GB/T 9943—2008［S］. 北京：中国标准出版社，2008.

［6］　徐启明，徐和平，陈莉，等. 淬回火工艺对高速钢韧性的影响［J］. 工具技术，2015，49（2）：24-29.

［7］　艾云龙，刘哲，陈卫华，等. 淬火工艺对 H13E 钢显微组织及力学性能的影响［J］. 金属热处理，2021，46（10）：144-150.

［8］　赵步青，徐利建，朱昌宏，等. Cr12MoV 钢的热处理［J］. 热处理，2021，36（2）：36-39.

［9］　赵步青，胡会峰. 高速钢热处理失误典型案例［J］. 热处理技术与装备，2019，40（5）：33-36.

［10］　朱繁康，杨建志，张伟文. 冷却方式对 H13 钢组织和性能的影响［J］. 模具工业，2021，47（7）：67-70.

［11］　VANDER VOORT G F. ASM Handbook：Vol 9 Metallography and Microstructures［M］. Russell County：ASM International，2004.

第10章　特种钢金相检验

本章主要介绍不锈钢和耐磨钢的金相检验。

10.1　不锈钢金相检验

不锈钢具有高的耐蚀性，这主要是加入了大量铬、镍合金元素的缘故。钢中加入的铬、镍与空气中的氧发生作用，表面形成一层非常致密的含合金元素的复合氧化薄膜，这种薄层在许多腐蚀介质中具有很高的稳定性，从而防止金属被空气或其他腐蚀介质腐蚀。铬溶入铁基固溶体后，可使其电极电位提高。镍加入不锈钢中可提高不锈钢在硫酸、醋酸、草酸及硫酸盐中的耐蚀性。

不锈钢按其基体组织可分为铁素体不锈钢、马氏体不锈钢、奥氏体不锈钢、奥氏体-铁素体不锈钢和沉淀硬化不锈钢五大类。本节主要介绍马氏体不锈钢、奥氏体不锈钢、奥氏体-铁素体不锈钢和铁素体不锈钢的金相检验。

耐热钢是指在高温下不发生氧化，并具有足够强度的钢。耐热钢按其基体组织可分为奥氏体耐热钢、铁素体耐热钢、马氏体耐热钢、珠光体耐热钢和沉淀硬化耐热钢五类。其中马氏体耐热钢、奥氏体耐热钢和铁素体耐热钢的金相检验可参考马氏体不锈钢、奥氏体不锈钢和铁素体不锈钢相关内容，其他耐热钢的金相检验可参考化学成分相近的钢种或其他资料。

10.1.1　马氏体不锈钢金相检验

马氏体不锈钢中 $w(Cr)$ 为 12% ~ 18%，$w(C)$ 为 0.1% ~ 0.4%，个别的 $w(C)$ 达到 1%。经正火或淬火后，根据钢中碳含量不同，钢的组织为马氏体+铁素体或马氏体+碳化物。马氏体不锈钢常用牌号有 12Cr13、20Cr13、30Cr13、40Cr13 和 95Cr18，它们可以通过热处理强化，经淬火、回火后，具有良好的强度、塑性、韧性及耐蚀性，在机械行业中具有广泛的应用。随着碳含量的增加，马氏体不锈钢的耐蚀性会有所下降，而强度、硬度、耐磨性及可加工性则显著提高。马氏体不锈钢可以在空气中淬硬，故焊接性不好，一般不作焊接件用。

1. 马氏体不锈钢的组织与性能

（1）退火状态　马氏体不锈钢的退火有完全退火和中间退火两种。完全退火是在 840 ~ 900℃保温，缓慢炉冷至 600℃以下出炉在空气中冷却，这样可使硬度降至 155HBW 左右。

对于经过冲压、模锻、轧制等热加工或冷加工硬化的工件，可在 650~750℃进行中间退火使之软化，使硬度达 185HBW 左右，以便进行切削加工。

马氏体不锈钢退火状态的组织为富铬的铁素体+碳化物，碳化物类型是 $(Cr、Fe)_{23}C_6$。例如：ASTM 403 钢（相当于我国的 12Cr12 钢）经 880℃退火后，碳化物均匀分布（见图 10-1）；40Cr13 钢经 880℃退火后，其组织为球粒状珠光体及沿晶界呈断续网络状分布碳化物（见图 10-2）。95Cr18 钢因碳含量高，退火组织中碳化物数量也较多。由于退火状态下形成了较多的 $(Cr、Fe)_{23}C_6$ 类型碳化物，铁素体基体中的铬含量降低，因此退火状态的马氏体不锈钢强度与耐蚀性都较低。

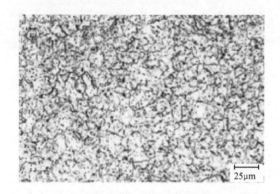

图 10-1　403 钢 880℃退火组织

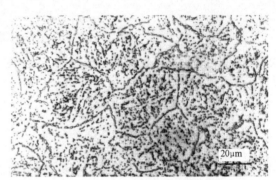

图 10-2　40Cr13 钢经 880℃退火组织

（2）淬火与回火状态　马氏体不锈钢通常在淬火+回火状态下使用。淬火后的组织主要是含高铬的马氏体。碳含量较低的 12Cr13 钢除马氏体外，还存在一定数量的铁素体；碳含量较高的 30Cr13、40Cr13 和 95Cr18 钢除马氏体外，还存在一定数量的一次碳化物。图 10-3 所示为 ASTM 410 钢（相当于我国的 12Cr13 钢）和 420 钢（相当于我国的 20Cr13 钢）钢油冷淬火+高温回火组织，其组织为保持马氏体位向的回火索氏体组织+少量铁素体。这类马氏体不锈钢的马氏体形貌随钢中碳含量的变化而变化，当碳含量增加时，马氏体变细小，从板条状变为片状，而且残留奥氏体数量和碳化物数量变多。图 10-4 所示为 30Cr13 钢 1020℃油冷淬火+200℃回火组织，其组织为回火马氏体+少量碳化物。

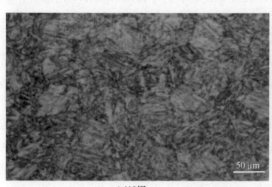

a）410钢

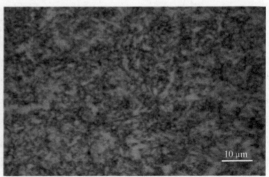

b）420钢

图 10-3　油冷淬火+高温回火组织

若 Cr13 型钢淬火温度过低，碳化物不能充分溶解，这样将使基体中的铬含量降低，影响钢的耐蚀性，并使钢的强度降低。若淬火温度过高，不但晶粒粗大，而且在晶界区域会出现 α 铁素体。这种 α 铁素体冷却后在晶界处得到碳化物+极细珠光体组织。α 铁素体含量过高时将使钢的冲击韧性大大降低，因此应限制 α 铁素体含量。例如，12Cr13 钢正常淬火后 α 铁素体的体积分数应小于 15%。

Cr13 型钢常采用 980～1050℃油冷淬火，其中 12Cr13 和 20Cr13 得到马氏体和少量铁素体组织，再

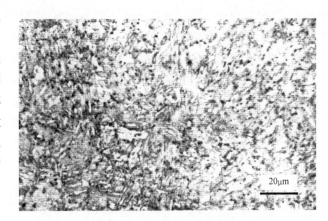

图 10-4　30Cr13 钢 1020℃油冷淬火+200℃回火组织

经 650℃回火后得到保持马氏体位向的回火索氏体组织和少量铁素体；30Cr13 和 40Cr13 不锈钢淬火后还可能有少量碳化物。当零件要求高的硬度与耐磨性时，常采用 200～250℃低温回火。回火后得到回火马氏体+碳化物。

95Cr18 钢一般采用 1050～1100℃油冷淬火。如果超过 1100℃时，马氏体粗化，残留奥氏体量增多，性能下降。9Cr18 钢在锻造时，始锻温度过高或终锻温度过高时，都会产生粗大网络状碳化物，它不能用退火处理加以消除。因为这类钢导热性较差，淬火加热速度不宜过快，一般应先在 800～850℃炉中预热，随后再移入最终淬火加热炉

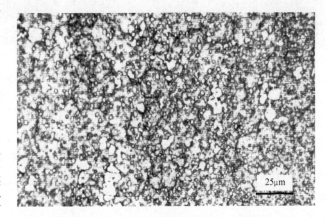

图 10-5　95Cr18 钢 1050℃油冷淬火组织　500×

中加热后进行淬火。图 10-5 所示为 95Cr18 钢 1050℃油冷淬火组织，其组织为隐针状马氏体、残留奥氏体及颗粒二次碳化物和块状碳化物，硬度为 60HRC。在正常淬火组织中粒状碳化物溶解较多，故奥氏体基体中的合金化程度明显提高，淬火后残留奥氏体的体积分数约为 30%。95Cr18 钢正常淬火组织的特点是，浸蚀后马氏体针叶不易被显示，淬火组织呈灰白色，除色泽不均匀外，基本与原材料退火状态的显微组织很相似。

为了防止工件开裂，95Cr18 钢淬火后应在 150～160℃进行回火。图 10-6 所示为 95Cr18 钢 1050℃油

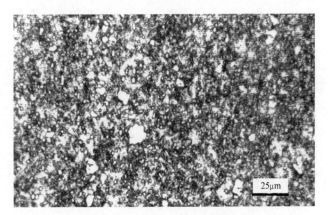

图 10-6　95Cr18 钢 1050℃油冷淬火后 160℃回火组织

冷淬火后160℃回火组织，其回火组织应为棕黑色隐针状马氏体及极少量残留奥氏体，颗粒状二次碳化物及块状一次碳化物。回火马氏体的色泽不大均匀，这是回火时有部分残留奥氏体转变为淬火马氏体，与基体回火马氏体共存所造成的结果。回火硬度为59~61HRC。

图10-7所示为采用冶炼方法和粉末冶金（P/M）方法生产的440C钢（相当于我国的95Cr18钢）淬火+回火组织。由图10-7可以看到，粉末冶金的组织中，碳化物更加均匀。这类马氏体不锈钢中碳化物大小和分布对钢的性能有很大的影响。如果在退火状态下钢中的碳化物沿晶界分布，那么将会部分保留在淬火+回火的组织中，这将严重降低钢的韧性和塑性，降低锻造成型性，因此应严加控制。

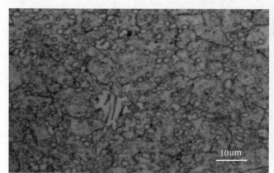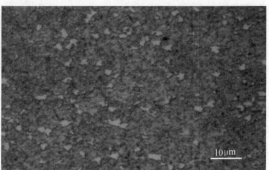

a) 常规冶炼方法　　　　　　　　　　　　　　　b) 粉末冶金(P/M)方法

图10-7　440C钢淬火+回火组织

进一步研究表明，马氏体不锈钢中的α铁素体含量对钢的韧性、塑性与强度都会产生不利的影响，而且α铁素体形态与α铁素体周围碳化物的聚集程度也都会对钢的性能产生影响。例如，14Cr17Ni2马氏体不锈钢工件采用常规调质处理（1000℃×50min 油冷+620℃×180min 空冷）的塑性指标和韧性指标均未达到合格要求。经检验成分合格，α铁素体的体积分数约为10%，也在合格范围内，但金相检验发现α铁素体呈网状，并且在α铁素体周围有碳化物聚集，这是该不锈钢工件性能不合格的原因。在调质前增加一次高温正火（1150℃）和适当提高淬火温度（1050℃）可以消除网状α铁素体，改善钢的韧性和塑性。

如提高马氏体不锈钢的淬火温度，会导致淬火态马氏体数量下降，残留奥氏体数量增多，同时使碳化物数量降低，晶粒尺寸粗化。图10-8所示为440C钢采用不同淬火温度的淬火组织。由图10-8可以看到，采用1150℃淬火，组织主要为马氏体加部分残留奥氏体；采用1204℃淬火，组织主要为残留奥氏体加少量马氏体；采用1260℃淬火，组织几乎为残留

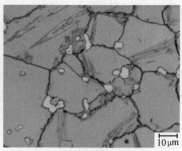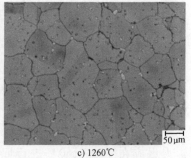

a) 1150℃　　　　　　　　　b) 1204℃　　　　　　　　　c) 1260℃

图10-8　440C钢不同淬火温度的淬火组织

奥氏体；与此同时，晶粒尺寸也发生了粗化。

2. 马氏体不锈钢的组织检验

（1）低倍组织 低倍组织及缺陷的评定可根据 GB/T 226—2015《钢的低倍组织及缺陷酸蚀检验法》，按 GB/T 1979—2001《结构钢低倍组织缺陷评级图》中的评级图进行评级，参见第 1 章。不锈钢中的非金属夹杂物可按 GB/T 10561—2015《钢中非金属夹杂物含量的测定 标准评级图显微检验法》进行，参见第 3 章。

（2）α 铁素体含量检测 马氏体不锈钢对钢中 α 铁素体含量有一定要求。例如，汽轮机叶片的马氏体不锈钢规定 α 铁素体的体积分数必须低于 5%。通常采用观察对比方法确定 α 铁素体含量。

（3）晶粒度测定 马氏体不锈钢若用于要求高的零件，则对其晶粒度有严格的要求。由于马氏体不锈钢淬火、回火后组织保留马氏体的位相，采用苦味酸—盐酸、高氯化铁—盐酸浸蚀，不易清晰地显示出晶界，因此通常可根据马氏体的粗细来判定马氏体不锈钢的晶粒大小。

10.1.2 奥氏体不锈钢金相检验

奥氏体不锈钢具有良好的室温及低温韧性、焊接性、成形性、耐蚀性及耐热性。奥氏体不锈钢碳含量很低，w（Cr）为 17%~19%，w（Ni）为 8%~11%。在所生产的不锈钢总量中，奥氏体不锈钢约占 65%~70%。典型的奥氏体型不锈钢是 18-8 型不锈钢，如 06Cr18Ni9、12Cr18Ni9 等。

1. 奥氏体不锈钢的组织与性能

（1）固溶处理 固溶处理就是将钢加热至高温，使碳化物充分溶解，然后迅速冷却，得到均一奥氏体组织的一种热处理。图 10-9 所示为 12Cr18Ni9 钢 1050℃固溶处理得到的等轴奥氏体组织，其晶粒度为 9~10 级，该细小均匀的单相奥氏体组织具有良好的冷变形性能且无磁性等。奥氏体不锈钢一般在固溶处理状态下使用，目的是提高耐蚀性，并使钢软化以适于各种冷变形。经固溶处理后奥氏体不锈钢硬度降至最低，塑性最高，并且由于在高温加热时，大部分碳化物溶解，奥氏体中碳和合金元素的过饱和度增加。固溶温度越高，所需固溶时间越短，但温度过高将引起晶粒长大。温度过高不仅导致成形时易开裂、表面粗糙，还

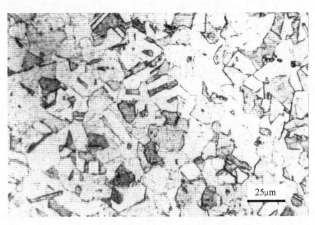

图 10-9 12Cr18Ni9 钢 1050℃固溶处理得到的等轴奥氏体组织

会使晶间腐蚀严重恶化。另外，温度过高，还会析出 α 铁素体。此外，如果固溶处理加热温度偏低或保温时间欠短，显微组织中也会出现 α 铁素体。图 10-10 所示为 12Cr18Ni9 钢固溶处理后在等轴奥氏体组织中存在保持沿加工方向变形的长条状 α 铁素体。

经固溶处理的奥氏体不锈钢，再在 500~850℃ 加热，碳从过饱和的固溶体中以碳化铬的形式沿奥氏体晶界析出，在碳化物周围形成贫铬区，从而造成奥氏体不锈钢晶间腐蚀敏感性。固溶处理后如采用缓慢冷却，在冷却过程中也会发生敏化，所以固溶后通常采用水冷和风冷。

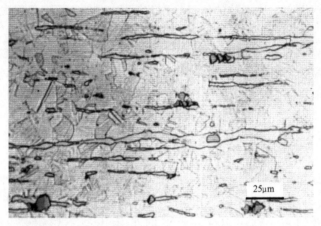

图 10-10　12Cr18Ni9 钢固溶处理后在等轴奥氏体组织中存在保持沿加工方向变形的长条状 α 铁素体

（2）稳定化处理　把钛和铌加入奥氏体不锈钢中后，碳如与它们结合成 TiC、NbC，不与铬结合成 $Cr_{23}C_6$，就不会引起晶界贫铬区，从而可抑制晶间腐蚀。但加入钛、铌的奥氏体不锈钢只有经稳定化处理后才能抑制晶间腐蚀，这是因为钢中的铬比钛、铌含量高得多，碳与铬形成 $Cr_{23}C_6$ 的概率比形成 TiC、NbC 大得多。当钢经 1050℃ 以上固溶处理时，$Cr_{23}C_6$ 被溶解的同时，大部分 TiC、NbC 也已溶解。试验表明，07Cr19Ni11Ti 钢经固溶处理及 850~900℃ 稳定化处理后，具有良好的抗晶间腐蚀能力。

（3）去应力处理　根据不同目的，去应力处理可分低温去应力和高温去应力两种。低温去应力温度范围是 250~450℃，用于消除钢冷加工后的内应力，使钢在伸长率无显著变化下，屈服强度和疲劳强度有很大的提高。但应注意，去应力温度不能超过 450℃，以免因析出 $Cr_{23}C_6$ 造成基体贫铬，而使钢对晶间腐蚀敏感。高温去应力温度一般要在 800℃ 以上，对于不含稳定碳化物元素的 18-8 型钢，加热后应快速冷却，以便迅速通过析出铬碳化物的温度区间，防止晶间腐蚀。含有稳定碳化物元素的钢，这一处理常与稳定化处理合并进行。

2. 奥氏体不锈钢的组织检验

（1）低倍组织　低倍组织及缺陷的评定可根据 GB/T 226—2015《钢的低倍组织及缺陷酸蚀检验法》，按 GB/T 1979—2001《结构钢低倍组织缺陷评级图》中的评级图进行评级，参见第 1 章。不锈钢中的非金属夹杂物可按 GB/T 10561—2015《钢中非金属夹杂物含量的测定　标准评级图显微检验法》进行，参见第 3 章。

（2）试样制备与浸蚀　对圆钢和方钢取样应取纵轴面。例如：对直径或边长大于 40mm 的钢材，检测面为通过钢材轴线的纵截面；对直径或边长小于或等于 30mm 的钢材，检测面为通过钢材轴心的纵截面；对直径或边长为 30~40mm 的钢材，检测面为通过钢材轴心之纵截面的一半。对钢管和钢板、带钢的取样方法可参考第 3 章中的表 3-5。

不锈钢常用的浸蚀方法有化学浸蚀和电解浸蚀。下面以 18-8 型不锈钢试样制备与浸蚀为例介绍金相试样制备。

1）切取好的试样在进行砂轮打磨平时，应用水冷却，避免试样磨面过热而使金属组织发生变化。

2）砂纸磨光时，用力不宜过大，并避免来回磨，以减少滑移线出现。尽量使用新砂纸，以减少磨制时间。

3）在进行机械抛光时，应使用粗呢织物和磨削能力大的金刚石研磨膏或喷雾剂。抛光时间不宜过长，施加压力不宜过大，试样尽量保持稳定，不宜过多转动方向，避免出现多方向的细小抛光划痕。抛光过程中，注意保持绒布的湿度，绒布过干会出现氧化现象。若条件许可，最好使用电解抛光。

4）含 Ti 的钢种若机械抛光时用力过大，硬脆的 TIC、TIN 夹杂物易脱落，出现拖尾、麻坑。此时应重新抛光，严重的应从磨光开始。

为进行显微组织观察分析，还须对抛光好的金属试样进行浸蚀，以显示出真实、清晰的组织。浸蚀过程中应根据钢的成分和热处理状态选择合适的浸蚀剂。18-8 型不锈钢具有较高的耐蚀性，所以显示其显微组织的浸蚀剂必须有强烈的浸蚀性，才能使组织清晰地显示。18-8 型不锈钢常用的化学浸蚀剂有：

1）氯化高铁 5g+盐酸 50mL+乙醇 100mL。

2）王水（硝酸 1 体积份+盐酸 3 体积份）。

常用的电解浸蚀剂有：

1）10%（质量分数）草酸水溶液。

2）50%（体积分数）硝酸水溶液。

采用电解浸蚀法对 18-8 型不锈钢进行 α 相和晶界显示，具有速度快、效果好、操作简单、重现性好等优点。其具体参数推荐如下：

采用 10%（质量分数）草酸水溶液电解浸蚀时，在室温下，电压为 6~9V，电流为 1~1.5A，浸蚀 20~30s 显示出 α 相，浸蚀 60~90s 显示出晶粒；采用 50%（体积分数）硝酸水溶液电解浸蚀时，在室温下，电压为 2~3V，电流为 1~1.5A，浸蚀 5s 左右显示出 α 相，浸蚀 15~20s 显示出晶粒。

（3）非金属夹杂物检验　18-8 型不锈钢中非金属夹杂物的金相检验包括夹杂物类型的定性和定量评级（测定夹杂物的大小、数量、形态及分布等），可按 GB/T 10561—2005《钢中非金属夹杂物含量的测定　标准评级图显微检验法》进行检验。

夹杂物的检验面应切取平行于轧制方向或形变方向的纵向截面。夹杂物试样的制备，应经砂轮打平、（镶嵌）、粗磨（水砂纸）、细磨（金相砂纸）、抛光等工序。在光学显微镜 100 倍下看到的应是无划痕、无污物的镜面，且要求夹杂物无脱落，外形完整，无拖尾现象。将这样未浸蚀的试样检验面在 100 倍下直接观察，与标准评级图进行比较。对每类夹杂物，按细系或粗系记下与检验面上最恶劣视场相符合的标准评级图的级别数。如果被测视场处于两相邻标准评级图片之间时，应评为较低的一级。对于 Ti 夹杂物，按其实际形态，把串链状分布的 TiN 按 B 类夹杂物评级，分散分布的 TiN 按 D 类夹杂物评级，而细针状、条状的 TiS 按 A 类夹杂物评级。

（4）铁素体含量（α相面积含量）检验 18-8型不锈钢中α相面积含量检验可按GB/T 13305—2008《不锈钢中α-相面积含量金相测定法》，在纵向截面取样进行检验。将经打磨抛光好、浅浸蚀的试样在显微镜下观察，先用较低放大倍数全面观察整个检验面，以便选取检验面上α相面积含量最严重的视场，再放大到300倍下与标准评级图片进行比较评级，以确定α相面积含量。评级图中各级图片的α相实际面积含量为规定含量的上限值。当被测视场中的α相面积含量处于标准评级图两级别之间时，应评为较高的级别。

GB/T 13305—2008中奥氏体不锈钢α相标准评级图分4级，如图10-11所示。各级别α

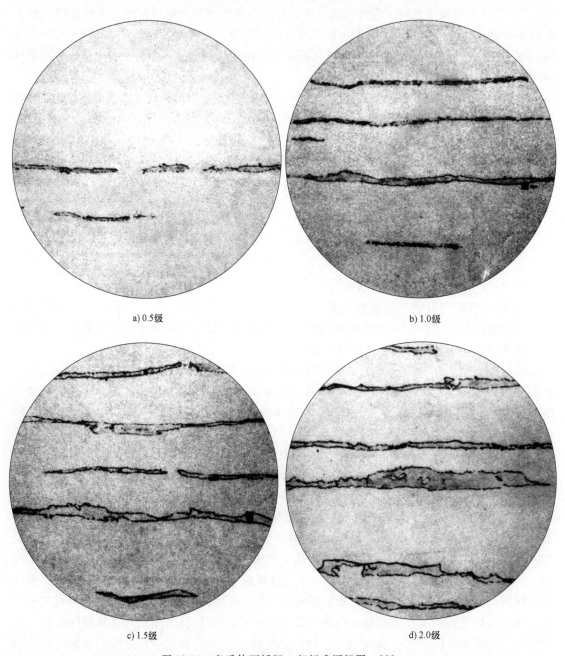

a) 0.5级 b) 1.0级

c) 1.5级 d) 2.0级

图10-11　奥氏体不锈钢α相标准评级图　300×

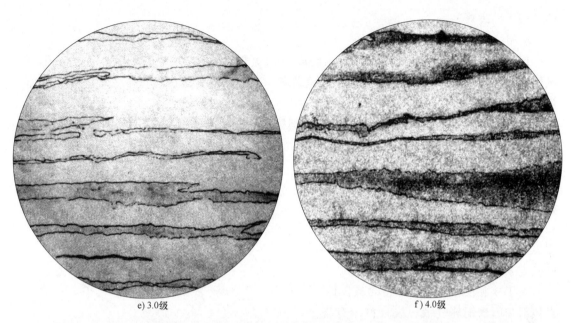

e) 3.0级　　　　　　　　　　　　　　　f) 4.0级

图 10-11　奥氏体不锈钢 α 相标准评级图　300×（续）

相面积含量：0.5 级，α 相面积分数≤2%；1.0 级，α 相面积分数>2%～5%；1.5 级，α 相面积分数>5%～8%；2.0 级，α 相面积分数>8%～12%；3.0 级，α 相面积分数>12%～20%；4.0 级，α 相面积分数>20%～35%。

（5）晶粒度测定　18-8 型不锈钢的奥氏体晶粒度检验通常按 GB/T 6394—2017《金属平均晶粒度测定方法》进行。该项检验在横向截面试样上进行。试样经制备、浸蚀好后，在显微镜 100 倍下测定晶粒度。首先全面观察试样检验面，选择具有代表性的视场与标准中系列图片 Ⅱ（孪晶晶粒度评级图）相比较，进行评级。

（6）晶间腐蚀检验　18-8 型不锈钢在氧化或弱氧化介质中会产生晶间腐蚀。晶间腐蚀是由表面沿晶界深入到内部，它使材料的强度急剧下降，稍受外力即沿晶界断裂。因此，晶间腐蚀是一种具有极大危险性的腐蚀破坏，进行晶间腐蚀检验是必要的。

18-8 型不锈钢的晶间腐蚀试验方法一般按 GB/T 4334.5—2000《不锈钢硫酸-硫酸铜腐蚀试验方法》进行。对超低碳钢（碳的质量分数≤0.03%）或稳定化钢种，为了检查其耐晶间腐蚀的效果，试验前试样要进行敏化处理。敏化处理工艺为 650℃，保温 1～2h 空冷。试样检验面为使用表面（不包括棒材、锻件和铸件），对于焊接接头的试样应包括母材、热影响区及焊接金属的表面。试样要进行打磨抛光，以去除氧化皮，并使检验表面粗糙度 $Ra≤0.8\mu m$。

（7）σ 相的鉴别　σ 相是一种 Fe、Cr 原子比例相等的 FeCr 金属间化合物，结构复杂，属于正方系。σ 相脆性大，硬度高达 68.5HRC。当钢中 σ 相的体积分数不超过 3%并以小颗粒状均匀分布时，对韧性的影响不大。当 σ 相沿晶界分布时，钢的塑性下降。σ 相是在一定成分和一定温度范围内形成的。根据研究，在一定的条件下，σ 相在铁素体不锈钢、奥氏体不锈钢或马氏体不锈钢中都有可能形成。

如果 σ 相因含量和分布而造成严重脆性时，则必须以热处理方法来加以消除。σ 相一般在加热至820℃以上时可以溶解，所以对于由 σ 相引起的脆性可通过820℃以上的加热或固溶处理予以改善。

σ相的鉴别通常采用以下方法：

1) 采用碱性赤血盐水溶液（10g赤血盐+10g氢氧化钾+100mL水）鉴别钢中σ相。将试样在该试剂中煮沸2~4min后，铁素体呈黄色，碳化物被腐蚀，奥氏体呈光亮色，σ相由褐色变为黑色。

2) 采用2gNaOH+4gKMnO+100mL水鉴别钢中σ相。电压为6V，电解染色后钢中σ相呈橘红色，其他组织皆不显示。

3) 对于非常细小颗粒的σ相辨别，可采用EDM分析方法来鉴别σ相。因为σ相为铁与铬化合物，铬的质量分数为42%~48%，通过电子探针定性和定量分析测出未知相的组成元素和它们的含量，从而确定未知相是否为σ相。

关于σ相的检验可参考检测奥氏体-铁素体双相不锈钢轧（锻、拔）材中有害金属间相的标准试验方法（ASTM A923-01）。图10-12所示为ZG12Cr18Ni9Ti钢铸件经850℃长期时效在奥氏体基体上析出的σ相。试样采用苛性赤血盐水溶液浸蚀。

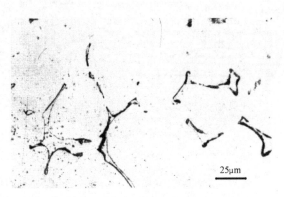

图 10-12　ZG12Cr18Ni9Ti 钢铸件经 850℃
长期时效在奥氏体基体上析出的 σ 相

10.1.3　奥氏体-铁素体不锈钢金相检验

奥氏体-铁素体不锈钢是在18-8型不锈钢的基础上，对其化学成分加以调整，即适当增加铬、钼、钛等形成铁素体元素的含量，减少镍、锰等形成奥氏体元素的含量，再通过在980~1100℃固溶处理，就可以得到具有铁素体和奥氏体双相组织的不锈钢。典型的奥氏体-铁素体不锈钢有14Cr18Ni11Si4AlTi、022Cr19Ni5Mo3Si2N等。

这类钢兼有奥氏体不锈钢和铁素体不锈钢的特点，与铁素体不锈钢相比，塑性、韧性更高，无室温脆性，耐晶间腐蚀性能和焊接性均显著提高；与奥氏体不锈钢相比，强度高且耐晶间腐蚀和耐氯化物应力腐蚀性能有明显提高。双相不锈钢具有优良的耐点蚀性能，也是一种节镍不锈钢。

奥氏体-铁素体不锈钢的显微组织中铁素体的体积分数一般为35%~70%。由于其碳化物不在奥氏体晶界上析出，也不在α与γ相界面附近的α相内析出，不致造成贫铬现象，因此奥氏体-铁素体双相钢有较高的韧性和热塑性，而且它的强度比奥氏体不锈钢高，晶间腐蚀也比奥氏体不锈钢小，但冷变形能力比奥氏体不锈钢差。这类钢易析出σ相，故使用温度不能超过350℃。

奥氏体-铁素体不锈钢金相检验与奥氏体不锈钢基本相同，下面仅对不同之处进行介绍。奥氏体-铁素体不锈钢金相检验与奥氏体不锈钢不同之处主要在于α相检验标准评级图。在GB/T 13305—2008中，铁素体-奥氏体不锈钢中α相面积含量标准系列评级图分为带、网系两个系列，每个系列图片分为9张，如图10-13所示。浸蚀剂可采用：①热的（60~90℃）或煮沸的碱性铁氰化钾溶液：铁氰化钾10~15g，氢氧化钾（钠）10~30g（7~20g），水

100mL；②氯化铁盐酸乙醇溶液：氯化铁 5g，盐酸 100mL，乙醇 100mL，水 100mL。

　　奥氏体不锈钢，尤其是奥氏体-铁素体双相不锈钢中相含量的测定是产品生产中一项必检项目。随着测试技术的发展，除金相对比测定法外，图像仪测试软件法和铁素体仪法已在生产中得到了应用。这些测定方法无疑加快了检测速度和提高了检测精度。例如，采用德国MP30 型铁素体仪，通过点触磁性法，从钢材横截面边缘—中心—边缘多点测量钢材中 α 相面积含量，具有较高的测试精度。

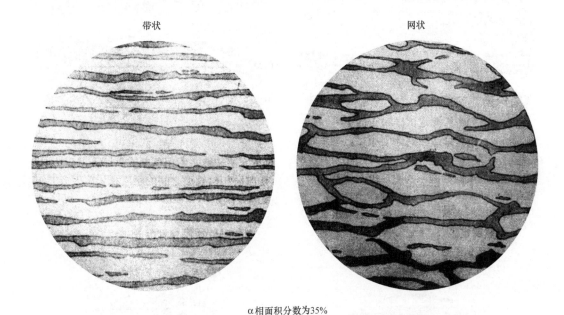

带状　　　　　　　　　　　　　　　　　　网状

α 相面积分数为35%

带状　　　　　　　　　　　　　　　　　　网状

α 相面积分数为40%

图 10-13　铁素体-奥氏体不锈钢中 α 相面积分数标准系列评级图　500×

带状 网状

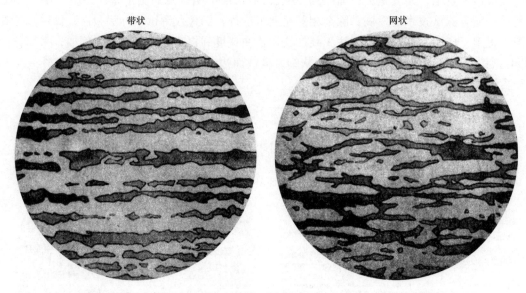

α相面积分数为45%

带状 网状

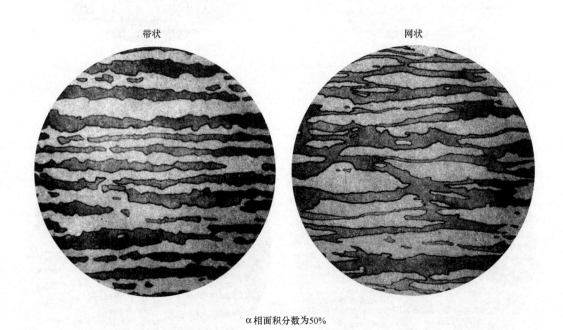

α相面积分数为50%

图 10-13 铁素体-奥氏体不锈钢中 α 相面积分数标准系列评级图 500×（续）

带状　　　　　　　　　　　　　　　　网状

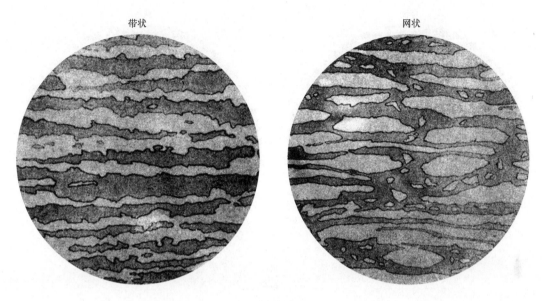

α相面积分数为55%

带状　　　　　　　　　　　　　　　　网状

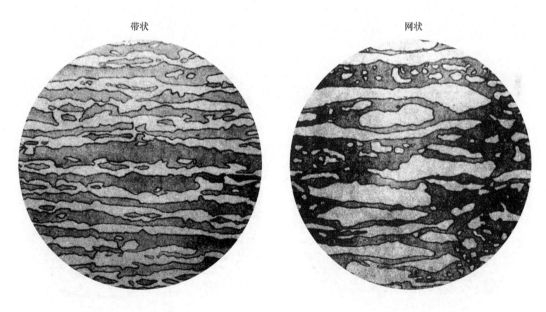

α相面积分数为60%

图 10-13　铁素体-奥氏体不锈钢中 α 相面积分数标准系列评级图　500×（续）

带状 网状

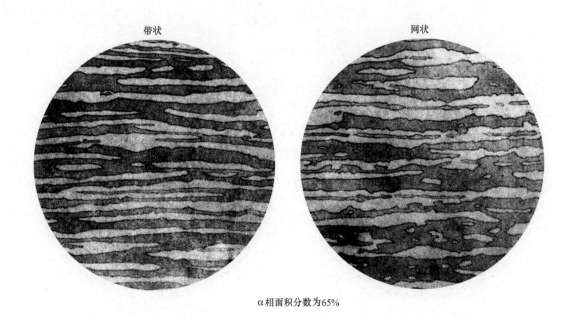

α相面积分数为65%

带状 网状

α相面积分数为70%

图 10-13 铁素体-奥氏体不锈钢中 α 相面积分数标准系列评级图 500× (续)

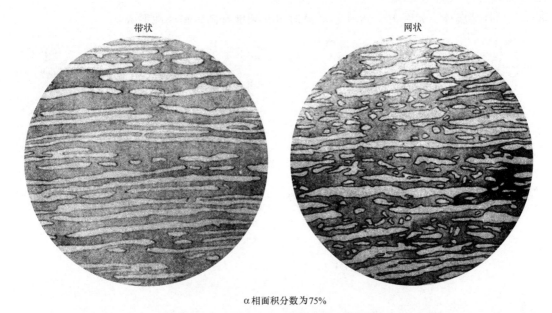

带状　　　　　　　　　　　　　　网状

α相面积分数为75%

图 10-13　铁素体-奥氏体不锈钢中 α 相面积分数标准系列评级图　500×（续）

10.1.4　铁素体不锈钢金相检验

铁素体不锈钢为碳含量较低的高铬钢，w（Cr）为 13%～30%，w（C）≤0.25%。由于碳含量低，其显微组织是铁素体，故称为铁素体不锈钢。它具有良好的耐蚀性和抗氧化性，可以抵抗硝酸、热磷酸及亚氯酸等强烈腐蚀性溶液的腐蚀。这类钢在一定的温度范围内加热和冷却时，不发生相变，不能通过热处理来强化。铁素体不锈钢常用牌号有 06Cr13、06Cr13Al、10Cr17、10Cr17MoNb、16Cr25N 等。

在铁素体不锈钢中，添加少量钼和钛元素后，基体仍是铁素体组织；但钼、钛与钢中的碳结合，会出现 MoC、Mo_2C、TiC 等碳化物和金属间化合物。这类化合物溶于铁素体中，能强化基体，提高耐蚀性。

铁素体不锈钢在 450～525℃温度范围内长期加热，其耐蚀性将明显下降，同时会产生脆化。这种脆化称为 475℃脆化。这种脆化是可逆的，加热至 600℃保温适当时间，快冷后可消除。铁素体不锈钢在 900℃以上温度加热，晶粒会急剧长大，这样会使钢变脆，晶粒长大后，是不能再细化的。这是由于高铬钢是以铁素体为基体的，加热或冷却都没有相变发生。因此，必须严格控制加热温度，锻件的终锻温度应在 750℃以下，以避免晶粒粗化。

铁素体不锈钢通常是经退火处理后使用。图 10-14a 所示为 10Cr17 钢的热轧组织；图 10-14b 所示为 10Cr17 钢的 760～780℃退火组织，其组织为铁素体及沿轧向分布的碳化物颗粒，少量珠光体；图 10-14c 所示为 10Cr17 钢 760～780℃的退火组织，其组织为铁素体和富铬的 $M_{23}C_6$ 及 M_7C_3 型颗粒状碳化物。10Cr17 钢加热和冷却时无晶型转变，其轧制状态下呈明显的方向性。该钢一般经 900℃退火或 760～780℃退火使用。

10Cr17 钢经 900℃加热后水冷淬火，由于 900℃加热时未进入奥氏体相区，因此组织没有发生转变，淬火后组织仍为铁素体，如图 10-15a 所示。10Cr17 钢的淬火加热温度达到或超过 1050℃时，在 γ+α 两相区加热，故淬火后能获得由奥氏体转变的马氏体，其组织为铁素体和少量马氏体，如图 10-15b 所示。此时材料硬度升高，耐蚀性下降。

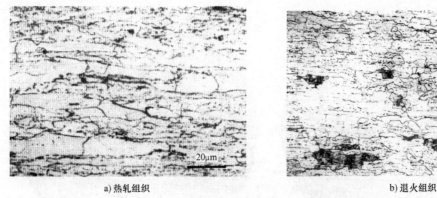

a) 热轧组织

b) 退火组织

c) 退火组织

图 10-14　10Cr17 钢的热轧和退火组织

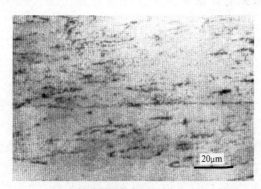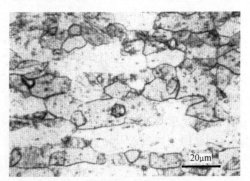

a) 加热温度为900℃

b) 加热温度≥1050℃

图 10-15　10Cr17 钢水冷淬火组织

10.2　高锰钢金相检验

10.2.1　高锰钢的组织与性能

标准型的 Mn13 高锰钢又称 Hadfield 钢，w（C）为 0.9%～1.45%，w（Mn）为 11%～

14%。钢中碳起到稳定奥氏体，固溶强化，提高硬度、强度及耐磨性的作用，但碳含量过高，则铸态组织中的碳化物数量增多，韧性下降。锰扩大奥氏体相区，使奥氏体组织稳定及降低 Ms 点，它使高锰钢奥氏体组织保持到室温。为了提高高锰钢的耐磨性，一些研究者及生产厂家对高锰钢进行了合金化处理，形成了改进的高锰钢，如单独或复合加入 Cr、Mo、V 等合金元素，以改善高锰钢的屈服强度、奥氏体加工硬化、晶粒度细化、弥散强化等。GB/T 5680—2010《奥氏体锰钢铸件》增加和调整了牌号，修改了牌号表示方法。标准中共有 10 个牌号，其中典型牌号有 ZG100Mn13、ZG120Mn13、ZG120Mn13Cr2、ZG110Mn13Mo1 和 ZG90Mn14Mo1 等牌号。除标准型的 Mn13 高锰钢外，该标准中增加了 ZG120Mn7Mo、ZG120Mn17 和 ZG120Mn17Cr2 等牌号。

　　高锰钢由于加工硬化快，切削加工困难，故仅限于制造要求耐磨并承受大冲击载荷的铸件。由于高锰钢热导率低，钢液凝固缓慢，凝固过程中热量散失较慢，树枝晶长得很粗大，很容易长成条状的柱状晶，使塑性和冲击韧性急剧下降，脆性增加。因此，通常在钢液脱氧时，适当增加脱氧剂 Al 含量，以使铝与钢中磷形成高熔点的 Al-P 化合物，成为形核心细化晶粒；此外，通过合理控制浇注温度达到细化晶粒。实践证明，高锰钢晶粒大小与浇注温度密切相关，浇注温度高时，钢液蓄热量多，凝固速度慢，晶粒粗大，所以高锰钢应采用低温快浇工艺。

　　高锰钢铸件生产是一个复杂的过程，每个环节都至关重要。浇、冒口位置开设不当，不仅会影响到铸件的凝固方式和顺序，甚至会在铸件内诱发热应力，致使铸件开裂。打箱、搬运过程中的碰撞或激冷所导致的热应力，也会使铸态组织为奥氏体和碳化物的高锰钢开裂。

　　高锰钢中 C、P 含量超标是造成铸件水韧处理开裂的主要原因。P 是钢中有害元素，P 易偏聚在奥氏体晶界，导致晶界结合力急剧下降，引起晶界脆化。高锰钢奥氏体中碳含量越高，则 P 的溶解度越低，这样进一步加剧 P 在晶界偏析，导致铸件在凝固后期以磷共晶的形式析出。磷共晶熔点低，脆性大，在外力作用下，磷共晶区域将成为裂纹源。

　　图 10-16 所示为 ZG100Mn13 铸态组织，白色基体为奥氏体（箭头 1，显微硬度为226HV），其上布有长针状的马氏体；奥氏体晶界上的黑色块状为托氏体（箭头 2，显微硬度为477HV）；大块灰白色鱼骨状为碳化物，与奥氏体构成莱氏体（箭头 3，显微硬度为687HV），在莱氏体边上有羽毛状的贝氏体、细针状的马氏体。材料硬度为241HBW。高锰钢铸态组织中存在较多的碳化物，脆性和塑性均差，因此无法直接使用。

　　为获得高韧性，必须对高锰钢进行水韧处理。水韧处理温度通常为 1000～1100℃。经水韧处理后，组织转变为单一的奥氏体或

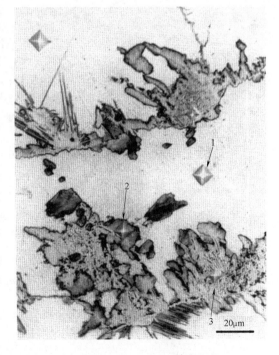

图 10-16 ZG100Mn13 铸态组织

奥氏体加少量碳化物。水韧处理温度必须严格控制，若偏低或保温时间不足，将因碳化物未完全溶解而使钢的韧性较差；过高的水韧处理温度会导致铸件表面严重脱碳，而且奥氏体晶粒中和晶界上将析出共晶碳化物脆性相，这些碳化物可能会沿晶界分布，而使高锰钢的韧性大为下降。由于共晶碳化物不能通过重新热处理来消除，应尽量避免产生。

　　水韧处理时，铸件从常温加热到600℃的过程中，由于铸态组织中存在碳化物，钢的强度低，脆性大，且其导热差，线收缩大，内应力较大，所以加温速度要视铸件的壁厚和复杂程度而定。薄壁（<25mm）铸件可采用70℃/h的加热速度；中等壁厚（25~70mm）铸件可采用50℃/h的加热速度；厚壁（>75mm）铸件和复杂件可采用30~50℃/h的加热速度。待温度升至600℃以上，钢的韧性有所提高，开裂危险性减小，铸件加热速度可升至100~150℃/h，直至淬火保温温度。铸件的保温时间一般为2~4h，也可按1h/25mm壁厚计算，以防止或降低碳化物再次析出的可能性。保温后应迅速将铸件从炉中拉出投入水中，从打开炉门到工件完全入水的时间越短越好，一般不得大于1min，以保证工件入水时，温度不低于950℃。水温控制在10~30℃为宜，淬火终了水温不得高于60℃，以免碳化物再次析出。

　　图10-17所示为ZG100Mn13钢1050℃水韧处理组织。采用4%（体积分数）硝酸乙醇溶液浸蚀，用4%~6%（体积分数）盐酸乙醇溶液擦洗观察面后，再用滤纸吸干。组织为奥氏体，晶粒度为3~6级，硬度为187HBW。图10-18所示为ZG100Mn13钢水韧处理后表层

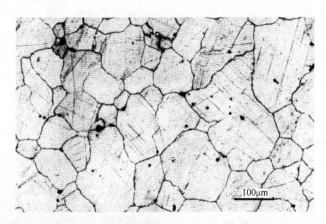

100μm

图 10-17　ZG100Mn13 钢 1050℃水韧处理组织

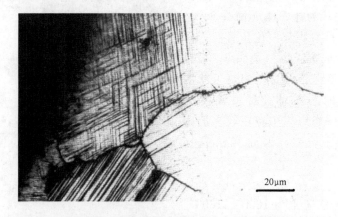

20μm

图 10-18　ZG100Mn13 钢水韧处理后表层经加工硬化后的组织

经加工硬化后的组织。表面有一薄变形层，组织为马氏体及沿滑移面形成的 ε 相；心部为奥氏体组织。表面变形层深度为 0.07~0.08mm。ZG100Mn13 钢在使用中受到剧烈冲击和强大压力而变形时，其表面层将迅速产生加工硬化，并有马氏体及 ε 相沿滑移面形成，从而产生高耐磨的表面层，而内层仍保持奥氏体良好的韧性和塑性。因此，即使零件磨损到很薄，仍能承受较大的冲击载荷而不致破裂。ZG100Mn13 钢经水韧处理后回火时会析出碳化物，若碳化物在晶界上析出，则会严重影响钢的力学性能。鉴于上述原因，ZG100Mn13 钢水韧处理后一般不再进行回火处理。

图 10-19 所示为 ZG100Mn13 高锰钢铸造缺陷组织，经 1050℃ 水韧处理后缺陷组织显现更为明显。图 10-19a 所示组织中有分散分布的疏松，分布在奥氏体晶界处，呈黑色孔洞状。基体为奥氏体，在晶粒上分布有一定位向的滑移线。ZG100Mn13 钢导热性较差，凝固时线收缩的敏感性较大。因此，当铸造工艺欠佳时，由于补缩不良，易沿奥氏体晶界形成分散分布的疏松孔隙。这不仅会降低铸件的力学性能，而且会影响铸件的耐磨性和使用寿命。这种疏松孔隙一经形成即无法消除。图 10-19b 所示疏松自表面向心部沿晶界呈串链状分布。表面奥氏体晶粒上分布较多的滑移线，疏松自表面沿晶界向里延伸，呈串链状分布，表面的奥氏体晶粒较心部粗大。具有这种组织的铸件在使用中易发生大块剥落，耐磨性较差，使用寿命不长。其原因是铸造工艺不当，凝固时补缩不良，致使奥氏体晶界处产生串链状分布的缩松，致使铸件的密度不

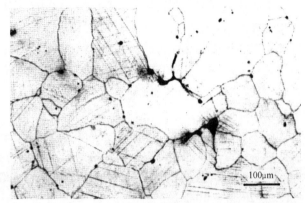

a) 分散分布的疏松

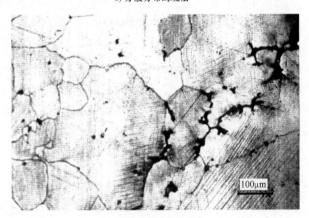

b) 呈串链状分布的疏松

图 10-19 ZG100Mn13 高锰钢铸造缺陷组织

良，尤其是在工作表面层处，使铸件在承受冲击载荷时易产生剥落，从而大大降低铸件的耐磨性，严重影响其使用寿命。

10.2.2 高锰钢的组织检验与评级

影响高锰钢力学性能的因素有碳化物、夹杂物、化学成分和晶粒度。在化学成分和晶粒度满足要求的情况下，碳化物、夹杂物是影响高锰钢力学性能的主要因素，在检验过程中应严格控制。高锰钢碳化物有未溶碳化物、析出碳化物和过热碳化物。不论是未溶碳化物还是网状的析出碳化物，当碳化物级别大于 3 时，都会使高锰钢冲击韧性及抗拉强度大大降低。因此，在检查时应严格控制高锰钢碳化物的级别。

高锰钢钢液中会产生大量的氧化锰。由于氧化锰在钢液中的溶解度很大，而在固态时的溶解度极小，所以在钢液凝固时，大量的氧化锰以非金属夹杂物形式在钢中析出，降低了钢的冲击韧性，并使铸件的热裂纹倾向增大。因此，在冶炼高锰钢时，要求钢液脱氧良好，应尽量降低钢液中氧化锰含量。另外，由于非金属夹杂物的强度和塑性都很低，它们在钢中的作用像空洞或裂纹一样，割裂钢的本体，降低钢的性能。

高锰钢的金相检验包括了显微组织、晶粒度和非金属夹杂物级别的评定。其中晶粒度检验参考第 2 章。本节主要根据 GB/T 13925—2010《铸造高锰钢金相》，介绍高锰钢显微组织中碳化物级别和非金属夹杂物级别的评定。

高锰钢的浸蚀剂通常为硝酸乙醇溶液、氯化铁硝酸水溶液（氯化铁 200g+硝酸 300mL+水 100mL）。在 GB/T 13925—2010 中规定的浸蚀剂有 4%（体积分数）硝酸乙醇溶液、甘油混合酸（HNO_3、HCl 与甘油的体积比为 1：2：3）和过饱和苦味酸溶液三种。

1. 碳化物评级

（1）未溶碳化物评级　高锰钢中的未溶碳化物是指钢在奥氏体化时未溶入奥氏体，在水韧处理后保留下来的碳化物。高锰钢的未溶碳化物金相检验是在水韧处理后取样，在放大 500 倍下选择最严重的视场进行评级。未溶碳化物的级别共分 7 级，评级图和评级图说明分别见图 10-20 和表 10-1。

（2）析出碳化物评级　高锰钢水韧处理中冷却的目的是得到过冷奥氏体，将高温奥氏体组织保留到常温。为保持碳化物完全溶解和获得稳定的奥氏体组织，冷却时必须从奥氏体化温度快速冷却。如果高锰钢铸件水韧处理入水前温度过低，组织中碳化物会在晶界上析出，并被保留下来。当析出的碳化物数量较多时，在激冷的收缩应力作用下，铸件在晶界处出现淬火裂纹。根据 Mn13 高锰钢临界点温度，960℃时碳化物就开始析出，到 900℃ 以下时，其析出速度加快。因此，规定高锰钢铸件从打开炉门到入水的时间不能超过 1min，以保证铸件在 900℃ 以上入水。

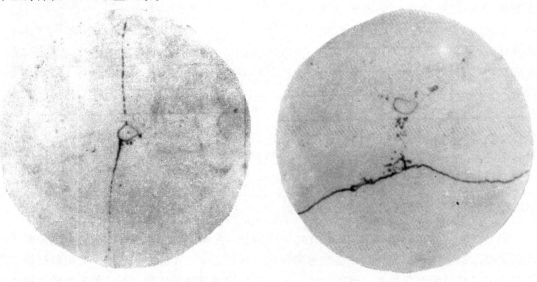

W1　　　　　　　　　　　　　　　　　　　　W2

图 10-20　未溶碳化物评级图　500×

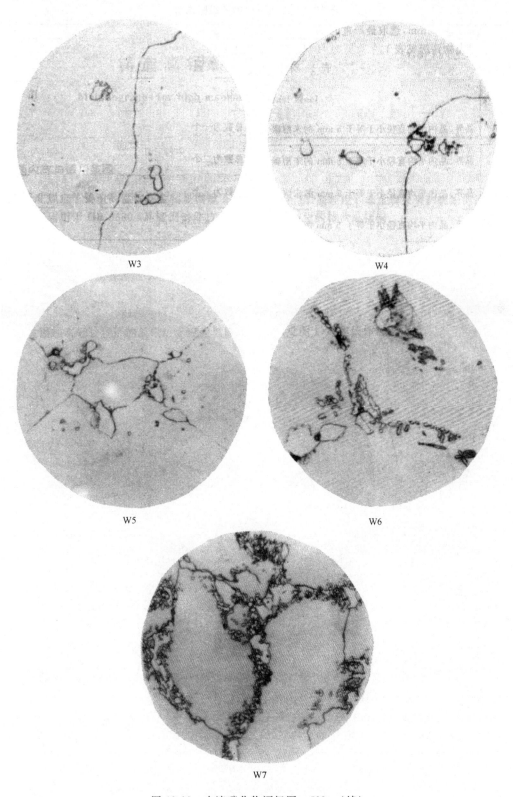

图 10-20 未溶碳化物评级图 500×（续）

表 10-1 未溶碳化物评级图说明

级别代号	金 相 特 征
W1	晶界、晶内平均直径小于等于 5mm 的未溶碳化物总数为 1 个
W2	晶界、晶内平均直径小于等于 5mm 的未溶碳化物总数为 2 个
W3	晶界、晶内平均直径小于等于 5mm 的未溶碳化物总数为 3 个
W4	晶界、晶内平均直径小于等于 5mm 的未溶碳化物总数多于 3 个
W5	晶界、晶内平均直径小于等于 5mm 的未溶碳化物或有聚集
W6	未溶碳化物呈大块状沿晶界分布有部分聚集
W7	未溶碳化物大块状沿晶界分布有大量聚集

注：平均直径小于 2mm 的未溶碳化物在评级时不予计数。

为保证高锰钢性能要求和不出现裂纹，须对析出碳化物进行评级。析出碳化物评级在放大 500 倍下选择最严重的视场进行评级。析出碳化物的级别共分 7 级，评级图和评级图说明分别见图 10-21 和表 10-2。

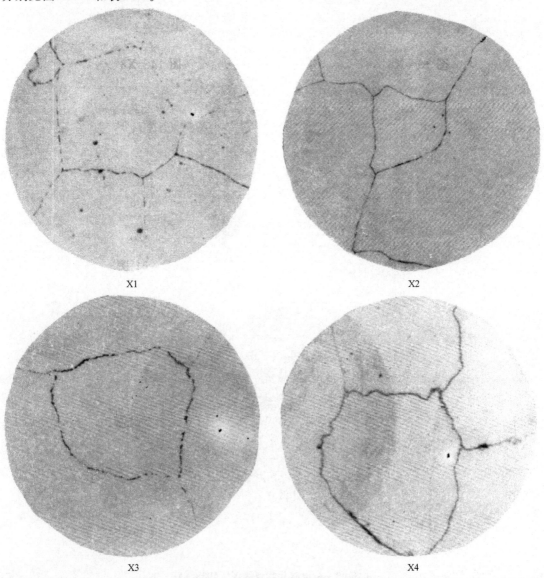

X1

X2

X3

X4

图 10-21 析出碳化物评级图 500×

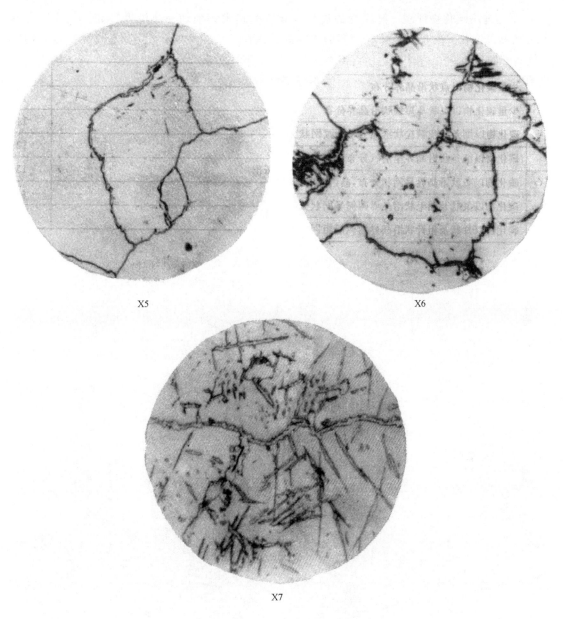

X5

X6

X7

图 10-21　析出碳化物评级图　500×（续）

表 10-2　析出碳化物评级图说明

级别代号	金相特征
X1	少量碳化物以点状沿晶界分布
X2	少量碳化物以点状及短线状沿晶界分布
X3	碳化物以细条状及颗粒状沿晶界呈断续网状分布
X4	碳化物以细条状沿晶界呈网状分布
X5	碳化物以条状沿晶界呈网状分布，晶内并有细针状析出
X6	碳化物以条状及羽毛状沿晶界两侧呈网状分布
X7	碳化物以片状及粗针状沿晶界两侧呈粗网状分布

（3）过热碳化物评级 高锰钢的过热碳化物是指水韧处理加热温度过高，加热温度过高时在奥氏体晶界发生熔化，在晶界形成共晶碳化物。当在晶界形成网状碳化物，则对钢的韧性有严重的损害。过热碳化物评级在放大 500 倍下选择最严重的视场进行评级。过热碳化物的级别共分 4 级，评级图和评级图说明分别见图 10-22 和表 10-3。

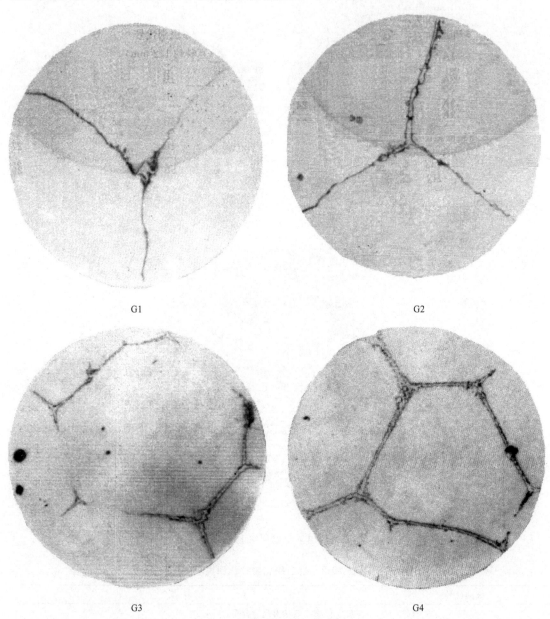

图 10-22　过热碳化物评级图　500×

2. 非金属夹杂物（氧化物和硫化物）评级

高锰钢的非金属夹杂物包括氧化物和硫化物，在放大 100 倍下选择最严重的视场进行评级。根据非金属夹杂物直径大小将非金属夹杂物分为 A、B 两类，每类共分 5 级，其中直径约为 0.8mm 的为 A 类，直径约为 1.2mm 的为 B 类。非金属夹杂物评级图如图 10-23 所示。

表 10-3 过热碳化物评级图说明

级别代号	金 相 特 征
G1	单个共晶碳化物沿晶界分布
G2	少量共晶碳化物沿晶界或晶内分布
G3	共晶碳化物沿晶界呈断续网状分布
G4	共晶碳化物沿晶界呈粗网状分布

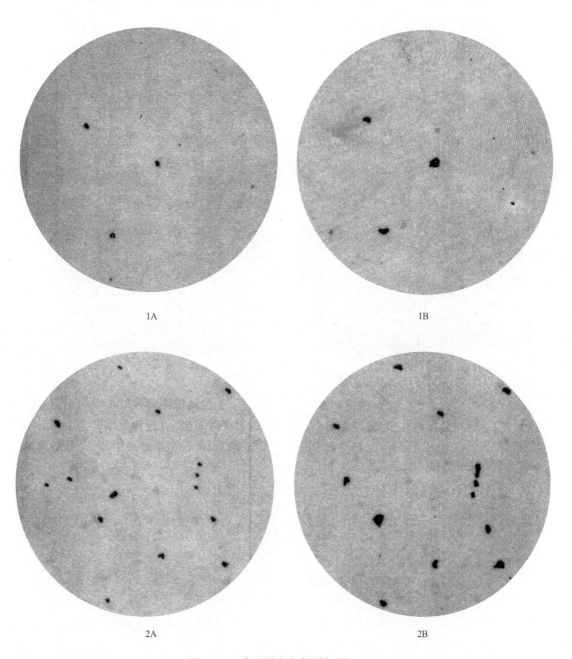

1A   1B

2A   2B

图 10-23 非金属夹杂物评级图 100×

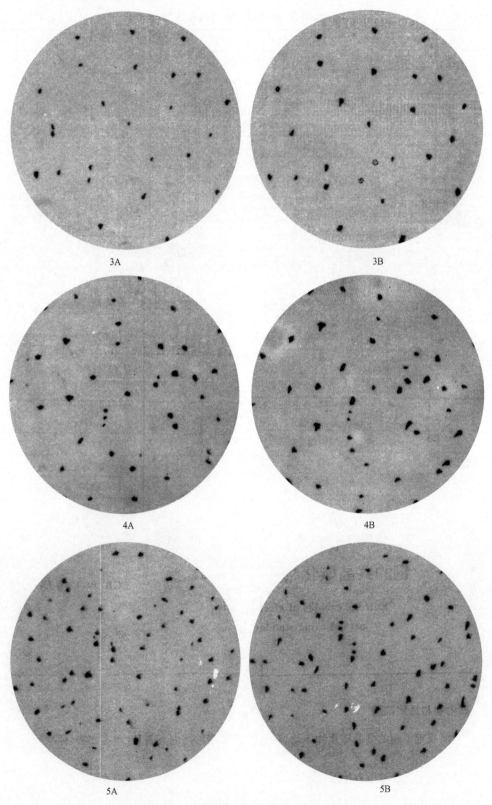

3A　　　　　　　　　　　　　　3B

4A　　　　　　　　　　　　　　4B

5A　　　　　　　　　　　　　　5B

图 10-23　非金属夹杂物评级图　100×（续）

10.3 特殊钢组织分析实例

10.3.1 不锈钢组织分析实例

1. 奥氏体不锈钢晶粒显示

采用不同的浸蚀剂对奥氏体不锈钢晶粒进行浸蚀，组织形貌具有较大的差别。图 10-24a 和图 10-24b 所示分别为采用 Kalling 浸蚀剂（3.5gCuCl$_2$+100mLHCl+100mL 乙醇）和 Beraha 浸蚀剂（200mLHCl+1000mLH$_2$O）浸蚀的 316L 钢（相当于我国的 022Cr17Ni12Mo2 钢）954℃退火组织。

a) 采用 Kalling 浸蚀剂   25μm   b) 采用 Beraha 浸蚀剂   25μm

图 10-24 316L 钢 954℃退火组织

为显示碳的质量分数大于 0.03% 不锈钢的晶粒尺寸，可在 650℃敏化处理温度进行 1~6h 保温处理，此时在晶界上形成碳化物，有利于晶界的显示和浸蚀。图 10-25 所示为敏化处理后采用不同方法显示的奥氏体晶粒。图 10-25a 和图 10-25b 所示分别为 304 钢（相当于我国的 06Cr19Ni10 钢）和 316L 钢采用 Ralph 浸蚀剂（50mLH$_2$O+50mL 甲醇+50mL 乙醇+50mLHCl+1gCuCl$_2$+3.5gFeCl$_3$+2.5mLHNO$_3$）显示的奥氏体晶粒，图 10-25c 所示为 304 钢经电化学浸蚀（质量分数为 10% 过硫酸铵水溶液，电压 6V，时间 10s）显示的奥氏体晶粒。

2. α 铁素体显示

马氏体不锈钢、奥氏体-铁素体不锈钢和奥氏体不锈钢中的 α 铁素体相检验是不锈钢检验的重要项目，但由于不锈钢耐蚀性强，有时 α 铁素体相浸蚀显示不明显，采用不同的浸蚀方法对不锈钢中 α 铁素体相浸蚀和显示效果也不同。因此，应根据具体钢种进行试验加以选择浸蚀剂。图 10-26 所示为不同浸蚀剂对 17-4PH 钢（相当于我国的 05Cr17Ni4CuNb 钢）中的 α 铁素体浸蚀效果。图 10-26a、图 10-26b 和图 10-26c 分别采用 Fry 浸蚀剂（4.5gCuCl$_2$+40mLHCl+30mLH$_2$O+25mL 乙醇）、Marble 浸蚀剂（4gCuSO$_4$+20mLHCl+20mLH$_2$O）和 Superpicral 浸蚀剂（10g 苦味酸+100mL 乙醇）浸蚀；图 10-26d 和图 10-26e 采用电解浸蚀方法侵蚀，电解液和参数分别为 10mol/L KOH 水溶液，电压 2.5V，时间 10s 和 20%（质量分数）NaOH 水溶液，电压为 20V，时间为 20s。

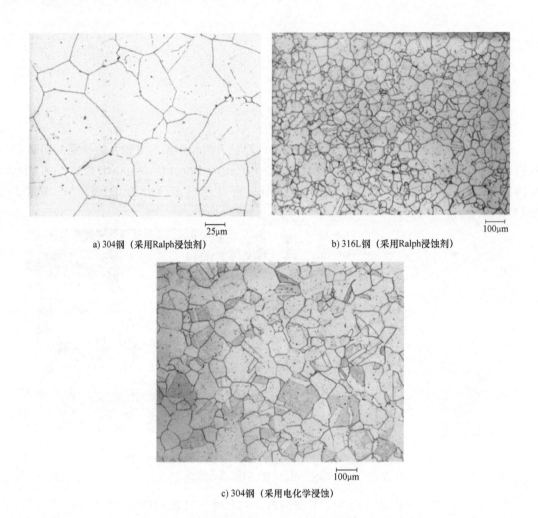

a) 304钢（采用Ralph浸蚀剂）　　　　　　　　　b) 316L钢（采用Ralph浸蚀剂）

c) 304钢（采用电化学浸蚀）

图 10-25　敏化处理后采用不同方法显示的奥氏体晶粒

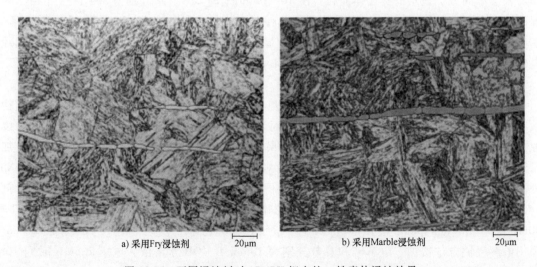

a) 采用Fry浸蚀剂　　　　　　　　　　　b) 采用Marble浸蚀剂

图 10-26　不同浸蚀剂对 17-4PH 钢中的 α 铁素体浸蚀效果

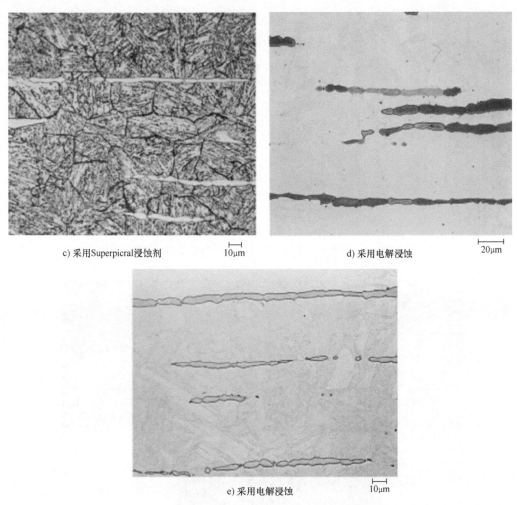

c) 采用Superpicral浸蚀剂 　10μm

d) 采用电解浸蚀 　20μm

e) 采用电解浸蚀 　10μm

图 10-26　不同浸蚀剂对 17-4PH 钢中的 α 铁素体浸蚀效果（续）

从图 10-26 中可以看出，采用 10g 苦味酸+100mL 乙醇浸蚀剂浸蚀，可以清晰显示 17-4PH 钢的晶界和钢中的 α 铁素体；采用电解浸蚀方法浸蚀可以在不显示基体组织的条件下，清晰显示钢中的 α 铁素体。

3. σ 相显示

焊接用 312 钢（相当于我国的 06Cr20Ni18Mo6Cu 钢）固溶处理后，采用 15% HCl（体积分数）乙醇溶液浸蚀，显示出晶界，如图 10-27a 所示。该钢经高温后，采用浓 NH_4OH 溶液在 6V 电解浸蚀，显示出 σ 相，如图 10-27b 所示。

4. 不锈钢焊缝中 δ 铁素体含量的金相法测量

不锈钢焊缝中 δ 铁素体含量是奥氏体不锈钢焊材性能评价的重要技术指标，应依据 GB/T 1954—2008《铬镍奥氏体不锈钢焊缝铁素体含量测量方法》和 GB/T 15749—2008《定量金相测定方法》进行金相法检测。在 308 钢（相当于我国的 06Cr20Ni11 钢）焊缝中，选取 δ 铁素体分布较均匀的同一位置，采用 300 倍、500 倍和 1000 倍拍照，如图 10-28 所示。与 500 倍和 1000 倍下标准试样的显微组织形貌进行对比，判定得出其 δ 铁素体的面积分数为 7.5%~10%。根据 GB/T 15749—2008，采用网格截线法分别对 300 倍、500 倍和 1000 倍的

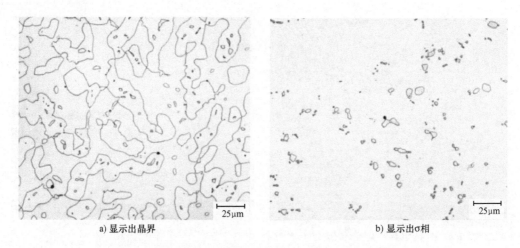

a) 显示出晶界

b) 显示出σ相

图 10-27 焊接用 312 钢的固溶处理组织和经高温后出现 σ 相

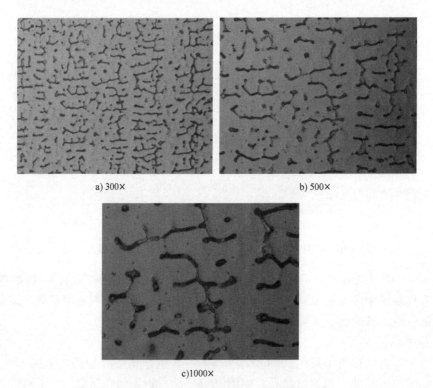

a) 300×

b) 500×

c)1000×

图 10-28 308 钢焊缝中的 δ 铁素体相

金相组织进行测量,测得平均 δ 铁素体的面积分数分别为 11.0%,7.6% 和 9.5%。由此可以看出不同放大倍数下,测得的 δ 铁素体含量有较大差别。由于 GB/T 1954—2008 中规定放大倍数不得小于 500 倍,因此根据实际测量情况,选择 500 倍较为合适。

5. 304 不锈钢封头微裂纹分析

压力容器中的封头采用 20mm 的 304 钢和冷旋压工艺生产。一批产品旋压结束后,钢板表面出现许多微裂纹,对其进行失效分析。采用真空直读光谱仪对断口试样成分进行检测,检测结果表明样品成分符合要求。对材料的组织进行金相分析,取样后采用 10%(质量分数）草酸水溶液进行电解抛光，发现钢板组织以奥氏体为主，在平行钢板厚度方向有大量的细长线状组织（见图 10-29a）。采用 10%（质量分数）NaOH 水溶液进行电解抛光，发现基体上存在大量网状、线状组织（见图 10-29b），可以确定该网状、线状组织是 α 铁素体。这些细长线状 α 铁素体宽度多为 2μm。利用金相软件对铁素体含量进行测定，发现其铁素体的面积分数为 8%~10%。经分析得出，这些细长线状 α 铁素体是形成微裂纹的主要原因。

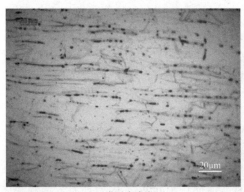

a) 10%草酸水溶液   b) 10%NaOH水溶液

图 10-29 304 钢封头微裂纹电解抛光组织

6. 316L 钢中的 δ 铁素体和碳化物

316L 钢采用 954℃ 固溶加热水冷，通过不同的浸蚀方法显示出不同的组织。图 10-30a 所示为采用 20%（质量分数）NaOH 水溶液浸蚀，显示沿中心线上的 δ 铁素体。图 10-30b 所示为采用浓 NH_4OH 和 5V 电压电化学浸蚀 10s，显示出钢在 954℃ 固溶加热未溶解的碳化物。

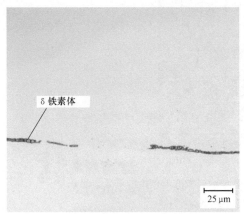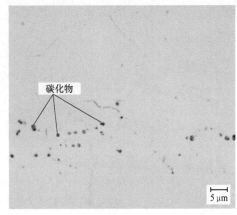

a) δ铁素体   b) 碳化物

图 10-30 316L 钢中的 δ 铁素体和碳化物

7. 316L 钢热影响区的碳化物析出

采用两种浸蚀方法显示 316L 钢热影响区的碳化物析出（致敏化）：一种采用浓 NH_4OH 和 6V 电压电化学浸蚀 60s，如图 10-31a 所示；另一种采用 10%（质量分数）过硫酸铵水溶液和 6V 电压电化学浸蚀 10s，如图 10-31b 所示。

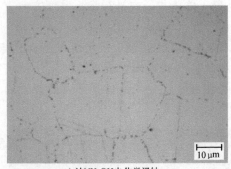
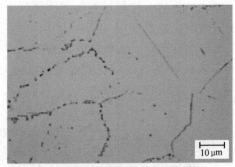

a) 浓NH₄OH电化学浸蚀   b) 10%过硫酸铵水溶液电化学浸蚀

图 10-31　316L 钢热影响区的碳化物析出

10.3.2　高锰钢组织分析实例

1. 高锰钢表面脱碳

由于高锰钢是高碳钢，在铸造和水韧处理时容易产生脱碳。如果产生脱碳，则会在钢的表面产生一层薄层马氏体组织。图 10-32 所示为高锰钢在 1065℃ 水韧处理后表面经轻微变形产生的马氏体组织。

图 10-32　高锰钢在 1065℃ 水韧处理后表面经轻微变形产生的马氏体组织
注：采用4%（质量分数）苦味酸乙醇浸蚀。

2. 高锰钢形变孪晶组织

高锰钢在变形过程中通常先产生孪晶而后产生滑移带，形变孪晶在失效的工件上很容易分辨。图 10-33 所示为 1065℃ 水韧处理后高锰钢失效工件形变产生大量形变孪晶。

3. 高锰钢析出相与中温转变组织

当高锰钢水韧处理在 550～750℃ 温度区间冷却速度较慢或在此温度区间重新加热时，会在奥氏体晶界处产生碳化物，如在 480～705℃ 温度区间停留时间过长，会形成珠光体。当具有珠光体的高锰钢热处理时，通常会在形成珠光体领域的奥氏体晶粒处产生退火孪晶。图 10-34 所示为高锰钢铸态组织，在晶界处枝晶之间有针状碳化物和珠光体领域。

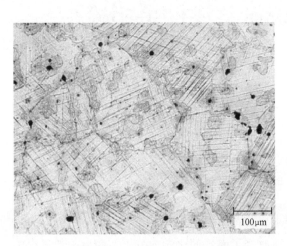

图 10-33　高锰钢失效工件形变产生大量形变孪晶

注：采用 HNO_3+HCl+H_2O 浸蚀，三者体积比为 1:1:1。

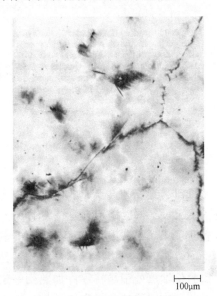

图 10-34　高锰钢铸态组织

注：采用 2g 苦味酸+25gNaOH+100mL H_2O 浸蚀。

本章主要参考文献

［1］　全国钢标准化技术委员会. 不锈钢中 α-相面积含量金相测定法：GB/T 13305—2008［S］. 北京：中国标准出版社，2008.

［2］　VANDER VOORT G F. ASM Handbook：Vol 9 Metallography and Microstructures［M］. Russell County：ASM International，2004.

［3］　李丹，何琨，孙丹琦，等. 奥氏体不锈钢焊缝中 δ 铁素体含量测量方法对比［J］. 理化检验（物理分册），2022，58（2）：40-44.

［4］　张健. 不锈钢封头微裂纹成因分析［J］. 金属加工（热加工），2022，43（1）：75-77.

［5］　程丹丹，熊毅，马云飞，等. 固溶温度对 316LN 奥氏体不锈钢微观组织和高温力学性能的影响［J］. 材料热处理学报，2022，43（1）：113-120.

［6］　全国铸造标准化技术委员会. 铸造高锰钢金相：GB/T 13925—2010［S］. 北京：中国标准出版社，2010.

第11章 渗碳件和碳氮共渗件金相检验

在机器制造业和汽车行业中，有很多的零件（如齿轮、凸轮轴、活塞销等），在复杂交变负荷下服役，同时表面还承受着冲击和磨损。因此，这些零件通常经过化学热处理，使零件的表面层化学成分发生变化，从而能获得高的硬度和耐蚀性，以及得到高的疲劳强度和耐磨性；同时心部能保持足够的强度和韧性。

钢的化学热处理是将零件加热到一定温度下，促使零件表面与周围的介质起化学作用，并保温一定时间使某些元素渗入钢的表面，从而改变了表层的化学成分，在随后冷却过程中得到与心部完全不同的组织。

渗碳处理是应用最早和用途最广的表面化学热处理工艺。它是将碳元素渗入钢的表面，使零件表面碳含量增高，随后通过淬火使表层得到高的硬度（60HRC 以上），而心部得到硬度较低且具有良好强韧性的低碳马氏体组织。

碳氮共渗工艺使零件表面具有良好的抗咬合性特点，共渗处理温度低于渗碳，可直接淬火，零件变形小，氮元素的渗入可提高耐蚀性，故应用范围广泛。

11.1 渗碳件金相检验

11.1.1 常用渗碳钢及其热处理工艺与渗碳层深度

渗碳钢中碳的质量分数通常为 0.1% ~ 0.25%，钢中主要合金元素有 Cr、Ni、Mn、Mo 和 B 等，其作用主要是提高钢的淬透性，使其在渗碳淬火后获得心部高的强度和韧性。长期以来，常用的渗碳钢牌号有 20、20Cr、20CrMo、20CrMnTi、20CrNi、18Cr2Ni4WA 等。随着我国汽车工业的发展，引进和开发的新型齿轮渗碳钢得到了迅速的发展。现新型齿轮钢有 Cr-Mn、Cr-Mn-B、Cr-Ni-Mn、Cr-Ni-Mo、Cr-Mo、Cr 等系列，牌号（括号中对应的为国外牌号）主要有 16MnCrH（16MnCr5）、20MnCrH（20MnCr5）、25MnCrH（25MnCr5）、28MnCrH（28MnCr5）、16CrMnBH（16MnCrB5）、18CrMnBH（18MnCrB5）、20CrMnBH（20MnCrB5）、16Cr2Ni2H、16CrNiH、17CrNi2MoH、20CrNiMoH（SAE8620H）、20CrNi2MoH（SAE4320H）、20CrMoH（SCM420H）、20CrH（SCr420H）等。常用渗碳钢的应用范围见表 11-1。

在渗碳工序中通过控制表面碳含量、组织中的碳化物及残留奥氏体的形态与分布、表层硬度梯度，以及有效渗碳层深度等，可以得到最佳的渗碳层质量和最小的变形，从而提高齿

表 11-1 常用渗碳钢的应用范围

牌 号	应 用 范 围
20Cr	机床齿轮、轻载荷齿轮
20CrMo、20CrMnTi、20CrMnMo、20MnVB	汽车、拖拉机、机床、工程机械、船用减速器、机车及一般工业用齿轮
12CrNi3、5CrNi3、20CrNi2Mo、20Cr2Ni4A	化工、冶金、工程机械、机车、电站、船舶、航空、坦克等高速齿轮及承受冲击载荷较大的重载齿轮

轮的质量。

渗碳钢的热处理工序包括预备热处理和渗碳淬火工艺。其中预备热处理可以是正火、正火+回火、等温退火或球化退火,渗碳淬火主要有渗碳后预冷直接淬火、渗碳后空冷后一次淬火或渗碳后空冷后二次淬火,渗碳淬火后要进行回火。常用的渗碳钢的热处理工艺规范见表 11-2。

表 11-2 常用渗碳钢的热处理工艺规范

牌号	正火		渗碳淬火、回火			
	加热温度/℃	硬度 HBW	渗碳温度/℃	淬火温度/℃	回火温度/℃	回火后硬度 HRC
20	880~920	≤179	920~940	770~800 水淬	160~200	58~63
20Mn	880~900	≤187	910~930	770~800 水淬	160~200	58~64
20Mn2	870~900	≤187	910~930	780~800 水淬	150~180	58~64
20MnVB	880~900	≤217	900~930	860~880+780~800 油淬	180~200	56~62
20MnTiB	950~970	≤207	920~930,降温至830~840,油淬	—	180~200	56~62
15Cr	880~900	≤197	900~930	860~890+780~820,两次油淬	170~190	>56
	860~890 退火	≤179				
20Cr	870~900	≤270	920~940	780~820 油淬	160~200	58~64
	860~880 退火	≤179		860~890+780~800 两次油淬	160~200	58~64
15CrMn	880~900	≤197	920~940	780~820 油淬	160~200	≥56
	850~870 退火	≤179				
20CrMn	870~900	≤350	910~930	810~830 油淬	180~200	≥56
	850~870 退火	≤187				
20CrMo	880~920	≤217	920~940	810~830 油淬	160~200	58~64
	850 退火	≤207				
20CrMnMo	880~930	≤228	900~930	810~830 油淬	180~200	58~64
	850~870 退火	≤217				
20CrMnTi	920~950	≤207	920~940	830~870 油淬	180~200	58~64
	680~720 退火	≤217				
20CrNi	900~920	≤197	900~930	800~820 油淬	180~200	58~64
12CrNi2	880~920+650~700 回火	≤207	900~920	770~800 油淬	180~200	≥58
12CrNi3	880~920+650~680 回火	≤229	900~920	810~830 油淬	150~180	≥58

（续）

牌号	正火		渗碳淬火、回火			
	加热温度/℃	硬度 HBW	渗碳温度/℃	淬火温度/℃	回火温度/℃	回火后硬度 HRC
20CrNi3	860~890+ 670~690 回火	≤229	900~930	640~670 回火+ 780~820 油淬	180~200	≥58
12Cr2Ni4	890~940+650~ 680 回火	≤229	900~930	840~860+770~ 790 两次油淬	150~180	≥58
20Cr2Ni4	860~890+630~ 650 回火	≤229	900~950	850~870 油淬 +600~650 回火 +780~800 油淬	150~180	≥58
	810~870 退火	≤217		810~830 油淬	150~180	≥58
18Cr2NAW	900~980+650~ 680 回火	≤269	900~920	840~860 油淬 +650~670 回火+ 780~800 油淬	150~180	≥58
				840~860 油淬	150~200	≥56
20CrNiMo	900+670 回火	≤197	920~940	650~670 回火 +820~840 油淬	150~180	≥58
				780~820 油淬	180~200	≥58
16Ni3CrMo	900±10	≤355	880~920,保护 气氛下缓冷	825±10 油冷	190±10	61~64
	825±10 退火	≤241				
20Ni4Mo	880+640 回火	≤269	930,缓冷	600 回火+780~ 840 油淬	150~180	≥56
	670 退火	≤239				

渗碳层深度和有效硬化层深度均为衡量渗碳质量的重要技术指标。合金钢的渗碳层深度为过共析层+共析层+全部过渡层的深度，且过共析层+共析层之和应为总深度的50%。碳钢的渗碳层深度为过共析层+共析层+1/2过渡层的深度，且过共析层+共析层之和不得小于总深度的75%。有效硬化层深度为渗碳淬火后硬度达550HV1的深度，GB/T 9450—2005《钢件渗碳淬火硬化层深度的测定和校核》规定了其测量方法。

工件的渗碳层深度一般是按工件的载荷大小选择的，一般弯曲疲劳断裂的齿轮渗碳层深度取下限，接触疲劳损坏的齿轮渗碳层深度取上限，载荷大的齿轮渗碳层深度取上限，见表11-3。对渗碳齿轮也可按齿轮的模数 m 用经验公式计算渗碳层深度 δ，例如，机床齿轮的 δ 取 $(0.15~0.2)m$，汽车拖拉机齿轮的 δ 取 $(0.2~0.3)m$，重型齿轮的 δ 取 $(0.25~0.3)$ m。实际生产中可根据工件使用的要求和特点，选择适当的钢种和渗碳层深度。表11-4 所示为 ANSI（美国国家标准学会）渗碳齿轮渗碳层深设计参考数据。

表 11-3　按载荷大小选择渗碳层深度

载荷	渗碳层深度/mm	钢　　种
起重载荷	<1.5	低碳钢,合金钢
重载荷	1.0~1.5	低碳钢,合金钢
中载荷	0.5~1.0	低碳钢,合金钢
中载荷	0.25~0.38	$w(C)$ 为 0.3% 的合金钢
轻载荷	0.13~0.25	低碳钢碳氮共渗

表 11-4 ANSI 渗碳齿轮渗碳层深设计参考数据

模数/mm	1.45~1.85	1.85~2.45	2.45~3.00	3.00~3.40	3.40~4.90
渗碳层深度/mm	0.25~0.50	0.38~0.64	0.50~0.70	0.64~1.0	0.76~1.27

当表面和心部的碳含量为一定值时，如果渗碳温度一定，渗碳层深度随时间的变化服从抛物线规律，可以用下式表达：

$$\delta = 802.6\sqrt{\tau}/10^{\left(\frac{3720}{T}\right)}$$

式中，δ 为渗碳层深度（mm）；τ 为时间（h）；T 为热力学温度（K）。

对给定渗碳温度，上式可简化为：875℃，$\delta = 0.45\sqrt{\tau}$；905℃，$\delta = 0.54\sqrt{\tau}$；925℃，$\delta = 0.63\sqrt{\tau}$。

目前测量渗碳层深度的方法主要有金相法、化学剥层法和淬硬层深度法三种。其中金相法是将渗碳试样缓冷后，测量过共析层+共析层+1/2 过渡层为试样的渗碳层深度；化学剥层法是将渗碳后的试样由表面向里剥层（每层 0.05mm）分析定碳，绘出碳含量与深度的分布曲线，规定表层到碳含量为 0.4%（质量分数）的距离为渗碳层深度；淬硬层深度法适用渗碳淬火、回火后试样的检验，即测量渗碳淬火、回火后由表面到 550HV1（测定硬度的试验力为 9.807N）处的垂直距离为淬硬层深度。

用金相法测定齿轮渗碳层的方法比较真实地反映了零件的渗碳层深度，但对于淬火冷却过程无法真实反映（即渗碳层深度相同的零件，其硬化层深度不一定相同），只有淬硬层深度法才能真实地反映零件的渗碳淬火质量。因此，为与国际标准接轨，我国的新标准将淬硬层深度作为测量零件渗碳层深度的指定方法。在有争议的情况下，淬硬层深度测量方法是唯一可采用的仲裁方法。

11.1.2 渗碳层组织分析

1. 渗碳缓冷组织分析

渗碳钢经渗碳后，在缓慢冷却的条件下，渗碳层的组织基本上与 Fe-Fe$_3$C 相图上各相区相对应，得到平衡组织。

碳素钢渗碳缓冷后，渗层由表及里的组织为网状渗碳体+珠光体（过共析层）→珠光体（共析层）→珠光体+铁素体（过渡层）。如果炉气碳势过高，过共析层会出现粗大连续网状渗碳体；如果碳势控制得当，则没有过共析层或过共析程度不大（只有少量细小断续网状渗碳体）。对于各层的厚度，视具体渗碳工艺条件而异。合金渗碳钢渗碳缓冷或重新加热退火时，渗层由表及里的组织依次为球块状或条状及少量的网状碳化物+珠光体（过共析层）→珠光体（共析层）→珠光体+铁素体（过渡层）。

合金钢渗层表面的碳化物一般多呈颗粒状，有些钢种会出现条状或角状。渗层表面有一定数量、颗粒较小且均匀分布的碳化物是有益的，但出现条状或角状的碳化物对性能是不利的，这些碳化物是在渗碳温度下形成的，在随后淬火加热时也很难消除。碳化物数量的多少、尺寸大小及形态，主要受钢种、渗碳温度及炉气碳势等因素影响。图 11-1a 所示为 20CrMnTi 钢渗碳缓冷的渗碳层全貌，渗碳层由表面到中心依次为过共析层、共析层、亚共析层（过渡层）和心部原始组织。图 11-1b 所示为其渗碳层中过共析层，最外层是颗粒碳化

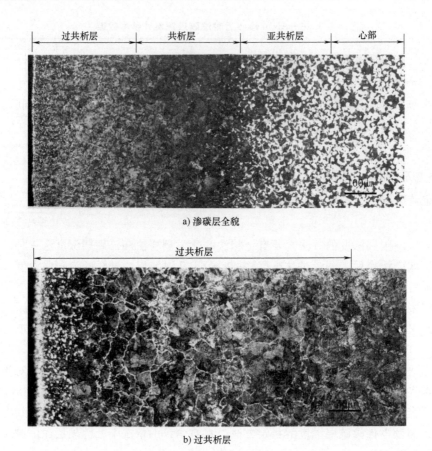

a) 渗碳层全貌

b) 过共析层

图 11-1　20CrMnTi 钢渗碳缓冷渗碳层组织

物，达到一定深度后才沿晶界析出网状碳化物。

2. 渗碳淬火+低温回火后组织分析

将渗碳后的工件进行淬火+低温回火后，过共析层为高碳回火马氏体+碳化物+残留奥氏体，共析层为回火马氏体+残留奥氏体，亚共析层为中、低碳回火马氏体+残留奥氏体，心部为低碳回火马氏体。如果工件尺寸较大未能淬透，那么亚共析层和心部将得到部分托氏体或索氏体+部分铁素体组织。

合金渗碳钢有时受钢种、淬火温度、截面尺寸和淬火冷却介质等因素影响，在渗碳层中还可能出现贝氏体组织。

渗碳工艺、淬火工艺、回火工艺都会对残留奥氏体的数量、马氏体形貌和碳化物尺寸产生很大的影响。图 11-2 所示为在 1.0%碳势条件下，热处理工艺对 4620 钢（相当于我国的 20Ni2Mo 钢）渗碳层组织的影响。图 11-2a 所示为在 940℃ 气体渗碳 8h，油冷淬火后在 180℃ 回火 1h+260℃ 再回火 2h 的渗碳层组织，其组织为回火马氏体+下贝氏体和碳化物，X 衍射检测无残留奥氏体；图 11-2b 所示为图 11-2a 热处理工艺中第 2 次回火工艺改为 230℃ 回火 2h，其他的热处理工艺不变的渗碳层组织，其组织为回火马氏体+下贝氏体、细小碳化物和残留奥氏体，X 衍射检测残留奥氏体的体积分数为 10%；图 11-2c 所示为在 940℃ 气体渗碳 4h，油冷淬火后在 180℃ 回火 1h 的渗碳层组织，其组织为回火粗针马氏体+残留奥氏体，残留奥氏体的体积分数为 35%；图 11-2d 所示为在 955℃ 气体渗碳 4h，而后在 820℃ 奥氏体化加热 30min 油冷淬火的渗碳层组织，其组织为未回火粗针马氏体+残留奥氏体，残留奥氏体的体积分数为 25%。

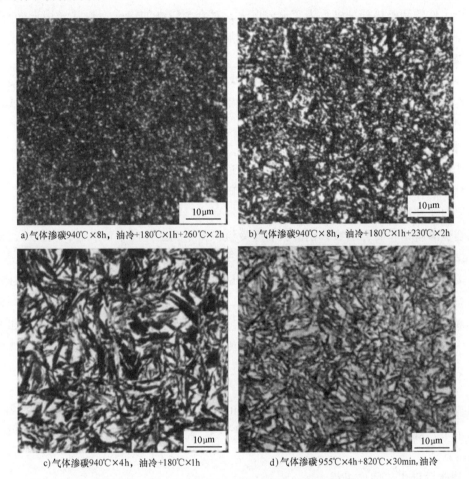

a) 气体渗碳 940℃×8h，油冷+180℃×1h+260℃×2h
b) 气体渗碳 940℃×8h，油冷+180℃×1h+230℃×2h
c) 气体渗碳 940℃×4h，油冷+180℃×1h
d) 气体渗碳 955℃×4h+820℃×30min，油冷

图 11-2　热处理工艺对 4620 钢渗碳层组织的影响

渗碳淬火、低温回火后，渗碳层中的碳化物、回火马氏体、残留奥氏体及心部的铁素体组织对渗碳零件性能影响极大，因此在产品生产中应根据相关标准对组织级别进行检验。

11.1.3　普通渗碳件金相检验

1. 原材料组织检验

1）钢中不允许有较多和粗大的非金属夹杂物，它们会导致应力集中，易形成裂纹。非金属夹杂物一般控制在 2.5 级以下，按 GB/T 10561—2005《钢中非金属夹杂物含量的测定　标准评级图显微检验法》进行评级，见第 3 章。

2）钢中不允许有严重的带状组织，它的存在会使渗碳层的硬度不均匀，可加工性变坏，使淬火畸变量增大，也易造成淬火开裂。带状组织一般按带状组织评级图控制在 2 级以下。如果钢材或锻件的带状组织不符合要求，则应该对工件增加一道高温正火进行改善。带状组织评级方法参考第4章。

2. 预备热处理组织检验

渗碳工件的预备热处理多数为正火或退火，对合金较高的渗碳钢通常采用正火+高温回火。预备热处理后通常会进行硬度检测，机械加工的合适硬度范围为156~217HBW，合金较高的铬镍渗碳钢的硬度范围为207~280HBW。

普通渗碳钢正火或退火的组织为铁素体+珠光体。合金较高的渗碳钢淬透性较高，在正火下还可能出现贝氏体或马氏体组织，因此通常需要进行高温回火，高温回火后马氏体组织转变为回火索氏体。

3. 渗碳后缓冷组织检验

低碳钢渗碳后，表层碳的质量分数一般可达0.8%~1.0%，相当于过共析钢，由高温缓冷后得到片状珠光体和呈网状、半网状或粒状碳化物。由表层向基体随着碳含量的下降，得到共析层和亚共析过渡层。

低合金渗碳钢和高合金渗碳钢渗碳后缓冷组织得不到上述的平衡状态，其主要区别是珠光体、渗碳体的粗细，表层可能会得到高碳马氏体，过渡层有时会出现针状贝氏体。

渗碳后渗碳件表层不能产生脱碳，过共析层中不能有大块的碳化物或严重网状碳化物、黑色组织，心部不能存在3级以上的带状组织，晶粒度级别不能小于5级，不能出现粗大的游离铁素体组织。如果出现上述大块的碳化物或严重网状碳化物组织、带状组织、粗大的游离铁素体组织，以及晶粒度级别不符合要求，则应采用正火方法进行消除。

11.1.4 渗碳淬火回火件金相检验

渗碳零件通常是在淬火、回火后使用。GB/T 25744—2010《钢件渗碳淬火回火金相检验》规定了有效硬化层深度大于0.3mm的工件渗碳淬火回火金相组织的检验、金相组织级别的测定方法。

1. 渗碳后淬火、回火组织

（1）直接淬火组织 渗碳温度较高，若直接淬火得到的是粗针状马氏体和较多的残留奥氏体，此时淬火应力大，容易产生裂纹。因此，渗碳后一般采用降温淬火，以析出部分碳化物，得到细针状马氏体和少量的残留奥氏体。因此，渗碳后直接淬火工艺，应该认真控制降温淬火的温度和选择细晶粒钢。

（2）一次淬火和低温回火组织 一次淬火和低温回火组织是表层为较细的回火针状马氏体、少量的残留奥氏体和少量的颗粒状碳化物，心部组织是低碳马氏体。应认真控制一次淬火的加热温度，以保证得到较细针状马氏体和不出现网状碳化物。

（3）二次淬火和低温回火的组织 二次淬火的目的是消除网状碳化物及细化组织。渗碳后表层碳含量偏高时，往往出现网状碳化物组织。例如，一次淬火工艺温度偏高，消除网状碳化物组织效果不佳，马氏体针较为粗大，残留奥氏体量多时，可以采用二次淬火工艺。第一次淬火加热温度选择在心部组织的 Ac_3 以上，以消除网状碳化物和细化心部组织；第二次淬火选择 Ac_1 以上加热温度，一般为780~800℃，采用油淬得到细小针状马氏体、少量残留奥氏体和颗粒状碳化物组织。

2. 渗碳淬火回火金相试样及评定项目

金相试样一般采用随炉试样，试样应与工件材料牌号相同，具有相同的预备热处理状态，表面粗糙度应与工件相同。

对于齿形试样，齿形工件截取至少有一个完整齿形，也可使用圆柱试样或模拟齿厚试样。圆柱试样尺寸：最小直径为 6 倍模数，但不小于 16mm；最小长度为试样直径的 2 倍。经用户同意也可采用小型试样，试样尺寸最小直径为 3 倍模数，最小长度为试样直径的 2 倍。模拟齿厚试样的厚度应等于 1.57 倍模数，其宽度与长度应为 2.5 倍模数。

齿形试样的检测面应在齿的法向截面。有效硬化层深度按 GB/T 9450—2005 规定进行检验。其他检验项目在放大 500 倍的显微镜下进行金相检验，检验项目包括马氏体级别、残留奥氏体级别、碳化物级别、表层内氧化层深度和心部组织。马氏体、残留奥氏体检验部位均在齿分度圆处距渗层表面 0.05~0.15mm 之间。碳化物检验部位在渗层尖角（齿角）处，或根据工艺要求。表层内氧化层深度检验部位在齿轮的齿根表层。心部组织检验在齿宽的中心线与齿根圆相交处，距表面 3 倍于渗碳淬火有效硬化层深度区域的组织。具体检验项目及检验方法见表 11-5。

表 11-5 检验项目及检验方法

检验项目	检验部位	制样条件	评定方法
马氏体	距渗层表面 0.05~0.15mm 之间区域	浸蚀后	在放大 500 倍下，比较法评级
残留奥氏体	距渗层表面 0.05~0.15mm 之间区域	浸蚀后	在放大 500 倍下，比较法评级
碳化物	近渗层表层区	深浸蚀后	在放大 500 倍下，比较法评级
表层内氧化层深度	渗层表层	未浸蚀	在放大 500 倍下，根据内氧化层深度评级
心部组织	试样心部	浸蚀后	在放大 500 倍下，比较法评级

注：检验部位应考虑热处理后表面磨削去除层。

3. 渗碳淬火回火金相组织评定

对渗碳淬火有效硬化层深度大于 0.3mm 的工件，其金相组织的检验、评定，对照 GB/T 25744—2010 中级别图片，在级别最高处采用比较法进行评定。渗碳淬火回火金相组织检验主要包括马氏体评级、残留奥氏体评级、碳化物评级、表层内氧化层深度评级和心部组织评级，每项检验有 6 个级别，若超出最高组织级别，用大于 6 级表示。

（1）马氏体评级 根据马氏体针的大小，对照图 11-3 所示系列级别图进行马氏体评级，评级说明见表 11-6。

（2）残留奥氏体评级 根据残留奥氏体含量的多少，对照图 11-4 所示系列级别图进行残留奥氏体评级，评级说明见表 11-7。

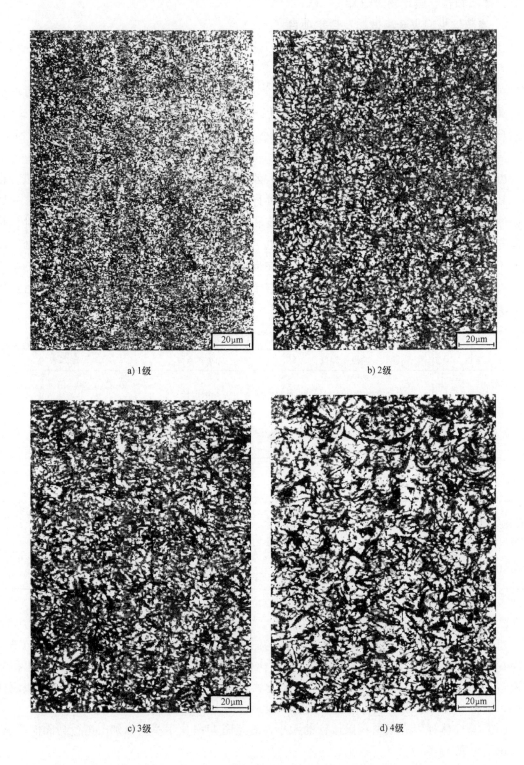

a) 1级

b) 2级

c) 3级

d) 4级

图 11-3 马氏体评级对照系列级别图 500×

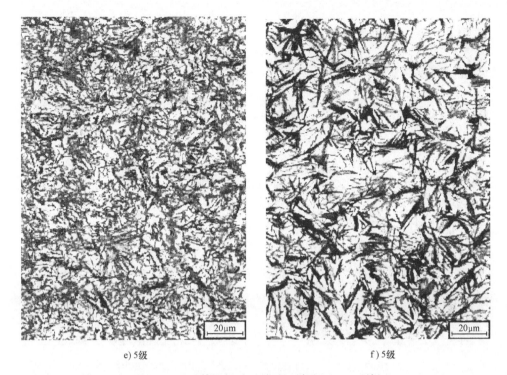

e) 5级 f) 5级

图 11-3 马氏体评级对照系列级别图 500× （续）

a) 1级 b) 2级

图 11-4 残留奥氏体评级对照系列级别图 500×

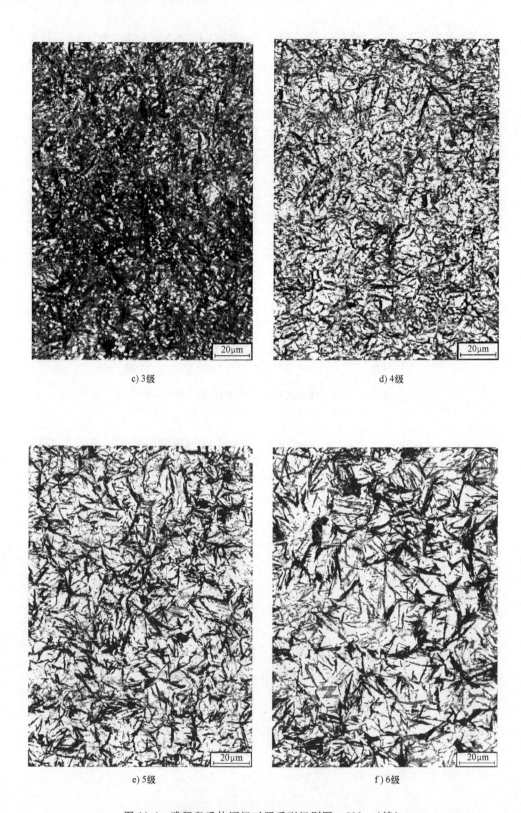

c) 3级   d) 4级

e) 5级   f) 6级

图 11-4 残留奥氏体评级对照系列级别图 500× (续)

表 11-6　马氏体评级说明

马氏体级别/级	说　明	马氏体级别/级	说　明
1	隐针及细针马氏体,马氏体针长≤3μm	4	针状马氏体,马氏体针长>8~13μm
2	细针马氏体,马氏体针长>3~5μm	5	针状马氏体,马氏体针长>13~20μm
3	细针马氏体,马氏体针长>5~8μm	6	粗针马氏体,马氏体针长>20~30μm

表 11-7　残留奥氏体评级说明

残留奥氏体级别/级	说　明
1	残留奥氏体的体积分数≤5%
2	残留奥氏体的体积分数>5%~10%
3	残留奥氏体的体积分数>10%~18%
4	残留奥氏体的体积分数>18%~25%
5	残留奥氏体的体积分数>25%~30%
6	残留奥氏体的体积分数>30%~40%

（3）碳化物评级　根据碳化物的形态、数量、大小及分布情况，对照图 11-5 所示系列级别图进行碳化物评级，评级说明见表 11-8。

a) 1级

图 11-5　碳化物系列级别图片　500×

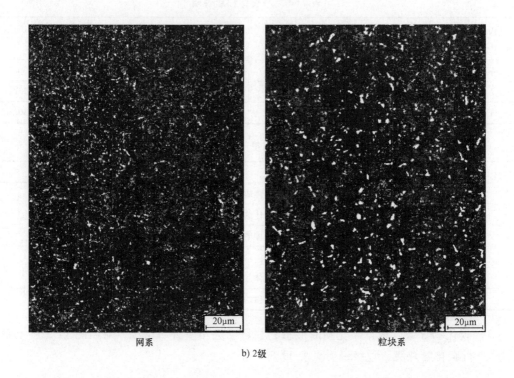

网系   粒块系

b) 2级

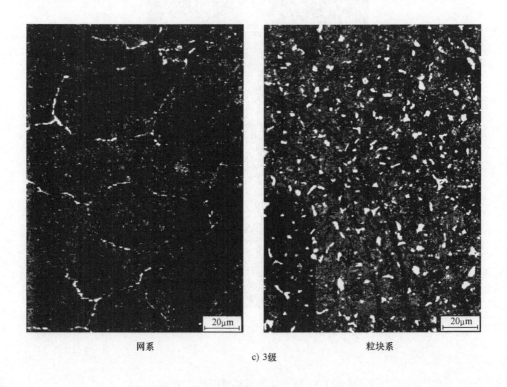

网系   粒块系

c) 3级

图 11-5 碳化物系列级别图片 500×（续）

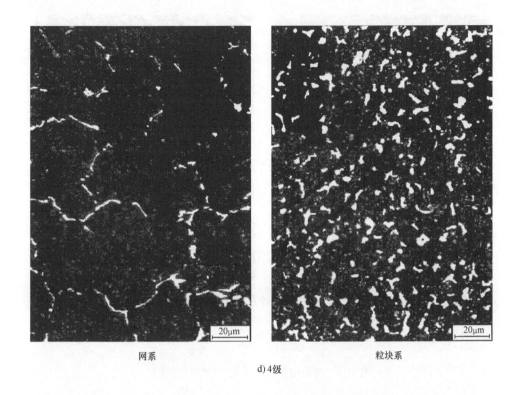

网系　　　　　　　　　　　　粒块系

d) 4级

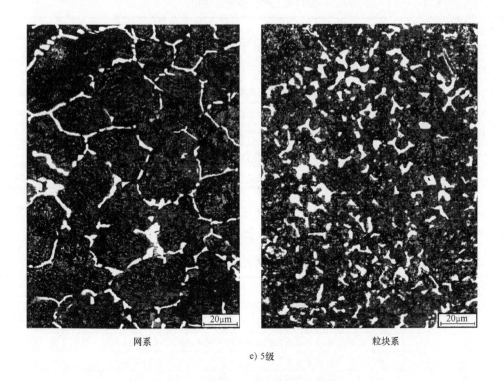

网系　　　　　　　　　　　　粒块系

e) 5级

图 11-5　碳化物系列级别图片　500×（续）

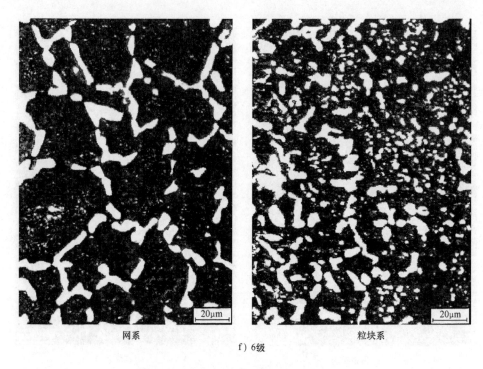

f）6级

图 11-5 碳化物系列级别图片 500×（续）

表 11-8 碳化物评级说明

碳化物级别/级	说 明	
	网系	粒块系
1	无或极少量细颗粒状碳化物	
2	细颗粒状碳化物+趋于网状分布的细小碳化物	细颗粒状碳化物+稍粗的粒状碳化物
3	细颗粒状碳化物+呈断续网状分布的小块状碳化物	细颗粒状碳化物+较粗的碳化物
4	细颗粒状碳化物+呈断续网状分布的块状碳化物	细颗粒状碳化物+粗块状碳化物
5	细颗粒状碳化物+网状分布的细条状、块状碳化物	细颗粒状碳化物+角块状碳化物
6	颗粒状碳化物+网状分布的条块状碳化物	颗粒状碳化物+大量粗大角块状碳化物

（4）表层内氧化层深度评级 在显微镜下，根据渗碳层表层内氧化最深处的深度进行评定，评级说明见表 11-9。表层内氧化层形貌如图 11-6 所示。

表 11-9 表层内氧化层深度评级说明

氧化层深度级别/级	说 明
1	表层未见沿晶界分布的灰色氧化物,无内氧化层
2	表层可见沿晶界分布的灰色氧化物,内氧化层深度≤6μm
3	表层可见沿晶界分布的灰色氧化物,内氧化层深度>6~12μm
4	表层可见沿晶界分布的灰色氧化物,内氧化层深度>12~20μm
5	表层可见沿晶界分布的灰色氧化物,内氧化层深度>20~30μm
6	表层可见沿晶界分布的灰色氧化物,内氧化层深度>30,最深处深度用具体数字表示

20μm

图 11-6　表层内氧化层形貌　500×

（5）心部组织评级　根据心部组织的形貌及铁素体的大小、形状和数量，对照图 11-7 所示系列级别图进行心部组织评级，评级说明见表 11-10。

表 11-10　心部组织评级说明

心部组织级别/级	说　　明
1	低碳马氏体，允许有贝氏体
2	低碳马氏体+不明显的游离铁素体，允许有贝氏体
3	低碳马氏体+少量游离铁素体，允许有贝氏体
4	低碳马氏体+较多量游离铁素体，允许有贝氏体
5	低碳马氏体+多量游离铁素体，允许有贝氏体
6	低碳马氏体+大量游离铁素体，允许有贝氏体

20μm

a) 1级

20μm

b) 2级

图 11-7　心部组织系列级别图片　500×

c) 3级

d) 4级

e) 5级

f) 6级

图 11-7 心部组织系列级别图片 500× (续)

11.1.5　渗碳淬火硬化层深度与渗碳层深度检测

1. 硬化层深度检测的规定

GB/T 9450—2005《钢件渗碳淬火硬化层深度的测定和校核》规定了钢制零件渗碳及碳氮共渗淬火硬化层深度的含义及其测定方法，该标准适用于渗碳和碳氮共渗淬火硬化层。在硬化层深度检测时，应注意其应用范围和检测方法。

1）淬硬层深度（CHD）是从零件表面到维氏硬度值550HV1处的垂直距离。适用对象是经渗碳和碳氮共渗，有效硬化层深度大于0.3mm的零件。

2）适用于经最终热处理后，距表面3倍于淬火硬化层深度处硬度值小于450HV的零件。

3）对于距表面3倍于淬硬层处硬度值高于450HV的零件，选择硬度值大于550HV（以25HV为一级）的某一特定值作为界限硬度。

4）测定维氏硬度所采用的试验力规定为9.807N（1kgf）。特殊情况下，经有关各方协议，维氏硬度试验力的使用范围可为4.903N（0.5kgf）~9.807N（1kgf），即硬度界限值可使用550HV1以外的其他值。使用其他载荷或其他界限硬度值时，应在CHD后面标注。

5）在有争议的情况下，GB/T 9450—2005中的测量方法是唯一可采用的仲裁方法。

2. 硬化层深度检测方法

1）试样制备。按规定在最终热处理后的零件横截面上取样进行测量。为了精确测量硬度压痕对角线的长度，待检测表面要经过磨制和抛光。在抛磨过程中应采取一切措施避免试样表面倒角或过热。

2）硬度的测定方法。在宽度（W）为1.5mm范围内，在与零件表面垂直的一条或多条平行线上测定维氏硬度（见图11-8）。每两相邻压痕中心之间的距离（S）应不小于压痕对角线的2.5倍。逐次相邻压痕中心至零件表面的距离差值（即a_2-a_1）不应该超过0.1mm。

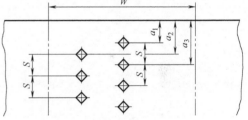

图11-8　硬度压痕的位置

应使用HV0.1（0.9807N）至HV1（9.807N）的试验力获得维氏（或努氏）硬度压痕，并用光学仪器（照相系统）在400倍以上的放大倍数下测量压痕。

3）根据垂直于零件表面的横截面上硬度梯度来确定硬化层深度，即以硬度值为纵坐标，以至表面的距离为横坐标，绘制出硬度分布曲线，用图解法在曲线上确定硬度值为550HV或相应努氏硬度值处至零件表面的距离。

4）在渗碳（碳氮共渗）淬硬层深度已大致确定的情况下，采用内插法校核，即在零件的某一垂直截面上，距零件表面d_1和d_2的位置上至少各打5个硬度压痕，而且d_1和d_2分别小于和大于确定的淬硬层深度（见图11-9），d_2-d_1值不超过0.3mm。硬化层深度的校验如图11-10所示。

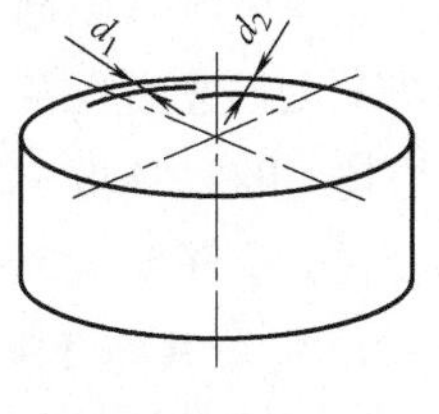

硬化层深度由下列公式给出：

$$CHD=d_1+\frac{(d_2-d_1)(\overline{H}_1-H_S)}{\overline{H}_1-\overline{H}_2}$$

图11-9　硬度
测点的位置

式中，d_1 为小于硬化层深度；d_2 为大于硬化层深度；H_S 为规定的硬度值；$\overline{H}_1$ 为 d_1 处硬度测定值的算术平均值；$\overline{H}_2$ 为 d_2 处硬度测定值的算术平均值。

3. 渗碳层深度检测

1）碳素钢渗碳层深度为过共析层+共析层+1/2 过渡层（1/2 过渡层不是指过渡层尺寸的 1/2，而是指珠光体和铁素体的体积分数各占 50%的位置，即碳的质量分数为 0.4%处），且过共析层+共析层之和不得小于总深度的 75%。

2）合金钢渗碳层深度为过共析层+共析层+全部过渡层，且过共析层+共析层之和应为总深度的 50%。

11.1.6 汽车渗碳齿轮金相检验

渗碳齿轮是汽车关键零部件之一，它的质量直接影响着车辆寿命、能耗等经济技术指标，而且对汽车的安全、舒适及环保等方面也起到至关重要作用。目前汽车渗碳齿轮金相检验的相关标准是 QC/T 262—1999《汽车渗碳齿轮金相检验》。该标准适用于渗碳淬火硬化层深度大于 0.3mm 的汽车齿轮，也可以供对其他渗碳齿轮金相检验时参考。齿轮渗碳淬火回火后轮齿上金相检验及硬度检测部位如图 11-11 所示。

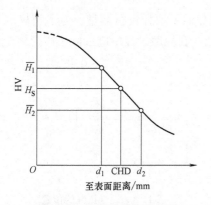

图 11-10　硬化层深度的校验

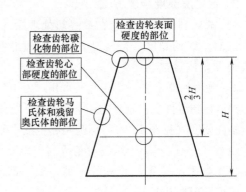

图 11-11　齿轮渗碳淬火回火后轮齿上金相检验及硬度检测部位

1. 渗碳齿轮表面硬度和心部硬度检测

渗碳齿轮表面硬度的检测部位为齿宽中部节圆附近表面；渗碳齿轮心部硬度的检测部位为齿宽中部横截面上，轮齿中心线与齿根圆相交处。

2. 渗碳淬火硬化层深度检测

渗碳齿轮渗碳淬火硬化层深度的检测是从轮齿表面起，在 9.81N（1kgf）载荷下测至 550HV 处的垂直距离，也可在 49.03N（5kgf）载荷下测至 513HV 处的垂直距离。具体测试方法按 GB/T 9450—2005《钢件渗碳淬火硬化层深度的测定和校核》的规定进行。齿轮渗碳淬火硬化层深度（550HV）推荐值见表 11-11。

3. 随炉试样要求

随炉试样材料应与被处理齿轮材料相同。其形状尺寸应能代表齿轮实际处理情况，根据需要可采用仿形试样或圆棒试样尺寸，仿形试样应至少含有 3 个轮齿。齿根以下截面厚度等

表 11-11　齿轮渗碳淬火硬化层深度（550HV）推荐值　　　（单位：mm）

模数 m	硬化层深度	模数 m	硬化层深度
1.5	0.25~0.50	10	2.00~2.60
1.75	0.25~0.50	11	2.00~2.60
2	0.40~0.65	12	2.30~3.20
2.5	0.50~0.75	14	2.60~3.50
3	0.65~1.00	16	3.00~3.90
3.5	0.65~1.00	18	3.00~3.90
4	0.75~1.30	20	3.60~4.50
5	1.00~1.50	22	3.70~4.80
6	1.30~1.80	25	4.00~5.00
7	1.50~2.00	28	4.00~5.00
8	1.80~2.30	32	4.00~5.00
9	1.80~2.30		

于齿根圆齿厚的 1/2，或根据齿轮模数选取，一般应大于 10mm；齿宽为齿根圆齿厚的 2~3 倍，如图 11-12 所示。圆棒试样尺寸列于表 11-12 中。

4. 渗碳层碳化物检验

QC/T 262—1999 中根据渗碳层碳化物形态、数量、大小、分布将碳化物等级分为 8 个级别。渗碳层碳化物等级组织特征说明见表 11-13，碳化物级别标准图谱如图 11-13 所示。渗碳层碳化物检验在放

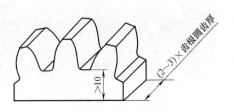

图 11-12　仿形试样

大 400 倍光学显微镜下进行，检查部位以齿顶角及工作面为准，按碳化物标准图谱评定。常啮合齿轮 1~5 级合格，换档齿轮 1~4 级合格。

表 11-12　渗碳齿轮金相检验用圆棒试样尺寸　　　（单位：mm）

模数 m	圆棒试样尺寸（直径×长度）	
	渗碳层检验	心部硬度与组织检验
≤6	16×35	32×76
>6~10	25×50	56×130
>10~18		76×180
>18	直径=1/2 齿高处的齿厚，长度=(2~3)×直径	90×205

表 11-13　渗碳层碳化物等级组织特征说明

级别/级	组织特征说明
1	无明显或极少量碳化物
2	碳化物呈颗粒状分布，数量较少
3	碳化物呈小块状，数量较多
4	碳化物呈小块状，个别处出现细条状，数量多分布较深
5	碳化物呈块状，个别处呈断续网状分布
6	碳化物呈大块状，断续网状分布
7	碳化物呈大块状，连续网状分布
8	碳化物呈粗大状，连续网状分布

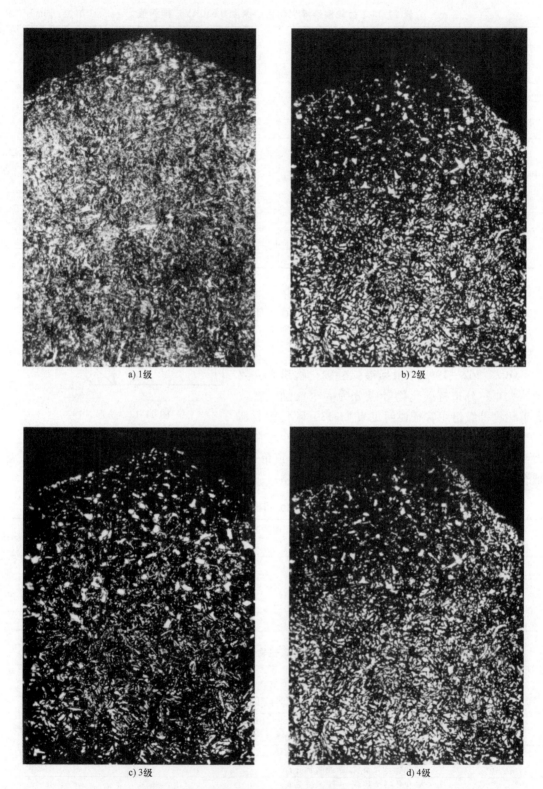

a) 1级

b) 2级

c) 3级

d) 4级

图 11-13　渗碳层碳化物级别标准图谱　400×

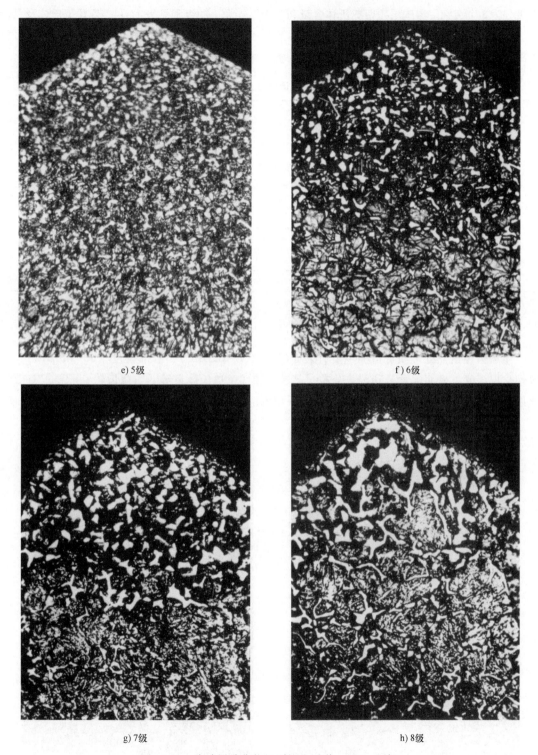

e) 5级　　　　　　　　　　　　　　f) 6级

g) 7级　　　　　　　　　　　　　　h) 8级

图 11-13　渗碳层碳化物级别标准图谱　400×（续）

5. 残留奥氏体及马氏体检验

QC/T 262—1999 中根据渗碳层残留奥氏体含量多少、马氏体针大小将残留奥氏体及马氏体等级分为 8 个级别。渗碳层残留奥氏体含量和马氏体针大小的级别见表 11-14，残留奥氏体及马氏体级别标准图谱如图 11-14 所示。残留奥氏体及马氏体检验在放大 400 倍光学显微镜下进行，检查部位以节圆附近表面及齿根处为准，按残留奥氏体及马氏体标准图谱评定，1~5 级合格。

表 11-14　渗碳层残留奥氏体含量和马氏体针大小的级别

级别/级	残留奥氏体含量(体积分数,%)	马氏体针大小/mm
1	<5	<0.0030
2	10	0.0050
3	18	0.0080
4	23	0.0125
5	30	0.0200
6	37	0.0380
7	42	0.0600
8	50	0.0880

11.1.7　重载齿轮金相检验

重载齿轮的热处理质量指标主要有表面硬度（58~62HRC）、心部硬度（30~45HRC）、有效硬化层深度、表面碳含量和碳势分布、晶粒度和残留奥氏体量等。重载齿轮一般要求有效硬化层深度在 2mm 左右。在重载齿轮制造上采用深层渗碳工艺，其渗碳层深度可达 5~8mm。

a) 1级　　　　　　　　　　　　　　　　b) 2级

图 11-14　残留奥氏体、马氏体级别标准图谱　400×

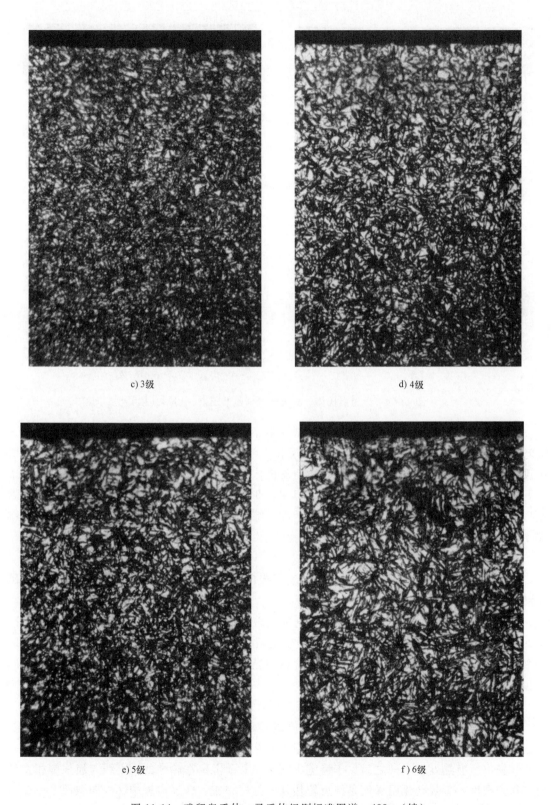

c) 3级

d) 4级

e) 5级

f) 6级

图 11-14　残留奥氏体、马氏体级别标准图谱　400×（续）

g) 7级

h) 8级

图 11-14 残留奥氏体、马氏体级别标准图谱 400× （续）

渗碳层碳含量会影响渗层的淬透性，对多数齿轮用钢而言，在碳的质量分数为 0.8%~0.9% 时，渗碳层具有最高的淬透性。渗碳层和心部的晶粒度都应保证在 7~8 级以上。残留奥氏体是渗碳层淬火组织中的重要相，残留奥氏体量过多，则可能引起表面残留压应力的下降，从而降低齿轮的疲劳强度和耐磨性，但在负荷的作用下，钢中的残留奥氏体可发生塑性变形而使齿的接触状况改善且维持齿轮的精度。综合考虑，残留奥氏体的体积分数一般控制在 10%~25% 之间为宜。

1. 渗碳表面碳含量金相检验

JB/T 6141.4—1992《重载齿轮 渗碳表面碳含量金相判别法》中规定了重载齿轮渗碳表面碳含量金相检验方法。

根据工艺需要，在渗碳过程中于不同时间内取出试样，放入 800~820℃ 保护加热炉中冷至 500℃ 以下，制备成金相试样。检验试样表面至 0.15mm 处的金相组织。对照该标准中的评级标准图，依据碳化物的形状、数量和分布用光学显微镜在放大 400 倍下评定渗碳表面碳含量，具体评级图参考 JB/T 6141.4—1992。

2. 表面硬度、心部硬度与有效硬化层深度检测

JB/T 6141.2—1992《重载齿轮 渗碳质量检验》中规定：齿表面硬度是指齿轮渗碳、淬火和回火后，齿宽中部节圆部位表面或距表面 0.05mm 处的硬度；齿轮心部硬度是指渗碳齿轮在完成所有热处理工序之后，于齿宽中部法向截面上，在轮齿的中心线与齿根圆相交处所测得的硬度。有效硬化层深度是指齿轮热处理工序完成后，于齿宽中部法向截面上，在节圆处沿垂直于齿面方向自表面测至 550HV1（或 52HRC）处的距离。

3. 渗碳金相检验

JB/T 6141.3—1992《重载齿轮　渗碳金相检验》中规定了在放大 400 倍的光学显微镜下，对重载齿轮渗碳、淬火、回火金相检验的技术要求和评定级别，具体评级图参考 JB/T 6141.3—1992。

渗碳层马氏体和残留奥氏体在距离表面 0.05~0.15mm 处进行检验，金相组织为隐晶或针状马氏体+小于30%（体积分数）的残留奥氏体。标准中根据马氏体针形态和残留奥氏体含量分为 6 个级别，其中 1~4 级为合格。马氏体和残留奥氏体的级别及组织特征见表 11-15，具体评级图参考 JB/T 6141.3—1992。渗碳层碳化物级别根据渗碳层碳化物形态、数量、大小、分布将碳化物等级分为 6 个级别，其中 1~3 级为合格。渗碳层碳化物的级别及组织特征见表 11-16，具体评级图参考 JB/T 6141.3—1992。心部铁素体组织级别根据铁素体组织的大小、形态和数量也分为 6 个级别，其中 1~4 级为合格。心部铁素体组织的级别及组织特征见表 11-17，具体评级图参考 JB/T 6141.3—1992。

表 11-15　马氏体和残留奥氏体的级别及组织特征

级别/级	组织特征	级别/级	组织特征
1	隐晶马氏体+体积分数为 5%~8%残留奥氏体	4	针状马氏体+体积分数为 30%残留奥氏体
2	细针状马氏体+体积分数为 15%残留奥氏体	5	针状马氏体+体积分数为 40%残留奥氏体
3	细针状马氏体+体积分数为 30%残留奥氏体	6	粗针状马氏体+体积分数为 55%残留奥氏体

表 11-16　渗碳层碳化物的级别及组织特征

级别/级	组织特征
1	细颗粒碳化物
2	细颗粒碳化物+呈网状分布细小碳化物或稍粗颗粒状碳化物
3	细颗粒碳化物+呈断续网状分布小块状碳化物或较粗碳化物
4	细颗粒碳化物+呈断续网状分布块状碳化物或粗块状碳化物
5	细颗粒碳化物+网状分布细条状、块状碳化物或角块状碳化物
6	细粒球化碳化物+大量粗大角块状碳化物

表 11-17　心部铁素体组织的级别及组织特征

级别/级	组织特征	级别/级	组织特征
1	低碳马氏体	4	低碳马氏体+较多量游离铁素体
2	低碳马氏体+不明显的游离铁素体	5	低碳马氏体+多量游离铁素体
3	低碳马氏体+少量游离铁素体	6	低碳马氏体+大量游离铁素体

11.1.8　渗碳件常见缺陷分析

1. 渗碳层形成粗大碳化物或网状碳化物

（1）产生原因　细小弥散的碳化物颗粒有利于增强工件表层的耐磨性和抗点蚀性能。网状或块状碳化物则会显著增加渗层脆性。显微裂纹易于沿碳化物网萌生，在渗碳淬火和磨削加工时，容易沿碳化物分布形态形成网状裂纹，导致工件报废。因此，必须严格控制渗碳或碳氮共渗过程中碳化物的级别。渗碳出现大块状和粗大网状碳化物的原因是碳势过高或渗碳温度偏高，多余的碳以碳化物的形式沿奥氏体晶界聚集长大并逐渐连续成网状；渗碳后期降温淬火时预冷时间过长，淬火温度过低或冷却速度太慢，在预冷时或淬火时碳化物沿奥氏体晶界析出。

图 11-15 所示为渗碳层中严重的网状碳化物。其产生的原因有渗碳碳势过高，渗碳后直接淬火温度过高或冷却速度较慢。

（2）防止方法 为防止块状或网状碳化物产生，可以通过减少渗碳剂供给量降低炉内碳势，延长扩散时间降低表面碳浓度，提高淬火温度等方法加以解决。其中合理控制炉内碳势，并采用合适的强渗期与扩散时间比例和适当的淬火温度是比较有效的解决措施。

如果网状碳化物不是很严重，可提高淬火温度，使部分碳化物溶入奥氏体中形成断续网状或点状碳化物，以改善碳化物级别，一般淬火温度提高 30～50℃，可降低一级；也可以在淬火前增加一次高温正火或采用两次淬火来消除网状碳化物。

图 11-15 渗碳层中严重的网状碳化物

2. 渗碳层残留奥氏体过多

（1）产生原因 渗碳层淬火后，适量的残留奥氏体，能提高渗碳层的韧性、接触疲劳强度，改善啮合条件。但残留奥氏体过量，会导致表面硬度下降，使耐磨性和尺寸稳定性变差；同时，常会伴随着马氏体针状组织粗大，也会使强度和韧性降低。对不同承载能力的渗碳件，残留奥氏体含量应有一个最佳范围，通常认为残留奥氏体的体积分数在 25% 以下是允许的。引起残留奥氏体过量的原因有钢中合金元素增加了奥氏体的稳定性，碳势过高和渗碳温度偏高，以及淬火温度偏高或淬火冷却介质温度偏高等。

（2）防止方法 为使残留奥氏体含量适当，而又不使马氏体粗大，应合理地选择渗碳钢，调整炉内碳势，适当降低渗碳、淬火、冷却介质温度。其解决方法是适当减少渗碳剂供给量，延长扩散时间以控制表面碳含量，并降低淬火温度。对渗碳层中过量的残留奥氏体，可采用重新加热淬火、双重淬火和淬火后冰冷处理等方法来减少。

3. 渗碳件淬火后表面硬度低

（1）产生原因 渗碳件淬火后，通常要求工件表面硬度应达到 58～63HRC，若低于这一范围的下限值，就是硬度不足。

渗碳层表面脱碳，使淬火组织中出现非马氏体组织会造成表面硬度偏低，耐磨性下降，疲劳强度降低。在渗碳气氛中，O_2、H_2O 和 CO_2 含量较高，使炉内氧化性气氛过高，或者工件表面有严重的氧化皮存在，在渗碳中将发生内氧化，在高温下吸附在工件表面的氧沿奥氏体晶粒边界扩散，并和与氧有较大亲和力的元素（如 Ti、Si、Mn、Al、Cr）形成金属氧化物，造成氧化物附近基体中的合金元素贫化，并且以氧化物质点作为非马氏体相变的核心，从而引起渗碳层淬透性下降，出现非马氏体组织。此外，淬火加热温度过低、淬火冷却介质选择不当或温度太高等都有可能导致淬火得不到马氏体组织，从而使硬度达不到要求。淬火后，如果表面残留奥氏体量太多，也会使硬度明显下降。

例如，20CrMnTi 钢 920℃ 渗碳降温至 840℃ 淬火 + 低温回火后，表层产生白色完全脱碳层，次表层产生部分脱碳层，出现黑色非马氏体组织（见图11-16a）；有时表层仅有部分脱碳层，出现黑色非马氏体组织（见图11-16b）。产生黑色非马氏体组织的原因主要是降温淬火的停留时间过长，表面产生脱碳和非马氏体组织。产生黑色非马氏体组织后表层硬度明显降低，渗碳层出现软点，降低耐磨性和接触疲劳强度。产生渗碳表层脱碳的原因是在扩渗期炉气碳势过低，或渗碳出炉淬火前在空气中停留时间过长。

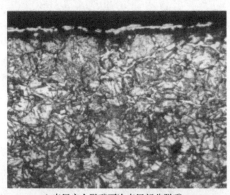 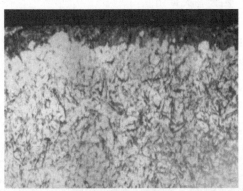

a) 表层完全脱碳而次表层部分脱碳   b) 表层部分脱碳

图 11-16 20CrMnTi 钢 920℃渗碳降温至 840℃淬火+低温回火后的表层组织 400×

（2）防止办法 为了防止非马氏体组织的产生，除了考虑选用抑制内氧化新型渗碳钢外，防止方法还有：要控制炉气中 O_2、H_2O 和 CO_2 等气体的含量，减少渗碳剂中的杂质（如硫）含量；渗碳前要将工件表面的氧化皮、锈斑清除干净；通过磨削加工等方法去除表面氧化物和减少非马氏体的厚度；在渗碳结束前向炉内少量短时通入氨气等。对内氧化形成的氧化物很难消除，解决办法是要保持炉内一定的压力，以保证在高温下无氧原子渗入工件表层。

4. 渗碳层不均匀

（1）产生原因 渗碳层不均匀的现象有：渗碳层深度不均匀，渗碳层碳含量的不均匀，而且往往是在一个很小的区域内就表现得十分明显。这种缺陷都会造成工件各部位的硬度、耐磨性、疲劳强度不一致，同时在淬火时变形会大大增加，在工件的服役期会导致早期破坏。渗碳层不均匀产生的原因主要有工件装炉前清洗不彻底，存在着锈蚀、氧化皮、油污等杂物；工件装炉摆放过密；或炉内积炭过多或工件表面积炭。

（2）防止办法 工件装炉前仔细清洗工件表面和孔洞；保证炉内工件间隔，避免形成炉气流动不畅；定期清理炉内积炭，检查炉罐的气密性。

5. 渗碳件变形

（1）产生原因 在900~950℃渗碳高温下钢的强度大大降低，如果装炉不当或夹具选择不当，工件自重就会造成工件变形。渗碳前的预备热处理工艺和渗碳后淬火工艺不当也会造成渗碳件变形。

（2）防止办法 渗碳时长轴类工件一定要垂直吊挂；平面、平板、圆环类工件一定要放在加工过的平面上，平稳摆放，不能承受重压。出炉操作要平稳，最好进行降温出炉。淬火应确定合理的淬火温度，尽量采用渗碳后直接淬火，避免使用渗后两次淬火工艺，尽量采用淬火压床进行淬火。

6. 共析层或亚共析层出现游离铁素体组织

图 11-17 所示为 20Cr 钢 920℃渗碳直接淬火+低温回火后的过渡区组织。其组织中存在网状铁素体、贝氏体和少量托氏体组织。该组织产生原因是高温保温时间过长，产生过热。

7. 粗大马氏体组织

当淬火温度过高时，在表层和心部出现粗大马氏体组织。图 11-18 所示为 20CrMnTi 钢 930℃渗碳降温至 870℃淬火+低温回火后的组织。表层组织为粗大回火马氏体+残留奥氏体，心部组织为粗大回火板条马氏体。该组织产生的原因是淬火温度过高。

图 11-17　20Cr 钢 920℃渗碳直接淬火+低温回火后的过渡区组织　400×

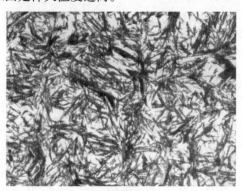

a) 表层组织

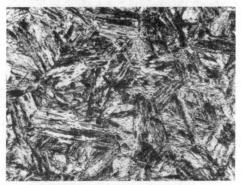

b) 心部组织

图 11-18　20CrMnTi 钢 930℃渗碳降温至 870℃淬火+低温回火后的组织　400×

11.1.9　渗碳层组织分析实例

1. 金相法、硬化层深度法和化学法测量渗碳层深度比较

（1）20Cr 钢试样　20Cr 钢棒料，车削加工成形后再进行渗碳缓冷处理得到平衡组织。渗碳后的试样分成三组，每组各 3 根试样，然后再分组分别进行各项试验。在 930℃渗碳，然后用金相法、化学法（剥层法）和硬化层深度法 3 种不同方法进行渗碳层深度检测，每组各 3 个试样。

第 1 组：缓冷后的试样用金相法测量渗碳层深度。金相法测量渗碳层深度为过共析层+共析层+1/2 过渡层，3 个试样的平均值为 1.44mm。测量的分界线在显微镜视场中的位置如图 11-19a 所示。

第 2 组：把渗碳缓冷后的试样于 820℃加热淬火，对淬火、回火后的试样测量它们的硬化层深度，3 个试样的平均值为 1.40mm。图 11-19b 所示为硬化层深度法。

第 3 组：进行剥层分析定碳，以碳的质量分数为 0.40%处为 1/2 过渡层，3 个试样的平均值为 1.39mm。

（2）20MnVB 钢试样　试样为 EQ-140 齿轮随炉试样，经 930℃×14h 渗碳，试棒采用硬化层深度法、金相法及化学法进行测试。20MnVB 钢 3 种不同方法渗碳层深度测量结果见表 11-18。

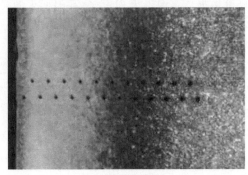

a) 金相法测量　　　　　　　　　　b) 硬化层深度法测量

图 11-19　测量渗碳层深度比较　50×

表 11-18　20MnVB 钢 3 种不同方法渗碳层深度测量结果

硬化层深度法（550HV1）		金相法（50%P+50%F）		化学法（基体碳含量）	
渗碳层深度/mm	碳的质量分数（%）	渗碳层深度/mm	碳的质量分数（%）	渗碳层深度/mm	碳的质量分数（%）
1.57	0.37	1.78	0.32	2.73	0.21

　　以上数据可以表明，3 种方法在有的情况下比较一致，有的情况下可能会有一定差别，这主要取决于渗碳钢的淬透性、渗碳工艺，以及渗碳层的碳浓度分布。在全部过渡层完全淬透的情况下，金相法与硬化层深度法测量结果基本相同。一般而言，金相法比硬化层深度法测量结果深 0.1~0.2mm。

　　2. 新渗碳齿轮钢工艺性能和金相组织分析

　　22CrMoH、20CrNi2Mo 和 17CrNiMo6 是引进的三种齿轮钢种，对其进行了工艺性能和组织分析。原材料常规检验包括成分检验、低倍检验、夹杂物检验、淬透性检验和晶粒度检验等。

　　（1）预备热处理对比　为了改善其可加工性，以及稳定渗碳层质量和心部性能，为后续渗碳工艺进行组织准备，对三种材料分别进行了正火、等温退火和正火+高温回火三种预备热处理。不同预备热处理工艺和硬度值见表 11-19。

表 11-19　不同预备热处理工艺和硬度值

牌号	预备热处理		
	940℃×30min 正火	940℃×30min,冷至 650℃×180min 等温退火	940℃×30min 正火+650℃×180min 高温回火
	硬度 HBW		
22CrMoH	272~282	187~193	210~215
20CrNi2Mo	285~295	164~174	210~224
17CrNiMo6	302~330	156~167	230~240

　　正火后组织为铁素体+珠光体+贝氏体，硬度较高，不利于后续切削加工和渗碳热处理；等温退火组织为铁素体+珠光体，硬度适合切削加工；正火+高温回火使正火得到的贝氏体在高温回火时发生碳化物析出等组织转变，硬度介于正火和等温退火之间。根据表 11-19 中

的硬度数据，等温退火和正火+高温回火两种工艺基本上能满足切削加工硬度要求。根据生产实际，最合适于切削加工的预备热处理是等温退火工艺。如果为了改善和消除带状组织，预备热处理可采用正火+高温回火。

（2）渗碳工艺对比 三种材料渗碳工艺采用 930℃×8h 渗碳（碳势为 1%～1.15%）+910℃×4h 扩散（碳势为 0.80%～0.90%），炉冷至 850℃×3h（碳势为 0.8%）淬入 80℃热油+190℃×4h 回火。三种材料渗碳金相检验结果见表 11-20。

表 11-20　三种材料渗碳金相检验结果

牌号	残留奥氏体级别/级	马氏体级别/级	碳化物级别/级	有效硬化层深度/mm	表面硬度 HRC	心部硬度 HRC
22CrMoH	2	2～3	1	2.10	58	34
20CrNi2Mo	2～3	2～4	1	2.14	61	36
17CrNiMo6	3	3～4	2	2.00	61	36

3. 凸轮轴渗碳开裂原因分析

20CrMnMo 钢凸轮轴加工工艺流程为：原材料→加工→600℃ 去应力→机械加工→925℃渗碳→空冷→机械加工→淬火→机械加工。渗碳工艺如图 11-20 所示。渗碳空冷后表面出现纵向贯穿性裂纹，裂纹深度约 3mm。钢的化学成分和非金属夹杂物级别均合格。表层裂纹处有网状晶界氧化现象，氧化深度约为 29μm，如图 11-21 所示。渗碳层最外层有约为 0.04mm 的脱碳层，渗碳层由过共析层、共析层和亚共析层组成，其中过共析层表层中有细小微裂纹，次表层有较严重的网状和块状碳化物，渗碳层组织如图 11-22 所示。根据 GB/T 25744—2010 评定，内氧化层的级别为 5 级，网状碳化物的级别为 5 级。凸轮轴渗碳开裂原因为：渗碳后出炉空冷过程中造成表面高温氧化；渗碳工艺不当，渗碳层出现严重的块状、网状等碳化物。

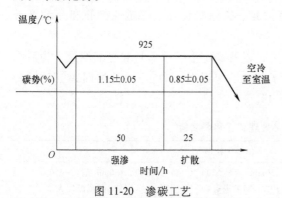

图 11-20　渗碳工艺　　　　　　图 11-21　表层网状晶界氧化

4. 17CrNiMo6 钢渗碳层组织分析

17CrNiMo6 钢主要用于生产高强度渗碳齿轮，如重型汽车及重型汽车起重机变速器齿轮、风力发电机组齿轮等。对比两种渗碳淬火工艺对 17CrNiMo6 钢渗碳性能的影响：一种是渗碳直接淬火工艺，另一种是渗碳后快冷至 600℃ 等温后加热淬火。两种渗碳淬火工艺如图 11-23 所示，淬火后均采用在 170℃ 回火 12h。在不同放大倍数下，对两种工艺的表层组织、心部组织和晶粒度进行观察对比。图 11-24 所示为渗碳直接淬火的组织和晶粒度照片，图 11-25 所示为渗碳后快冷至 600℃ 等温后加热淬火的组织和晶粒度照片。对比图 11-24a 和

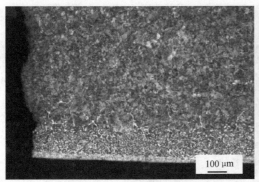

a) 渗碳层全貌

b) 渗碳层过共析层

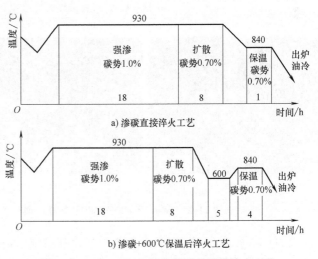

c) 渗碳层共析层

图 11-22　渗碳层组织

图 11-25a 可以清楚看到，与渗碳直接淬火工艺相比，渗碳后快冷至 600℃ 等温后加热淬火，渗碳层马氏体更加细小，碳化物更加弥散分布，残留奥氏体含量明显减少。对比图 11-25b 和图 11-25b 可以清楚看到，与渗碳直接淬火工艺相比，渗碳后经快冷至 600℃ 等温后加热淬火，心部马氏体更加细小。根据 GB/T 25744—2010 评定，渗碳快冷至 600℃ 等温后加热淬火的渗碳层碳化物级别为 1 级，残留奥氏体级别为 1 级，马氏体级别为 2 级；渗碳直接淬火工艺的渗碳层碳化物级别为 2 级，残留奥氏体级别为 2 级，马氏体级别为 3 级。图 11-24c 所示为渗碳直接淬火的晶粒度照片，其晶粒度评级为 7.0 级；图 11-25c 所示为渗碳快冷至 600℃ 等温后加热淬火的晶粒度照片，其晶粒度评级为 8.5 级。

a) 渗碳直接淬火工艺

b) 渗碳+600℃保温后淬火工艺

图 11-23　17CrNiMo6 钢渗碳两种渗碳淬火工艺

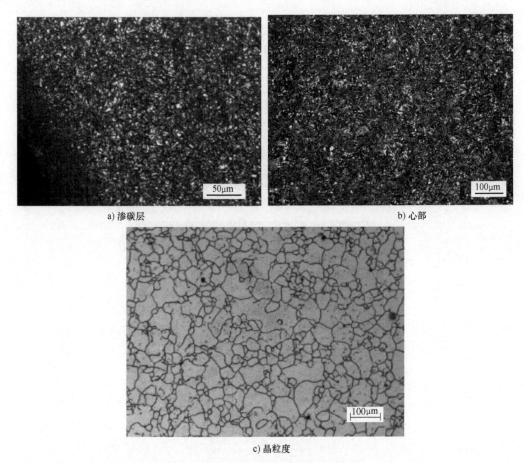

a) 渗碳层　　　　　　　　　　　　　　　　b) 心部

c) 晶粒度

图 11-24　渗碳直接淬火的组织和晶粒度照片

a) 渗碳层　　　　　　　　b) 心部　　　　　　　　c) 晶粒度

图 11-25　渗碳后快冷至 600℃ 等温后加热淬火的组织和晶粒度照片

图 11-26 所示为 17CrNiMo6 钢渗碳后冷却曲线。渗碳后快冷却至 600℃ 等温,使过冷奥氏体处在珠光体转变"鼻子"温度,得到更加细小的珠光体组织,使钢的淬火前组织更加均匀细小,从而保证淬火加热奥氏体晶粒更加均匀细小,得到的淬火后组织也更加均匀细小。淬火后晶粒度检验、渗碳层组织检验和渗碳工件的力学性能测试也都证实了这点。

5. 半轴齿轮断裂组织分析

半轴齿轮(型号 2402N-335)在使用过程中发生早期失效,部分轮齿在节圆处折断,部

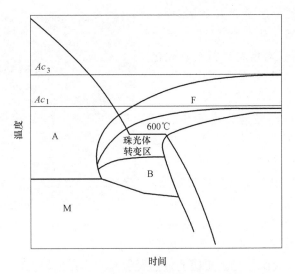

图 11-26　17CrNiMo6 钢渗碳后冷却曲线

分断裂齿从齿根断裂，断裂面均为脆性断裂形式，半轴齿轮内孔表面没有发现可见裂纹。失效半轴齿轮实物如图 11-27 所示。半轴齿轮材质为 20CrMnTi 钢，齿轮表面硬度要求为 53～58HRC，心部硬度要求为 38～40HRC。热处理工艺为：930℃渗碳，降温至 880℃后油冷淬火，180℃保温 3h 回火。

图 11-27　失效半轴齿轮实物

　　根据 QC/T 262—1999《汽车渗碳齿轮金相检验》，分别在失效齿轮上进行取样进行碳化物级别、马氏体级别、残留奥氏体级别等检验。齿轮表面硬度为 52～53HRC。齿角处组织为粗大断网状碳化物+粗针状回火马氏体+残留奥氏体，碳化物为 5 级，如图 11-28a 所示；齿面处组织为大块状碳化物+粗大针状回火马氏体+残留奥氏体，马氏体为 5 级，残留奥氏体为 6 级，如图 11-28b 所示。齿轮心部组织为回火粗大低碳马氏体+贝氏体，如图 11-29 所示。心部硬度为 32～34HRC。

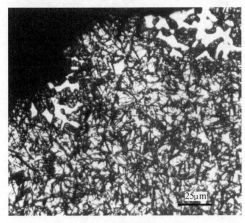

a) 齿角处组织

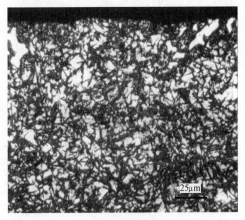

b) 齿面处组织

图 11-28　齿角处和齿面处组织　400×

失效齿轮的有效硬化层深度大于 0.3mm，根据 GB/T 9450—2005《钢件渗碳淬火硬化层深度的测定和校核》，对齿轮进行有效硬化层深度检验，结果为该齿轮有效硬化层深度 0.95mm（550HV0.1）。

根据以上硬度和金相检验，齿面和心部硬度均偏低于技术要求，而碳化物呈大块状及粗大断网络状，晶粒粗大，这使齿轮齿面硬化层抗剥落性能及齿根弯曲疲劳性能降低。粗针状马氏体及残留奥氏体是热处理时保温温度高于规定的淬火温度而引起的，这使齿轮的弯曲疲劳性能、耐磨性降低，使齿角变

图 11-29 齿轮心部组织 400×

脆易于崩裂。心部的粗大组织是由于锻造过热所引起的。在齿轮工作时，齿轮齿根危险断面表面处最大弯曲应力超过材料的持久强度，齿面出现疲劳破坏，当超过材料抗弯强度时使齿轮产生断裂。

6. 20CrNi2Mo 钢重载齿轮热处理工艺及组织分析

重载齿轮的性能指标主要有：表面硬度 58~62HRC，心部硬度 30~45HRC，有效硬化层深度 2mm 左右。在重载齿轮制造上采用深层渗碳，其渗层深度高达 5~8mm。除以上指标外，重载齿轮还对表面碳含量分布、晶粒度和残留奥氏体量有严格的要求。例如，表面碳的质量分数为 0.8%~0.9% 时，具有最高的淬透性；渗碳层和心部的晶粒度都应保证在 7~8 级以上；残留奥氏体量过多，则可能引起表面残留压应力下降，从而降低齿轮的疲劳强度和耐磨性，但在负荷的作用下，渗碳层残留奥氏体可发生塑性变形而使齿的接触状况改善，从而保证齿轮的精度。因此，一般认为渗碳层残留奥氏体的体积分数控制在 10%~15% 之间为宜。

20CrNi2Mo 钢渗碳、淬火、低温回火后，表层硬度高，心部韧性好，广泛应用于制造重载齿轮。20CrNi2Mo 钢预备热处理工艺为 900℃×210min 正火。通过等温正火可以消除带状组织，降低硬度。20CrNi2Mo 钢正火组织为铁素体+珠光体，如图 11-30 所示，硬度为 167HBW，适合切削加工。20CrNi2Mo 钢渗碳淬火工艺为：920℃×20h 渗碳（碳势为 1.0%）+920℃×2.5h 扩散（碳势为 0.8%），炉冷至 820℃×1h（碳势 0.8%）后油冷淬火+200℃×4h 回火。

20CrNi2Mo 钢经渗碳淬火+低温回火后，晶粒度为 7 级。渗碳层组织为回火针状马氏体+碳

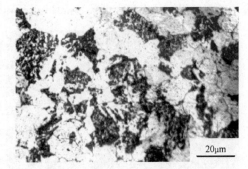

图 11-30 20CrNi2Mo 钢正火组织

化物+残留奥氏体，如图 11-31a 所示；心部组织为回火板条马氏体，如图 11-31b 所示。根据 JB/T 6141.3—1992《重载齿轮 渗碳金相检验》中的评级图谱，对钢的渗碳、淬火、低温回火组织进行级别评定，渗碳层中马氏体和残留奥氏体为 2 级，碳化物为 3 级，心部铁素体为 1~2 级，通过 X 衍射半定量分析，表层残留奥氏体的体积分数为 10%~12%。渗碳、

淬火后表面硬度为66HRC，低温回火后表面硬度为59HRC，心部硬度为45HRC。根据GB/T 9450—2005检测，有效硬化层深度为1.9mm（550HV1）。20CrNi2Mo钢通过该工艺得到的组织能够较好地满足重载齿轮的性能指标要求。

a) 渗碳层组织

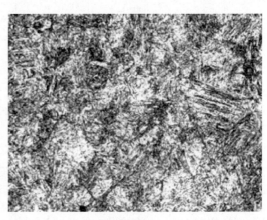
b) 心部组织

图 11-31　20CrNi2Mo钢经渗碳淬火+低温回火后组织　400×

11.2　碳氮共渗件金相检验

在760~860℃温度下，以碳元素渗入为主，氮元素渗入比例适中的工艺称为碳氮共渗。碳氮共渗工艺的优点有：工件表面具有良好的抗咬合性；共渗处理温度低于渗碳，可直接淬火，工件变形小；氮元素的渗入可提高工件的耐蚀性等。

11.2.1　碳氮共渗钢的热处理工艺

目前没有专用的碳氮共渗钢系列，一般渗碳钢均可用于碳氮共渗，此外一些中碳结构钢也可用于碳氮共渗。通常碳氮共渗钢应根据使用条件及钢材淬透性进行选用，表11-21列出了常用结构钢碳氮共渗工艺规范。

表 11-21　常用结构钢碳氮共渗工艺规范

牌号	碳氮共渗温度/℃	淬火		回火		表面硬度　HRC
		温度/℃	冷却介质	温度/℃	冷却介质	
10	830~850	770~790	水,油	180	空气	
15	830~850	770~790	水,油	180	空气	
20	830~850	770~790	水,油	180	空气	
20Cr	830~850	780~820	油	180	空气	58~60
20Mn2B	860~880	850	油	180	空气	≥56
20CrMnTi	860~880	850	油	180	空气	58~64
25MnTiB	840~860	降至800~830	碱浴	180~200	空气	≥60
24SiMnMoVA	840~860	降至820~840	油	160~180	空气	≥59

（续）

牌号	碳氮共渗温度/℃	淬火		回火		表面硬度 HRC
		温度/℃	冷却介质	温度/℃	冷却介质	
40Cr	830~850	直接	油	140~200	空气	≥48
15CrMo	830~860	780~830	油或碱浴	180~200	空气	≥55
20CrMnMo	830~860	780~830	油或碱浴	160~200	空气	≥60
12CrNi2A	830~860	直接	油	150~180	空气	≥58
12CrNi3A	840~860	直接	油	150~180	空气	≥58
20CrNi3A	820~860	直接	油	150~180	空气	≥58
30CrNi3A	810~830	直接	油	160~200	空气	≥58
12Cr2Ni4A	840~860	直接	油	150~180	空气	≥58
20Cr2Ni4A	820~850	直接	油	150~180	空气	≥58
20CrNiMo	820~840	直接	油	150~180	空气	≥58
20Ni4Mo	820	直接	油	150~180	空气	≥56

11.2.2 碳氮共渗层组织分析

1. 碳氮共渗后的缓冷组织

低碳钢和低碳合金钢常用于制作碳氮共渗零件。正常碳氮共渗后的缓冷组织由表面向内共分三层：第一层是几个微米厚度的白亮富氮的氮碳化物相表层；第二层是由碳氮共渗形成并固溶有一定的氮的黑色共析珠光体层（因放大倍率低，看不清楚片层）；第三层是有铁素体出现的亚共析过渡层。图11-32所示为20钢典型碳氮共渗后的空冷组织。

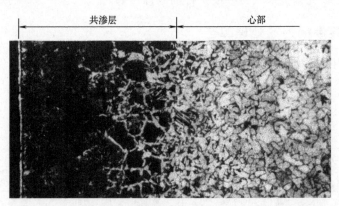

图11-32 20钢典型碳氮共渗后的空冷组织 100×

2. 碳氮共渗后的淬火+回火组织

碳氮共渗后直接淬火，其渗层组织由表及里为白色 ε 碳氮化物层，共析层和过渡层均为含氮马氏体+残留奥氏体，共析层的残留奥氏体较过渡层多，但其界限较难分辨。此外，在碳氮共渗时，碳氮含量过高，会促使碳氮化物层较厚，导致与基体结合性能下降，产生剥落，因此，碳氮化物层应控制在 6~10μm。有时碳氮含量偏高会在表层形成白色块状或条状碳氮化物。当碳氮比例不适当时，则会出现断续的网状黑色斑点，这是晶界内氧化导致的氧化物。心部组织主要以低碳马氏体为主，有时会出现托氏体、贝氏体或珠光体组织。

图 11-33a 所示为 20CrMnTi 钢 850℃ 碳氮共渗后直接淬火+低温回火的低倍组织照片，图 11-33b 所示为共析层的高倍组织照片。从图 11-33b 中可看出，表层有轻微黑色网状组织，其次表层为残留奥氏体和高碳氮回火马氏体。

a) 100×

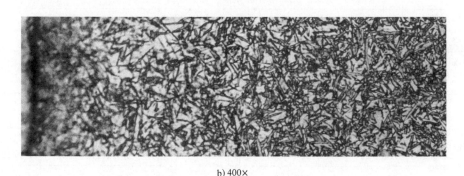

b) 400×

图 11-33　20CrMnTi 钢 850℃ 碳氮共渗后直接淬火+低温回火组织

11.2.3　碳氮共渗层深度检测

1. 金相法

对于经 760~860℃ 碳氮共渗处理工件的缓冷平衡组织，渗层深度是白亮表层+共析珠光体层+过渡层三层厚度之和，应测到有托氏体与基体明显交界处，如图 11-19 中所示的共渗层。对于碳氮共渗后直接淬火的工件，其渗层深度从表面含氮马氏体到与心部组织明显交界处为止。

2. 硬度法

当碳氮共渗层深度>0.3mm 时，硬度测量与 GB/T 9450—2005《钢件渗碳淬火硬化层深度的测定和校核》相同。当碳氮共渗层深度≤0.3mm 时，则采用 GB/T 9451—2005《钢件薄表面总硬化层深度或有效硬化层深度的测定》，该标准规定不能适用硬化层与基体之间无过渡区的工件，取样方法可以是横截面、纵截面、斜截面和有槽斜截面。鉴于硬度压痕间的距离应不小于压痕对角线 2.5 倍的规定，建议使用长棱锥形压头的努氏显微硬度，这样更能提高测量精度。

11.2.4　碳氮共渗层组织检验

当碳氮共渗层深度>0.3mm 时，碳氮共渗件组织检验参考 QC/T 29018—1991《汽车碳氮共渗齿轮金相检验》进行。该标准适用于完成所有热处理工序后且有效硬化层深度大于 0.3mm 的齿轮质量检验,并推荐表层碳的质量分数为 0.75%~0.95%,氮的质量分数为 0.15%~0.30%。按照 QC/T 29018—1991,在放大 400 倍光学显微镜下,对碳氮共渗组织中的碳氮化合物、残留奥氏体及马氏体进行评级。碳氮化合物检查部位以齿顶角及工作面为准,其级别及组织特征见表 11-22。对于换档齿轮,碳氮化合物 1~4 级为合格,对于常啮合齿轮,碳氮化合物 1~5 级为合格。残留奥氏体及马氏体检查部位以工作面及齿根为准,各级别的残留奥氏体含量及马氏体针最大尺寸见表 11-23。

表 11-22　碳氮化合物的级别及组织特征

级别/级	组 织 特 征
1	无明显或极少量点状碳氮化合物
2	少量粒块状碳氮化合物,弥散分布
3	较多粒块状碳氮化合物,均匀分布
4	多量块状及少量条状,角状碳氮化合物,较均匀分布
5	条块状及少量续网状碳氮化合物,较集中分布
6	粗大条块状碳氮化合物,集中分布
7	粗大网状碳氮化合物

表 11-23　各级别的残留奥氏体含量及马氏体针最大尺寸

级别/级	残留奥氏体含量（体积分数,%）	马氏体针最大尺寸/mm	级别/级	残留奥氏体含量（体积分数,%）	马氏体针最大尺寸/mm
1	<5	<0.003	5	33	0.020
2	10	0.005	6	40	0.030
3	18	0.008	7	47	0.040
4	25	0.013	8	56	0.055

当碳氮共渗深度 ≤0.3mm 时,为薄层碳氮共渗。薄层碳氮共渗件组织检验按照 JB/T 7710—2007《薄层碳氮共渗或薄层渗碳钢件　显微组织检测》,在放大 400 倍光学显微镜下进行。当渗层组织主要为针状马氏体时,JB/T 7710—2007 中根据马氏体针长度和残留奥氏体含量分为 5 个级别,其组织评级见表 11-24;当渗层组织主要为板条马氏体时,JB/T 7710—2007 中根据马氏体针长度分为 5 个级别,其组织评级见表 11-25;心部铁素体组织根据铁素体含量也分为 5 个级别,其组织评级见表 11-26。

表 11-24　渗层组织主要为针状马氏体时的组织评级

马氏体级别/级	组织特征	马氏体针最大尺寸/mm	残留奥氏体含量（体积分数,%）
1	隐针马氏体+残留奥氏体	<0.003	<3
2	针马氏体+残留奥氏体	0.010	8
3	较粗针马氏体+残留奥氏体	0.030	25
4	粗针状马氏体+残留奥氏体	0.045	37
5	粗大针状马氏体+残留奥氏体	0.065	40

表 11-25 渗层显微组织主要为板条马氏体时的组织评级

马氏体级别/级	组织特征	马氏体针最大尺寸/mm
1	板条马氏体+细小针状马氏体	0.0025
2	板条马氏体+中等针状马氏体	0.0100
3	板条马氏体+较粗针状马氏体	0.0200
4	板条马氏体+粗针状马氏体	0.0325
5	板条马氏体+粗大针状马氏体	0.0425

表 11-26 心部铁素体的组织评级

铁素体级别/级	铁素体特征	铁素体含量(体积分数,%)
1	无游离铁素体	0
2	少量块状游离铁素体	10
3	较多量块状游离铁素体	30
4	多量块状游离铁素体	50
5	大量块状游离铁素体	70

11.2.5 碳氮共渗层常见缺陷组织

1. 壳状碳氮化合物

碳氮共渗处理时,随着碳氮含量的增高,常会出现一些白色碳氮化合物的组织,正常情况下允许呈小颗粒状分散分布。当碳氮含量更高时,就会出现大量大块碳氮化合物,如齿轮顶角处常会出现呈聚集分布的白色块状碳氮化合物。图 11-34 所示为 20CrMnTi 钢碳氮共渗后出现的壳状碳氮化合物组织。其碳氮共渗工艺为:860℃碳氮共渗后降温至 830℃油冷淬火,在经-30℃冷处理,180℃回火。在工件表面沿工件的几何形状形成连续白色壳状碳氮化合物,次表层为中粗断网状碳氮化合物、针状回火马氏体及灰色次生马氏体。油冷淬火后工件中的残留奥氏体经过冷处理后转变成细马氏体,即次生马氏体。这部分马氏体可以看出原残留奥氏体的痕迹。壳状碳氮化合物也是一种严重的组织缺陷,脆性极大,在使用中极易发生崩落,使工件的使用寿命大大下降。根据 QC/T 29018—1991《汽车碳氮共渗齿轮金相检验》,图 11-34 中的碳氮化合物相当于 6 级。

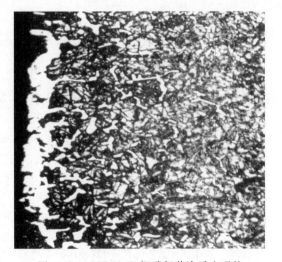

图 11-34 20CrMnTi 钢碳氮共渗后出现的
壳状碳氮化合物组织 400×

出现壳状组织的原因是工艺操作不当,使碳氮含量偏高,碳氮的渗入量较多,因而在碳氮共渗后碳氮化合物在表面富集,从而出现这种分布形态的脆性相。该缺陷可通过减少渗剂滴量或提高共渗温度来改善或消除。

2. 黑色组织

所谓黑色组织是指工件经抛光或浸蚀后，其最表层在光学显微镜下发现的比基体更易浸蚀变黑的组织。黑色组织呈点状、条块状或网状等多种形态。

20Mn2TiB 钢经 860℃碳氮共渗，抛光后用硝酸乙醇溶液轻度浸蚀，在试样的表面出现呈黑色斑点的黑色组织，如图 11-35 所示。这些斑点处的硬度低于其他地方，它的存在会严重地降低表面硬度，降低表层的致密度，影响了耐磨性，而且亦易于剥落，甚至发生断裂事故。20Mn2TiB 钢在连续炉中加热，进行 860℃碳氮共渗，抛光后用硝酸乙醇溶液轻度浸蚀，表面出现黑色网状，如图 11-36 所示。

黑色组织是气体渗碳和气体碳氮共渗常见的缺陷组织，通常气体碳氮共渗比气体渗碳更容易产生。黑色组织产生的原因较复杂，目前一般认为可能是炉内氨量控制不当，造成氮势过高，或炉内 O_2、H_2O 和 CO_2 气氛含量过高，产生了内氧化。

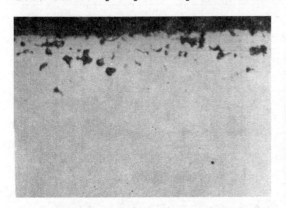

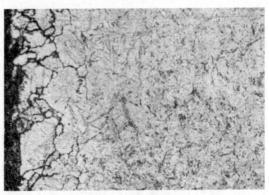

图 11-35　20Mn2TiB 钢 860℃碳氮
共渗表面出现黑色斑点　400×

图 11-36　20Mn2TiB 钢 860℃碳氮
共渗表面出现黑色网状　400×

本章主要参考文献

［1］ VANDER VOORT G F. ASM Handbook：Vol 9 Metallography and Microstructures ［M］. Geauga：ASM International，2004.

［2］ 全国热处理准化技术委员会. 钢件渗碳淬火回火金相检验：GB/T 25744—2010 ［S］. 北京：中国标准出版社，2010.

［3］ 杨静，胡华远，王永坤，等. 20CrMnMo 凸轮轴渗碳后开裂原因分析 ［J］. 热处理技术与装备，2020，41（4）：45-49.

［4］ 刘娜. 渗碳淬火工艺参数对 17CrNiMo6 钢性能的影响 ［J］. 金属加工（热加工），2020（3）：57-60.

第12章　渗氮件和氮碳共渗件金相检验

渗氮是指向金属表层渗入活性氮原子，形成富氮硬化层的化学热处理工艺。它是将氮原子扩散、渗入到零件表层的区域中，从而获得高硬度、耐腐蚀、耐磨损、高疲劳强度的表层。与渗碳工艺相比，渗氮工艺的优点是渗氮温度较低，通常的渗氮温度为 500~550℃，此温度下钢不发生相变，因而变形小。此外，它还具有高的回火稳定性，直到渗氮温度，工件表面都保持高硬度。

为了缩短渗氮周期，并使渗氮工艺不受钢种的限制，在原有渗氮工艺的基础上发展了氮碳共渗和离子渗氮等工艺。氮碳共渗以渗氮为主，在氮原子渗入钢的同时，还有少量的碳原子渗入。与一般气体渗氮相比，氮碳共渗的渗层硬度比渗氮低，脆性较小。离子渗氮是在一定温度和保温时间下，利用辉光放电在金属表面形成等离子体，使氮渗入金属表面，从而改变金属表面的成分和结构，使之具有高硬度、高耐磨性、高疲劳强度、高耐蚀性及抗烧伤性。离子渗氮具有电能利用率高、耗气量少、工件变形小，以及大大缩短渗氮时间和扩大渗氮的应用范围等优点。

12.1　常用渗氮钢及其热处理工艺与性能

38CrMoAlA 钢是应用最广泛的渗氮钢，经过渗氮处理，表面硬度可以达到 1000HV 以上，具有高的硬度和高的耐磨性，广泛应用于主轴、螺杆等表面硬度要求高、耐磨性能好的工件。但由于 38CrMoAlA 钢含有较高的 C 和 Al，渗氮速度慢，渗层浅，在渗层中易出现脉状和网状氮化物，增大了渗层组织的脆性，对渗氮层的力学性能产生不利的影响。因此，无铝渗氮钢越来越多地在生产中被采用。随着渗氮工艺的发展和不断完善，工程中越来越多采用碳钢、低合金钢、工模具钢、不锈钢、铸铁等材料进行渗氮。

针对 38CrMoAlA 钢存在渗氮脆性大、渗氮速度慢等问题，开发了低碳低铝的 30CrMoAl 钢。另外，对于表面硬度要求不太高（≤850HV）、耐磨性和抗冲击能力要求相对较高的工况条件下的零件，开发出了 25Cr5MoA、28Cr3MoV 和 30Cr2MoV 钢。

为了进一步提高渗氮效率，开发出了添加 Ti、V 和 Zr 等合金元素的渗氮钢，渗氮温度可提高至 560~650℃，在很大程度上可以缩短渗氮时间。随着对零件越来越高的性能要求，采用析出沉淀硬化钢进行渗氮，在获得高耐磨性和高硬度表面性能的同时，心部硬度可达 40~46HRC。例如，20CrNi3Mn2Al 钢用于制作大型高速、重载、精密、深层渗氮的齿轮

（可代替渗碳），其热处理工艺为采用固溶870℃空冷，550℃离子渗氮48 h（兼时效）；渗氮层达到0.7~1.0mm，表面硬度为900 HV0.1，心部硬度为43~46 HRC。

由于38CrMoAlA是典型的渗氮钢，下面以38CrMoAlA钢为例介绍其热处理工艺和性能。38CrMoAlA钢的渗氮温度范围通常选择在500~600℃，为保证渗氮工件渗氮后的性能，其预备热处理采用调质处理。以往由于受到加工刀具的限制，传统渗氮工件的预备热处理工艺都是将调质后硬度控制在290HBW以下。随着加工刀具的进步，现已经能够切削加工300~400HBW硬度范围的工件，因此，可以根据渗氮工件基体强度的要求，调整预备热处理工艺的回火温度，提高预备热处理后的基体硬度，而将半精加工工序安排在调质后进行。此外，研究表明，调质工序中的淬火和高温回火规范对渗氮质量和渗氮层性能也有很大影响，所以渗氮前的调质工序的好坏是使渗氮工件获得高强韧性心部力学性能和高质量渗氮层性能的保证。38CrMoAlA钢的淬火温度一般取940~960℃，调质后的硬度是通过回火温度进行控制的，常用的回火温度为600~680℃，回火温度应高于渗氮温度。38CrMoAlA钢经940℃淬火后，不同回火温度对渗氮层深度与硬度的影响见表12-1。其渗氮工艺为520~530℃×35h，氨分解率为25%~45%。

表12-2为38CrMoAlA、35CrMo和40Cr钢调质硬度对离子渗氮层性能的影响。38CrMoAlA钢离子渗氮工艺为510℃×16h+ 540℃×20h，35CrMo和40Cr钢离子渗氮工艺为500℃×4h+520℃×6h。随着38CrMoAlA、35CrMo和40Cr钢调质硬度的提高，渗氮层硬度提高，深度变浅。此外，离子渗氮还可以通过控制渗氮气氛的组成、气压、电参数、温度等因素来控制表面化合物层（俗称白亮层）的结构和扩散层组织，从而满足零件的服役条件和对性能的要求。

表 12-1 不同回火温度对渗氮层深度与硬度的影响

回火温度/℃	回火后硬度 HRC	渗氮层深度/mm	渗氮层硬度 HRC
720	21~22	0.51~0.58	80~81.5
700	22~23	0.50~0.51	80~82
680	24~26	0.46~0.49	80~82
650	29~31	0.40~0.43	81~83
620	32~33	0.38~0.40	81~83
590	34~35	0.37~0.38	82~83
570	36~37	0.37~0.38	82~83

表 12-2 三种钢调质硬度对离子渗氮层性能的影响

调质硬度 HRC	渗氮层表面硬度 HV10			渗氮层深度/mm		
	38CrMoAlA	35CrMo	40Cr	38CrMoAlA	35CrMo	40Cr
22~24	—	—	458	—	—	0.40
24~25	1115	487	—	0.48	0.41	—
25~26	1138	—	—	0.44	—	—
26~28	—	—	550	—	—	0.37
27~29	—	507	—	—	0.38	—
31~33	1150	591	576	0.37	0.24	0.28

12.2　铁氮相图和渗氮层、氮碳共渗层组织分析

12.2.1　铁氮相图

图 12-1 所示为铁氮相图。氮与铁先形成间隙固溶体，随氮含量的增加，出现铁的氮化物。根据铁氮相图，主要出现的相有 α 相、γ 相、γ′相、ε 相和 ξ 相。

（1）α 相　氮在 α-Fe 中的间隙固溶体（含氮铁素体），体心立方晶格。590℃ 时氮在 α-Fe 中的最大溶解度为 0.1%。随温度下降，氮的溶解度减小，室温时 α 相中氮的溶解度不超过 0.001%，在缓慢冷却过程中，过饱和的 α 相析出 γ′相。

（2）γ 相　氮在 γ-Fe 中的间隙固溶体（含氮奥氏体），面心立方晶格。缓冷时，γ 相在 590℃ 分解形成与珠光体类似的 α+γ′共析体。淬火时，γ 相转变为含氮马氏体（α′相）。

（3）γ′相　一种氮的质量分数为 5.7%～6.1% 的间隙相。当氮的质量分数为 5.9% 时，其成分符合 Fe_4N 的化学式，氮原子有序地占据由铁原子组成的面心立方点阵的间隙位置。大约在 680℃ 以上，γ′相分解转变为 ε 相。

（4）ε 相　一种氮含量范围变化很宽的间隙相，室温下 ε 相中氮的质量分数为 8.1%～11.1%，一般用 $Fe_{2\sim3}N$ 表示。当氮的质量分数达到 11.1% 时，其成分符合 Fe_2N，这时渗氮层脆性增大。

（5）ξ 相　以 Fe_2N 为基的斜方晶格的间隙相，氮的质量分数为 11.07%～11.18%，存在于 500℃ 以下，用 Fe_2N 表示，是一种脆性大的相，一般不希望在工件表面出现。

相图中有两个共析反应：一个是在 592℃ 时，氮的质量分数为 2.4% 的 γ 相进行 γ→$α_N$+

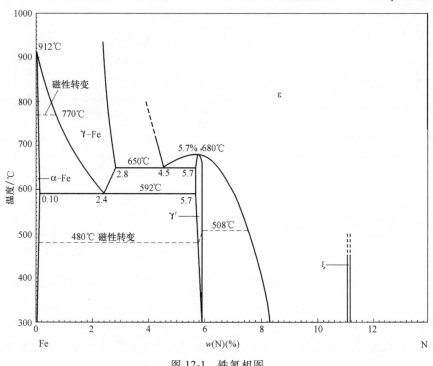

图 12-1　铁氮相图

γ' 共析转变；另一个是在 650℃时，氮的质量分数为 4.5% 的 ε 相进行 $\varepsilon \rightarrow \gamma + \gamma'$ 共析转变。

12.2.2 渗氮层组织分析

纯铁渗氮层相结构和组织变化规律可用铁氮相图（见图 12-1）和图 12-2 来说明。在 500~590℃渗氮时，渗氮层相组成如图 12-2a 所示，由表及里渗氮层依次分别为 $\varepsilon \rightarrow \gamma' \rightarrow \alpha \rightarrow$ 心部；各相中氮含量的变化如图 12-2b 所示；如果渗氮后快速冷却，渗氮温度下形成的相会保留至室温，如图 12-2c 所示；如果渗氮后缓慢冷却，将有二次相析出，如图 12-2d 所示，由表及里渗氮层依次分别为 $\varepsilon \rightarrow \varepsilon + \gamma' \rightarrow \gamma' \rightarrow \alpha + \gamma' \rightarrow$ 心部；如果 ε 相氮含量很高（氮的质量分数大于 11.1%），渗氮后缓慢冷却的相及组织如图 12-2e 所示，即 $\xi \rightarrow \varepsilon \rightarrow \varepsilon + \gamma' \rightarrow \gamma' \rightarrow \alpha + \gamma' \rightarrow$ 心部。ξ 相脆性大，一般要避免渗层出现该相。

碳钢渗氮常见的氮化物有 γ' 相、ε 相和 ξ 相。合金钢中还可能有 AlN、TiN、CrN、Cr_2N、MoN、VN、MnN、Mn_2N 和 W_2N 等氮化物。由于不同种类钢和不同工艺形成的渗氮层组织结构不同，所以渗氮层硬度分布也不相同。图 12-3 所示为各类钢形成的渗氮层硬度分布曲线对比。

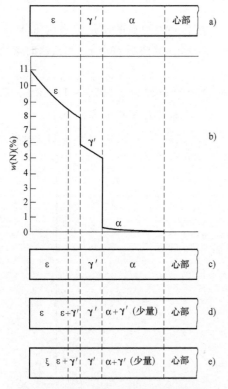

图 12-2 渗氮层组织与氮含量的变化

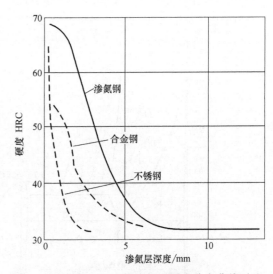

图 12-3 各类钢形成的渗氮层硬度分布曲线对比

图 12-4 所示为工业纯铁 650℃×10h 气体渗氮组织，最表层是 ξ、ε 相构成的白亮层，由于渗氮温度高，白亮层中有点状疏松孔隙；接着是类似珠光体的两相混合组织 $\varepsilon + \gamma'$，再往里是断续网状白亮 γ' 相，由于 γ' 相氮含量范围很狭小，故 γ' 相区极微薄，在光学显微镜下不易观察到；再往里是为较宽的 $\alpha_N + \gamma'$ 过渡层（扩散层），过渡层中的 γ' 相呈针状分布在铁素体基体上。

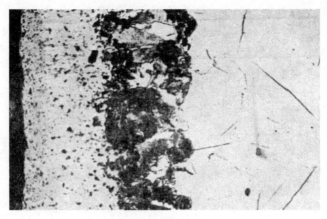

图 12-4 工业纯铁 650℃×10h 气体渗氮组织 500×

实际生产中的渗氮用钢均含有一定数量的铝、铬和钼等合金元素，所以渗氮过程中氮除与铁形成化合物外，还与钢中铝、铬和钼等合金元素结合形成细小弥散极稳定的 AlN、CrN、Mo_2N 等高硬度合金氮化物。用硝酸乙醇溶液浸蚀，白亮层后的组织易于浸蚀变黑。图 12-5 所示为 38CrMoAl 钢调质后 550~560℃×24h 气体渗氮组织，最表层是白色 ε 为主的多相化合物层，浸蚀较深的暗黑色组织为细小弥散氮化物分布在回火索氏体中，ε 相层下暗黑色层中还有白色脉状分布的氮化物组织。

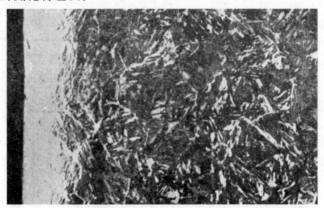

图 12-5 38CrMoAl 钢调质后 550~560℃×24h 气体渗氮组织 400×

12.2.3 氮碳共渗层组织分析

工件经过 560~570℃氮碳共渗后，共渗层由白色化合物层和扩散层组成。在白色化合物层中主要有 ε 相、γ' 相和 Fe_3C 相，这层白色化合物层是氮碳共渗表层组织的特征。为提高了工件表面的耐磨性和耐蚀性等性能，要求氮碳共渗后的工件（除高速工具钢刀具外）都必须有适当厚度的、硬度较高的白色化合物层，其硬度值的高低与钢中合金元素种类及其含量有关。表 12-3 为不同材料经氮碳共渗后化合物层显微硬度。

表 12-3 不同材料经氮碳共渗后化合物层显微硬度

材料牌号	20	45	T10	QT600-3	40Cr	3Cr2W8V	38CrMoAl	W18Cr4V
硬度 HV0.05	550~700	550~700	600~700	700~850	700~800	850~1000	1100~1300	1200~1400

在白色化合物层的最外层还存在着微孔疏松，在正常工艺条件下获得化合物层中的疏松并不严重，有时在光学显微镜下不易观察到，但在电子显微镜下可观察到少量微孔存在，这属于正常现象。少量轻微疏松在摩擦时可用于储油润滑，有益于提高工件的抗咬性和磨合性；但如果出现大量的疏松孔洞，甚至呈分层现象，那就会严重地降低工件表面的致密性，在使用中容易产生分层剥落，而使工件早期失效。因此，为了确保氮碳共渗的质量，在日常检验时，对氮碳共渗后化合物层的疏松程度应进行控制和评定疏松级别。

碳钢氮碳共渗后出炉快冷，其扩散层组织与氮碳共渗前无差别，扩散层的组织仍为铁素体+片状珠光体。这是由于在渗氮温度下渗入到扩散层中的氮均固溶于 α-Fe 中，它随后的油冷时成为氮过饱和的 α-Fe 固溶体，因而看不出扩散层的深度。必须再经过回火，促使在铁素体基体上氮由过饱和 α-Fe 铁中析出针状分布 γ' 相，此时才容易测得渗氮扩散层的深度。图 12-6 所示为 45 钢 550℃ 氮碳共渗后油冷组织。表层为 ε 多相化合物，由于冷却较快，ε 层下 α-Fe 未析出 γ' 相。

图 12-6　45 钢 550℃ 氮碳共渗后油冷组织　500×

图 12-7 所示为 10 钢 570℃ 氮碳共渗再经过 300℃ 回火 1h 后的组织。扩散层通过在铁素体晶粒上析出针状 γ' 相而显示出来。

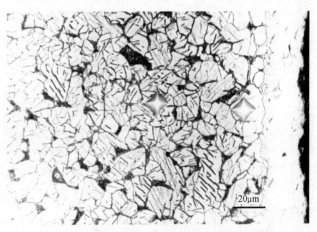

图 12-7　10 钢 570℃ 氮碳共渗再经过 300℃ 回火 1h 后的组织　500×

低碳合金钢、中碳合金钢、中碳高合金钢、高速工具钢和不锈钢中含有合金元素，在氮碳共渗时扩散层中的氮与合金元素形成合金氮化物，该合金氮化物易于硝酸乙醇溶液浸蚀。因此，可以采用4%（体积分数）硝酸乙醇溶液浸蚀分辨出氮碳共渗的扩散层深度。图 12-8 所示为 W18Cr4V 钢 570℃×2h 液体氮碳共渗组织。经硝酸乙醇溶液浸蚀，可以看到表层 ε 多相化合物层厚度约 11μm，ε 层下为弥散分布的合金氮化物扩散层，扩散层与基体界限明显。对于铸铁材料，如经氮碳共渗后用硝酸乙醇溶液浸蚀仅能显示出 ε 层，而扩散层与基体的分界线显示不明显，只有采用硒酸加盐酸乙醇溶液浸蚀，才能显示出扩散层与基体的分界线。

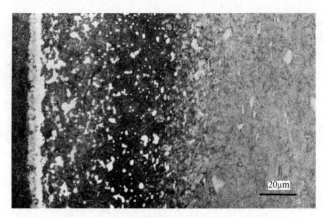

图 12-8　W18Cr4V 钢 570℃×2h 液体氮碳共渗组织　500×

12.3　渗氮层和氮碳共渗层金相检验

渗氮层金相检验包括了渗氮前原始组织检验、渗氮层深度、脆性、疏松及脉状氮化物的检验，目前采用的是 GB/T 11354—2005《钢铁零件渗氮层深度测定和金相组织检验》。该标准适用于气体渗氮、离子渗氮、氮碳共渗处理后的钢铁零件表面渗氮层深度、脆性、疏松及脉状氮化物的检验与评定，规定了钢铁零件表面渗氮层深度的测定方法和渗氮前后金相组织的检验方法和技术要求。

12.3.1　渗氮前原始组织检验

调质钢渗氮前原始组织级别按索氏体中游离铁素体数量分为 5 级，在显微镜下放大 500 倍，参照原始组织级别图进行评定，一般工件 1~3 级为合格，重要工件 1~2 级为合格。渗氮工件的工作面不允许有脱碳层或粗大的索氏体组织。渗氮前原始组织级别图如图 12-9 所示，原始组织级别及说明见表 12-4。

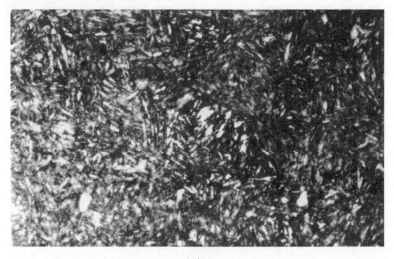

a)1级

图 12-9　渗氮前原始组织级别图　500×

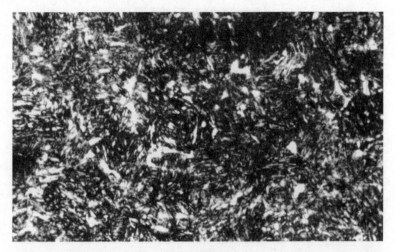

b) 2级

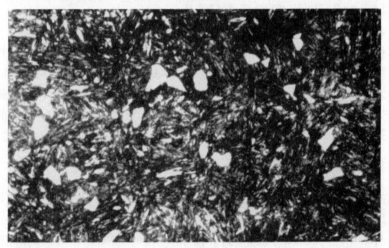

c) 3级

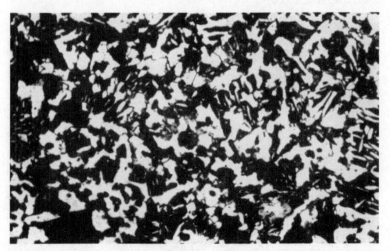

d) 4级

图 12-9　渗氮前原始组织级别图　500×（续）

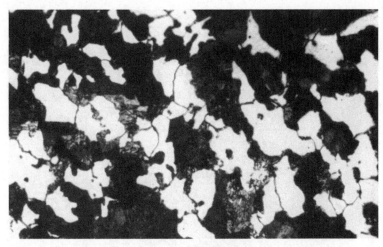

e)5级

图 12-9　渗氮前原始组织级别图　500×（续）

表 12-4　渗氮前原始组织级别及说明

级别/级	渗氮前原始组织级别说明
1	均匀细针状索氏体,游离铁素体量极少
2	均匀细针状索氏体,游离铁素体的体积分数<5%
3	细针状索氏体,游离铁素体的体积分数<15%
4	细针状索氏体,游离铁素体的体积分数<25%
5	索氏体(正火),游离铁素体的体积分数>25%

12.3.2　渗氮层深度检测

1. 硬度法测定渗氮层深度

采用维氏硬度试验方法，试验力为 2.94N（0.3kgf），从试样表面测至比基体维氏硬度值高 50HV 处的垂直距离为渗氮层深度。在距离表面 3 倍渗氮层深度处测得的硬度值（至少取 3 点平均）作为实测的基体硬度值。

对于渗氮层硬度变化很平缓的钢件（如碳钢件或低碳低合金钢件），其渗氮层深度可从试样表面沿垂直方向测至比基体维氏硬度值高 30HV 处。

当渗氮层深度与压痕尺寸不适合时，可由有关各方协商，采用 1.96N（0.2kgf）~ 19.6N（2kgf）范围内的试验力，但在 HV 后需注明，如 HV0.2，表示试验力用 1.96N（0.2kgf）。

渗氮层深度用字母 D_N 表示，单位 mm。例如，$0.25D_N$（300HV0.5），表示界限硬度为 300HV，试验为 4.903N（0.5kgf）时，渗氮层深度为 0.25mm。

2. 金相法测定渗氮层深度

在放大 100 倍或 200 倍的显微镜下，按从试样表面沿垂直方向测至与基体组织有明显的分界处的距离，即为渗氮层深度。测定时根据渗氮材料基体组织和放大倍数参照图 12-10 ~ 图 12-14 进行评定。当有争议时，以硬度法为仲裁方法。

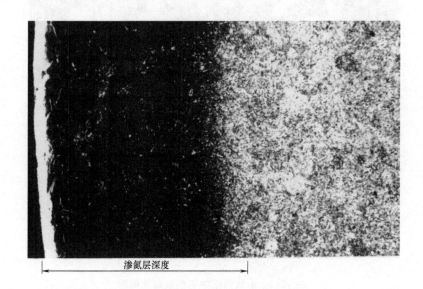

图 12-10 38CrMoAl 钢气体渗氮 100×

注：采用 4%（体积分数）硝酸乙醇溶液浸蚀。

图 12-11 40Cr 钢离子渗氮 100×

注：采用硒酸+盐酸+乙醇溶液浸蚀。

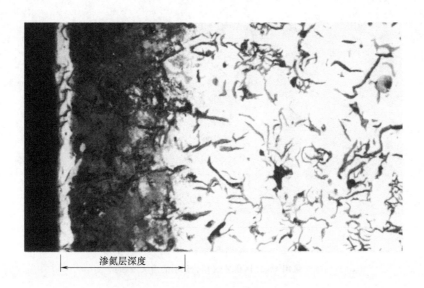

图 12-12　HT250 灰铸铁氮碳共渗　200×

注：采用硒酸+盐酸+乙醇溶液浸蚀。

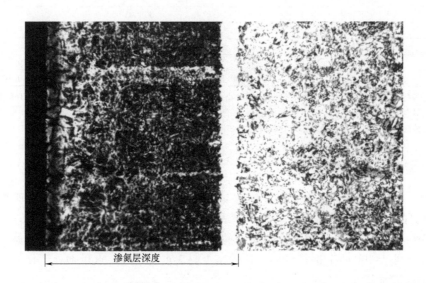

图 12-13　38CrMoAl 钢气体渗氮后加热到 800℃保温（1.5min/mm）淬火　100×

注：采用 4%（体积分数）硝酸乙醇溶液浸蚀。

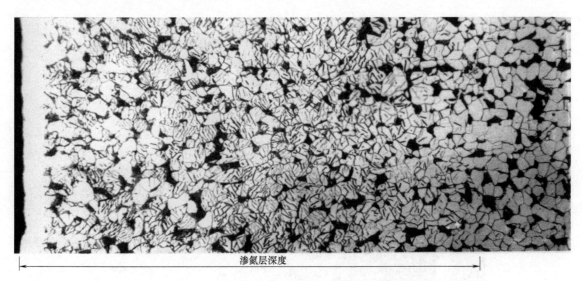

渗氮层深度

图 12-14　20 钢氮碳共渗后 300℃ 回火 1h　200×

注：采用 4%（体积分数）硝酸乙醇溶液浸蚀。

为保证氮碳共渗性能要求，经氮碳共渗层处理后，氮碳共渗层深度一般应符合表 12-5 的要求。

表 12-5　不同材料氮碳共渗后的表面硬度和渗层深度规定

序号	材料类别	表面硬度 HV0.1 ≥	渗层深度/mm	
			化合物层	扩散层 ≥
1	碳素结构钢	480	0.008	0.20
	（不含铝）	550	0.008 ~ 0.025	0.15
2	合金结构钢（含铝）	800	0.006 ~ 0.020	0.15
3	合金工具钢	700	0.003 ~ 0.015	0.10
4	球墨铸铁及合金铸铁	550	0.005 ~ 0.020	0.10
5	灰铸铁	500	0.005 ~ 0.020	0.10

注：1. 有特殊要求的工件，如抗蚀件、薄件（厚度小于 1mm）、不锈钢或耐热钢、粉末冶金高速工具钢工件等，可按其各自的技术要求，不受本表的限制。

　　2. 允许铸铁类工件的氮碳共渗温度比钢件适当提高。

12.3.3　渗氮层脆性检验

采用维氏硬度检验渗氮层脆性，检验试验力规定用 98.07N（10kgf），加载必须缓慢（在 5~9s 内完成），加载后停留 5~10s，然后卸载。若有特殊情况，经有关各方协商，也可采用 49.03N（5kgf）或 294.21N（30kgf）的试验力，此时须按表 12-6 的值换算。维氏硬度压痕在放大倍数为 100 倍下进行检验。每件至少测 3 点，其中 2 点以上处于相同级别时，才能定级，否则需重复测定 1 次。

表 12-6　压痕级别换算表

试验力/N（kgf）	压痕级别换算				
49.03（5）	1	2	3	4	4
98.07（10）	1	2	3	4	5
294.21（30）	2	3	4	5	5

渗氮层脆性级别按维氏硬度压痕边角碎裂程度分为 5 级，如图 12-15 所示。渗氮层脆性级别说明见表 12-7。一般零件 1~3 级合格，重要零件 1~2 级为合格，对于渗氮后留有磨量的零件，也可在磨去加工余量后的表面上测定。经气体渗氮的零件，必须进行脆性检验。

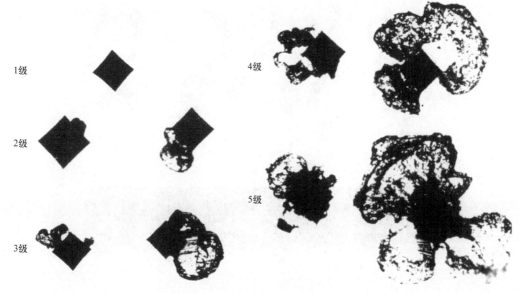

图 12-15　渗氮层脆性级别评级图　100×

表 12-7　渗氮层脆性级别说明

级别/级	渗氮层脆性级别说明	级别/级	渗氮层脆性级别说明
1	压痕边角完整无缺	4	压痕三边或三角碎裂
2	压痕一边或一角碎裂	5	压痕四边或四角碎裂
3	压痕二边或二角碎裂		

12.3.4　渗氮层疏松级别检验

渗氮层疏松级别按表面化合物层内微孔的形状、数量、密集程度分为 5 级。渗氮层疏松级别评级图如图 12-16 所示，渗氮层疏松级别说明见表 12-8。渗氮层疏松在放大 500 倍的光学显微镜下检验，取其疏松最严重的部位，参照渗氮层疏松级别图进行评定。一般工件 1~3 级为合格，重要工件 1~2 级为合格。

表 12-8　渗氮层疏松级别说明

级别/级	渗氮层疏松级别说明
1	化合物层致密,表面无微孔
2	化合物层较致密,表面有少量细点状微孔
3	化合物层微孔密集成点状孔隙,由表及里逐渐减少
4	微孔占化合物层 2/3 以上厚度,部分微孔聚集分布
5	微孔占化合物层 3/4 以上厚度,部分呈孔洞密集分布

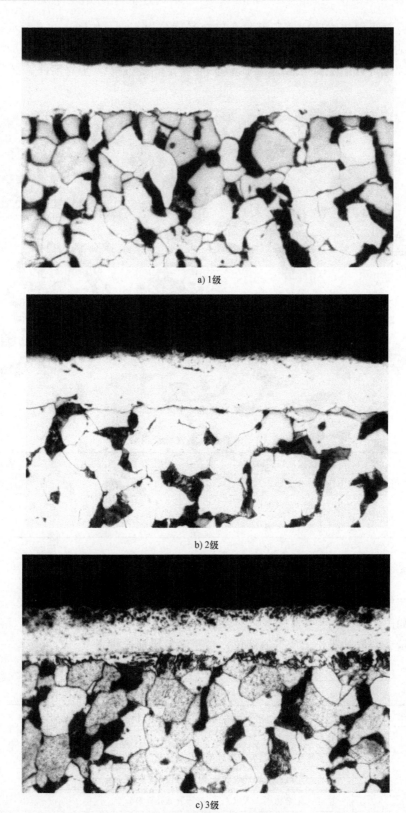

a) 1级

b) 2级

c) 3级

图 12-16　渗氮层疏松级别评级图　500×

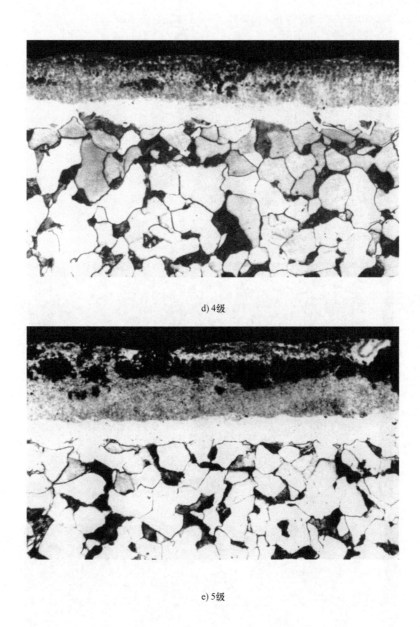

d) 4级

e) 5级

图 12-16　渗氮层疏松级别评级图　500×（续）

12.3.5　渗氮层中氮化物级别检验

渗氮层中氮化物级别按扩散层中氮化物的形态、数量和分布情况分为 5 级。渗氮层中氮化物级别评级图如图 12-17 所示，氮化物级别说明见表 12-9。扩散层中氮化物在放大 500 倍的光学显微镜下进行检验，取其组织最差的部位，参照渗氮层氮化物级别图进行评定。一般工件 1~3 级为合格，重要工件 1~2 级为合格。经气体渗氮或离子渗氮处理的工件必须进行氮化物检验。

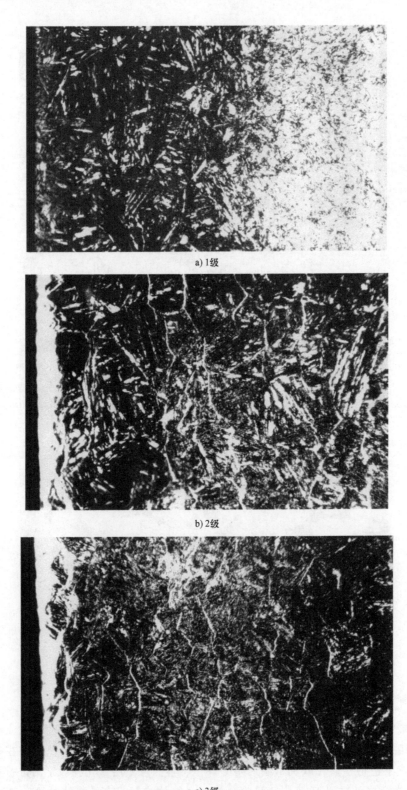

a) 1级

b) 2级

c) 3级

图 12-17　渗氮层中氮化物级别评级图　500×

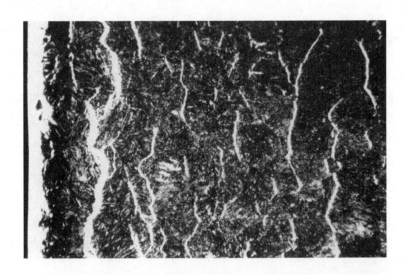

d) 4级

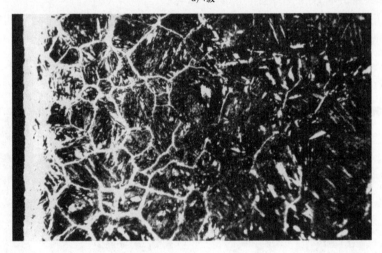

e) 5级

图 12-17　渗氮层中氮化物级别评级图　500×（续）

注：采用4%（体积分数）硝酸乙醇溶液浸蚀。

表 12-9　氮化物级别说明

级别/级	氮化物级别说明
1	扩散层中有极少量呈脉状分布的氮化物
2	扩散层中有少量呈脉状分布的氮化物
3	扩散层中有较多呈脉状分布的氮化物
4	扩散层中有较严重脉状和少量断续网状分布的氮化物
5	扩散层中有连续网状分布的氮化物

12.4　渗氮层常见缺陷组织

1. 渗氮前原始组织中游离铁素体过多且回火索氏体组织粗大

渗氮前原始组织对渗层影响很大。如果游离铁素体过多，会造成局部氮浓度过高，渗层脆性加大，渗氮工件心部力学性能降低等情况。如果原始组织为粗大回火索氏体组织，渗氮时氮化物优先沿晶界生长，易形成网状氮化物，也同样使渗氮层脆性增大，同时使心部的力学性能降低。

2. 渗氮层化合物层疏松

渗氮或氮碳共渗时，渗层的化合物层会出现细小分布的微孔或孔洞（疏松），这些孔洞可在显微镜下未浸蚀试样上观察到。其微孔的大小、分布和数量不同，对渗层的性能影响也不同。少量微孔的存在可储存润滑油，降低摩擦因数；但疏松级别过高的时，会引起脆性增大，渗氮层易发生起皮剥落。

3. 渗氮层表面出现针状（或称鱼骨状）氮化物

图 12-18 所示为 38CrMoAl 钢渗氮层表面针状（或称鱼骨状）氮化物。其中，图 12-18a 所示为渗氮层截面，表面白色 ε 相出现针状，并向扩散层成长；图 12-18b 所示为渗氮层表面，ε 相呈魏氏组织特征。如果 38CrMoAl 钢在调质处理时出现脱碳，切削加工未完全去除掉脱碳层，则易出现渗氮层表面针状氮化物组织。

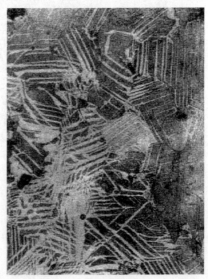

a) 渗氮层截面　　　　　　　　　　　　　　　　b) 渗氮层表面

图 12-18　38CrMoAl 钢渗氮层表面针状（或称鱼骨状）氮化物

4. 扩散层中出现脉状或网状氮化物

渗氮温度过高，氨水含水量过高，晶粒粗化都可能引起渗氮的扩散层中出现脉状或网状氮化物。扩散层中出现脉状或网状氮化物，严重影响渗氮质量，使渗层脆性增大，钢的疲劳强度下降，以及易出现渗层剥落。

12.5　渗氮层组织分析实例

1. 小模数齿轮离子渗氮层组织分析

模数为 1.5mm、齿数为 120 的 38CrMoAlA 钢齿轮调质后进行离子渗氮，调质硬度为 28HRC，离子渗氮工艺为 530℃×8h，离子渗氮气体为纯氨气。

根据 GB/T 11354—2005《钢铁零件渗氮层深度测定和金相组织检验》，对离子渗氮齿轮进行渗氮层深度、金相组织、硬度和脆性检验。齿顶渗氮层组织为 0.015 ~ 0.020mm 的多相 ε 白亮层，下面扩散层中氮化物呈脉状和网状分布（5 级），向心部深达 0.245mm。因此，渗氮层深度为 0.260 ~ 0.265mm，如图 12-19 所示。齿根渗层深度约为 0.20mm。心部组织为回火索氏体，按游离铁素体数量评级为 1 级。齿顶处和心部硬度分别为 825 ~ 855HV5 和 280 ~

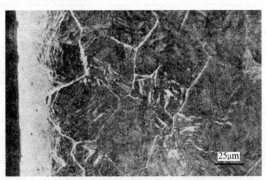

图 12-19　38CrMoAlA 钢离子渗氮
齿顶渗氮层组织　400×

285HV5。脆性检验在齿顶进行，脆性等级为 1~2 级。分析结论为，该离子渗氮齿轮在尖角及棱角处形成脉状和网状氮化物，齿顶与齿根渗层深度有较大的差别，其余性能指标符合要求。产生该现象的原因是在齿顶处形成三维氮原子扩散场，渗氮层较深，氮化物极易沿晶界形成，造成脆性大，易剥落。应采用调整炉内气压，改善齿轮齿廓渗氮层的不均匀性；控制氨的分解率，减轻或消除齿轮的脉状和网状氮化物。

2. T250 钢渗氮层深度分析

采用离子渗氮对 T250 钢（美国牌号，一种无钴马氏体时效钢）进行渗氮，渗氮温度为 520℃，NH₃ 流量为 200mL/min，炉压为 665Pa，渗氮时间分别为 6h、12h 和 24h。按照 GB/T 11354—2005，采用金相法和硬度法分别测量 T250 钢的渗氮层深度。采用硬度法时，测量从试样表面测至比基体维氏硬度高 50HV0.3 处的垂直距离，即为渗氮层深度。T250 钢基体的硬度为 500HV0.3 左右，520℃ 离子渗氮后的硬度分布如图 12-20 所示。采用金相法测量渗氮层深度为化合物层与扩散层之和，测量结果列入表 12-10。图 12-21 所示为 T250

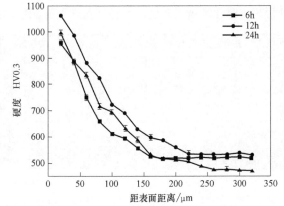

图 12-20　T250 钢 520℃ 离子渗氮后的硬度分布

钢在 520℃ 离子渗氮 6h、12h、24h 后横截面的组织。渗氮层由均匀致密连续的白亮化合物层、灰黑色的扩散层和基体三部分组成，三者间分界线明显。化合物层无明显微孔，扩散层中无明显脉状氮化物组织。

表 12-10 金相法和硬度法测量 T250 钢渗氮层深度对比

渗氮温度/℃	时间/h	金相法		硬度法
		化合物层深度/μm	总渗氮层深度/μm	总渗氮层深度/μm
520	6	22.7	134.8	137.7
	12	25.8	171.2	180.8
	24	36.4	218.2	225.0

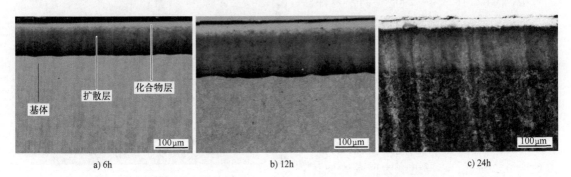

a) 6h   b) 12h   c) 24h

图 12-21 T250 钢 520℃离子渗氮不同时间后横截面的组织

3. 30Cr13 钢离子渗氮层组织分析

30Cr13 钢渗氮前采用在 960℃保温 1h 油冷淬火处理，然后分别采用氨气（NH_3）渗氮和氨气+氮气（NH_3+N）混合气氛渗氮，在 450℃进行等离子体渗氮，渗氮时间为 4h、8h、12h。金相试样采用 Marble 溶液浸蚀，观察渗氮层组织。从表层到心部测量渗氮层硬度分布，基体的硬度约为 350HV0.05。图 12-22 所示为 30Cr13 钢采用氨气渗氮 4h、8h 和 12h 后的渗氮层组织，其中化合物层、白亮层及基体各层分界明显。图 12-23 所示为 30Cr13 钢采用氨气+氮气混合气氛渗氮 4h、8h 和 12h 后的渗氮层组织，渗氮层中的化合物层有明显的孔隙和网状，但未发现白亮层。硬度法测量渗氮层深度时，从试样表面测至比基体维氏硬度高 50HV0.05 处的垂直距离，即为渗氮层深度。金相法和硬度法测量的渗氮层相关数据见表 12-11。

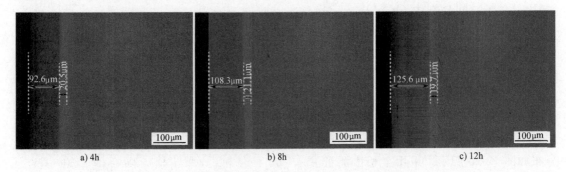

a) 4h   b) 8h   c) 12h

图 12-22 30Cr13 钢采用氨气渗氮不同时间后的渗氮层组织

4. 三种渗氮方法渗氮层对比分析

采用离子渗氮、液体渗氮及气体渗氮三种方法，对 14Cr12Ni2WMoVNb 钢进行渗氮。14Cr12Ni2WMoVNb 钢渗氮前处理工艺为 1050℃×1h 水冷淬火+620℃×2h 回火，硬度为（33±0.5）HRC。

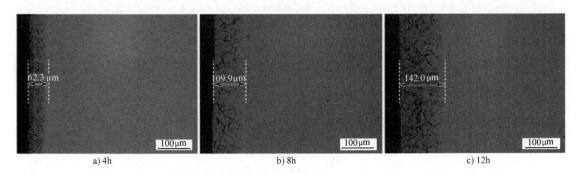

a) 4h   b) 8h   c) 12h

图 12-23   30Cr13 钢采用氨气+氮气混合气氛渗氮不同时间后的渗氮层组织

表 12-11   金相法和硬度法测量的渗氮层相关数据

渗氮气氛	时间 /h	金相法			硬度法		
		化合物层深度 /μm	白亮层深度 /μm	总渗氮层深度 /μm	表面硬度 HV0.05	渗氮层平均硬度 HV0.05	总渗氮层深度（根据渗氮层硬度分布曲线估计）/μm
NH₃	4	92.6	20.5	113.1	860.8	837.5	110
	8	108.3	21.1	129.4	902.0	849.7	123
	12	125.6	19.7	145.3	1050.0	923.6	140
NH₃+N₂	4	62.3	—	62.3	904.4	823.8	60
	8	109.9	—	109.9	965.0	850.9	108
	12	142.0	—	142.0	998.0	861.4	140

14Cr12Ni2WMoVNb 钢三种不同渗氮方法的渗氮层组织如图 12-24 所示。从图 12-24 可以看出，三种渗氮方法所得渗氮层均呈现出整体致密连续且无裂纹。渗氮层由外到内为化合物层（白亮层）、扩散层和基体，液体渗氮及气体渗氮后的化合物层外还存在很薄的氧化层。白亮层中氮含量较高，以较高硬度和耐蚀性的铁及合金氮化物为主。化合物层以下是扩散层，扩散层主要是氮原子在基体中的固溶体，以及沿晶界分布的氮化物。

14Cr12Ni2WMoVNb 钢三种不同渗氮方法的渗氮层硬度分布如图 12-25 所示。根据 GB/T 11354—2005 中的金相法和硬度法，测得了三种不同渗氮方法的渗氮层硬化层深度，其中以高于基体硬度 50HV0.2 处的距离为有效硬化层深度。根据 GB/T 11354—2005，测量了不同渗氮方法渗氮层的脆性，渗氮层的维氏硬度压痕如图 12-26 所示，参照标准中的评级图进行评级。测得的三种不同渗氮方法的渗氮层相关数据见表 12-12。

a) 离子渗氮   b) 液体渗氮   c)气体渗氮

图 12-24   14Cr12Ni2WMoVNb 钢三种不同渗氮方法的渗氮层组织

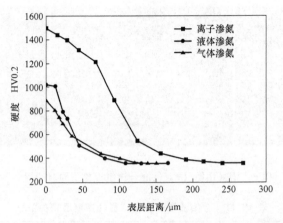

图 12-25　14Cr12Ni2WMoVNb 钢三种不同渗氮方法的渗氮层硬度分布

a) 离子渗氮　　　　　　　　　b) 液体渗氮　　　　　　　　　c) 气体渗氮

图 12-26　渗氮层维氏硬度压痕

表 12-12　三种渗氮方法渗氮层的相关数据

渗氮方法	金相法	硬度法	表面硬度　HV0.2	渗氮层脆性/级
	硬化层深度/μm	有效硬化层深度/μm		
离子渗氮	152	160	1497	4
液体渗氮	86	80	1021	1
气体渗氮	114	100	892	2

本章主要参考文献

［1］　全国热处理标准化技术委员会. 钢铁零件　渗氮层深度测定和金相组织检验：GB/T 11354—2005
　　　［S］. 北京：中国标准出版社，2005.

［2］　全国热处理标准化技术委员会. 钢件薄表面总硬化层深度或有效硬度层深度的测定：GB/T 9451—
　　　2005［S］. 北京：中国标准出版社，2005.

［3］　DOSSETT J L, TOTTEN G E. 美国金属学会热处理手册：D卷　钢铁材料的热处理［M］. 叶卫平，
　　　王天国，沈培智，等译. 北京：机械工业出版社，2018.

［4］　VANDER VOORT G F. ASM Handbook：Vol 9 Metallography and Microstructures［M］. Russell County：
　　　ASM International，2004.

［5］　唐殿福，卯石刚. 钢的化学热处理［M］. 沈阳：辽宁科学技术出版社，2009.

［6］　周钟平，张小娟，白鹭，等. T250 钢离子渗氮后的组织和性能［J］. 金属热处理，2022，47（3）：211-214.

［7］　李芮，由园，闫牧夫，等. 3Cr13 钢 450℃不同气氛等离子体渗氮层表征［J］. 金属热处理，2021，46（11）：120-125.

［8］　方梦莎，张津，连勇. 马氏体不锈钢不同渗氮方法对比试验［J］. 金属热处理，2021，46（11）：221-225.

第13章 感应热处理件金相检验

感应热处理是利用电磁感应的原理，使工件在交变磁场中切割磁力线，在表面产生感应电流，由于趋肤效应，电流集中在工件表面流过，从而将表面快速加热再淬火，然后进行回火的工艺方法。感应热处理具有加热速度快，节约能源，生产率高，不污染环境，易于实现机械化和自动化，并能布置在生产线上与冷加工工序同步生产，少无氧化等特点，在汽车、农业机械、工程机械、冶金、机床、工具等行业得到了广泛应用，是工业中重要的表面热处理工艺之一。

13.1 感应热处理常用材料与工艺

13.1.1 感应热处理常用材料

通常来说，只要能进行淬火得到马氏体的钢铁材料都可以进行感应淬火。根据 GB/T 34882—2017《钢铁件的感应淬火与回火》，感应热处理常用材料见表13-1。

表 13-1 感应热处理常用材料

类别	牌号
优质碳素结构钢	25,30,35,40,45,50,55,60 25Mn,30Mn,35Mn,40Mn,45Mn,50Mn,60Mn,70Mn
保证淬透性结构钢	45H,40CrH,45CrH,40MnBH,45MnBH,42CrMoH
合金结构钢	30Mn2,35Mn2,40Mn2,45Mn2,50Mn2 27SiMn,35SiMn,42SiMn,37SiMn2MoV 40B,45B,50B,40MnB,45MnB,40MnVB 30Cr,35Cr,40Cr,45Cr,50Cr,38CrSi,30CrMo,30CrMoA,35CrMo,42CrMo,35CrMoV,38CrMoAl,40CrV,50CrVA,40CrMn 30CrMnSi,30CrMnSiA,35CrMnSiA,40CrMnMo,30CrMnTi,40CrNi,45CrNi,50CrNi,30CrNi3,37CrNi3,40CrNiMoA,45CrNiMoVA
弹簧钢	65,70,85,65Mn,70Mn,55SiMnVB,60Si2Mn,60Si2MnA,60Si2CrA,60Si2CrVA,55SiCrA,55CrMnA,60CrMnA,50CrVA,60CrMnBA,30W4Cr2VA
高碳铬轴承钢	GCr4,GCr15,GCr15SiMn,GCr15SiMo,GCr18Mo

（续）

类别	牌号
工模具钢	T7,T8,T8Mn,T9,T10,T11,T12,T13 9SiCr,8MnSi,Cr2,9Cr2 4CrW2Si,5CrW2Si,6CrW2Si,6CrMnSi2Mo1V,5CrW2SiV 9Mn2V,9CrWMn,CrWMn,MnCrWV,7CrMn2Mo,7CrSiMnMoV
不锈钢棒	12Cr12,20Cr13,30Cr13
耐热钢棒	42Cr9Si2,45Cr9Si3,40Cr10Si2Mo,80Cr20Si2Ni
锻钢冷轧工作辊	8Cr2MoV,9Cr2,9Cr2Mo,9Cr3Mo,9Cr2MoV
一般工程用铸造碳钢	ZG230-450,ZG270-500,ZG310-570,ZG340-640
中高强度不锈钢铸件	ZG20Cr13
灰铸铁	HT200,HT225,HT250,HT275,HT300,HT350
可锻铸铁件	KTZ450-06,KTZ500-05,KTZ550-04,KTZ600-03,KTZ650-02
球墨铸铁	QT400-18,QT400-15,QT450-10,QT500-7,QT600-3,QT700-2,QT800-2,QT900-2

13.1.2 感应热处理工艺

根据使用电流频率不同，感应淬火可以分为：高频感应淬火，其频率范围为 250～450kHz（最常用的是 250kHz）；中频感应淬火，其频率范围为 2500～10000Hz（最常用的是 2500Hz 及 8000Hz）；工频感应淬火，其频率范围为 50～100Hz（我国使用的是 50Hz）。由于电流频率不同，加热时感应电流透入深度不同。使用高频感应加热时，感应电流透入深度很浅（0.5mm），主要用于小模数齿轮和小轴类零件的表面淬火；使用中频感应加热时，感应电流透入深度较深（5～10mm），主要用于中、小模数的齿轮、凸轮轴、曲轴的表面淬火；使用超高频感应加热时，感应电流透入深度极小，主要用于锯齿、刀刃、薄件的表面淬火；使用工频感应加热时，电流透入深度很深（超过 10mm），主要用于冷轧辊表面淬火。

1. 硬化层深度

工件感应加热表面硬化层深度应根据其服役条件来确定。表 13-2 列出了典型服役条件下硬化层深度及硬度要求。

表 13-2 典型服役条件下硬化层深度及硬度要求

失效原因	工作条件	硬化层深度及硬度要求
磨损	滑动磨损且负荷较小	以尺寸公差为限，有效硬化层深度一般为 1～2mm，表面硬度为 55～63HRC，都以取上限为好
	负荷较大或受冲击作用	一般在 2～6.5mm 之间，表面硬度为 55～63HRC，可取下限
疲劳	周期性弯曲或扭转负荷	一般为 2～12mm，中小型轴类可取半径的 10%～20%，直径小于 40mm 取下限，过渡层为硬化层的 25%～30%

2. 电流频率范围

各种频率的电流热态透入深度 $\Delta_{800℃}$，见表 13-3。圆柱形（或环形）工件感应淬火硬化层深度与合适的频率范围见表 13-4。

表 13-3　各种频率的电流热态透入深度 $\Delta_{800℃}$

频段	高频				超音频	中频			
频率/kHz	500~800	300~500	200~300	100~200	30~40	8	4	2.5	1
$\Delta_{800℃}$/mm	0.7~0.56	0.9~0.7	1.1~0.9	1.6~1.1	2.9~2.5	5.6	7.9	10	15.8

表 13-4　圆柱形（或环形）工件感应淬火硬化层深度与合适的频率范围

硬化层深度/mm	1.0	1.5	2.0	3.0	4.0	6.0	10.0
最高频率/Hz	250000	100000	60000	30000	15000	8000	2500
最低频率/Hz	15000	7000	4000	1500	1000	500	150
最佳频率/Hz	60000	25000	15000	7000	4000	1500	500

3. 加热速度与淬火温度

淬火温度与钢的化学成分、原始组织状态及加热速度等因素有关。淬火温度的选择主要根据钢的化学成分、原始组织，并结合金相组织、硬度及变形要求来加以调整。当设备的单位表面功率确定以后，加热温度主要决定于加热时间。当单位表面功率足够大时，电气参数和感应器固定以后，对工件控制加热时间，就可以控制表面温度。因为加热时间在感应加热时不是一个孤立的参变量，在生产工艺稳定时，可以将加热时间作为控温间接参变量。几种钢感应淬火推荐加热温度见表 13-5。

表 13-5　几种钢感应淬火推荐加热温度

牌号	原始组织	预备热处理	下列情况下的加热温度/℃			
			炉中加热	Ac_1 以上的加热速度/($℃$/s)；Ac_1 以上的加热持续时间/s		
				30~60；2~4	100~200；1.0~1.5	400~500；0.5~0.8
35	S+F	正火	840~860	880~920	910~950	970~1050
	P+F	退火	840~860	910~950	930~990	980~1070
	回火 S	调质	840~860	860~900	890~930	930~1020
40	S+F	正火	820~850	860~910	890~940	950~1020
	S+F	退火	820~850	890~940	910~960	960~1040
	回火 S	调质	820~850	840~890	870~920	920~1000
45	S+F	正火	810~830	850~890	880~920	930~1000
	S+F	退火	810~830	880~920	900~940	950~1020
	回火 S	调质	810~830	830~870	860~900	920~980
45Mn2	S+F	正火	790~810	830~870	860~900	920~980
	S+F	退火	790~810	860~900	880~920	930~1000
	回火 S	调质	790~810	810~850	840~880	860~920
40Cr	P+F	退火	830~850	920~960	940~980	980~1050
	回火 S	调质	830~850	860~900	880~920	940~1000
40CrNi	P+F	退火	810~830	900~940	920~960	960~1020
	回火 S	调质	810~830	840~880	860~900	920~980

注：P—珠光体；S—索氏体；F—铁素体。

4. 淬火冷却介质和冷却参数

感应淬火一般采用喷射冷却或采用浸液冷却。淬火冷却介质有自来水及有机物淬火冷却介质。根据实际生产经验，对易开裂工件，如工件上有槽口的部位，槽口邻近部位加热淬火，必须采用一定浓度的水基淬火冷却介质冷却，其余部位可采用水冷却。对于高频感应加热后采用喷液冷却的工件，水冷却时的冷却时间为加热时间的 1/3~1/2；采用一定浓度的水基淬火冷却介质冷却时，其冷却时间与加热时间之比为 1：2~2：1。对于采用浸液冷却的工件，其冷却时间应按具体工艺规定执行。带槽口的工件高频感应淬火后，不许直接冷却到室温，一般应在表面冷却到 100℃ 左右时取出空冷，这样有利于减少淬火应力，避免开裂。

5. 感应淬火件的回火

感应淬火件的回火是为了降低工件的脆性，提高韧性，减少内应力，防止开裂，提高尺寸稳定性，保证工件的力学性能。通常采用炉中低温回火方式，也可采用感应淬火余热回火。一般规定工件在感应淬火后应尽快进行回火。

13.2　表面感应淬火组织

1. 表面感应淬火后组织分析

工件感应淬火后的组织与钢种（即化学成分）、感应淬火前的原始组织、感应淬火条件（电流频率）、加热速度及感应淬火时温度沿截面分布有关。以 45 钢退火状态原始组织为例，感应加热温度和淬火后的组织、硬度沿截面分布情况如图 13-1 所示。由图 13-1 可以看出，感应淬火后，加热温度沿工件截面可以分为三个区。

第一区为表面淬火区。该区温度在 Ac_3 以上，可获得较均匀奥氏体，淬火后的组织为马氏体。在这一区内温度分布是不均匀的，即由表面处的最高温度到第一区与第二区的交界处的最低温度（相当于 Ac_3）。因此，奥氏体的均匀化及晶粒长大程度也不同：表面处奥氏体均匀化较好，晶粒较粗，最表层为粗针状马氏体，紧邻表层为细针状马氏体，到第一区与第二区的交界处为隐晶状马氏体，硬度可以达到 62HRC 以上。

第二区为过渡区。此区温度为 Ac_1~Ac_3，在高温状态下钢的组织为奥氏体+铁素体。由于感应快速加热，奥氏体的成分不均匀，导致淬透性降低，淬火后组织为隐晶马氏体+铁素体。此区的硬度逐渐下降。

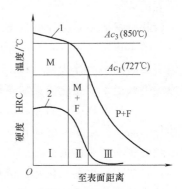

图 13-1　45 钢感应加热温度和淬火后的组织、硬度沿截面分布情况
Ⅰ—表面淬火区　Ⅱ—过渡区
Ⅲ—原始组织区
1—温度曲线　2—硬度曲线

第三区为原始组织区。此区温度在 Ac_1 以下，感应加热没有发生相变，淬火后仍然保留钢的原始组织和硬度。

如果淬火冷却不足，表面淬火后组织中会出现托氏体（呈现黑色）组织，心部淬火后组织中会出现网状铁素体和托氏体。

2. 原始组织对感应淬火的影响

如果亚共析钢的预备热处理原始组织不同，那么即使采用相同的感应淬火工艺，淬火后的硬化层深度和过渡区的大小也会有较大的差别。由图 13-2 中可以看出，原始组织为调质回火索氏体，组织中的碳化物细小，弥散度大，在相同的感应淬火工艺下，感应加热时获得全部奥氏体的温度较低（即 Ac_3 较低），表面层温度超过 Ac_3 的区域也宽，淬火后的硬化层深，过渡区小。此外，在原始组织为调质状态的硬度分布曲线上，靠近过渡区的地方硬度可能会出现明显凹下的部分。这是由于感应加热时，此处的温度超过调质回火温度，发生进一步回火，因而使硬度下降。如果原始组织为退火或正火组织，在相同的感应淬火工艺下，淬火后的硬化层深度比调质组织要浅一些。

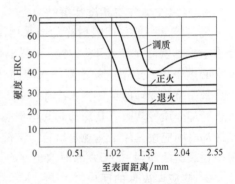

图 13-2　原始组织对亚共析钢感应
淬火后硬化层深度的影响

感应热处理前的原始组织为调质回火索氏体、正火索氏体状态是最适宜的。感应加热时，渗碳体易溶解，奥氏体转变温度相对较低，奥氏体的碳浓度不均匀性也较小，淬火时易获得较高的淬火硬度；同时由于渗碳体易溶解，感应淬火加热时间短，对控制薄的硬化层是有利的。而对于退火状态的原始组织（球状珠光体或粗片状珠光体），加热时渗碳体不易溶解，奥氏体转变温度相对较高，奥氏体的碳浓度不均匀性大，感应淬火时硬度的均匀性差，并且硬度较低；由于需要较长的时间溶解渗碳体而导致较深的硬化层，因而对硬化层的控制是不利的。

带状组织通常是指亚共析钢经热加工后，出现的铁素体和珠光体沿变形方向呈带状或层状分布的不正常组织。其形成原因主要是枝晶偏析或夹杂物在热加工时被伸长变形所致。带状组织对高频感应淬火最不利，易形成淬火裂纹及硬度不均。感应淬火硬化层过渡区的组织受原始带状组织及感应淬火加热和冷却的影响，即在原珠光体带上感应淬火后得到高碳隐针状马氏体，硬度较高；而在原铁素体带上感应淬火后得到板条状马氏体+贝氏体+先共析铁素体等非马氏体组织，硬度较低。由此造成了工件表面存在很大的热应力和组织应力，在带状组织处极易产生淬火裂纹。

钢材中存在少量氧化物、硫化物等非金属夹杂物也是造成感应淬火裂纹的原因。当硫化物是硫化铁时，因为它的熔点低，在较高的高频感应淬火温度下熔化，在随后的淬火冷却过程形成裂纹，即热脆。因为非金属夹杂物的存在是有方向规律的，所以在高频感应淬火前的塑性成形加工时就应该考虑其裂纹扩展的可能。

13.3　感应淬火有效硬化层深度检测

13.3.1　硬度法有效硬化层深度检测

1. 感应淬火有效硬化层深度的规定

当感应淬火或火焰淬火后有效硬化层深度大于 0.3mm 时，根据 GB/T 5617—2005《钢的感应淬火或火焰淬火有效硬化层深度的测定》，确定工件从表面到硬度值等于极限硬度的距离，即为有效硬化层深度。极限硬度为工件表面所要求的最低硬度（HV_{MS}）的 0.8

倍，即

$$HV_{HL} = 0.8HV_{MS}$$

式中，HV_{HL} 为极限硬度；HV_{MS} 为工件表面所要求的最低硬度。

2. 感应淬火有效硬化层深度检测方法

1）试样制备。由垂直淬硬面切断工件，切断面作为检验面，检验面应抛光到能够准确测量硬度压痕尺寸。在切断和抛光过程中注意不能影响检验面的硬度，并不可使边沿形成圆角。

2）测量应在规定表面的一个或多个区域内进行，并应在图样上标明，用图解法在垂直表面横截面上根据硬度变化曲线来确定有效硬化层深度。该硬度曲线图显示工件横截面上的硬度值随着表面的距离增加而发生的变化。

3）硬度应在垂直于表面的一条或多条平行线（宽度为 1.5mm 的区域内）上测定（见图 13-3）。最靠近表面的压痕中心与表面的距离（d_1）≥0.15mm，从表面到各逐次压痕中心之间的距离应每次增加≥0.1mm（例如 d_2-d_1≥0.1mm）。表面硬化层深度大时，压痕中心之间的距离可增大，在接近极限硬度区附近，应保持压痕中心之间的距离为 0.1mm。

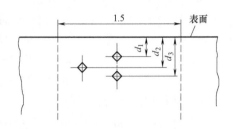

图 13-3　硬度压痕的位置

3. 测量结果的表述

感应淬火或火焰淬火有效硬化层深度用"DS"表示，单位为 mm。由绘制的硬度变化曲线，确定工件表面到硬度值等于极限硬度的距离，即为有效硬化层深度。当有效硬化层深度已大致确定时，可采用内插法校核有效硬化层深度。

例如，在某深度的范围内设定 d_1 和 d_2，d_1 和 d_2 分别小于和大于已设定的有效硬化层深度，d_2-d_1 值不超过 0.3mm。在距表面 d_1 和 d_2 的距离处，同表面平行方向至少各测 5 个点。有效硬化层深度（DS）由下式计算：

$$DS = d_1 + \frac{(d_2-d_1)(\overline{H}_1 - HV_{HL})}{\overline{H}_1 - \overline{H}_2}$$

式中，$\overline{H}_1$ 为 d_1 处硬度测定值的算术平均值；$\overline{H}_2$ 为 d_2 处硬度测定值的算术平均值。

感应淬火或火焰淬火后有效硬化层的硬度测定采用负荷为 9.8N（1kgf）。按有关各方协议，也可采用 4.9~49N（0.5~5kgf）的负荷和其他极限硬度值，应在字母后面标注。例如，选定负荷为 4.9N（0.5kgf），极限硬度值采用零件所要求的最低表面硬度值的 0.9 倍，测得有效硬化层深度为 0.6mm，可写成 DS4.9/0.9 = 0.6mm。

在实际工件感应加热的有效硬化层深度测量中，是通过测量显微维氏硬度等同于洛氏硬度 50HRC 的深度为有效硬化层深度。在 SAE J423 中，根据低碳钢或中碳钢中的碳含量，确定钢的极限硬度，通过测量表层至心部的硬度值，采用表 13-6 中的极限硬度测得有效硬化层深度，可以看到这里有效硬化层深度的硬度值是与钢的碳含量有关的。

在采用硬度法测量有效硬化层深度时，硬度测量点间距是非常重要的，提高测量点间距密集程度能提高测量硬化层深度的精度。对于薄硬化层工件，硬度测量点间距在 0.05~0.2mm 范围较为适宜。

表 13-6　钢的碳含量与极限硬度的关系

钢中碳的质量分数(%)	有效硬化层深度处的硬度　HRC	钢中碳的质量分数(%)	有效硬化层深度处的硬度　HRC
0.28~0.32	35	0.43~0.52	45
0.33~0.42	40	≥0.53	50

在实际有效硬化层深度测量过程中，有时会出现硬度测试数据点分散差性大的情况，如图 13-4 所示。在这种数据分散的情况下，可以尝试采用回归等数据处理方法进行修正。首先尝试不同的函数进行回归，得到回归曲线，要求回归曲线与数据有高的相关性；从极限硬度值作一条水平线，在回归曲线明显下降的地方，将水平线上和下分别选择相关数据点进行连接，该连接线与极限硬度水平线的交点的 x 轴坐标为有效硬化层深度。根据以上回归和数据处理方法，得出图 13-4 中的有效硬化层深度为 1.38mm。如果回归曲线的相关性偏低，可以剔除个别数据，再进行回归。

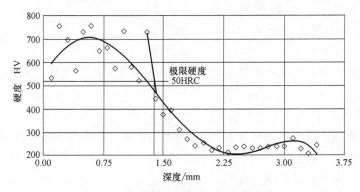

图 13-4　实测硬度数据点和回归曲线

如测量较浅的硬化层，应在硬化层区域内尽可能测试多的硬度点，测量得到硬度分布曲线，用图解法来确定有效硬化层深度；在测量较深的硬化层时，如果只是确定有效硬化层深度，则不需要从最表层开始硬度测量，只需在过渡区测量硬度变化，找到极限硬度位置即可。如图 13-5 所示。通过仅在过渡区测量硬度变化，测得该工件的有效硬化层深度为 8.85mm。

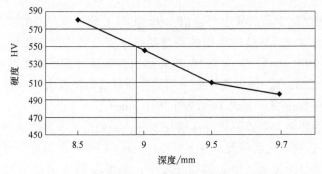

图 13-5　测量过渡区内硬度变化找到极限硬度

13.3.2　金相法有效硬化层深度检测

按金相检验方法制备试样后，采用 2%~5%（体积分数）硝酸乙醇浸蚀，在光学显微镜下测量表面淬火的有效硬化层深度。有一些技术规范要求测量总硬化层深度。当试样加热回火后，可以通过对浸蚀试样进行直接观察，估算得出总硬化层深度。硬化层为全马氏体，过渡层至心部为马氏体、贝氏体、珠光体和铁素体混合组织，心部为珠光体和铁素体。当然钢的合金元素含量不同，心部也有可能得到回火马氏体、贝氏体组织或保留表面淬火前的原始组织。

图 13-6 所示为有效硬化层深度金相照片。通过直接观察，测量得出有效硬化层深度为1.1mm，如图 13-6 中箭头所指处。有时通过金相照片，也不容易看清硬化层和心部间的界限，这时可通过宏观方法测量总硬化层深度。试样经抛光和采用 5%（体积分数）硝酸乙醇浸蚀，通过卡尺直接测量有效硬化层深度，有效硬化层深度为从表层至硬化层黑色对比度消失处，如图 13-7 所示。这种宏观测量更加直接和便捷，在生产中可初步对产品进行检验。

图 13-6　有效硬化层深度金相照片

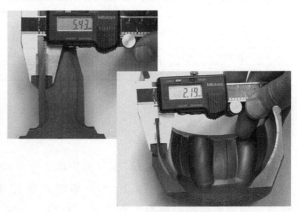

图 13-7　宏观有效硬化层深度测量照片

应该指出的是，在有争议的情况下，应该采用 GB/T 5617—2005 中所规定的测定有效硬化层深度的方法，这是唯一的仲裁方法。

简单形状工件的有效硬化层深度波动范围应符合表 13-7 中的规定。复杂形状和大型工件的有效硬化层深度经有关方面商定，允许有较大的波动范围。

表 13-7　有效硬化层深度的波动范围　　　　　　　　　　　（单位：mm）

有效硬化层深度	硬化层深度波动范围	
	单件	同一批件
≤1.5	0.2	0.4
>1.5~2.5	0.4	0.6
>2.5~3.5	0.6	0.8
>3.5~5.0	0.8	1.0
>5.0	1.0	1.5

注：硬化部位范围的波动可由委托方与受托方协商确定。

13.4　感应淬火件外观质量及表面硬度检验

感应淬火件验收时，应对工件的外观、表面硬度、有效硬化层深度、金相组织及畸变量进行检查。工件表面不能出现因感应淬火引起的微裂纹、融熔、烧伤，以及影响使用的划痕、磕碰等缺陷。采用目测或磁粉检测方法来检查裂纹。感应淬火件的洛氏硬度偏差范围见表 13-8，维氏硬度或努氏硬度偏差范围见表 13-9。

表 13-8 洛氏硬度偏差范围

工件的类型	表面硬度 HRC					
	单件			同一批件		
	≤50	>50~60	>60	≤50	>50~60	>60
重要件	≤5	≤4.5	≤4	≤6	≤5.5	≤5
一般件	≤6	≤5.5	≤5	≤7	≤6.5	≤6

表 13-9 维氏硬度或努氏硬度偏差范围

工件的类型	表面硬度 HV 或 HK			
	单件		同一批件	
	≤500	>500	≤500	>500
重要件	≤55	≤85	≤75	≤105
一般件	≤75	≤105	≤95	≤125

13.5 钢件感应淬火金相检验

根据 JB/T 9204—2008《钢件感应淬火金相检验》的规定，中碳钢和中碳合金钢工件经感应淬火、低温回火后（≤200℃）组织共分 10 级，如图 13-8 所示，其说明见表 13-10。试样按金相检验规则制备后，在放大 400 倍的光学显微镜下观察，在有效硬化层处检验。其中，图样规定硬度下限高于或等于 55HRC 时，3~7 级为合格；图样规定硬度下限低于 55HRC 时，3~9 级为合格。未经正火或调质处理的表面淬火件，原则上不检测金相组织。

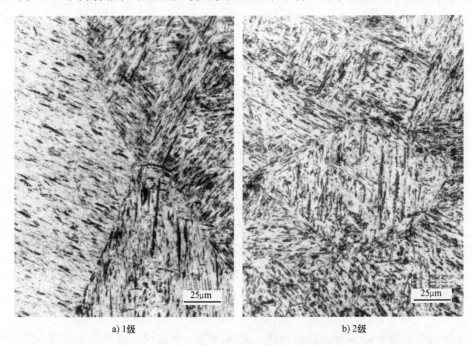

a) 1级 b) 2级

图 13-8 钢件感应淬火组织评级图

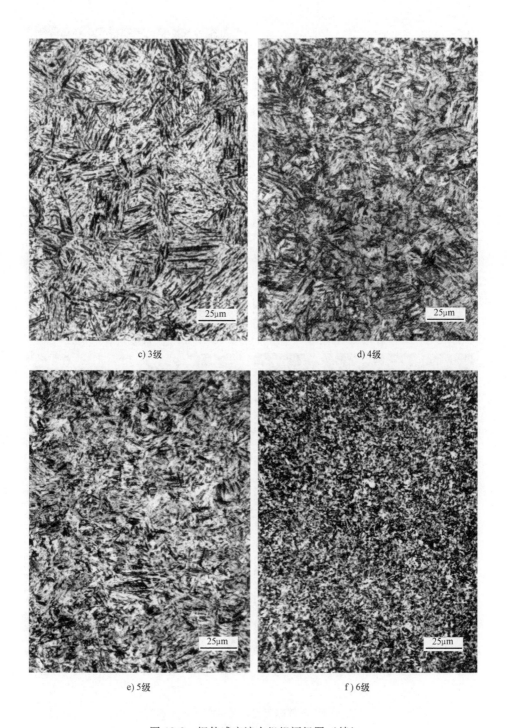

c) 3级

d) 4级

e) 5级

f) 6级

图 13-8　钢件感应淬火组织评级图（续）

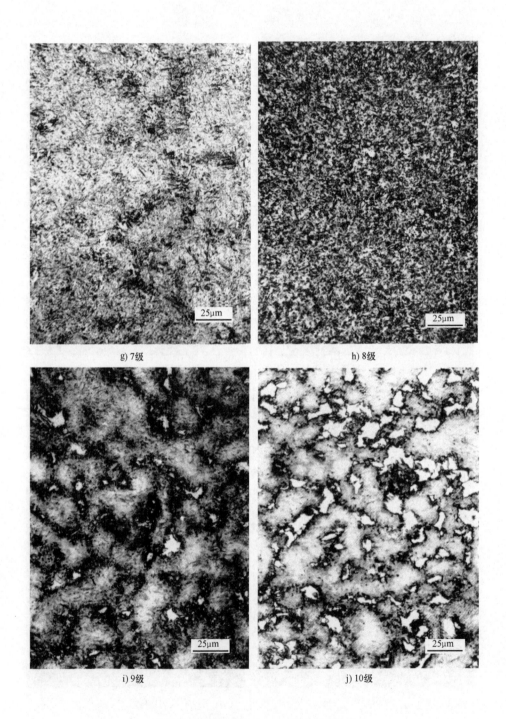

g) 7级   h) 8级

i) 9级   j) 10级

图 13-8 钢件感应淬火组织评级图（续）

表 13-10　钢件感应淬火组织说明

级别/级	组 织 特 征	晶粒平均面积/mm²	对应的晶粒度/级
1	粗马氏体	0.06	1
2	较粗马氏体	0.015	3
3	马氏体	0.001	6~7
4	较细马氏体	0.00026	8~9
5	细马氏体	0.00013	9~10
6	微细马氏体		
7	微细马氏体,其碳含量不均匀		
8	微细马氏体,其碳含量不均匀,并有少量极细珠光体(托氏体)+少量铁素体(体积分数<5%)	0.0001	10
9	微细马氏体+网络状极细珠光体(托氏体)+未溶铁素体(体积分数<10%)		
10	微细马氏体+网络状极细珠光体(托氏体)+大块状未溶铁素体(体积分数>10%)		

13.6　珠光体球墨铸铁件感应淬火金相检验

根据 JB/T 9205—2008《珠光体球墨铸铁零件感应淬火金相检验》的规定,珠光体体积分数不低于 75% 的球墨铸铁件经高频、中频感应淬火+低温回火(回火温度≤200℃)后的硬化层金相组织,在光学显微镜放大 400 倍下按图 13-9 组织评级图对照评定,其中 3~6 级合格。珠光体球墨铸铁件感应淬火组织评级图说明见表 13-11。硬化层深度在光学显微镜放大 100 倍下,按图 13-10 所示硬化层深度测量标准图进行检验,硬化层深度为从工件硬化层表面测至界限组织(相当于面积分数为 20% 的珠光体)位置的垂直距离。由于显微组织中存在软的石墨相,用显微硬度是不合适的,如采用硬度方法测量硬化层深度,可采用HR30N 硬度测试。

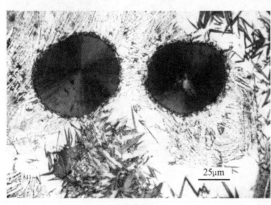

a) 1级

b) 2级

图 13-9　珠光体球墨铸铁件感应淬火组织评级图

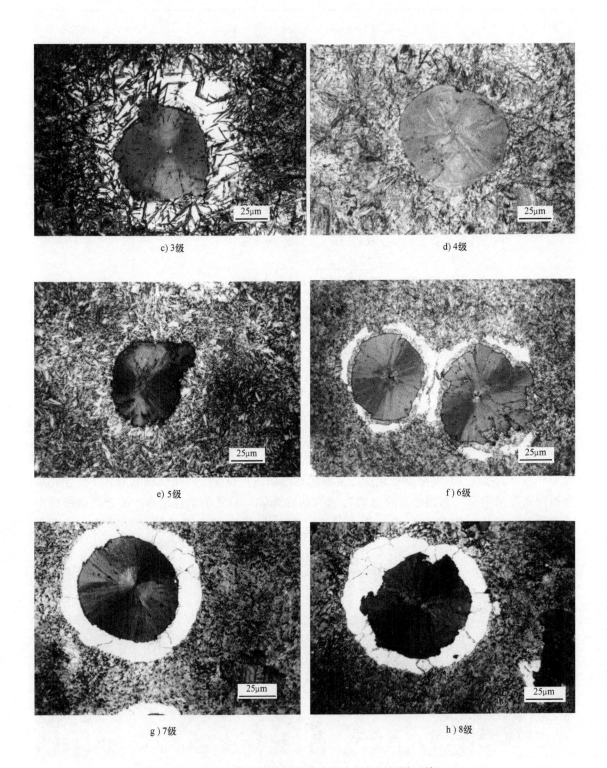

c) 3级

d) 4级

e) 5级

f) 6级

g) 7级

h) 8级

图 13-9 珠光体球墨铸铁件感应淬火组织评级图（续）

表 13-11　珠光体球墨铸铁件感应淬火组织评级图说明

级别/级	组织说明
1	粗马氏体、大块状残留奥氏体、莱氏体、球状石墨
2	粗马氏体、大块状残留奥氏体、球状石墨
3	马氏体、块状残留奥氏体、球状石墨
4	氏体、少量残留奥氏体、球状石墨
5	细马氏体、球状石墨
6	细马氏体、少量未溶铁素体、球状石墨
7	微细马氏体、少量未溶珠光体、未溶铁素体、球状石墨
8	微细马氏体、较多量未溶珠光体、末溶铁素体、球状石墨

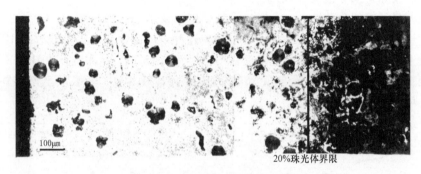

图 13-10　硬化层深度测量标准图

13.7　感应淬火组织分析实例

1. 齿轮有效硬化层深度的测量

如图 13-11 所示，采用硬度法测量某齿轮根部的有效硬化层深度。采用维氏显微硬度测量，将测量的硬度数据换算为洛氏硬度值，列于图 13-11 中的表中。根据图 13-11 表中数据，以洛氏硬度值为纵坐标，以测量距离为横坐标作图，得到图 13-12。如果认为该钢的极限硬度为 50HRC，则齿轮有效硬化层深度约为 4mm。

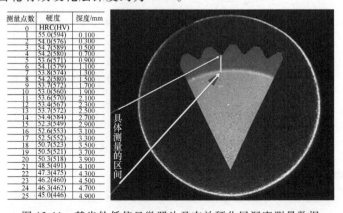

测量点数	硬度 HRC(HV)	深度/mm
0		
1	55.0(594)	0.100
2	54.0(576)	0.300
3	54.7(589)	0.500
4	54.2(580)	0.700
5	53.6(571)	0.900
6	54.1(579)	1.100
7	53.8(574)	1.300
8	54.2(580)	1.500
9	53.7(572)	1.700
10	53.0(560)	1.900
11	53.6(570)	2.100
12	53.4(567)	2.300
13	53.7(572)	2.500
14	54.4(584)	2.700
15	52.3(549)	2.900
16	52.6(553)	3.100
17	52.5(552)	3.300
18	50.7(523)	3.500
19	50.5(521)	3.700
20	50.3(518)	3.900
21	48.5(491)	4.100
22	47.3(475)	4.300
23	46.2(460)	4.500
24	46.3(462)	4.700
25	45.0(446)	4.900

图 13-11　某齿轮低倍显微照片及有效硬化层深度测量数据

2. 硬化层硬度数据点分散原因分析

在实际有效硬化层深度测量过程中，采用维氏硬度（HV1）测量有时会出现硬度数据测试点分散性大的情况，如图 13-13a 所示。此外，还会出现有多处的硬度值等于或低于极限硬度值，如以 550HV1（52.5HRC）为极限硬度值，则图 13-13b 中有几个数据点低于该值。图 13-13 中的洛氏硬度值是用测量的维氏硬度值换算的。采用显微维氏硬度测量出现硬度数据点分散性大的原因是测试点偏小，而硬化层中不同组织硬度相差大，当测到硬度不同组织

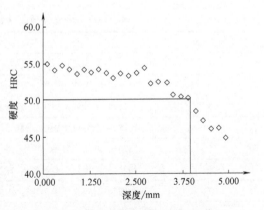

图 13-12　齿轮的有效硬化层深度确定

上时，造成测量硬度的分散性大。此时换一种硬度测量方法，如采用 HRA 硬度测量方法测量有效硬化层硬度曲线，在有些条件下可以避免这种情况的发生。例如，改用 HRA 硬度测量方法，对上面两个试样进行硬度测量后作图，得到图 13-14。将测量方法 HRA 硬度值换算成洛氏硬度，HRA 硬度的极限硬度值为 77.1HRA（52.5HRC），从表层至该位置就是试样的有效硬化层深度。

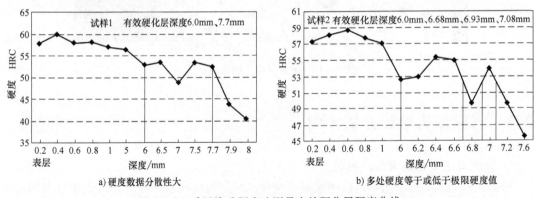

a) 硬度数据分散性大　　　　　　　b) 多处硬度等于或低于极限硬度值

图 13-13　采用维氏硬度法测量有效硬化层硬度曲线

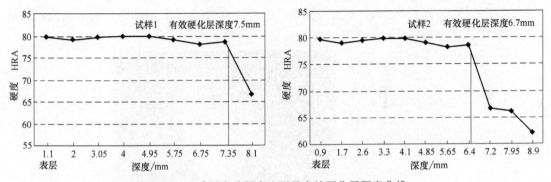

图 13-14　采用洛氏硬度法测量有效硬化层硬度曲线

3. 45Mn 钢中频感应淬火组织和硬度分析

对 ϕ40mm 的 45Mn 钢棒中频感应淬火及回火组织进行分析。45Mn 钢棒原始组织为珠光体+块状铁素体。经 870℃中频感应淬火后，45Mn 钢的表层至心部的组织出现明显差别，

图 13-15a、图 13-15b 和图 13-15c 所示分别为淬硬区、过渡区和心部组织。淬硬区组织为淬火马氏体，过渡区组织为淬火马氏体+托氏体，心部组织为少量马氏体+托氏体+珠光体。经 550℃ 中频感应回火后，淬硬区、过渡区和心部组织均发生了变化，图 13-16a、图 13-16b 和图 13-16c 所示分别为经 550℃ 中频感应回火后淬硬区、过渡区和心部组织。淬硬区组织为回火索氏体，过渡区组织为回火索氏体+托氏体，心部组织为回火托氏体+托氏体+珠光体+少量铁素体。图 13-17 所示为 45Mn 钢中频感应淬火和回火后从表面到心部的硬度变化曲线。

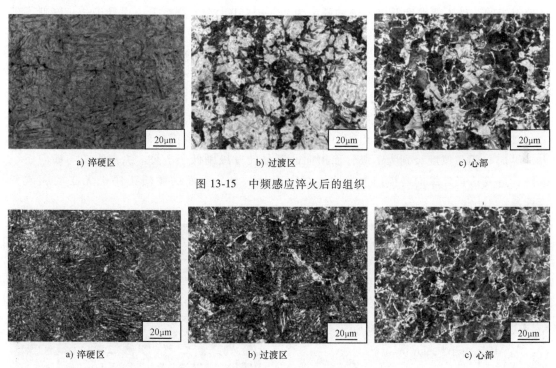

a) 淬硬区　　　　　　　　　　b) 过渡区　　　　　　　　　　c) 心部

图 13-15　中频感应淬火后的组织

a) 淬硬区　　　　　　　　　　b) 过渡区　　　　　　　　　　c) 心部

图 13-16　中频感应淬火+回火后的组织

4. 42CrMo 钢轴失效分析

某 42CrMo 钢轴长度为 2100mm，有效直径为 120mm。技术要求：调质（860℃ 淬火+560℃ 回火）硬度为 262～311HBW；表面进行中频感应淬火+低温回火，回火后表面硬度为 52～60HRC，淬硬层深度要求为 2～3mm。送检时，轴已断裂成两段，从宏观断口看，断裂时无明显塑性变形，断口平直、整齐，为脆性断裂。裂纹起源于工件的油孔处，并向心部扩展直至断裂。对表面进行热酸腐蚀未发现工件表面有微裂纹。工件表层硬度平均值为 53.6HRC，虽表层硬度偏低，但满足工件图样对硬度要求。

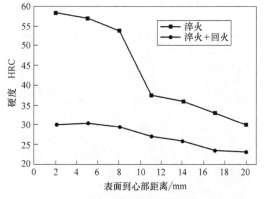

图 13-17　45Mn 钢中频感应淬火和回火后
表面到心部的硬度变化曲线

（1）心部组织分析　从图13-18中可以观察到，在原奥氏体晶界上分布着呈羽毛状和针状铁素体魏氏组织，这使调质钢的力学性能大大恶化，尤其是使钢的塑性和冲击韧性显著降低，同时使韧脆性转变温度升高。产生这种情况的原因是，调质钢经锻造后未经退火或正火处理而直接进行淬火。由于淬火前未经合理的预备热处理，铁素体数量较多，在淬火加热时，造成一部分铁素体未能全部溶解成为奥氏体，冷却后少量块状未溶铁素体保存了下来，分布在马氏体基体上；由于组织不是理想的淬火预备热处理组织，在淬火加热和冷却时出现羽毛状和针状铁素体魏氏组织，同时沿奥氏体晶界析出网状铁素体，如图13-19所示。具有这种组织的工件不但硬度低（心部的硬度为228~245HBW）、强度低，而且进一步降低了塑性与韧性。

由于工件有效截面尺寸约为120mm，而42CrMo钢油中冷却临界直径为25~35mm，因此调质处理中淬火时不能得到全马氏体组织，在晶界上会产生托氏体组织（见图13-18中黑色组织）。这种组织尽管可以通过最终回火将硬度调整到合格范围，但其综合力学性能（包括是强度指标、韧性指标）与得到全马氏体组织工件相差很大。

对比心部纵向组织与横向组织（见图13-20），可以发现横向组织比纵向组织更加粗大，纵向心部晶粒度级别为7级，而横向心部晶粒度级别低于7级。纵向组织与横向组织差别，造成该工件纵向与横向力学性能会有明显差异，后面的调质工序也无法彻底改变该现象。

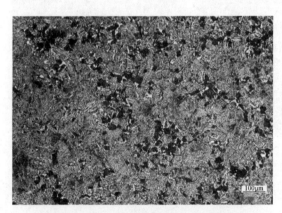

图13-18　心部托氏体和铁素体组织

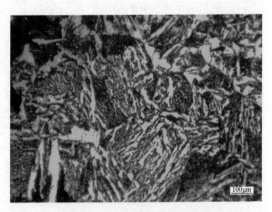

图13-19　心部网状铁素体组织

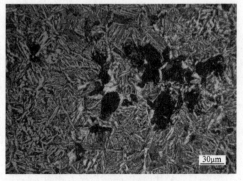

a）纵向心部组织

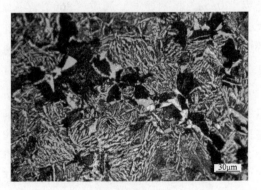

b）横向心部组织

图13-20　心部纵向与横向组织对比

（2）表层组织分析　表层组织由外向里分别为中碳回火马氏体、中碳回火马氏体+托氏体+网状铁素体（见图 13-21），马氏体级别为 3 级。由于次表层出现中碳回火马氏体+托氏体+网状铁素体，由此造成硬度偏低和脆性较大（断口微观分析表层为磁状脆性断口）。

（3）有效硬化层深度检验与分析　测量了该工件感应淬火后的有效硬化层分布曲线，如图 13-22 所示。根据 GB/T 5617—2005《钢的感应淬火或火焰淬火后有效硬化层深度的测定》，确定该工件的有效硬化层深度。

根据工件表面硬度要求的最低硬度为 52HRC（545HV），计算出极限硬度为 HV_{HL} = 436HV，再根据图 13-22，确定该工件的有效硬化层深度 DS＝3.5～3.7mm。根据该有效硬化层分布曲线可以看出，有效硬化层深度与工件图样要求相比过高，而且硬度在 DS＝3.5～3.7mm 处突变降低，由此可以判断，该工件通过表面感应淬火后，硬化层与基体的结合处硬度变化过大，容易在此形成裂纹，最终造成工件开裂。图 13-23 所示为工件扫描电子显微镜照片，从该图可以看出，在硬化层与基体的结合部位未有明显的过渡区。

图 13-21　中碳回火马氏体+
托氏体+网状铁素体

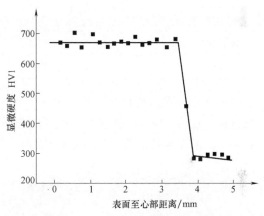

图 13-22　钢的感应淬火后有效硬化层分布曲线

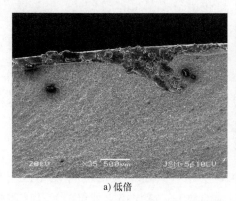

a）低倍

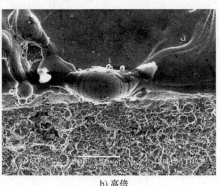

b）高倍

图 13-23　硬化层与基体的结合部位未有明显的过渡区

根据以上分析，该轴失效的原因是多方面的，心部和表层均有网状铁素体组织和魏氏组织是造成早期脆性断裂失效的主要原因。感应加热工艺不当，使硬化层硬度与基体基本没有过渡层，是造成该轴早期脆性断裂失效的次要原因。

5. QT700-2 行星架感应淬火不合格原因分析

某型号 QT700-2 行星架结构如图 13-24 所示。技术要求：73mm 外圆感应淬火，表面硬度≥50HRC，有效硬化层深度≥0.8mm。在一批量为 135 件产品按 20% 抽检时，抽检出 1 件硬度<50HRC，硬度不合格。因此，对该批量产品进行表面硬度全检，检验结果列于表 13-12。其中，1#为硬度合格件，2#和 3#为不合格件。采用宏观方法进行有效硬化层深度和均匀检测，对感应淬火处和未淬火处进行金相检验。

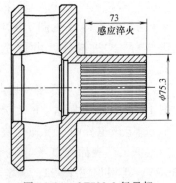

图 13-24　QT700-2 行星架

表 13-12　表面硬度检验结果

表面硬度 HRC	数量/件	占比（%）	结论	备注
50~60	103	76.3	合格	首件剖切，编号 1#
40~<50	18	13.33	不合格	剖切一件，编号 2#
30~<40	11	8.15	不合格	
<30	3	2.22	不合格	剖切一件，编号 3#

1#硬度合格件金相组织如图 13-25 所示。采用宏观法测得有效硬化层深度为 1.34mm，硬化区间长度为 75mm；感应淬火处组织为马氏体+少量渗碳体+石墨，有效硬化层深度为 1.185mm；未淬火处的组织为珠光体+石墨+10% 左右铁素体+石墨。

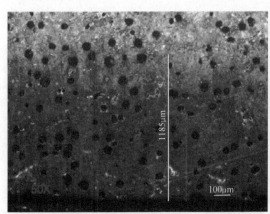

a）感应淬火处

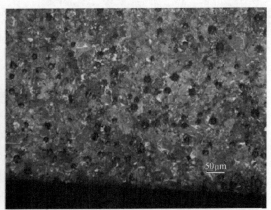

b）未经感应淬火处

图 13-25　1#硬度合格件金相组织

2#和 3#硬度不合格件金相组织如图 13-26 所示。采用宏观法测得硬化区间长度为 75mm，但硬化层深浅不均匀，无法测量得到准确的数据；感应淬火处组织为马氏体+20% ~ 50%（体积分数）铁素体+少量渗碳体+石墨；未淬火处的组织为珠光体+50% ~ 60%（体积分数）铁素体+石墨。分析得出结论，QT700-2 行星架不合格，感应淬火后表面硬度、有效硬化层深度达不到技术要求，其根本原因是组织中铁素体数量超标。

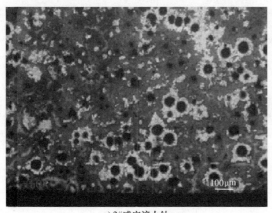
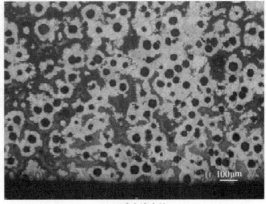

a) 2#感应淬火处

b) 3#感应淬火处

图 13-26　2#和 3#硬度不合格件金相组织

本章主要参考文献

［1］　全国热处理标准化技术委员会. 钢铁件的感应淬火与回火：GB/T 34882—2017 ［S］. 北京：中国标准出版社，2017.

［2］　全国热处理标准化技术委员会. 钢的感应淬火或火焰淬火后有效硬化层深度的测定：GB/T 5617—2005 ［S］. 北京：中国标准出版社，2005.

［3］　全国热处理标准化技术委员会. 钢件感应淬火金相检验：JB/T 9204—2008 ［S］. 北京：中国机械工业出版社，2008.

［4］　RUDNEV V，TOTTEN G E. ASM Handbook：Volume 4C Induction Heating and Heat Treatment ［M］. Geauga：ASM International，2014.

［5］　高长旭，邢振平，李博. 感应加热淬火硬化层深度检测方法探讨 ［J］. 哈尔滨轴承，2015，36（4）：33-36.

［6］　曹培，张青. 中频感应淬火及回火对 45Mn 钢组织和硬度影响 ［J］. 热处理技术与装备，2021，42（4）：43-46.

［7］　闫科，李精华，贾武. 铁素体含量对 QT700-2 感应淬火硬度的影响 ［J］. 金属加工（热加工），2021（2）：91-93.

第14章 渗硼件金相检验

渗硼是将硼原子渗入工件表面层的化学热处理工艺。钢件渗硼后，表面具有其他化学热处理方法难以达到的极高硬度（1400~2300HV），并且可以保持到800℃表面不产生软化；渗硼层还具有良好的耐蚀性，能耐600℃以下的氧化和耐酸（除硝酸）、碱的腐蚀。渗硼既能大大提高工件使用寿命，又可用普通碳钢或低合金钢渗硼来代替高合金钢，节约贵重合金元素，降低成本，因此有着广阔的应用前途。

14.1 渗硼材料、渗硼层相组成与性能

14.1.1 渗硼材料选择

渗硼包括用粉末或颗粒状的渗硼介质进行的固体渗硼，用熔融介质进行的液体渗硼，用气体渗硼介质进行的气体渗硼，此外还包括离子渗硼、膏剂渗硼、流态床渗硼等。在生产中应用较为广泛的是固体渗硼和液体渗硼。根据渗硼性能的具体要求，通常固体渗硼的工艺为850~950℃×2~6h，而液体渗硼的工艺为950~1000℃×1~6h。

渗硼工艺适用于低碳结构钢、中碳结构钢、工模具钢、不锈钢及铸铁等。表14-1所示为渗硼常用钢铁基体材料。

表 14-1 渗硼常用钢铁基体材料

材料类别	牌号
普通碳素结构钢	Q235、20
优质碳素结构钢 合金结构钢	20、40、45、65Mn、20Mn2、40Cr、20CrNiMo
碳素工具钢	T8、T10
高碳铬轴承钢	GCr15
合金工具钢	5CrNiMo、5CrMnMo、3Cr2W8V、9Mn2V、Cr12、Cr12MoV
不锈钢	20Cr13、30Cr13、07Cr19Ni11Ti
灰铸铁	HT250、HT300、HT400
球墨铸铁	QT400-18A、QT500-7A、QT700-2A

14.1.2　渗硼层相组成及特征

当硼渗入钢表层的同时，会将碳原子挤向扩散区或基体，所以低、中碳钢渗硼后在 Fe_2B 层下可能会有明显的增碳区，且硼有抑制铁素体从奥氏体中析出的倾向，因此尽管增碳区的碳浓度并未达到共析成分，空冷后仍能得到均匀的珠光组织（伪共析组织）。典型渗硼层组织形态由表及里可分为 FeB 层、Fe_2B 层、扩散区（过渡区）和基体四个区域，如图 14-1 所示。但在实际生产中，渗硼层不一定都具有上述四个区域典型形态。

图 14-2a 所示为 40Cr 钢 940℃ 粉末渗硼 4h 后的空冷组织。图中表层白色 Fe_2B 呈锯齿状，硬度为 1640HV，其中黑色小块为疏松，渗硼层深度为 0.15mm。由于硼化物中不溶解碳，致使碳原子被排斥内迁，在齿间及近齿尖处形成含硼碳化物，过渡层为富碳珠光体。图 14-2b 所示为 40Cr 钢 940℃ 粉末渗硼 4h 空冷后再升温至 1140℃ 保温 10min 的空冷组织。经升温至 1140℃ 保温 10min，渗硼层发生共晶转变，组织为莱氏体+少量 Fe_3（C、B），硬度为 700~800HV，共晶层与扩散区界面平坦，渗硼层深

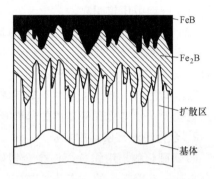

图 14-1　典型渗硼层组织示意图

度增至 0.4 mm。由于温度过高，硼原子大量向内渗入，使共析转变的碳含量下降，抑制了铁素体析出，富碳珠光体扩散区加大，晶粒粗大。心部组织为珠光体+网状铁素体。

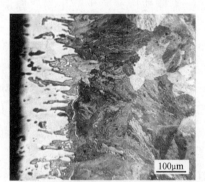

a) 渗硼后的空冷组织

b) 渗硼空冷后再升温至1140℃保温10min的空冷组织

图 14-2　40Cr 钢 940℃ 粉末渗硼组织

1. 碳钢渗硼层组织特征

（1）硼化物层组织特征 低、中碳钢渗硼后，硼化物均呈梳齿状，这种齿状化合物以长短不齐的方式楔入基体，与基体牢固结合。碳钢中碳的质量分数大于 0.8% 以后，渗硼速度减慢，梳齿趋于平坦化而呈舌状，硼化物与基体接触面减小，削弱了与基体的结合强度。碳虽然不溶于 FeB 和 Fe_2B 中，但它可以在硼化物的结晶面上析出游离的渗碳体（Fe_3C）；同时，硼可取代 Fe_3C 中相当数量的碳原子而形成 $Fe_3(C、B)$。因此，在硼化物的齿间和齿尖（末端）还分布着点状、块状或羽毛状的 Fe_3C 和 $Fe_3(C、B)$ 型碳化物，这种情况在碳含量较高的钢中比较明显。

（2）扩散区组织特征 由于碳的富集和扩散进入的微量硼的影响，使过渡区组织与基体组织有明显差别。其特点是，低、中碳钢渗硼后，过渡区组织中的珠光体数量增加；高碳钢渗硼以后，过渡区组织中的碳化物〔包括 Fe_3C 和 $Fe_3(C、B)$ 型碳化物〕的数量增加。过渡区组织的另一特点是，由于硼的渗入，除了缩小 $Fe-Fe_3C$ 相图中的 γ 区外，还促使奥氏体晶粒长大，使过渡区珠光体的晶粒粗大，并与基体组织界限分明。

2. 合金钢渗硼层组织特征

（1）硼化物层组织特征 合金钢硼化物层的组织特征与碳钢相似，尤其是低、中碳的低合金钢，其硼化物的形态几乎与碳钢相同。碳含量或合金元素含量较高的中、高合金钢，由于大量合金元素对硼的扩散起阻碍作用，使渗硼速度减慢，降低硼化物层厚度，并使硼化物梳齿平坦化或无明显齿状特征，而使渗硼层与基体结合力降低，增大脆性。合金元素中 Mo、W、Cr、Al、Si 等（特别是 Mo 和 W）缩小 γ 相区的元素都阻碍硼的扩散。当钢中的这些元素含量较高时，会明显降低渗硼速度，减小硼化物层厚度。而扩大 γ 相区的元素 Mn、Ni、Co、N 等，对硼化物层厚度影响不大。例如，在相同工艺条件下，合金元素含量较少的 CrWMn 钢、GCr15 钢，可获得较厚硼化物层；而 Cr12MoV 与 3Cr2W8VA 钢，由于含有大量的阻碍渗硼的 Cr、W 等合金元素，渗硼层均较薄。

合金钢中大部分合金元素，尤其是碳化物形成元素 W、Mo、V、Ti 等，在渗硼过程中从表层被挤入扩散区。同时 Si 和 C 一样也明显地向内迁移，其含量在扩散区中明显增加。而 Mn 和 Cr 没有明显的向内迁移现象，它们除部分溶入铁的硼化物中外，大部分形成 $M_3(C、B)$ 型碳硼化合物，呈颗粒状弥散分布于硼化物层中。

（2）过渡区组织特征 合金钢渗硼过渡区较碳钢薄，晶粒无明显粗化现象。如前所述，过渡区是合金元素及碳的富集区。由于这些元素都降低硼在奥氏体中的扩散速度，从而减小了过渡区的厚度。又由于大多数合金元素在一定程度上能抑制碳和硼促使奥氏体晶粒长大的倾向，所以合金钢渗硼的过渡区晶粒无明显粗化现象。

高碳合金钢渗硼后，过渡区中碳化物增多。过渡区中富集的碳化物形成元素 Cr、W、Mo、V、Ti 等形成 M_3C 型碳化物（合金渗碳体），以及 $(Fe、Cr)_{23}(B、C)_6$、$(Fe、Cr)_7C_3$、WC、VC 等类型碳化物，呈点状、块状分布在扩散区中。因此，合金钢过渡区中的碳化物明显多于碳钢，扩散区的强度、硬度也显著高于碳钢。

硅含量较高的合金钢渗硼时，被挤入扩散区的硅在铁硼化合物内侧形成富硅区。因为硅是强烈缩小奥氏体区、促使铁素体形成的元素，所以在富硅区域会形成铁素体软化区，在渗硼层承受较大外力时被压陷和剥落。因此，硅的质量分数大于或等于 2% 的中碳含硅合金钢（如 60Si2Mn）不适宜进行渗硼处理。

　　为区分 FeB 和 Fe$_2$B 相，浸蚀剂可采用三钾试剂，三钾试剂配比为：亚铁氰化钾 [K$_4$Fe(CN)$_8$·3H$_2$O]1g，铁氰化钾 [K$_4$Fe(CN)$_6$]10g，氢氧化钾（KOH）30g，蒸馏水 100mL。浸蚀温度和时间：10~30℃，5~10min 或 60~70℃，1~5min。浸蚀后在光学显微镜下 FeB 呈棕褐色，Fe$_2$B 呈浅黄棕色。

　　图 14-3 所示为 45 钢 950℃×6h 液体渗硼后水冷组织。采用三钾试剂于 60℃浸蚀 2min。表面黑色相为 FeB，灰色指状相为 Fe$_2$B；在 Fe$_2$B 指间基体上分布的条块状相为 Fe$_{23}$（C、B）$_6$，指尖针状相为含硼渗碳体 Fe$_3$（C、B）。三钾试剂只显示出硼化物，不显示基体组织。图 14-4 所示为 GCr15 钢 930℃×4h 液体渗硼后空冷组织。表层深灰色指状相为 FeB，浅灰指状相为 Fe$_2$B，扩散层中组织为细珠光体+含硼粒状碳化物。图 14-5 所示为 4Cr4Mo2WVSi 钢 960℃×6h 液体渗硼后油冷组织。表层指状为 Fe$_2$B 相，扩散层分布小块为含硼碳化物+粒状合金碳化物，基材组织为隐针马氏体。图 14-6 所示为 Cr12MoV 钢 930℃×4h 液体渗硼后油冷组织。表层为 FeB+Fe$_2$B 相，扩散层中小块颗粒为含硼碳化物，基材组织为隐针马氏体+块状共晶碳化物+粒状合金碳化物。

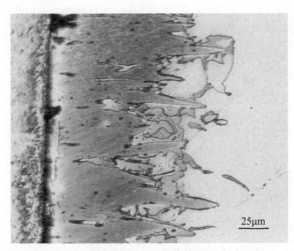

图 14-3　45 钢 950℃×6h 液体渗硼后水冷组织

图 14-4　GCr15 钢 930℃×4h 液体渗硼后空冷组织

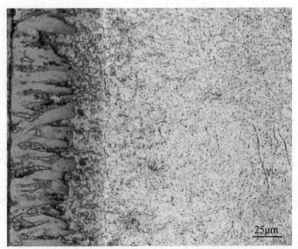

图 14-5 4Cr4Mo2WVSi 钢 960℃×6h 液体渗硼后油冷组织

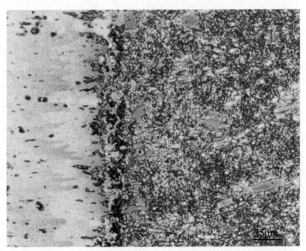

图 14-6 Cr12MoV 钢 930℃×4h 液体渗硼后油冷组织

14.1.3 渗硼层性能

钢铁渗硼以后，表面层获得由单相 FeB 或双相 FeB+Fe₂B 构成的硼化物层，使钢铁材料渗硼以后具有以下特性：高的硬度、耐磨性和热硬性，良好的高温抗氧化性能和耐蚀性，较大的脆性。

（1）高硬度和高耐磨性 铁硼化合物 FeB 和 Fe₂B 本身具有高的硬度，其硬度分别为 1890~2340HV 和 1290~1680HV。钢铁材料渗硼后的表面硬度也很高，可达 1300~2300HV。在冲击不大的情况下，其耐磨性优于渗碳和渗氮。

（2）良好的热硬性 铁硼化合物 FeB 和 Fe₂B 是十分稳定的化合物，它具有良好的热硬性。其他合金硼化物也一样，除具有很高的硬度外，稳定性也很好。经渗硼处理的钢铁工件，一般在 800℃ 以下能保持高硬度，能可靠地工作。

（3）良好的高温抗氧化性能及耐蚀性 在高温下，工件表面的铁硼化合物与氧反应，生成 B₂O₃，使工件受到保护，使氧化过程停止或者减到极缓慢的程度。经渗硼处理的工件在

600℃以下抗氧化性好。渗硼层对盐酸、硫酸、磷酸、醋酸、氢氧化钠水溶液、氯化钠水溶液，都具有较高的耐蚀性，但不耐硝酸腐蚀。另外，渗硼层对熔融铝、锌等有一定的耐蚀性。

（4）较大的脆性　因为铁硼化合物本身是硬而脆的金属化合物，而且硼化物层很薄，与基体的结合方式主要是机械楔合，加之不同硼化物之间及与基体之间比体积、膨胀系数不同，在承受较大冲击力和温度变化的情况下，容易剥落和开裂。

根据渗硼层组织特征和性能特点，渗硼层深度一般控制在 0.1~0.2mm 之间较为合适。低、中碳钢取上限；高碳钢、高碳合金钢、模具钢取下限，甚至更低，否则容易发生脆性剥落。

14.2 渗硼层检测

JB/T 7709—2007《渗硼层显微组织、硬度及层深检测方法》规定了渗硼层显微组织、硬度及渗层深度的检测方法。

14.2.1 渗硼层类型

根据渗硼后获得的单相 FeB、双相（FeB、Fe$_2$B）及其相对数量，指状、齿状等不同形态，渗硼层类型分为六类，如图 14-7 所示。

a) 类型Ⅰ：单相Fe$_2$B

b) 类型Ⅱ：双相FeB、Fe$_2$B(FeB约占1/3)

c) 类型Ⅲ：双相FeB、Fe$_2$B(FeB约占1/2)

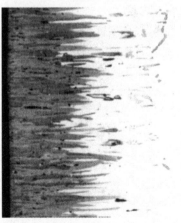

d) 类型Ⅳ：双相FeB、Fe$_2$B(FeB约占2/3)

图 14-7　渗硼层类型　250×

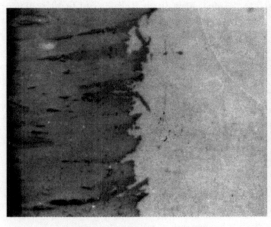 

e）类型Ⅴ：齿状渗层 　　　　　　　　　　　　　　f）类型Ⅵ：不完整渗层

图 14-7　渗硼层类型　250×（续）

注：浸蚀剂为三钾试剂。

14.2.2　渗硼层硬度检测

渗硼层硬度应在制备好的金相试样横截面上选择致密无疏松处进行检测，试验力采用 1.0N。显微硬度范围：FeB 为 1800~2300HV，Fe_2B 为 1300~1500HV。当工件不宜破坏，在保证表面粗糙度 $Ra \leqslant 0.32\mu m$ 时，也可以在渗硼件表面检测硬度，表面显微硬度范围为 1200~2000HV。

14.2.3　渗硼层深度检测

根据 JB/T 7709—2007 的规定，在制备好的试样横截面上检测渗硼层深度。可采用在放大 200~300 倍的光学显微镜下，将渗硼层视场分为六等分，在 5 个等分点上检测深度为 $h_1 \sim h_5$，按下式计算算术平均值：

$$h = (h_1 + h_2 + h_3 + h_4 + h_5)/5$$

式中，h 为渗硼层深度。

由于硼化物层多半呈锯齿形，也可以根据渗硼层不同类型，渗硼层深度 h 值应以连续部位为基础，根据不同类型渗硼层，采用三种不同检测方法，见表 14-2。

表 14-2　不同类型渗硼层深度检测方法

碳含量（质量分数,%）	渗硼层类型与形貌	计算方法与公式
≤0.35	类型Ⅰ、Ⅱ,渗硼层呈指状,峰与谷相差很大	至少取 5 个谷的深度,然后取平均值,即 $h = (谷_1 + 谷_2 + 谷_3 + 谷_4 + 谷_5)/5$
>0.35~0.60	类型Ⅲ、Ⅳ,渗硼层呈指状,峰谷明显	取 5 组峰、谷,分别测峰、谷的深度,二者平均后,再用 5 组平均值,即 $h = [(峰_1 + 谷_1)/2 + (峰_2 + 谷_2)/2 + (峰_3 + 谷_3)/2 + (峰_4 + 谷_4)/2 + (峰_5 + 谷_5)/2]/5$
>0.60	类型Ⅴ,渗硼层略有齿状或波浪状,峰与谷不明显	取 5 点层深度的平均值,即 $h = (h_1 + h_2 + h_3 + h_4 + h_5)/5$

由于大部分钢铁材料的渗硼层呈齿状形貌，在生产实际中，人们普遍采用齿峰和齿谷的统计算术平均值作为渗硼层深度，如图 14-8 所示。先测量齿峰 x_1，x_2，x_3，…，x_n，取其平均值 $\bar{x} = \dfrac{1}{n}\sum\limits_{i=1}^{n} x_n$；再测出齿谷的高度 y_1，y_2，y_3，…，y_m，算出齿谷平均值 $\bar{y} = \dfrac{1}{m}\sum\limits_{i=1}^{m} y_m$；最后得到硼化物层的厚度 $\delta = (\bar{x} + \bar{y})/2$。其中，$n$ 和 m 一般都应大于 5（图 14-8 中，n 和 m 为 6）。

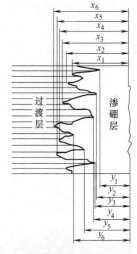

图 14-8　渗硼层深度
测量示意图

14.3　渗硼层缺陷及其控制

（1）渗硼层太薄　一般碳钢、低合金钢渗硼层深度应控制在 $70 \sim 150\mu m$，而高合金钢只需达到 $30\mu m$ 以上，便可满足使用性能要求。通常把渗硼层深度小于 $30\mu m$ 视为渗层太薄。渗层太薄将导致耐磨性和耐蚀性差。渗层太薄产生的原因可能是，渗硼温度过低或保温时间过短，渗硼介质活性不够，固体渗硼箱密封不好等。

（2）渗硼层深度不均匀　渗硼层深度不均匀，甚至不连续时，渗层容易剥落，而且耐磨性、耐蚀性都很差。产生这种缺陷的原因主要是，介质活性差，固体渗剂混合不均匀，渗硼盐浴流动性差或成分偏析等。

（3）渗硼层有较多孔洞　具有较多孔洞的渗硼层，因致密度下降，耐蚀性差。通常渗硼温度过高，易形成孔洞；渗剂成分中有氧化性气氛的组分（如 Na_2CO_3、H_2O 等），也易导致形成孔洞。

（4）渗硼层出现微裂纹　由于 FeB、Fe_2B 与基体的膨胀系数各不相同，在相界面上存在较大应力，在硼化物相界面或硼化物与过渡层之间出现裂纹的可能性较大。因此，一般都希望获得单相 Fe_2B。

14.4　渗硼层组织分析实例

1. 95Cr18 钢渗硼层组织分析

对 95Cr18 钢进行固体渗硼，固体渗硼剂组成（质量分数）为 B_4C 5%、KBF_4 5%，SiC 90%。试样在 850℃、900℃、950℃和 1050℃渗硼温度下保温 8h，达到保温时间后，工件随炉冷却至 150℃出炉清理进行分析。图 14-9 所示为 95Cr18 钢在不同温度下渗硼 8h 后的渗硼层组织。从图 14-9 可以看到，95Cr18 钢渗硼层均匀致密，厚度均匀。根据 XRD 分析，渗硼层主要为 FeB、Fe_2B 和 CrB 相。随着处理温度的提高，渗层表面 FeB 与 CrB 相的含量上升，Fe_2B 相的含量下降。在 850℃、900℃、950℃和 1050℃渗硼 8h 的渗层厚度分别为 $19\mu m$、$24\mu m$、$44\mu m$ 和 $97\mu m$。

根据 VDI 3198 标准［用于测试渗层（涂层）结合强度和评级的德国标准］进行压痕测试。图 14-10 所示为 95Cr18 钢在不同温度下渗硼 8h 后，渗硼层压痕 SEM 形貌。由图 14-10

可知，采用 850℃渗硼，压痕周围呈放射状裂纹，且压痕周边有轻微的渗层剥落；采用 900℃渗硼，压痕周围放射状裂纹情况未发生明显变化，剥落区域有所扩展；采用 950℃渗硼，压痕周围的渗层剥落情况进一步加重；采用 1050℃渗硼，压痕周围发生大面积剥落。根据 VDI 3198 评级，在 850℃、900℃、950℃和 1050℃渗硼 8h，分别对应于标准中的 2 级压痕、3 级压痕、4~5 级压痕和 6 级压痕。

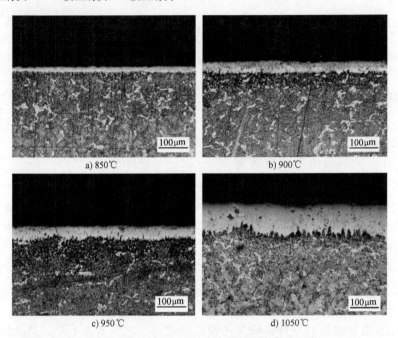

图 14-9　95Cr18 钢在不同温度下渗硼 8h 后的渗硼层组织

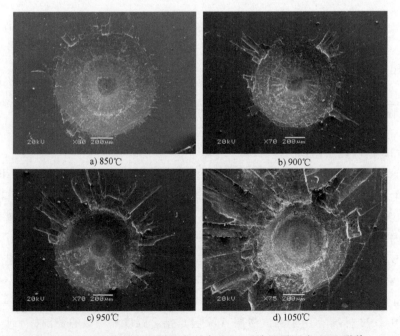

图 14-10　95Cr18 钢在不同温度下渗硼 8h 后渗硼层压痕 SEM 形貌

2. 38CrMoAl 钢渗硼层组织分析

38CrMoAl 钢固体渗硼前试样表面进行镀铁预处理，渗硼工艺为在 910℃ 保温 5h，随炉冷却。图 14-11 所示为 38CrMoAl 钢的渗硼层组织。渗硼层均匀致密，厚度均匀，高倍金相照片显示渗硼层与基体结合处呈梳齿状形貌。根据 XRD 分析，渗硼层主要为 Fe_2B 相。按照 JB/T 7709—2007 测量，渗硼层深度为 190μm，表面硬度为 1600~1700HV。

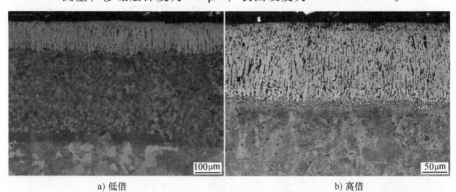

a) 低倍 　　　　　　　　　　　　　　b) 高倍

图 14-11　38CrMoAl 钢的渗硼层组织

3. 65Mn 钢渗硼层组织分析

图 14-12 所示为 65Mn 钢 900℃ 渗硼 2~8h 后的渗硼层组织。随着渗硼时间的增加，渗硼层深度呈增加的趋势，渗硼层形成了梳齿状。当渗硼时间达到 8h 时，渗层中出现黑色微孔。图 14-13 所示 65Mn 钢不同温度下渗硼时间与渗硼层深度的关系。

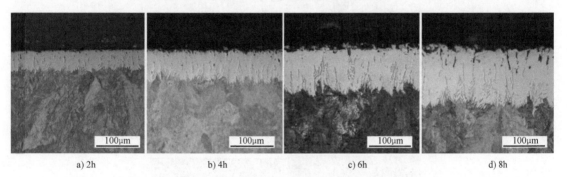

a) 2h 　　　　　b) 4h 　　　　　c) 6h 　　　　　d) 8h

图 14-12　65Mn 钢 900℃ 渗硼 2~8h 后的渗硼层组织

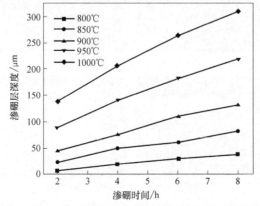

图 14-13　65Mn 钢不同温度下渗硼时间与渗硼层深度的关系

图 14-14 所示为 65Mn 钢 900℃ 渗硼 2~8h 后的渗硼层维氏硬度压痕及对应的维氏硬度值。渗硼层的硬度在 800~1590 HV0.05 范围。

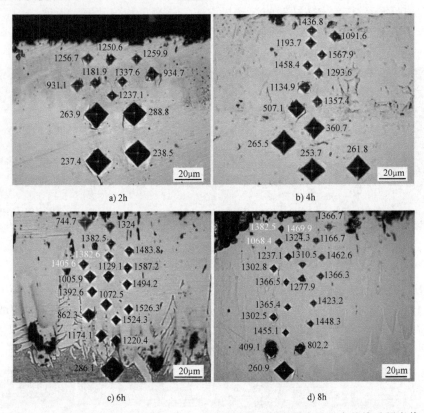

a) 2h

b) 4h

c) 6h

d) 8h

图 14-14　65Mn 钢 900℃ 渗硼 2~8h 后的渗硼层维氏硬度压痕及对应的维氏硬度值

4. GCr15 钢渗硼层组织分析

图 14-15 所示为 GCr15 钢在不同渗硼温度下保温 8h 后的渗硼层组织。整个渗硼层深度均匀，渗硼层典型的梳齿状形态不明显。高倍下渗硼层内部有明显柱状晶。

a) 1123K

b) 1173K

c) 1223K

d) 1323K

图 14-15　GCr15 钢在不同渗硼温度下保温 8h 后的渗硼层组织

图 14-16 所示为 GCr15 钢 1173K 渗硼 8h 的渗硼层维氏硬度压痕。图 14-17 所示为 GCr15 钢在 1173K 保温不同时间后渗硼层硬度分布。

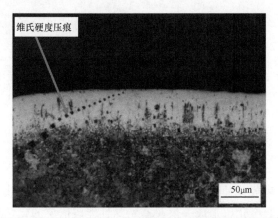

图 14-16　GCr15 钢 1173K 渗硼 8h 渗硼层维氏硬度压痕

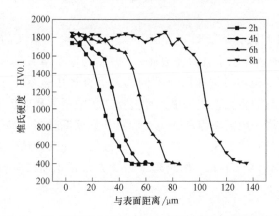

图 14-17　GCr15 钢在 1173K 保温不同时间后渗硼层硬度分布

本章主要参考文献

［1］　全国热处理标准化技术委员会. 渗硼层显微组织、硬度及层深检测方法：JB/T 7709—2007［S］. 北京：机械工业出版社，2007.

［2］　权思佳，宗晓明，高飞，等. 9Cr18 不锈轴承钢渗硼层的组织特征与性能［J］. 特钢技术，2020，26（1）：6-11.

［3］　富玉竹，王戈，佟伟平. 38CrMoAl 渗氮钢表面镀铁及渗硼行为的研究［J］. 稀有金属与硬质合金，2021，49（1）：83-87.

［4］　魏祥，蒋彦清，庾灵颉，等. 65Mn 钢渗硼层的微观组织、硬度及生长动力学［J］. 金属热处理，2021，46（11）：110-119.

［5］　宗晓明，蒋文明，樊自田，等. GCr15 轴承钢表面渗硼层生长动力学与机械性能［J］. 工程科学学报，2018，40（9）：1108-1114.

第15章　渗金属件金相检验

钢的渗金属是把一种或几种金属元素，例如铬、铝、锌、钒、钛、铌等在高温下扩散到基体金属表面，使表层合金化，形成一层具有特殊性能表面层的化学热处理工艺。渗金属既能满足各种技术要求，提高使用寿命，又有很高的经济效益，是一种很有发展前途的改善材料性能的方法。

与普通的化学处理相似，渗金属也是由分解（含有渗入金属的介质分解产生活性原子）、吸附（基体材料把活性原子吸附在表面）、扩散（原子溶入基体材料晶格并向内部扩散）三个基本过程组成。但与渗碳和渗氮不同的是渗金属中金属原子与铁原子半径相差不大，金属原子在钢中进行的是置换式扩散。而置换式扩散所需要的扩散激活能比间隙式扩散的要大得多，所以渗金属一般需要更高的温度和更长的保温时间，渗层深度也比渗碳层浅。

渗金属所得的渗层与基体金属之间形成一层过渡层，使二者结合为一整体，这种结合是"冶金结合"，渗层与基体结合牢固，用物理或力学方法很难使二者分离，这是其他镀覆方法所不及的特点。

15.1　渗铬件金相检验

钢中的铬与铁形成固溶体，与碳形成碳化物，可以使钢获得多种特殊性能，例如，低碳钢中含有质量分数为13%的Cr就可具有很好的耐硝酸腐蚀、抗氧化性能，高碳钢中加入质量分数为12%的Cr就可获得很高的硬度和耐磨性。为节约合金元素，生产中常采用渗铬方法达到上述目的。低碳钢渗铬后表面获得很好的耐蚀性、抗氧化性能，用于动力、汽车仪表、石油化工等工业领域，代替某些镍铬不锈钢、耐热钢；高碳钢渗铬后具有很高的硬度和耐磨性，用于工模具上，可大大提高工模具使用性能和寿命。

15.1.1　渗铬方法与工艺

渗铬的方法有粉末法、气体法和液体法。下面以生产中应用较广的粉末法来介绍渗铬原理与工艺。

粉末渗铬剂一般由铬铁粉 [$w(Cr)=65\%$，$w(C)=0.1\%$，其余为铁]、氧化铝和氯化铵组成。铬铁粉通常在渗铬剂中占50%（质量分数），其合适的粒度为100~200目。氧化铝是惰性材料，作用是稀释铬铁粉，填充剩余空间，以免铬铁粉互相烧结、与工件表面黏结。氧化铝一般在渗铬剂中占 40%~50%（质量分数），其粒度以 100~200 目为合适，在配制前应经高温（1000℃左右）焙烧，去除结晶水和低熔点挥发物。氯化铵是催渗剂，占 2%~5%（质量分数）。

在渗铬温度 1050~1100℃下，NH_4Cl 先发生分解，分解产物 HCl 在高温下与 Cr 反应生成氯化亚铬，反应式如下：

$$2NH_4Cl \rightarrow 2HCl(气相) + 3H_2 + N_2$$
$$2HCl + Cr \rightarrow CrCl_2(气相) + H_2$$

当气相氯化亚铬与高温钢件表面接触时，发生置换反应，在钢件表面析出活性铬原子；也可能发生还原反应、热分解反应，生成活性铬原子。

$$CrCl_2(气相) + Fe \rightarrow [Cr] + FeCl_2$$
$$CrCl_2(气相) + H_2 \rightarrow [Cr] + 2HCl$$
$$CrCl_2(气相) \rightarrow [Cr] + Cl_2$$

然后，活性铬原子吸附于钢的表面，并通过热扩散向内渗入，形成渗铬层。影响渗铬层深度的一个重要因素是渗铬温度，随着渗铬温度的升高，渗铬层深度增加；当渗铬温度一定时，随着保温时间的延长，渗铬层深度增加，但到一定时间后，其增加趋于平缓。影响渗铬层深度的另一个因素是钢的化学成分。钢中碳含量对渗铬层深度有明显的影响，当钢中碳的质量分数超过 0.4% 时，渗铬速度显著降低，渗铬层深度显著减薄；但碳含量再增加，则渗铬层深度变化不大。

在实际生产中，为了使渗铬层具有较高的耐蚀性、抗氧化性，低碳钢工件的渗铬层深度一般为 0.05~0.15mm，渗铬温度为 950~1100℃；而为了使渗铬层具有较高的耐磨性，高碳钢和合金高碳钢工件的渗铬层深度通常为 0.02~0.04mm，渗铬温度为 900~1000℃。渗铬保温时间一般为 6~12h。

对于心部基体要求有一定强度和较高韧性的工件，在渗铬后还必须进行热处理来细化组织，改善力学性能。一般是根据工件的性能要求进行相应的退火、正火、调质等热处理。其热处理工艺可按基体材料的化学成分来制订，不必考虑渗铬层的组织。这是因为渗铬层中碳化物很稳定，一般的热处理不会改变碳化物的成分、大小和分布，对渗铬层的硬度、耐磨性基本上没有影响。

粉末渗铬法可获得高的表面铬含量，工艺、设备简单，广泛用于生产中。其缺点是加热温度过高，保温时间太长，铬粉消耗量大，劳动条件差等。为了克服这些缺点，发展了许多新的工艺方法，如盐浴渗铬、真空渗铬、气体渗铬、喷涂压实法渗铬、静电喷涂法渗铬等。

15.1.2 渗铬层组织与性能

1. 渗铬层组织及其检验

根据铁铬相图，当钢件表面层铬的质量分数超过 12.7% 时就形成铁素体。又因为铬原子是单向渗入的，所以铁素体晶粒的生长与钢件表面垂直，即渗铬层为垂直于表面的、柱状的 α 晶粒。渗铬件冷却时，渗铬层不发生变化，而心部铬的质量分数低于 12.7%，发生 $\gamma \rightarrow \alpha$ 再结晶，在渗层与基体之间有明显"重结晶线"。

纯铁或低碳钢渗铬后，其表面铬的质量分数可达 30%~60%；渗铬层在 3%（体积分数）硝酸乙醇溶液浸蚀下是不受腐蚀的白亮层，但如在硝酸乙醇溶液中经长时间的浸蚀或用两钾试剂［15%（质量分数）铁氰化钾、5～15g 氢氧化钾、100mL 水］浸蚀，可以看到明显的垂直于表面的、柱状 α 固溶体。纯铁或低碳钢渗铬后，表面组织是极薄铬碳化合物层 $Cr_2(N、C)$，第二层是连续的 $(Cr、Fe)_{23}C_6$，其次是较厚的柱状 α 固溶体层，在 α 晶界上有少量铬碳化合物 $(Cr、Fe)_{23}C_6$ 析出，在渗层与基体间有"重结晶线"。图 15-1 所示为 10 钢经 1050℃×6h 真空粉末渗铬的炉冷组织。

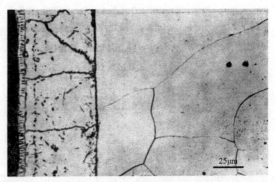

图 15-1　10 钢经 1050℃×6h 真空粉末渗铬的炉冷组织

注：渗铬层用两钾试剂电解浸蚀，基体用 3%（体积分数）硝酸乙醇溶液浸蚀。

随着钢中碳含量的增加，表面铬碳化合物增厚，在 α 晶内有针状和块状的铬铁碳化物析出。粉末渗铬时，由于渗剂中的氯化铵有渗氮作用，其铬碳化合物层分为三层：最表面层为 $Cr_2(C、N)$，第二层为 $(Cr、Fe)_{23}C_6$，第三层为 $(Cr、Fe)_7C_3$。在渗铬中，由于形成铬碳化合物而使基体中的碳向表层扩散，这导致铬碳化合物层与基体之间形成贫碳区。另外，根据 Fe-Cr-C 三元相图分析，在贫碳区与铬碳化物层之间还有一个包析组织层 $[α+(Cr、Fe)_3C]$。图 15-2 所示为 20 钢经 1050℃×6h 真空粉末渗铬的炉冷组织。图 15-2 中表层化合物为三层小柱状晶，箭头 E 所示为极薄 $Cr_2(N、C)$，箭头 A 所示为 $(Cr、Fe)_{23}C_6$，箭头 B 所示为 $(Cr、Fe)_7C_3$，箭头 C 所示为 $(Cr、Fe)_3C$，箭头 D 所示为包析组织层，其下为贫碳区。

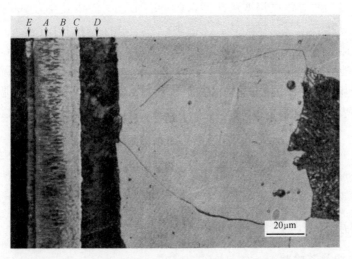

图 15-2　20 钢经 1050℃×6h 真空粉末渗铬的炉冷组织

中、高碳钢渗铬后，表面铬的质量分数有时可高达 90% 以上；铬与碳的亲和力大，在表面形成大量铬碳化合物层。随钢中碳含量增加，贫碳区逐步减少。图 15-3 所示为 45 钢经 1100℃×6h 真空粉末渗铬的炉冷组织。由图 15-3 中可以看出，贫碳区明显减少。高碳钢 T12 的渗铬层在硝酸乙醇溶液浸蚀下是不受腐蚀的白亮层，但用两钾试剂浸蚀后呈状脉分布组织，这是铬碳化合物层。低、中碳钢的铬碳化合物层下的包析组织层和贫碳区都很明显，而高碳钢（如 T10、T12 钢）则不明显或消失。贫碳区使钢件中出现一条软带，降低了耐磨性。因此，性能要求高的工件应采用 T10A、T12A 或高碳合金钢来进行渗铬。图 15-4 所示为 T12 钢经 1050℃×6h 真空粉末渗铬的空冷组织。由图 15-4 中可以看出，表面最外层为 Cr_2（C、N）薄层，第二层为（Cr、Fe）$_{23}$C$_6$ 层，第三层为（Cr、Fe）$_7$C$_3$ 层，以上三层是铬碳化物层，下面是无明显贫碳区的包析组织层。中、高碳钢渗铬后如经淬火，表面为白亮层为铬碳化合物层，其后包析组织层和基体转变为马氏体组织。

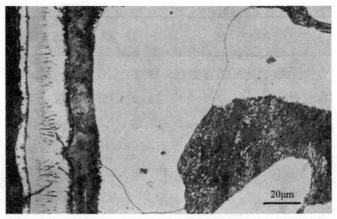

图 15-3 45 钢经 1100℃×6h 真空粉末渗铬的炉冷组织

图 15-4 T12 钢经 1050℃×6h 真空粉末渗铬的空冷组织

2. 性能及其应用

（1）力学性能 纯铁和低碳钢渗铬后形成富铬的 α 固溶体，其显微硬度为 200～300HV，比其原来的硬度略高一些。低碳钢渗铬层具有良好的韧性，经轧制、弯曲、锻压等工序不脱层、不开裂。

中、高碳钢渗铬后表面形成的 Cr_2（N、C）相，其显微硬度为 1500～1600HV，（Cr、Fe）$_{23}$C$_6$ 相显微硬度为 1600～1800HV，（Cr、Fe）$_7$C$_3$ 显微硬度为 2000HV。渗铬层的硬度随基体材料的不同而异。例如，T8 钢渗铬后的硬度为 1400HV 左右，再经 790℃淬火、600℃三次回火后，其表面显微硬度仍为 1380HV。这点特别有利于它在工模具上的应用。

（2）耐蚀性和抗氧化性　低碳钢、高碳钢的渗铬层都具有良好的耐蚀性。碳钢渗铬件在室温下的大气、自来水、海水、硝酸、磷酸、碱水、过热蒸汽、硫化氢、二氧化硫气氛中都有良好的耐蚀性。

低碳钢渗铬后在氧化性酸中（如硝酸）的耐蚀性超过不锈钢12Cr18Ni9，如低碳钢渗铬螺栓在硝酸的介质下，其耐蚀性优于12Cr18Ni9螺栓。在这种条件下，可用碳钢或低合金钢渗铬来代替高铬合金钢。

碳钢渗铬后可以提高钢的抗氧化能力。例如，渗铬低碳钢在700℃保持1000h，氧化增重为0.15mg/cm^2，未渗铬的氧化增重为147.7mg/cm^2，其抗氧化能力比未渗铬的几乎提高1000倍。渗铬钢抗氧化性能好的原因是，渗铬钢在氧化条件下在表面生成一层致密的Cr_2O_3或尖晶石型的$FeO \cdot Cr_2O_3$保护膜，阻止了氧及铁的扩散，以防止进一步氧化。

15.2　渗铝件金相检验

合金元素铝与氧的亲和力极强，当钢中含有质量分数为8%的Al时，在室温下就能与氧在钢表面生成致密Al_2O_3薄膜，阻止向内部氧化。采用化学热处理方法把合金元素铝渗入钢表面，形成铝铁合金层，这种热处理工艺称为渗铝。低、中碳钢渗铝后可获得高温抗氧化和耐蚀性，在很多情况下可代替高镍、高铬不锈钢及耐热钢，用于动力、石油化工、冶金、建筑等工业方面。例如，生产中大量使用渗铝钢极、钢管等作为抗高温氧化的炉管、烟道、加热管、热风管燃烧器、加热炉构件、夹具、热电偶套管、退火罐等，取得了良好效果。

15.2.1　渗铝方法与工艺

渗铝的方法有粉末渗铝、热浸渗铝、喷涂渗铝等。粉末渗铝法和热浸渗铝法历史较久，应用较广。粉末渗铝剂一般用40%~80%（质量分数）铝铁合金粉 [$w(Al)$= 40%~65%，$w(Fe)$= 35%~60%]+0.5%~2%氯化铵，其余为氧化铝粉或高岭土粉。铝粉或铝铁合金粉是供铝剂。粉末渗铝法的渗铝温度一般在850~1050℃范围。

渗铝后钢件表面铝的质量分数高达40%~50%，出现脆性相。为了降低渗铝的脆性，需要进行均匀化退火。退火加热温度为900~1050℃，保温4~5h。渗铝件经均匀化退火后，不但渗铝层的脆性降低，而且渗铝层深度增加20%~40%。

热浸渗铝法是把表面经过预处理的钢材浸入熔融的铝浴或铝合金浴中，保温一定时间，使其表面黏附一层薄液体铝，并与铁形成铝铁合金层后取出空冷；然后再经高温均匀化退火，获得一定厚度的渗铝层。

在热浸渗铝中，钢材浸入铝浴时，在钢材与铝浴的分界面上铁与铝发生相界面反应，形成铁铝合金层并生成θ相（$FeAl_3$）；然后铝原子向铁内扩散，通过θ相层，在θ相表面开始转变为η相（Fe_2Al_5），并沿扩散方向长大；最后形成横跨若干个晶粒的粗大柱状晶体。因此，热浸渗铝层是通过铁与铝的界面反应和扩散反应形成的。

热浸渗铝一般采用的铝浴温度为700~760℃；浸入时间从几秒钟到几十分钟，根据工件来定。钢材热浸渗铝后，要进行950~1050℃×4~5h的均匀化退火。均匀化退火不但使渗铝层脆性下降，不易剥落，表面光滑美观，而且能提高渗铝层的抗氧能力，增加渗铝层深度。

15.2.2 渗铝层组织与性能

1. 渗铝层组织及其检验

根据铁铝相图，随渗铝层的铝含量增加，可以依次得到 α、β_1(Fe_3Al)、β_2($FeAl$) 固溶体和 ξ($FeAl_2$)、η(Fe_2Al_5)、θ($FeAl_3$) 等化合物相。但与许多化学热处理相同，实际渗铝生产中渗层的形成不符合平衡条件，在渗铝层中常会形成铝含量较高的固溶体或中间相。

粉末渗铝后的金相组织与粉末渗铬的金相组织类似，粉末渗铝后的金相组织与热浸渗铝后再经均匀化退火处理的金相组织基本相同。图 15-5 所示为 10 钢和 45 钢粉末渗铝组织。图 15-5a 中表层为 ξ($FeAl_2$) 相，ξ($FeAl_2$) 相下层为 β_2($FeAl$)、β_1(Fe_3Al)、α 固溶体层，图中箭头 A 所指为针状 β_1(Fe_3Al)；图 15-5b 中组织基本与图 15-5a 相同，但在邻近 ξ 的 β_2 层中有棒状 Al_4C_3 相，并有棒状 Al_4C_3 相扩展到 ξ 层中。图 15-6 所示为 T8 钢粉末渗铝组织。图 15-6 中表层为 ξ($FeAl_2$) 相；图中箭头 A 所指为 β_1(Fe_3Al) 相层，并有针状 β_1 向 α 固溶体层扩展，β_1(Fe_3Al) 相层外为 β_2($FeAl$)；层内为 $\alpha+\beta_1$ 两相区；箭头 B 所指为棒状按一定方向排列的 Al_4C_3 相；"重结晶线"下为贫碳区。

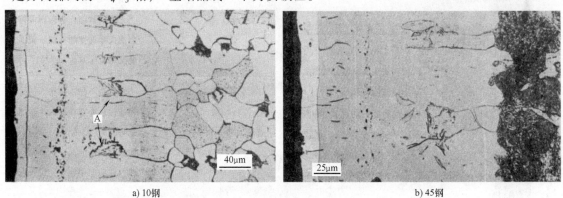

a) 10钢 b) 45钢

图 15-5 10 钢和 45 钢粉末渗铝组织

注：1. 渗铝剂用 99%（质量分数）铝铁合金粉 [$w(Al)=50\%$，$w(Fe)=50\%$]+1%（质量分数）氯化铵。

2. 渗铝温度为 950℃，时间为 8h。

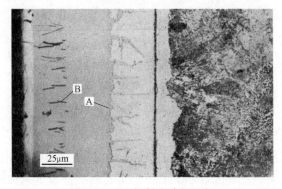

图 15-6 T8 钢粉末渗铝组织

注：1. 渗铝剂用 85%（质量分数）铝铁合金粉 [$w(Al)=50\%$，$w(Fe)=50\%$]+14%（质量分数）氧化铝+1%（质量分数）氯化铵。

2. 渗铝温度为 850℃，时间为 7h。

热浸渗铝层的最外层几乎是纯铝，次层主要是 η 化合物（Fe_2Al_5），也有少量 θ 化合物（$FeAl_3$）。η 相呈"指状"垂直于表面而楔入基体，这是因为 η 相是斜方晶体，c 轴上有较多空位（30%），铝原子占据这些空位使晶体沿 c 轴方向择优高速生长。20 钢热浸渗后采用 1%（体积分数）氢氟酸水溶液浸蚀，其组织如图 15-7a 所示；采用 3%（体积分数）硝酸乙醇溶液浸蚀，其金相组织如图 15-7b 所示。可以看出，η 化合物层下无固溶体层，η 相后就是基体，碳也没有再分布现象。η 相硬而脆，且使渗铝层的黏附力下降，在热浸渗铝中要设法抑制 η 相的生长；一般控制 η 相层深度为整个渗铝层深度的 1/10。

a）1%（体积分数）氢氟酸水溶液浸蚀   b）3%（体积分数）硝酸乙醇溶液浸蚀

图 15-7　热浸渗铝层的组织

图 15-8a 和图 15-8b 所示分别为 20 钢经 750℃×10min 热浸渗铝空冷和 780℃×30min 热浸渗铝再在 950℃×8h 均匀化退火后的组织。经均匀化退火后，由表面至心部组织分别有 $η(Fe_2Al_5)$+$θ(FeAl_3)$、$β_2(FeAl)$、$α$+针状 $β_1(Fe_3Al)$ 相，基体组织晶粒长大粗化。

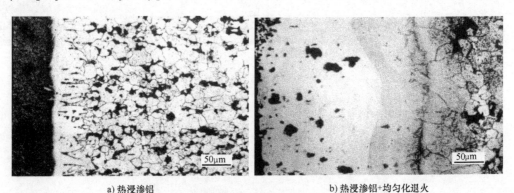

a）热浸渗铝   b）热浸渗铝+均匀化退火

图 15-8　热浸渗铝和均匀化退火后的组织

2. 性能及其应用

钢件渗铝后表面铝的质量分数高达 50%，渗铝层深度为 0.1～1.0mm。这层铝铁合金在高温下与空气中的氧形成一层致密而坚固的 Al_2O_3 和 $FeO·Al_2O_3$ 薄膜，能有效地保护内部基体不被氧化。因此，渗铝层在 850～900℃下仍具有高的高温抗氧化能力。

碳钢渗铝后在大气中、含有硫的氧化性气氛中、高温的硫化氢介质中及含有 V_2O_5 和 Na_2SO_4 的燃气中都有很好的耐蚀性。例如，渗铝钢在含 SO_2 的工业大气中暴露 4 年的腐蚀量是热浸锌钢的 1/10，在海洋地区的大气中暴露 2 年的腐蚀量是热浸锌钢的 1/5。

15.3 渗锌件金相检验

合金元素锌能有效地保护钢铁材料免受腐蚀。一般的金属保护层只有在覆盖层完整时才能防止腐蚀，而锌层即使稍有破损而不完整时，仍能保护基体不受腐蚀。大量钢材通过化学热处理在表面上扩散渗入合金元素锌，形成锌铁合金层来提高耐蚀性，以防止大气、自来水、海水的腐蚀，这种热处理工艺就是渗锌。渗锌目前已广泛用于钢管、钢板、钢带、钢丝和紧固件、弹簧等一些形状复杂的零件上。

15.3.1 渗锌方法与工艺

渗锌的方法有粉末渗锌、热浸渗锌、气体渗锌等。目前生产中应用较多的是粉末渗锌法和热浸渗锌法。

粉末渗锌的渗剂由锌粉、惰性材料（如氧化铝）、活化剂（如氯化铵、氯化锌、盐酸）组成，如常用的渗剂成分（质量分数）为 50% 锌粉，48%～49% Al_2O_3，1%～2% NH_4Cl。粉末渗锌的反应机理、工艺操作与粉末渗铬法基本相同，其渗锌层厚度和质量主要决定于渗锌温度和保温时间。粉末渗锌温度通常采用 380～400℃，保温时间为 2～4h，渗锌层深度为 7.5～50μm。

粉末渗锌法的特点是渗锌温度低，工件在渗锌处理中几乎不发生变形；其次是渗层深度均匀，无论在螺纹、沟槽、深孔穴、弯曲表面，渗层深度都是相等的。因此，粉末渗锌很适用于形状复杂的工件，以及紧固件、弹簧等。

热浸渗锌法在生产中也称热浸镀锌法。热浸渗锌是把经过预处理钢材浸入熔融的锌浴中，保持一定的时间，使钢材表面镀上一定量的锌，然后取出用压缩空气喷吹表面，再进行冷却或钝化处理。

热浸渗锌的质量主要取决于锌液温度、浸渍时间和从锌浴中取出的速度。通常的渗锌温度为 430～460℃，浸渍时间为 1～10min，热浸渗锌层深度为 10～15μm 到 150～200μm。热浸渗锌层的组织是不均匀的，如果要从根本上改变渗层的组织从而改善渗层的耐蚀性、力学性能，则要进行热处理，一般是在有保护气氛的炉中进行 500～550℃，10～15 min 的均匀化退火。由于热浸渗锌法生产率高，易于实现机械化、自动化生产，是生产中最常用的一种渗锌法，被普遍应用于镀锌钢管，钢板、钢丝和其他金属结构件的大批量生产。

15.3.2 渗锌层组织与性能

1. 渗锌层组织及其检验

根据铁锌相图，热浸渗锌层表面上几乎是纯锌，即 η 相（微量的 Fe 在 Zn 中的固溶体），由表向里随锌含量的降低，其金相组织依次为 ζ 相（$FeZn_{13}$）、$δ_1$（$FeZn_7$）、$γ$（Fe_3Zn_{10}）相和 α 相。

图 15-9 所示为 10 钢热浸渗锌组织，表层为 η 相层，第二层为 ζ 相，在 η 相和 ζ 相之间为 η+ζ 两相层区，第三层为 $δ_1$ 相，靠近基体的为 γ 相层，它是一条厚 1～3μm 的黑色狭带。试样采用硝酸（密度为 1.14g/cm^3）3 滴、戊醇 50mL 浸蚀，浸蚀后采用戊醇清洗，然后再用乙醇冲洗。

粉末渗锌渗层表面的锌含量较热浸渗锌的低，表层为一薄层 ζ 相+$δ_1$ 相层，次层可能出

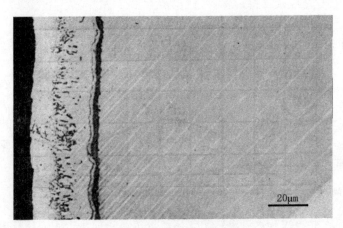

图 15-9　10 钢热浸渗锌组织

注：在 450℃ 锌浴中浸 1min。

现 γ 相层，往里就是基体组织。但若在较低温度渗锌，如 350～360℃ 或保持较长渗锌时间，则可得到较厚的渗层。图 15-10 所示为 10 钢粉末渗锌组织。其金相组织为，表层为一薄层 ζ 相，第二层为 δ₁ 相，第三层为 γ 相。试样采用氢氧化钠 25g、苦味酸 2g、水 100mL，再加水稀释 5 倍浸蚀。

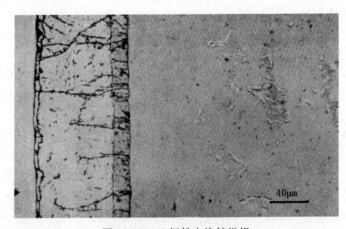

图 15-10　10 钢粉末渗锌组织

注：1. 渗剂成分（质量分数）：锌 50%，氧化三铝 30%，氧化锌 20%。
　　2. 渗锌温度为 440℃，时间为 3h。

渗锌层硬度低，试样抛磨时容易出现滑移线和紊乱层，且由于锌对钢铁基体的电化学保护作用，基体不易浸蚀，渗层浸蚀程度也不易掌握，表面容易沾污而不清晰，甚至会出现"假象"，因此为了正确鉴定渗层组织，还必须采用测定显微硬度进一步鉴别。由于各相中铁含量不同，相同的相硬度也有较大的差别，如采用工业纯铁在 380℃×16h 渗锌粉末渗锌，各相的显微硬度：η 相 50～70HV，ζ 相 142～208HV，δ₁ 相 266～330HV，这些数据可供鉴别渗锌层组织时参考。

2. 性能及其应用

渗锌层表面几乎是纯锌，而接近钢铁基体的是铁锌合金，锌含量从表面向内部是逐渐降低的，铁锌间的合金化使渗锌层与钢铁基体之间有极好的结合力。

渗锌层性能的特点是在大气、自来水、海水和一些有机介质（如苯、油）中，以及热的（300~550℃）含有硫化氢的气氛中具有良好的耐蚀性。这是因为渗锌层在大气、海水中形成一层致密、坚固、难溶的 $ZnCO_3 \cdot 3Zn(OH)_3$ 耐蚀保护层，阻止了对渗锌层和内部钢铁的腐蚀。另外，由于渗锌层的电极电位（-0.76V）比钢铁基体的电极电位（-0.44V）低，在腐蚀介质中，在渗锌层有损伤的情况下，锌作为阳极发生氧化而被溶解（即被腐蚀），而铁为阴极发生还原而被保护，所以即使渗锌层有少许破坏而不完整时，渗锌层也能对钢铁基体起到电化学保护作用。例如，0.02mm 的渗锌层在含有 SO_2 的工业大气中可保护钢铁件 2~10 年不腐蚀，在干净的大气中可保护钢铁件 20~25 年不腐蚀。渗锌对在大气中使用的钢材的防腐蚀效果十分显著。

15.4　渗钒件金相检验

用化学热处理方法在碳含量较高的钢件表面大量扩散渗入合金元素钒，形成高硬度、高耐磨性的碳化钒层，这种热处理工艺称为渗钒。渗钒主要用于高碳钢，其目的是为了提高刀具或模具的表面硬度、耐磨性和使用寿命。

15.4.1　渗钒方法与工艺

按照渗剂的状态，渗钒工艺有固体粉末渗钒和盐浴渗钒工艺两类。目前，国内采用的主要是硼砂盐浴渗钒。盐浴渗钒与固体渗钒比较，其主要优点是渗钒速度快，渗层均匀，操作简便和渗钒后可以采用直接淬火等。本节主要介绍盐浴渗钒方法与工艺。

盐浴渗钒应用最广的是硼砂盐浴渗钒工艺，所用的盐浴成分（质量分数）一般是 88%~92% 无水硼砂（$Na_2B_4O_7$），8%~12% 钒铁（67%V）。硼砂的熔点为 740℃，分解温度为 1573℃，在通常进行渗金属的处理温度（850~1000℃）范围内性能稳定；特别是硼与氧的亲和力比钒与氧的亲和力大，硼能使钒处于被还原的活性状态而被金属表面吸附。因此，硼砂是渗钒，也是渗其他金属的很好载体。钒粉或钒铁粉是供钒剂，提供形成碳化钒的元素钒。

钢件在硼砂盐浴中渗钒时，钒粉悬浮溶解在盐浴中，并被硼还原成活性钒原子。活性钒原子向钢降扩散，当和钢件表面接触时被吸附，而钢件基体中的碳原子则由内部向表面扩散，钒原子与碳原子在钢件表面结合形成金属碳化物 VC，并通过碳原子和钒原子的热扩散而使碳化钒层增厚。渗钒温度通常为 850~1000℃，保温时间为 3~6h。

渗钒后是否进行淬火对渗钒层的硬度影响很小，如 T8 钢渗钒渗层硬度为 2800HV，淬火后为 2900HV。与渗铬一样，渗钒工件应根据其性能要求进行相应的热处理。

15.4.2　渗钒层组织与性能

钢渗钒后的表层为碳化钒（VC）层，经 3%（体积分数）硝酸乙醇溶液浸蚀后为浅金黄色亮层。在碳含量较低的钢中，VC 层下面存在中间层 [α(钒在铁中的固溶体)+VC]，是极薄的黑色带，但在高碳合金钢中几乎分辨不出，再往里就是钢的基体组织。图 15-11 所示为 T12 钢盐浴渗钒组织。表面为浅金黄色亮 VC 层，硬度为 2422~3380HV，碳化物层下有极薄的黑色带贫碳 α 区。渗钒层与基体之间的钒含量出现突变，它们之间有明显的分界，很容易测出渗层的深度，其深度通常为 5～15μm。

碳化钒层硬度高，熔点高且摩擦因数较低（0.28～0.32）。因此，渗钒层的热硬性和抗黏着性、抗咬合性很好。

图 15-11　T12 钢盐浴渗钒组织

注：1. 渗剂成分（质量分数）：90%无水硼砂，10%钒铁（67%V）。

　　2. 渗钒温度为 1000℃，时间为 5.5h。

15.5　渗金属层金相检验方法

根据 JB/T 5069—2007《钢铁零件渗金属层金相检验方法》，进行渗金属层的金相检验。

15.5.1　渗金属层试样制备

检验渗金属层的试样，应取自零件具有代表性部位，并在渗层表面垂直切取。当渗金属层深度 <5μm 时允许取斜截面，试样的制备要求较高，不能变形，表面不能产生塌陷、发热等。根据渗金属元素不同，可选用不同的浸蚀剂，常用的浸蚀剂及用途见表 15-1。

表 15-1　常用的浸蚀剂及用途

编号	组成	使用条件	适用范围
1	硝酸（密度为 1.42g/cm³）2～3mL，乙醇 97～98mL	浸入，擦拭	渗锌层、渗钛层、渗铌层
2	铁氰化钾 10～20g，氢氧化钾 10～20g	60～70℃，1～2min，浸入	渗铬层、渗钒层
3	高锰酸钾 4g，氢氧化钠 4g，水 100mL		
4	柠檬酸 10g，水 100mL		清洗渗钒层、渗铬层
5	硝酸（密度为 1.42g/cm³）3mL，氢氟酸 3～10mL，乙醇 97mL	擦拭	渗铝层
6	氢氧化钠 25g，苦味酸 2g，水 100mL	加水 5 倍稀释浸入	渗锌层
7	戊醇 50mL，硝酸（密度为 1.42g/cm³）0.2mL	每次 5s，多次侵蚀	渗锌层

15.5.2 渗金属层组成

不同钢种渗金属层形成的相见表15-2。

表 15-2 不同钢种渗金属层形成的相

渗入元素	基体钢种	形成相
铬	纯铁	$(Cr、Fe)_{23}C_6$
	45	$Cr_2(N、C)$;$(Cr、Fe)_{23}C_6$;$(Cr、Fe)_7C_3$
	T12	$(Cr、Fe)_{23}C_6$;$(Cr、Fe)_7C_3$;Fe_3C
铝	20,粉末法	$\xi(FeAl_2)$;$\beta_2(FeAl)$;α,其中有针状 $\beta_1(Fe_3Al)$
	20,热浸法	Al;$\eta(Fe_2Al_5)$;$\eta+\theta(Fe_2Al_5+FeAl_3)$
	20,熔融法	$\beta_2(FeAl)$;α,其中有针状 $\beta_1(Fe_3Al)$
	T8	$\xi(FeAl_2)$,其中有棒状 Al_4C_3;$\beta_2(FeAl)$;α 其中有针状 $\beta_1(Fe_3Al)$
锌	08,热浸法	$\eta(Zn)$;$\eta+\xi(Zn+FeZn_{13})$;$\delta_1(FeZn_7)$;$\gamma(Fe_3Zn_{10})$
	10,粉末法	$\eta+\xi(Zn+FeZn_{13})$;$\delta_1(FeZn_7)$
钒	GCr15,T10	V_4C_3;V_8C_7
钛	T12,GCr15	TiC
铌	T12,GCr15	NbC

15.5.3 渗金属层深度与硬度检测

1. 渗金属层深度检测

渗金属层深度检测是指测定自渗金属层表面至渗金属层界面的距离。根据不同渗金属层深度选择不同的放大倍数,渗金属层深度$>20\mu m$ 时用200倍,渗金属层深度$>5\sim20\mu m$ 时用 $200\sim600$ 倍,渗金属层深度$\leqslant5\mu m$ 时用 $600\sim800$ 倍。界面线较平整时直接测三点取平均值。界面线呈波浪形时,将一个视场分为6等分,在5个中间点上测量取5个点平均值。界面线不连续或者极不均匀时,测出最大值和最小值供参考。

2. 渗金属层硬度检测

一般在工件横截面上进行渗金属层硬度检测。当渗金属层深度$<10\mu m$ 时,允许在工件表面上进行,但要求工件的表面粗糙度 $Ra\leqslant0.63\mu m$。渗锌层截面硬度试验力用0.496N,渗铬层、渗铝层、渗钒层、渗钛层、渗铌层截面硬度试验力用0.981N;表面硬度试验力用0.245N。表15-3为渗金属层各相显微硬度的参考值。

表 15-3 渗金属层各相显微硬度的参考值

形成相	硬度范围 HV	形成相	硬度范围 HV	形成相	硬度范围 HV
$Cr(\alpha)$	$150\sim200$	$FeAl_2(\zeta)$	$750\sim1200$	$FeZn_{10}(\gamma)$	$300\sim500$
$Cr_2(CN)$	≈1500	$Fe_3Al(\beta_2)$	$400\sim550$	$FeZn_3(\delta)$	$200\sim300$
$(Cr、Fe)_{23}C_6$	$2000\sim2400$	$Fe_2Al(\beta_1)$	$550\sim650$	VC	$2100\sim3000$
$(Cr、Fe)_7C_3$	$1800\sim2200$	$Zn(\eta)$	$40\sim70$	TiC	$2100\sim3400$
Fe_3C	$1500\sim1800$	$FeZn_{13}(\zeta)$	$90\sim200$	NbC	$2000\sim2400$
$Al(\alpha)$	$200\sim400$				

15.6 锌铬涂层金相检验

锌铬涂层技术，又称达克罗（Dacromet）金属表面处理方法。该技术诞生于20世纪50年代美国，并于20世纪70年代在日本、欧洲得到迅速推广应用。锌铬涂层技术具有诸多传统渗金属技术（渗铬、渗铝、渗锌、渗钒）涂层无法比拟的优点，经过不断发展和完善，该技术现已形成了一个完整的表面处理体系，广泛应用于金属零部件防腐蚀处理上。20世纪90年代我国引进了第一条锌铬涂层生产线，并逐渐地将锌铬涂层技术设备国产化。

15.6.1 锌铬涂层的制备与性能

锌铬涂层技术是用片状锌、铝粉末与有机或无机黏结剂配合制成的水性涂料，经涂覆、固化在金属表面形成无机耐蚀性防护层的技术。锌铬涂层的主要成分是 Zn-Cr 和 Zn-Al 复合锌铬涂层。该涂层耐蚀性强，无氢脆，韧性好，耐热导电，环境友好，特别是能解决电镀锌难以实现的形状复杂、有凹槽和孔隙的零件及管件内表面涂覆，被广泛地应用于汽车工业、土木建筑、电力、化工、海洋工程、家用电器、铁路、公路、桥梁、隧道、造船、军事工业等多个领域。与电镀锌、热浸镀锌等传统工艺相比，锌铬涂层具有耐蚀性优异、加工过程无污染等特点。

1. 锌铬涂层的制备

目前锌铬涂层主要的制备工艺有：二涂二烘加改进型环氧树脂封闭、渗锌加二涂二烘加改进环氧树脂封闭、二涂二烘、三涂三烘等。通过控制浸涂次数和浸涂参数（烧结温度、涂液黏度、甩干速度）使锌铬涂层厚度控制在 $5\sim15\mu m$ 范围。锌铬涂层工艺流程如图 15-12 所示。

图 15-12 锌铬涂层工艺流程

2. 锌铬涂层的性能

锌铬涂层是一种集屏蔽保护、钝化保护和电化学保护作用于一体的立体保护膜，具有高耐蚀性，能为基体金属提供很好的防护作用。

（1）屏蔽保护作用 锌铬涂层是由许多层的片状金属粉末层层叠起来的。处在金属粉之间及暴露在金属外部的是一种包括铬氧化物和锌及铝氧化物的复杂化合物，这种氧化物在中性腐蚀介质中有很好的稳定性，能起一种隔离的屏蔽作用。

（2）钝化保护作用 在处理液中，铬酸与锌、铝粉和基体金属发生化学反应，生成致密的钝化膜。这种钝化膜具有很好的耐击穿性和耐蚀性。当这种钝化膜遭到破坏时，由于膜层中还有少量的六价铬，能使这些金属表面重新生成钝化膜，起到自修补作用。

（3）电化学保护作用 锌铬涂层最主要的保护作用与镀锌层一样，是对基体进行阴极保护。锌、铝的电极电位远小于铁的电极电位。当涂层受到局部破损或有腐蚀介质浸入时，锌、铝作为腐蚀微电池阳极失去电子而被腐蚀，基体金属作为阴极得到完全保护。

图 15-13 所示为锌铬涂层立体保护膜的示意图。由于图中这种明显的叠片状涂层结构在基体与腐蚀因子之间构成一道道有效屏障，有效地增长了腐蚀介质透过涂层的路径，有助于阻隔腐蚀因子如水、氧等的渗透，从而为钢铁基体提供很好的防护作用。

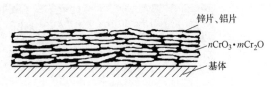

锌片、铝片

$nCrO_3 \cdot mCr_2O$

基体

图 15-13　锌铬涂层立体保护膜示意图

15.6.2　锌铬涂层检测

根据 GB/T 18684—2002《锌铬涂层　技术条件》，锌铬涂层主要进行涂层的外观检验、涂敷量和涂层厚度检验、附着强度检验和耐盐雾腐蚀性能检验。

锌铬涂层的外观基本色调应呈银灰色，经改性也可以获得其他颜色，如黑色等。锌铬涂层应连续，无漏涂、气泡、剥落、裂纹、麻点、夹杂物等缺陷。涂层应基本均匀，无明显的局部过厚现象。涂层无变色，但是允许有小黄色斑点存在。

根据涂敷量和涂层厚度，锌铬涂层厚度分成四个级别，不同等级涂层的涂敷量和涂层厚度应不低于表 15-4 的要求。金相显微镜法检测涂层厚度，按 GB/T 6462—2005《金属和氧化物覆盖层厚度测量显微镜法》要求进行。

表 15-4　锌铬涂层级别及工艺

级别/级	涂敷量/(mg/dm^2)	涂层厚度/μm	工艺
1	70	2.0	一涂一烘
2	160	4.6	二涂二烘
3	200	5.8	二涂二烘
4	300	8.6	三涂三烘

按胶带试验方法检测锌铬涂层与基体的附着强度，胶带试验按 GB/T 5270—2005《金属基体上的金属覆盖层电沉积和化学沉积层附着强度试验方法评述》要求进行。对涂层进行附着强度试验后，涂层不得剥落和露底，但是允许胶带变色和黏着锌、铝粉粒。

1~4 级的锌铬涂层经盐雾试验后，出现红锈的时间分别不低于 120h、240h、480h 和 1000h。

15.7　渗金属层组织分析实例

1. 316H 钢渗铬层组织分析

采用固体粉末包埋法对 316H（相当于我国的 07Cr17Ni12Mo2 钢）钢进行固态渗铬。图 15-14 所示为 316H 钢在 1090℃保温不同时间渗铬的渗层组织。从图 15-14 可以看到，渗层深度均匀、连续致密，渗层与基体之间结合良好；随着渗铬时间的增加，渗铬层深度快速增加，当渗铬时间增加到 10h 后，渗铬层深度增加速度明显下降，渗铬层深度与渗铬时间遵循抛物线规律。XRD 物相分析表明，渗层表面为 Cr/C 的富集区，其主要的物相为 Cr_2C、$Cr_{23}C_6$。

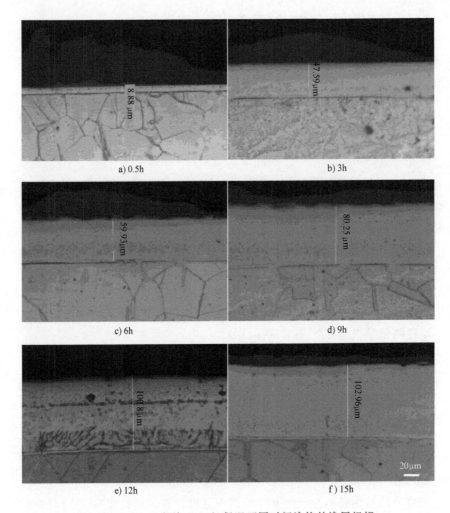

图 15-14　316H 钢在 1090℃保温不同时间渗铬的渗层组织

2. 40Cr 钢渗钒层分析

采用热扩散法盐浴渗钒在 40Cr 钢表面制备 VC 渗层。图 15-15 所示为 40Cr 钢在不同温度盐浴渗钒 6h 的渗层组织。随着渗钒温度的提高，渗钒层深度增加，但致密性变差，出现有微孔洞。硬度测试表明，在 900℃、950℃和 1000℃盐浴渗钒的渗层维氏硬度分别为 835HV0.1、1481HV0.1 和 1559HV0.1。XRD 物相分析表明，渗层主要的物相为 VC 相。

图 15-15　40Cr 钢在不同温度盐浴渗钒 6h 的渗层组织

本章主要参考文献

［1］　全国热处理标准化技术委员会. 钢铁零件　渗金属层金相检验方法：JB/T 5069—2007［S］. 北京：机械工业出版社，2007.

［2］　李龙博，李争显，刘林涛，等. 反应温度及时间对奥氏体不锈钢渗铬层组织结构的影响［J］. 稀有金属材料与工程，2021，50（5）：1743-1752.

［3］　雷丰荣，李晖. 40Cr 钢 TD 盐浴渗钒制备 VC 渗层的组织形貌［J］. 金属热处理，2020，45（7）：177-182.

第16章　铸钢金相检验

　　铸钢与锻钢、轧钢相比，具有对产品形状和大小适应性强，能使复杂形状产品的应力集中系数减少到最低限度；对某些耐蚀性、耐热性和耐磨性有特殊要求的产品，当不能用锻钢和轧钢生产时，可以用铸钢来制造。铸钢与铸铁相比，铸钢具有高强度、高塑性和韧性。因此，铸钢在工业中具有广泛的应用。

　　铸钢按钢种和用途可分为铸造碳钢、铸造低合金结构钢、铸造不锈钢、铸造耐热钢、铸造高锰钢、铸造高温高压用钢等。本章主要介绍生产中常用的铸造碳钢、铸造低合金结构钢的金相检验。

16.1　铸钢的凝固与热处理

16.1.1　铸钢的凝固

　　钢液注入铸型后，由于铸型的热传导而散失热量，表面和心部的结晶条件不同，铸锭的宏观组织是不均匀的，通常由表层细晶区、柱状晶区和中心等轴晶区三个晶区组成，如图 16-1 所示。

　　（1）表层细晶区　当钢液被浇注到铸型中时，钢液首先与铸型壁接触。一般来说，铸型的温度较低，产生很大的过冷度，形成大量晶核。再加上铸型壁的非均匀形核作用，在铸锭表层形成一层厚度较薄、晶粒很细的等轴晶区。

　　（2）柱状晶区　表层细晶区形成后，由于钢液的加热及凝固时结晶热的放出，使铸型壁的温度逐渐升高，冷却速度下降，结晶前沿过冷度减小，难于形成新的结晶核心，结晶只能通过已有晶体的继续生长来进行。由于散热方向垂直于模壁，所以晶体沿着与散热相反的方向择优生长而形成柱状晶区。

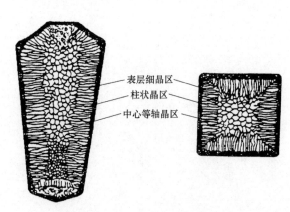

表层细晶区
柱状晶区
中心等轴晶区

图 16-1　铸锭组织示意图

　　（3）中心等轴晶区　当柱状晶长大到一定程度时，由于冷却速度进一步下降及结晶热的不断放出，使结晶前沿的温度梯度消失，导致柱状晶的长大停止。当心部钢液全部冷至实际结晶温度以下时，就以杂质和被冲下的晶枝碎块为结晶核心均匀长大，形成粗大的等轴晶区。

由于凝固条件的不同，柱状晶区和等轴晶区在铸件截面上所占的面积也不同，有时甚至全部由柱状晶区所组成，或有时全部由等轴晶区所组成。

铸钢在凝固过程中产生体积收缩，由钢液冷却时产生液态收缩、凝固时的凝固收缩和凝固后冷却时固态收缩三部分组成。

固态收缩可在制造铸型时用缩尺加以修正，液态收缩和凝固收缩可用冒口来补缩和控制冷却顺序以得到无缩孔铸件。由于固态收缩，使铸件壁厚不同或部位不同处出现冷却速度差异，缓慢冷却部分产生拉应力，快速冷却部分产生压应力。在这种残余应力的作用下铸件容易产生弯曲变形。对形状复杂、应力较大的铸件，由于凝固和冷却所产生的收缩受到阻碍时，便容易产生裂纹。

由于凝固速度的不同，铸件先凝固区和后凝固区的化学成分会存在差别，造成偏析。铸件越大，偏析越严重。偏析现象一般是很难避免的。铸型中加冷铁可局部改善该区域的偏析；钢液精炼，尽量减少硫、磷等有害杂质的含量，也是减少偏析的有效方法。

16.1.2 铸钢的热处理

根据 GB/T 11352—2009《一般工程用铸造碳钢件》，铸造碳钢牌号有 ZG200-400、ZG230-450 和 ZG310-570 等；根据 GB/T 14408—2014《一般工程与结构用低合金铸钢件》，低合金铸钢件牌号有 ZGD270-480、ZGD290-510 和 ZGD345-570 等。铸钢件的热处理可以采用退火、正火、淬火和回火。

1. 退火

铸钢件退火可以分为均匀化退火、完全退火和去应力退火。均匀化退火的目的是为了消除铸钢件的成分偏析，均匀成分。一般高温均匀化退火温度为 1050~1250℃，加热保温时间也要比完全退火长。由于加热温度高，均匀化退火后晶粒变得粗大，所以均匀化退火后还应进行完全退火或正火等热处理以改善铸钢件的组织和性能。

完全退火的目的是为了消除粗大魏氏组织，使之转变为等轴铁素体和珠光体，以降低铸钢件的硬度和提高其韧性。完全退火的温度是加热到相变点 Ac_3 以上 30~60℃，然后缓慢冷却。保温时间按铸件截面每 25mm 保温 1h 计算。

去应力退火的目的是为了消除铸钢件在凝固和冷却过程中所形成的内应力。一般将铸钢件加热到相变点 Ac_1 以下适当温度保温，随后缓慢冷却。

2. 正火或正火+回火

正火所采用的加热温度和保温时间与完全退火相同，所不同的是保温后将铸件放在炉外进行空冷至室温。由于正火冷却速度较快，使奥氏体在更低的温度进行分解，从而得到分散度更大的珠光体。经正火处理的铸钢件的力学性能，特别是冲击韧性要比退火处理的更高一点。为了消除正火产生的内应力，一般正火后还应将铸件加热到 550~700℃进行回火处理，回火时间一般为 2~3h。回火可使片状珠光体向粒状珠光体转变，使铸件的塑性和韧性得到进一步的提高。

3. 淬火+高温回火（调质处理）

淬火的加热温度和正火的加热温度一样，即将铸件加热到 Ac_3 或 Ac_{cm} 以上 30~60℃，随后快速冷却，使奥氏体转变为马氏体或贝氏体，然后在 550~700℃进行高温回火。除形状简单和小型铸件外，铸钢淬火一般油冷或空冷，然后进行高温回火。

铸造低合金结构钢含有提高淬透性的合金元素，调质处理后的铸造低合金结构钢具有良好的综合力学性能，因此，铸造低合金钢常采用调质处理。铸造碳钢一般较少采用调质工艺，这是由于碳钢的淬透性较差，当铸件结构比较复杂时，淬火容易产生开裂。为了避免铸造低合金结构钢淬火时产生开裂，必须在淬火前进行退火或正火处理，以细化晶粒和为淬火做组织准备。

16.2 铸钢组织特征

16.2.1 铸钢铸态组织特征

铸钢铸态组织特点是晶粒粗大、有魏氏组织和成分偏析。铸钢件晶粒大小与凝固时的冷却速度有着密切的关系，铸钢件的壁越厚，晶粒越粗大；砂型铸造比金属型铸造晶粒要粗大；钢液浇注温度越高，冷却越缓慢，晶粒也越粗大。

铸钢铸态组织中的魏氏组织特征是铁素体呈长条状分布在晶粒内部，并与晶界成一定角度。图 16-2 所示为 ZG230-450 的铸态组织。其组织中有明显的魏氏组织，表层边缘有少许脱碳。形成魏氏组织的倾向和铸钢的碳含量及壁厚有关。碳含量中等（碳的质量分数为 0.20% ~ 0.40%）的铸钢容易形成魏氏组织；同时铸件壁越厚，也越容易形成魏氏组织。

图 16-2 ZG230-450 的铸态组织 100×

魏氏组织是在铸钢的二次结晶过程中形成的。亚共析钢在共析转变前，先从奥氏体晶界处析出铁素体。铁素体通过碳原子和铁原子的扩散而长大。当铸钢以非常缓慢的速度通过 GS 线温度冷却或奥氏体晶粒足够小时，铁素体核心就以接近平衡状态的方式结晶，其结果是在奥氏体晶界上形成网状铁素体；反之，当铸钢以很快的速度通过 GS 线温度冷却或奥氏体晶粒粗大时，铁素体向奥氏体晶内生长，即形成魏氏组织。魏氏组织的存在使铸钢的塑性，特别是冲击韧性下降。因此，铸钢需要进行热处理消除魏氏组织。

铸钢的成分偏析是由结晶过程引起的。铸件总是从外表向中心顺序结晶的，而先结晶出的晶体是熔点较高、碳含量比较低的 δ 铁素体，随着结晶过程向中心发展，造成外表碳含量低而心部碳含量高。硫、磷等元素也同样存在成分偏析，壁越厚，偏析也越严重。这种成分偏析一般较难通过热处理给以消除。

16.2.2 铸钢热处理后组织特征

铸态组织晶粒粗大，存在魏氏组织和由于冷却收缩所引起的内应力，如直接使用容易引起铸件的变形和开裂，因此一般采用完全退火以消除铸态组织缺陷，而且铸件退火后硬度降低，更便于切削加工。

铸造碳钢（碳的质量分数为 0.20% ~ 0.40%）完全退火后的组织为等轴铁素体+珠光体。如果完全退火温度选择合理，可使铸件晶粒细化；但是如果加热温度过高，晶粒也会变得粗大。对比铸造碳钢的退火组织与正火组织，其正火后的晶粒更细小，珠光体更细密，所占的比例也更高。常用铸造碳钢的组织见表16-1。

铸造低合金结构钢由于合金元素的加入，淬透性提高，可以进行淬火+回火处理。在淬火之前，一般需要进行退火或正火处理。其作用一方面是消除应力，减少开裂；另一方面是细化晶粒，为淬火做好组织准备。铸造低合金结构钢主要有锰钢和硅锰钢、铬钢和铬钼钢等。

表 16-1　常用铸造碳钢的组织

铸造碳钢	ZG200-400	ZG230-450	ZG270-500	ZG310-570	ZG340-640
铸态组织	魏氏组织+块状铁素体+珠光体		珠光体+魏氏组织+铁素体	珠光体+铁素体	
				部分铁素体呈网状分布	铁素体呈网状分布
退火组织	铁素体+珠光体			珠光体+铁素体	
	珠光体呈断续网状分布	珠光体呈网状分布			
正火组织	铁素体+珠光体			珠光体+铁素体	
调质组织	—		回火索氏体		

铸造低合金结构钢的正火组织为珠光体+铁素体，但其珠光体的数量比相同碳含量的铸造碳钢增多，珠光体分散度大。这种钢淬火后容易得到马氏体组织，经高温回火后，可以得到均匀的回火索氏体组织。下面以ZG35SiMn为例介绍其在不同状态下的金相组织。

ZG35SiMn是一种符合我国资源情况的铸造低合金结构钢。该钢具有较高的强度和耐磨性、良好的韧性、良好的抗疲劳性能，同时具有良好的淬透性，并可施以表面淬火，因此适于制造承受摩擦的齿轮、大齿圈等零件。图16-3所示为ZG35SiMn在不同状态下的组织。其中，图16-3a所示铸态组织为珠光体+晶界上网状铁素体；图16-3b所示经860℃退火的组织为珠光体+网络状铁素体，经过退火晶粒得到了细化；图16-3c和图16-3d所示为经900℃正火的组织，其中图16-3c所示为正火冷却较慢得到的珠光体+铁素体组织，而图16-3d所示为正火冷却较快得到的贝氏体+马氏体组织；图16-3e和图16-3f所示分别为880℃淬火组织和880℃淬火+660℃回火组织，在淬火下得到马氏体组织，经高温回火后组织转变为回火索氏体组织。

a) 铸态　100×　　　　　　　　　　　　　　b) 860℃退火　100×

图 16-3　ZG35SiMn在不同状态下的组织

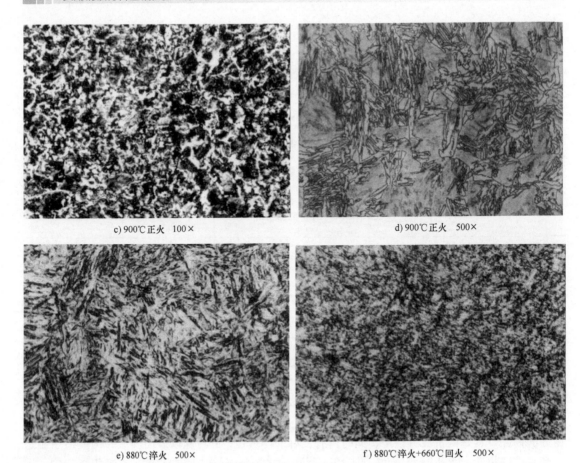

c) 900℃正火　100×　　　　　　　　　　　d) 900℃正火　500×

e) 880℃淬火　500×　　　　　　　　　　　f) 880℃淬火+660℃回火　500×

图 16-3　ZG35SiMn 在不同状态下的组织（续）

16.3　铸钢组织检验

铸钢组织检验有宏观组织检验和显微组织检验两大类。

16.3.1　铸钢宏观组织检验

宏观组织检验是用目视或低倍放大镜检查铸钢件表面或截面的宏观组织或缺陷，以确定它们的性质和严重程度的方法。它具有视域大、适用范围广和试验方法简便等优点，与微观组织检验配合，能较全面地反映铸钢件的质量问题。

宏观组织检验包括酸蚀试验和硫印试验，可以用这些方法显示金属的结晶情况、成分不均匀性及冶金或铸造缺陷，详细检验方法见第 1 章。通过酸蚀试验，铸钢宏观缺陷在酸蚀面上的特征见表 16-2。

表 16-2　铸钢宏观缺陷在酸蚀面上的特征

缺陷	分　布	酸蚀面上的形态
偏析	点状，分布较广	小黑点、小孔洞或由它们组成的区域
气孔	局部分布在表面或次表面	梨形或椭圆形空洞，小孔成群则称蜂窝状气孔

（续）

缺陷	分　布	酸蚀面上的形态
针孔	垂直于铸壁排列	垂直排列的圆、条形孔洞,沿柱状晶走向。深入皮下,则称皮下针孔
缩孔(残余)	单个,集中分布,体积大	形状极不规则的空洞,外露于空气,周围有疏松和孔洞聚集,偏析严重
缩松	集中,或堆在缩孔底部或厚截面内部	形状不规则的空洞群
热裂纹	局部分布于厚薄截面处	若干穿透或不穿透裂纹,曲折且不连续;沿原奥氏体晶界或枝晶间走向
冷裂纹	局部分布于薄壁处	较平直,穿透裂纹
非金属夹杂	局部,无规律	不同形状和耐蚀程度的小黑点或成群小孔洞

16.3.2　铸钢显微组织检验

1. 铸造碳钢组织检验

铸造碳钢金相检验主要包括铸钢件晶粒度检验和夹杂物检验,这些内容可分别参考第2章和第3章。铸造碳钢通常进行退火或正火处理,退火或正火工艺不当,会产生不良退火组织,使力学性能达不到要求。ZG230-450 和 ZG270-500 各种状态的组织,分别如图16-4 和图16-5 所示。一般工程用铸造碳钢各状态的组织说明见表16-3。

a) 铸态　100×　　　　　　　　　　b) 退火欠热　100×

图 16-4　ZG230-450 各种状态的组织

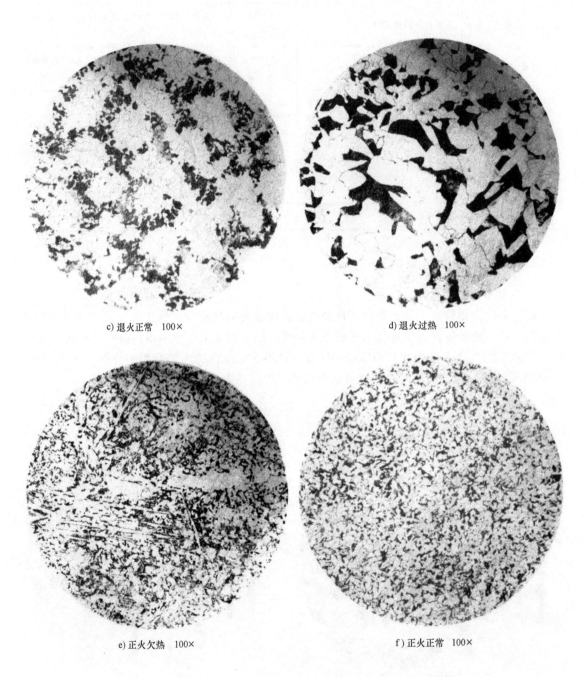

c) 退火正常 100×

d) 退火过热 100×

e) 正火欠热 100×

f) 正火正常 100×

图 16-4 ZG230-450 各种状态的组织（续）

g) 正火过热 100×

图 16-4 ZG230-450 各种状态的组织（续）

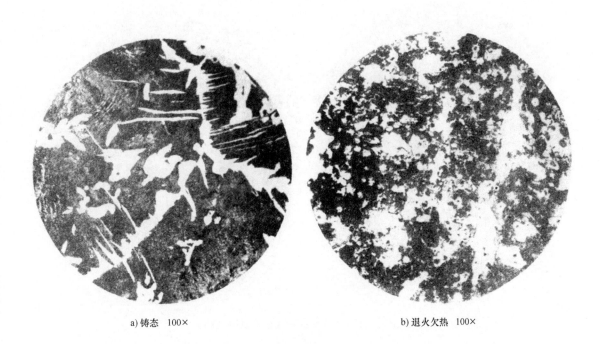

a) 铸态 100×   b) 退火欠热 100×

图 16-5 ZG270-500 各种状态的组织

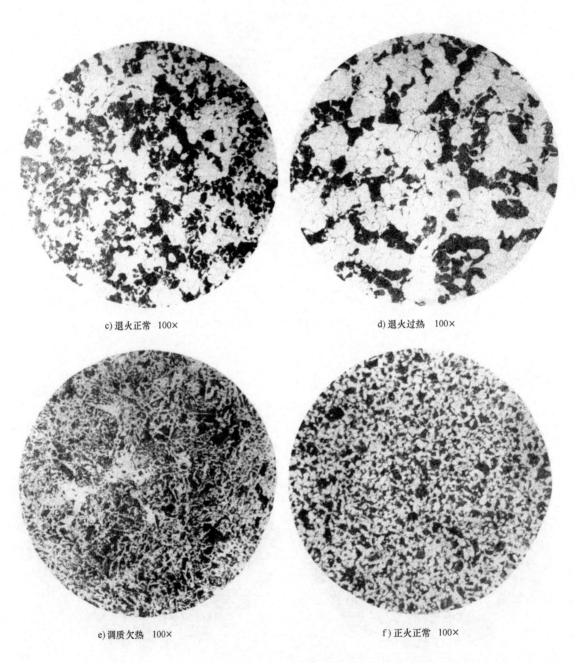

c) 退火正常 100×　　　　　　　　　　　　d) 退火过热 100×

e) 调质欠热 100×　　　　　　　　　　　　f) 正火正常 100×

图 16-5　ZG270-500 各种状态的组织（续）

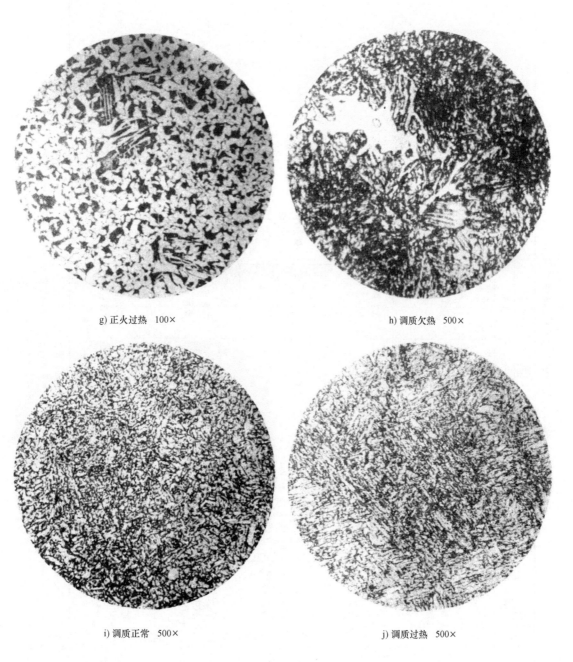

g) 正火过热 100×

h) 调质欠热 500×

i) 调质正常 500×

j) 调质过热 500×

图 16-5 ZG270-500 各种状态的组织（续）

表16-3 一般工程用铸造碳钢各状态的组织说明

牌号	铸态	退火态			正火态			调质态		
		欠热	正常	过热	欠正火	正常	过热	欠热	正常	过热
ZG200-400	魏氏组织+块状铁素体+珠光体	铁素体+断续网状珠光体+残留铸态组织	铁素体+断续网状珠光体	铁素体+断续网状珠光体（粗化）	铁素体+珠光体+残留铸态组织	铁素体+珠光体	铁素体+珠光体+魏氏组织（粗化）	—	—	—
ZG230-450	魏氏组织+块状铁素体+珠光体（较多）	铁素体+网状珠光体+残留铸态组织	铁素体+网状珠光体	铁素体+网状珠光体（粗化）	铁素体+珠光体+残留铸态组织	铁素体+珠光体（较多）	铁素体+珠光体+魏氏组织（粗化）	—	—	—
ZG270-500	珠光体+魏氏组织+块状铁素体	铁素体+珠光体+残留铸态组织	铁素体+网状珠光体（较多）	铁素体+网状珠光体（粗化）	珠光体+铁素体（较多）+残留铸态组织	铁素体+珠光体（更多）	铁素体+珠光体+魏氏组织（粗化）	回火索氏体+未溶铁素体	回火索氏体	回火索氏体（粗化）
ZG310-570	珠光体+晶内和沿晶网状铁素体	珠光体+铁素体+残留铸态组织	珠光体+铁素体	珠光体+铁素体（粗化）	珠光体+铁素体+残留铸态组织	珠光体+铁素体	珠光体+网状铁素体（粗化）	回火索氏体+未溶铁素体	回火索氏体	回火索氏体（粗化）
ZG340-640	珠光体+网状铁素体	珠光体+铁素体（更少）+残留铸态组织	珠光体+铁素体（更少）	珠光体+铁素体（较少）	珠光体+铁素体+残留铸态组织	珠光体+铁素体（更少）	珠光体+网状铁素体（粗化）	回火索氏体+未溶铁素体	回火索氏体	回火索氏体（粗化）

注：1. "欠热"对于退火和正火是指临界热处理温度在 $Ac_1 \sim Ac_3$，对于调质是指淬火加热温度在 $Ac_1 \sim Ac_3$。
　　2. "正常"对于退火和正火是指热处理温度在 $Ac_1 \sim Ac_3 + 50 \sim 150℃$，对于调质是指淬火加热温度在 $Ac_1 \sim Ac_3 + 30 \sim 50℃$。
　　3. "过热"对于退火和正火是指热处理温度在 $Ac_3 + 150℃$ 以上，对于调质是指淬火加热温度在 $Ac_3 + 50℃$ 以上。

2. 低合金结构铸钢组织检验

（1）热处理后的组织　低合金结构铸钢一般需进行退火、正火和淬火+回火等热处理。为消除铸造应力、细化晶粒和防止开裂，淬火前一般要先经退火或正火处理。此外，这类钢还可以进行表面淬火或化学热处理。常用的铸造低合金结构钢有锰钢、硅锰钢、铬钢、铬钼钢。

锰钢如 ZG40Mn2，其正火组织为珠光体+铁素体，铁素体量少且呈较细网状分布；淬火组织为淬火马氏体，调质处理后得到均匀的回火索氏体组织。锰钢、硅锰钢常在调质状态下使用，组织与相应的锰钢相似。这两种钢都有过热敏感性和对回火脆性敏感的特点。

铬钢如 ZG40Cr，经常在调质状态下使用，组织为均匀的回火索氏体。铬钼钢如 ZG35CrMo，铸态组织为粗大的铁素体+珠光体，略有魏氏组织；退火组织为铁素体+珠光体，其中铁素体呈较细等轴晶粒，珠光体呈块状分布，其中珠光体的体积分数约为50%。正火组织为珠光体+少量铁素体，细晶粒铁素体呈细网络状分布，其含量明显少于退火组织，珠光体分散度也更大，有时会出现贝氏体和铁素体组织（钼元素抑制珠光体析出的结果）；淬火组织为针状淬火马氏体，马氏体针中等粗细，分布较均匀（组织与35Cr，Mo锻钢淬火相似）；调质组织为均匀的回火索氏体，但当壁厚过大、铸件心部未完全淬透时，回火后可得到索氏体+贝氏体+铁素体混合组织。

（2）金相组织检验　低合金结构铸钢金相组织检验可参考 TB/T 3212.1～3—2009。TB/T 3212.1—2009《机车车辆用低合金铸钢金相组织检验图谱　第1部分：B级铸钢、B+级铸钢》规定了 B 级铸钢（ZG25MnNi）、B+级铸钢（ZG25MnCrNi）金相组织检验的技术要求、检验方法、金相组织评级图，适用于经过正火处理或正火+回火处理的 B 级铸钢（ZG25MnNi）、B+级铸钢（ZG25MnCrNi）金相组织检验；TB/T 3212.2—2009《机车车辆用低合金铸钢金相组织检验图谱　第2部分：C级铸钢》规定了 C 级铸钢（ZG25MnCrNiMo）金相组织检验的技术要求、检验方法、金相组织评级图，适用于经过正火+回火处理的 C 级铸钢（ZG25MnCrNiMo）金相组织检验；TB/T 3212.3—2009《机车车辆用低合金铸钢金相组织检验图谱　第3部分：E级铸钢》规定了 E 级铸钢（ZG25MnCrNiMo）金相组织检验的技术要求、检验方法、金相组织评级图，适用于经过调质处理的 E 级铸钢（ZG25MnCrNiMo）金相组织检验。由于篇幅限制，本节未给出评级图，请有需要的参考相关标准。

金相组织检验试样应从同一冶炼炉号、同一热处理炉次的单铸试棒（包括基尔试棒、梅花试棒、Y型试棒）上切取，也可在拉伸试样端头切取。试样抛光后经2%～4%（体积分数）硝酸乙醇浸蚀，在放大100倍下用光学显微镜检验。金相组织中存在残余铸态组织、过热组织时，以其中最严重视场作为评定依据。

16.4　铸钢组织分析实例

1. 电力机车铸钢件组织分析

根据 GB/T 4336—2016《碳素钢和中低合金钢多元素含量的测定　火花放电原子发射光谱法（常规法）》的技术要求，利用光谱仪对某电力机车铸钢件进行化学成分分析，见表16-4。由表16-4可以看出，该铸钢件化学成分符合标准要求。铸态组织和经过930℃×0.6h正火组织如图 16-6 所示。铸态组织中晶粒粗大，有明显的魏氏组织，魏氏组织评级为 5 级。经过正火后，完全消除了魏氏组织，组织为等轴珠光体和铁素体，晶粒均匀细化，晶粒度为 8~9级。经过正火细化晶粒后，钢的力学性能比铸态有很大的提升，各项性能指标达到标准要求，见表 16-5。

表 16-4 铸钢件的化学成分

项目	化学成分（质量分数,%）									
	C	Si	Mn	P	S	Ni	Cr	Cu	V	Al
标准值	0.17~0.25	0.30~0.50	0.80~1.20	≤0.05	≤0.05	≤0.30	≤0.30	≤0.30	0.06~0.13	—
实测值	0.23	0.11	0.33	0.019	0.008	0.11	0.081	0.20	<0.001	0.072

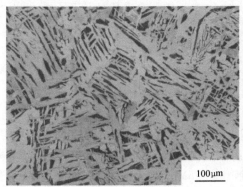

a) 铸态组织　　　　　　　　　　　　　　b) 正火组织

图 16-6 铸钢件的铸态和正火组织

表 16-5 铸钢件的力学性能

项目	屈服强度/MPa	抗拉强度/MPa	断后伸长率（%）	断面收缩率（%）	冲击吸收能量（缺口深度 2mm，介质温度为 20℃）/J	
					实测值	平均值
标准值	295~345	≥490	≥20.0	≥30	—	—
铸态	238	454	26.5	39	31.0、21.0、22.0	24.5
正火	311	494	30.0	36	84.0、93.0、106.0	94.5

2. 电力机车铸钢件失效分析

某公司在机车组装过程中发生均衡梁断裂事故。根据 GB/T 4336—2016《碳素钢和中低合金钢多元素含量的测定 火花放电原子发射光谱法（常规法）》的技术要求，对失效铸钢件进行化学成分分析，该铸钢件化学成分符合标准要求。

均衡梁断裂处宏观形貌如图 16-7 所示。裂纹贯穿整个铸件，断口有金属光泽，属脆性断裂。此外，断口上存在有明显夹渣，根据夹渣的形貌，判定为铸造中形成的夹渣。断裂铸钢件的组织如

夹渣

图 16-7 均衡梁断裂处宏观形貌

图 16-8 所示。由图 16-8 可以看到，铸钢件经过正火后晶粒均匀细小，但在组织中存在有细长条状物体。在高倍下可以清楚地看到，细长条状物体断续分布，沿其两边为铁素体条带。根据其形貌特征，初步判断为该细长条状物体是沿原铸态的奥氏体晶界分布的夹杂物（碳氮化合物），细长条状物体在正火后无法消除，保留在最终的正火后组织中，由此降低了铸钢件的塑性和韧性，增大了产生晶间裂纹倾向，引起铸钢件早期失效。

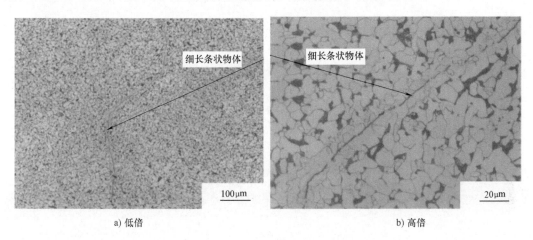

a) 低倍   b) 高倍

图 16-8　断裂铸钢件的组织

3. 回火温度对 ZG30Mn 铸钢组织和性能的影响

对 ZG30Mn 铸钢进行 850℃×90min 正火处理，以细化晶粒，然后于在 900℃保温 30min 后淬入 8%（质量分数）PAG 淬火冷却介质中，再 580℃、600℃、620℃、640℃下进行回火 90min。图 16-9 所示为 ZG30Mn 铸钢经 900℃淬火后在不同温度回火 90min 的组织。铸钢淬火后为马氏体组织，经 580℃回火 90min 的组织为回火索氏体，该回火索氏体保留有原淬火

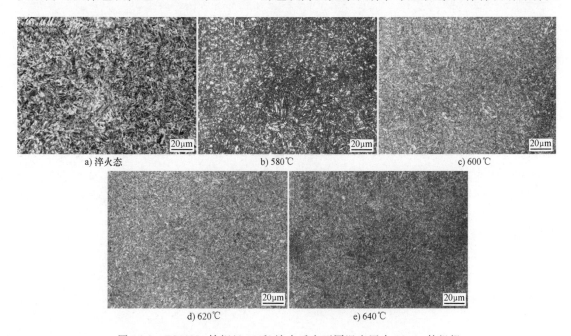

a) 淬火态   b) 580℃   c) 600℃

d) 620℃   e) 640℃

图 16-9　ZG30Mn 铸钢经 900℃淬火后在不同温度回火 90min 的组织

马氏体位相关系形貌；随着回火温度的进一步提高，原淬火马氏体的位相关系形貌逐渐消失，析出的碳化物长大，材料的强度和硬度进一步下降，塑性进一步提高。力学性能试验结果证明了上述组织分析。

本章主要参考文献

［1］　全国铸造标准化技术委员会. 一般工程与结构用低合金铸钢件：GB/T 14408—2014［S］. 北京：中国标准出版社，2014.

［2］　薛超，李小杰，穆少敏，等. 电力机车均衡梁断裂原因［J］. 理化检验（物理分册），2020，56（11）：46-50，55.

［3］　唐彩，陈波，范汇吉. 回火工艺对 ZG30Mn 铸钢组织与力学性能的影响［J］. 金属热处理，2020，45（2）：134-138.

第17章　铸铁金相检验

工业上的铸铁是以铁、碳、硅为主要元素的铁基合金，$w(C)$ 在 2.00%～4.00% 的范围内，此外，还含有锰、磷、硫等元素。为了改善和强化铸铁的某些性能，常加入铜、镍、钼、铬、钒等元素，成为合金铸铁。

铸铁与铸钢相比，虽然铸铁的力学性能较低，但生产工艺和熔化设备简单，生产成本低，且具有许多优良的性能，如减振性、耐磨性、铸造性和可加工性。因此，铸铁在工业生产中得到了广泛的应用。

按碳在铸铁中的存在状态和石墨的形态，铸铁可分为白口铸铁、灰铸铁、球墨铸铁、蠕墨铸铁和可锻铸铁等。

17.1　铸铁组织

铸铁组织由石墨和基体组织组成。

石墨是典型的非金属相，具有反射的多色性和各向异性。在光学显微镜中，用明场非偏振光观察，石墨为均匀一致的浅灰色；用暗场非偏振光观察，边缘有一亮圈。用明场偏振光观察，有些方向发暗，有些方向发亮；用暗场偏振光观察，呈各向异性，可看到明暗相交的十字形。就晶体结构而言，石墨属六方晶系。

在石墨化过程中，当条件变化时（如加入不同的变质剂），石墨就会呈现多种多样的形态。根据 ISO 945-1：2019 *Microstructure of cast irons—Part 1：Graphite classification by visual analysis*，将石墨分为片状、细片状石墨（Ⅰ、Ⅱ型），蠕虫状石墨（Ⅲ型），团状和团絮状石墨（Ⅳ、Ⅴ型）和球状石墨（Ⅵ型）6 类。典型石墨分类示意图如图 17-1 所示。

铸铁中的基体组织有铁素体、渗碳体、珠光体+铁素体、莱氏体、磷共晶、上贝氏体、下贝氏体、马氏体。铸铁中基体组织的形态特征见表 17-1。采用不同的热处理工艺或加入合金元素后的铸铁，可获得贝氏体、马氏体和莱氏体等组织。由此可见，在不同的条件下，铸铁的基体组织能在很大范围内变化。

表 17-1　铸铁中基体组织的形态特征

名称	形态特征
铁素体	碳（还有少量硅）溶于 α-Fe 中的固溶体，常分布于石墨周围。在球墨铸铁中，以牛眼状、网状和破碎状等形态存在。用硝酸乙醇溶液浸蚀后，呈黄白色，可显示晶界

（续）

名称	形 态 特 征
渗碳体	铁和碳的化合物,其化学式为 Fe_3C。按形成原因和形态分类有:初晶、共晶、二次、共析和三次渗碳体等形态。加入合金元素后,可形成合金渗碳体和碳化物。用硝酸乙醇溶液浸蚀后,呈白亮色;用碱性苦味酸钠溶液浸蚀后,呈棕色
珠光体	铁素体与渗碳体组成的机械混合物,可分成片状珠光体和粒状珠光体两种。前者铁素体和渗碳体呈交替的层片状排列,后者渗碳体以颗粒状分布于铁素体内,弥散度较高时,需在较高倍显微镜下才能分辨层片状或粒状结构
莱氏体	共晶渗碳体和共晶奥氏体组成的机械混合物,呈蜂窝状。室温时,由渗碳体和奥氏体分解产物组成
磷共晶	二元磷共晶由 Fe_3P 和奥氏体组成,三元磷共晶由 Fe_3P、Fe_3C 和奥氏体组成。呈边界向内凹陷的多边形,大多分布于共晶团的交界处。用硝酸乙醇溶液浸蚀后,二元磷共晶是白色的 Fe_3P 上分布着奥氏体的分解产物;三元磷共晶是白色的 Fe_3P 基体上分布白色针状 Fe_3C 和奥氏体的分解产物
上贝氏体	呈羽毛状,由条片状铁素体和条片状奥氏体交替组成,条片状弯曲且呈分枝,无碳化物。在球墨铸铁中,上贝氏体伴有大量残留奥氏体(体积分数为 20%~40%),故称为奥氏体-贝氏体球墨铸铁。在硝酸乙醇溶液中浸蚀速度较缓慢
下贝氏体	呈交叉分布的细针状,是碳在 α-Fe 中的过饱和固溶体。在 α-Fe 针叶内部,碳化物沿特定的位向析出。在硝酸乙醇溶液中浸蚀速度较快
马氏体	分低碳马氏体和高碳马氏体两种。前者呈短而粗的针状,针叶较钝,亚结构为密度很高的位错,故又称为位错马氏体;后者呈针状或竹叶状,具有中脊线,亚结构主要为细小的孪晶,故又称为孪晶马氏体

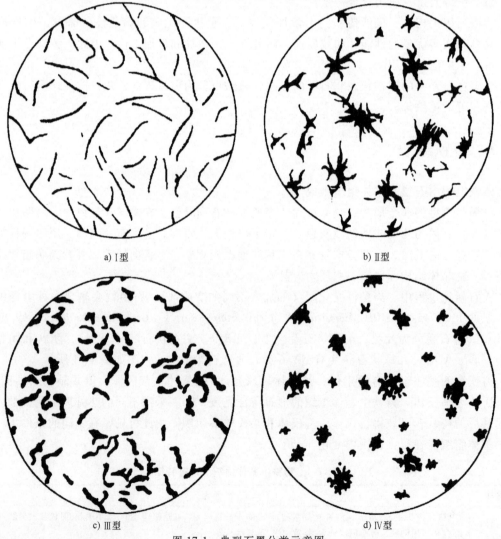

a) I型

b) II型

c) III型

d) IV型

图 17-1　典型石墨分类示意图

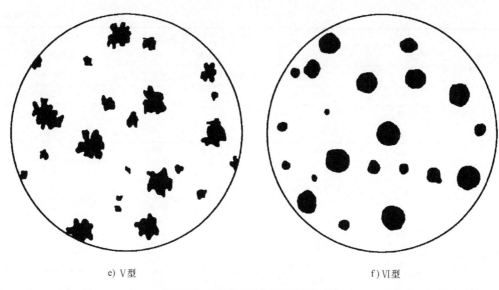

e) V型　　　　　　　　　　　　　f) VI型

图 17-1　典型石墨分类示意图（续）

17.2　灰铸铁金相检验

17.2.1　灰铸铁的牌号与力学性能

在 GB/T 9439—2010《灰铸铁件》中，依据直径 $\phi30\text{mm}$ 单铸试样加工的标准拉伸试样所测得的最小抗拉强度值，将灰铸铁分为 HT100、HT150、HT200、HT225、HT250、HT275、HT300 和 HT350 共 8 个牌号。灰铸铁的牌号和力学性能见表 17-2。

表 17-2　灰铸铁的牌号和力学性能（GB/T 9439—2010）

牌号	铸件壁厚/mm		抗拉强度 R_m（强制性值）/MPa≥		铸件本体预期抗拉强度 R_m/MPa≥
	>	≤	单铸试棒	附铸试棒或试块	
HT100	5	40	100	—	—
HT150	5	10	150	—	155
	10	20		—	130
	20	40		120	110
	40	80		110	95
	80	150		100	80
	150	300		90[①]	—
HT200	5	10	200	—	205
	10	20		—	180
	20	40		170	155
	40	80		150	130
	80	150		140	115
	150	300		130[①]	—

（续）

牌号	铸件壁厚/mm		抗拉强度 R_m（强制性值）/MPa≥		铸件本体预期抗拉强度 R_m/MPa≥
	>	≤	单铸试棒	附铸试棒或试块	
HT225	5	10	225	—	230
	10	20		—	200
	20	40		190	170
	40	80		170	150
	80	150		155	135
	150	300		145①	—
HT250	5	10	250	—	250
	10	20		—	225
	20	40		210	195
	40	80		190	170
	80	150		170	155
	150	300		160①	—
HT275	10	20	275	—	250
	20	40		230	220
	40	80		205	190
	80	150		190	175
	150	300		175①	—
HT300	10	20	300	—	270
	20	40		250	240
	40	80		220	210
	80	150		210	195
	150	300		190①	—
HT350	10	20	350	—	315
	20	40		290	280
	40	80		260	250
	80	150		230	225
	150	300		210①	—

注：1. 当铸件壁厚超过 300mm 时，其力学性能由供需双方商定。

2. 当某牌号的铁液浇注壁厚均匀、形状简单的铸件时，壁厚变化引起抗拉强度的变化，可从本表查出参考数据。当铸件壁厚不均匀，或有型芯时，此表只能给出不同壁厚处大致的抗拉强度值，铸件的设计应根据关键部位的实测值进行。

① 指导值，其余抗拉强度值均匀强制性值，铸件本体预期抗拉强度值不作为强制性值。

17.2.2 灰铸铁的石墨检验

灰铸铁中石墨主要以片状形式存在。一方面由于石墨强度较低并以片状石墨存在，割裂了基体的连续性，因此灰铸铁的强度不高，脆性较大；另一方面，由于石墨的存在，灰铸铁具有良好的减振性、耐磨性、可加工性和低缺口敏感性。GB/T 7216—2009《灰铸铁金相检验》中将片状石墨的分布形状分成 6 种类型，见图 17-2 和表 17-3。

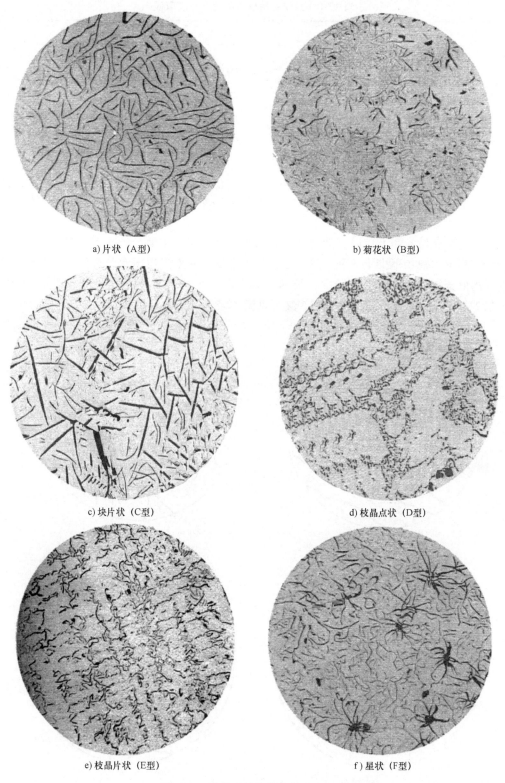

a) 片状（A型）

b) 菊花状（B型）

c) 块片状（C型）

d) 枝晶点状（D型）

e) 枝晶片状（E型）

f) 星状（F型）

图 17-2 片状石墨的形态类型 100×

表 17-3 片状石墨形态类型及形成原因

石墨类型	分布形态	形成原因
A	片状石墨呈无方向性均匀分布	共晶或近共晶成分铁液在较小的过冷度下形成
B	片状与细小卷曲的片状石墨聚集成菊花状分布	共晶或近共晶成分铁液在较大的过冷度下形成
C	初生的粗大直片状石墨	过共晶成分铁液在较小过冷度下形成
D	细小卷曲的片状石墨在枝晶间呈无方向性分布	亚共晶成分铁液在很强的过冷度下形成
E	片状石墨在枝晶二次分枝呈方向性分布	亚共晶成分铁液在很大的过冷度下形成
F	初生的星状（或蜘蛛状）石墨	过共晶成分铁液在较大的过冷度下形成

注：组织中只有粗大直片状石墨是 C 型石墨，只有在枝晶二次分枝呈方向分布石墨是 E 型石墨，只有初生的星状（或蜘蛛状）石墨是 F 型石墨。

石墨长度在抛光态下检验，选择有代表性的视场，按其中最长的 3 条石墨的平均值进行测量，被测量的视场不少于 3 个，放大倍数为 100 倍。如果采用图像分析仪，在抛光态下直接进行阀值分割，测量每个视场中最长的 3 条石墨的平均值。被测量的视场不少于 10 个。GB/T 7216—2009 中将石墨长度分为 8 级，见图 17-3 和表 17-4。

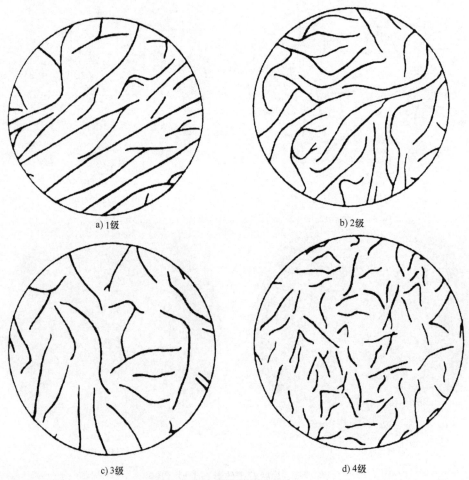

a) 1级   b) 2级

c) 3级   d) 4级

图 17-3 石墨长度评级图 100×

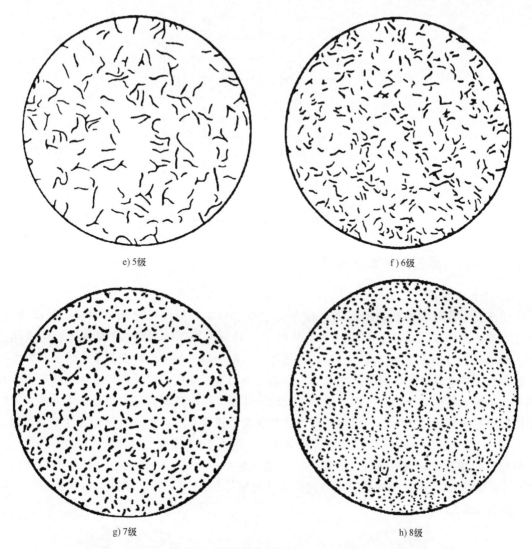

e) 5级   f) 6级

g) 7级   h) 8级

图 17-3 石墨长度评级图 100×（续）

表 17-4 石墨长度分级

级别/级	在 100 倍下观察石墨长度/mm	实际石墨长度/mm
1	≥100	≥1
2	>50～100	>0.5～1
3	>25～50	>0.25～0.5
4	>12～25	>0.12～0.25
5	>6～12	>0.06～0.12
6	>3～6	>0.03～0.06
7	>1.5～3	>0.015～0.03
8	≤1.5	≤0.015

图 17-4 所示为灰铸铁石墨长度与抗拉强度的关系曲线。从图 17-4 可看出，随着石墨长度的增加，抗拉强度逐渐下降。据此可以推测，HT100 石墨长度应小于 0.45mm，HT150 石墨长度应小于 0.35mm，HT200 石墨长度应小于 0.25mm，HT300 石墨长度应小于 0.15mm。

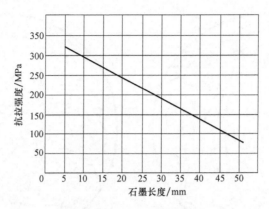

图 17-4　灰铸铁石墨长度与抗拉强度的关系曲线

17.2.3　灰铸铁的基体组织检验

1. 珠光体数量

由于化学成分和冷却速度（铸件壁厚）的综合影响，铸铁可得到不同程度的石墨化，从而获得不同的基体组织。灰铸铁的基体组织一般有珠光体、珠光体+铁素体、铁素体三种。灰铸铁的石墨化程度越高，铁素体含量越多，但一般工程中尽可能使灰铸铁的基体组织中得到较多数量的珠光体组织，尤其是不做热处理而直接使用的铸件。评定珠光体数量，是判断灰铸铁质量的一个重要依据。这是因为珠光体强度高，具有较好的综合力学性能，而铁素体对材料塑性增加不明显，但将使灰铸铁的硬度、强度下降，尤其是使耐磨性下降显著。

GB/T 7216—2009 中将珠光体数量分为 8 级，见图 17-5 和表 17-5。试样经 2%～5%（体积分数）硝酸乙醇溶液浸蚀后检验珠光体数量（体积分数，珠光体与铁素体的体积分数之和为 100%），以大多数的视场对照相应的 A（薄壁铸件）、B（厚壁铸件）评级图评定，放大倍数为 100 倍。

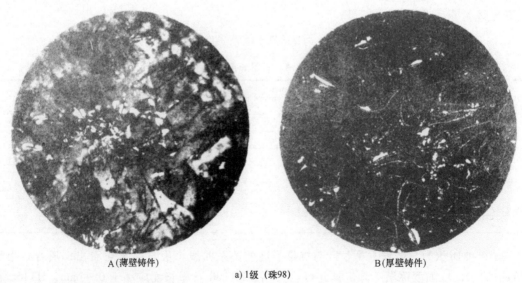

A（薄壁铸件）　　　　　　　　　　　　　　B（厚壁铸件）

a) 1级（珠98）

图 17-5　珠光体数量评级图　100×

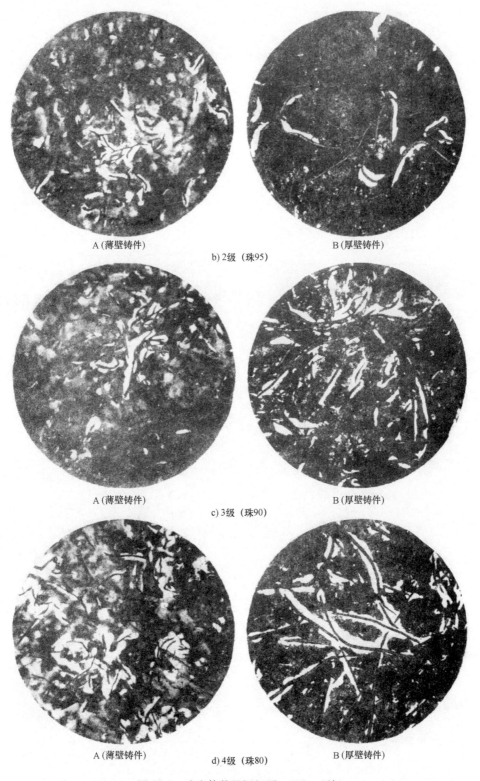

A (薄壁铸件)   b) 2级（珠95）   B (厚壁铸件)

A (薄壁铸件)   c) 3级（珠90）   B (厚壁铸件)

A (薄壁铸件)   d) 4级（珠80）   B (厚壁铸件)

图 17-5 珠光体数量评级图 100×（续）

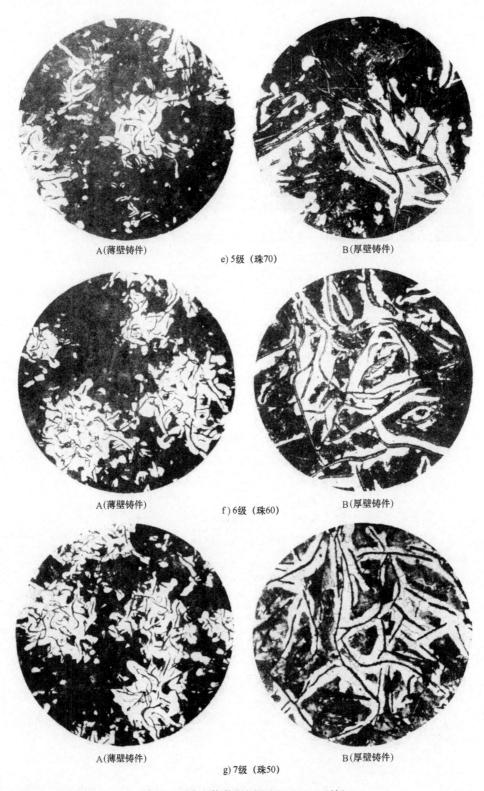

A(薄壁铸件)　　　e) 5级（珠70）　　　B(厚壁铸件)

A(薄壁铸件)　　　f) 6级（珠60）　　　B(厚壁铸件)

A(薄壁铸件)　　　g) 7级（珠50）　　　B(厚壁铸件)

图 17-5　珠光体数量评级图　100×（续）

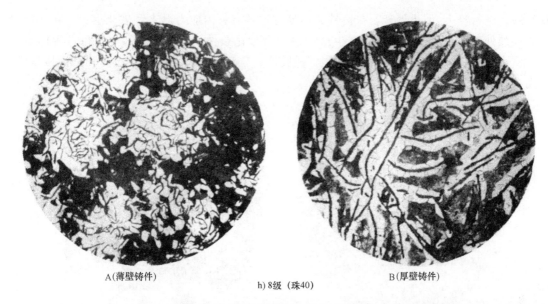

A(薄壁铸件)　　　　　　　　　B(厚壁铸件)

h) 8级（珠40）

图 17-5　珠光体数量评级图　100×（续）

表 17-5　珠光体数量分级

级别/级	1	2	3	4	5	6	7	8
名称	珠 98	珠 95	珠 90	珠 80	珠 70	珠 60	珠 50	珠 40
珠光体数量(体积分数%)	≥98	95~<98	85~<95	75~<85	65~<75	55~<65	45~<55	<45

2. 珠光体片间距

珠光体作为灰铸铁基体组织的主要组成部分，对铸铁的性能有很大的影响。珠光体的片间距越小，强度和硬度越高，弹性也好。随着珠光体片间距的增大，它的力学性能也就下降。因此，一般灰铸铁耐磨件、结构件的组织要求应具有较细和中等片状珠光体。

珠光体片间距的大小与奥氏体的化学成分、晶粒度、分解温度和过冷度等有直接的关系。奥氏体晶粒大小影响珠光体转变时的形核速度，奥氏体晶粒尺寸增大，晶核数量减少，奥氏体晶粒变细，相应晶核数量增加。奥氏体的均匀性也是影响珠光体形核速度的重要因素，奥氏体均匀化温度高，由于外来晶核的消除，因而转变时形核困难。当加入 Cr、Mn、Mo、V、W、Si、Al、Cu、Ni 等合金元素时，均增加了奥氏体的不均匀性，因此容易产生外来晶核，形成细片状珠光体。

过冷度的大小也是影响珠光体片间距的重要因素。当过冷度大时，临界晶核尺寸小，形核率高，因此珠光体的片间距小。晶核的生长速度也影响珠光体的片间距。生长速度与扩散速度有关。扩散速度与温度和元素对扩散系数的影响有关。从总的来看，扩散温度低，长大速度小；扩散系数小，生长速度也小，珠光体的片间距小。

根据实践经验，在放大 500 倍下，铁素体和渗碳体难以分辨的为索氏体型珠光体。片间距≤1mm 的为细片状珠光体，片间距>1~2mm 的为中等片状珠光体，片间距>2mm 的为粗片状珠光体。

17.2.4　灰铸铁的热处理组织检验

由于灰铸铁的石墨形态是片状，一般很难通过热处理来提高其强韧性，所以对一般灰铸铁件很少进行淬火+回火处理。灰铸铁的热处理通常有去内应力退火和软化退火、正火，以及表面热处理等。此外，考虑到在生产中由于合金化条件、冶金条件和焊接条件等因素影响，常会导致灰铸铁中出现粒状珠光体、托氏体、粒状贝氏体、针状贝氏体和马氏体组织。典型灰铸铁热处理后的组织如图 17-6 所示。

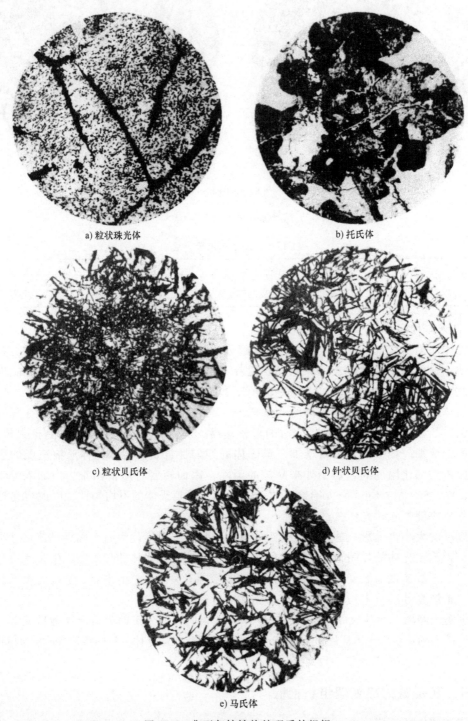

a) 粒状珠光体　　　　　　　　　　　b) 托氏体

c) 粒状贝氏体　　　　　　　　　　　d) 针状贝氏体

e) 马氏体

图 17-6　典型灰铸铁热处理后的组织

粒状珠光体可通过不同的热处理工艺获得，但一般在经过去内应力退火，或正火+去应力回火的铸铁中常见。去内应力退火一般是将铸铁件加热到 500~550℃，保温 3~5h，然后炉冷至 ≤200℃ 出炉空冷，如果加热温度不超过 550℃，组织是不会发生变化的，内应力可消除 80%以上；但当加热温度超过 550℃ 时，部分碳化物就会发生分解（石墨化）和珠光体的球化，这时将使铸件的强度和硬度有所下降。当合金元素含量较高时，这个过程发生于接近临界点的温度。在硅含量与碳含量较低的高质量铸铁中，珠光体球化的过程发生在 650℃ 左右。

托氏体组织较之其他组织易浸蚀变黑，在正常浸蚀条件下成黑团状。这种组织是介于索氏体和贝氏体之间的转变产物，具有较高的硬度（350~400HV），在普通光学显微镜下不易分辨微细结构。当高碳的奥氏体过冷到 400~500℃ 时，容易产生该种组织。灰铸铁中出现托氏体组织将导致铸铁变脆。

粒状贝氏体和针状贝氏体具有良好的综合力学性能。有两种情况可以得到贝氏体组织：一是在铁液中加入 Cr、Mo、W、V 等合金元素，使奥氏体分解受到抑制，形成针状贝氏体组织；二是采用 850~880℃ 加热保温后，经 300℃ 左右等温淬火得到针状贝氏体。针状贝氏体可提高铸铁的热强性和耐磨性。

灰铸铁经表面淬火后能得到针状马氏体和部分残留奥氏体。表面淬火的铸件应要求珠光体含量高。这是因为铁素体在表面淬火加热时来不及转变为奥氏体，碳也来不及在奥氏体中充分扩散，淬火组织中会存在铁素体，得到的马氏体硬度不会很高，从而影响铸件的硬度和耐磨性。

17.2.5 灰铸铁的碳化物与磷共晶检验

1. 碳化物数量

评定灰铸铁中碳化物数量的意义在于具有一定数量碳化物的灰铸铁具有高的耐磨性。例如，内燃机的气缸套、机床行业的机床导轨等铸铁件，均要求含有一定数量的碳化物，用于提高耐磨性。在耐磨灰铸铁中碳化物作为第一滑动面支承负荷，而基体珠光体与石墨构成第二滑动面，起储油和润滑的作用，使坚硬的第一滑动面减少磨损。

生产耐磨灰铸铁的方法：一是降低铁液中碳当量或在炉料中加入碳化物形成元素（Cr、Mo、W、V 等）；二是将低碳当量的铁液在炉前加入适当的孕育剂（铝、硅铁合金），细化初晶或共晶的碳化物，以连续网状或断续网状沿共晶团边界分布。

GB/T 7216—2009 中将灰铸铁中碳化物数量分为 6 级，见图 17-7 和表 17-6。试样经 2%~5%（体积分数）硝酸乙醇溶液浸蚀，在放大倍数 100 倍下，对照标准评级图进行评定。

表 17-6 碳化物数量

级别/级	1	2	3	4	5	6
名称	碳 1	碳 3	碳 5	碳 10	碳 15	碳 20
碳化物数量(体积分数,%)	≈1	≈3	≈5	≈10	≈15	≈20

2. 磷共晶类型与数量

（1）磷共晶类型　磷共晶按其组成分为二元磷共晶、三元磷共晶、二元磷共晶-碳化物复合物及三元磷共晶-碳化物复合物四种。抛光态试样经 2%~5%（体积分数）硝酸乙醇溶液浸蚀，在放大 500 倍下观察。磷共晶类型见表 17-7，其典型形貌如图 17-8 所示。

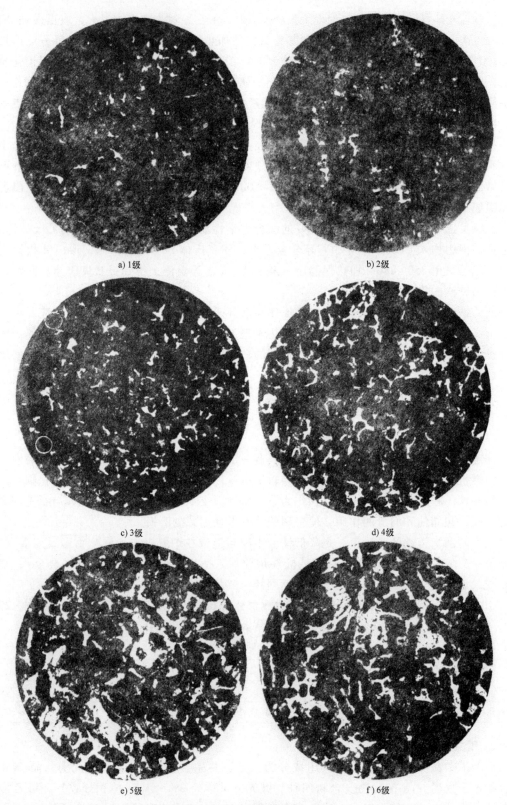

a) 1级   b) 2级

c) 3级   d) 4级

e) 5级   f) 6级

图 17-7　碳化物数量评级图　100×

表 17-7 磷共晶类型

类型	组织与特征
二元磷共晶	在磷化铁上均匀分布着奥氏体分解产物的颗粒碳化物
三元磷共晶	在磷化铁上分布着奥氏体产物的颗粒及粒状、条状碳化物
二元磷共晶-碳化物复合物	二元磷共晶和大块状的碳化物
三元磷共晶-碳化物复合物	三元磷共晶和大块状的碳化物

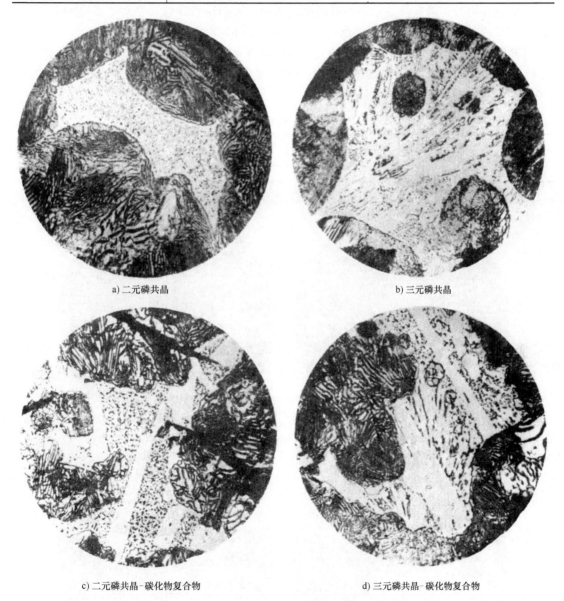

a) 二元磷共晶　　　　　　　　　　　　　　　b) 三元磷共晶

c) 二元磷共晶-碳化物复合物　　　　　　　　d) 三元磷共晶-碳化物复合物

图 17-8 磷共晶各类型的典型形貌 500×

磷共晶的熔点比较低，二元磷共晶（磷的质量分数为 10.5%，铁的质量分数为 89.5%）熔点为 1005℃，三元磷共晶（磷的质量分数为 6.89%，碳的质量分数为 1.96%，铁的质量分数为 91.15%）熔点为 953℃。因此，即使在其他组成凝固后，磷共晶仍然以液态的形式存在，故磷共晶一般存在于铸铁的晶界上，从而提高了铸铁的流动性。具有较高含磷量的铁液容易获得致密的铸件。

和碳化物一样，磷共晶也属硬脆相。二元磷共晶硬度为700HV左右，三元磷共晶的硬度为800HV左右。在高强度铸铁中磷含量应控制在较低的范围。

（2）磷共晶数量 随着铸铁中磷含量的增加，磷共晶的数量也随之增多，分布形式也随之变化。一般来说，磷的质量分数在0.2%以下时，磷共晶呈孤立块状分布，磷的质量分数在0.4%左右时，磷共晶呈大小不等的断续网状；磷的质量分数在0.6%～0.7%时，磷共晶便构成网状，磷的质量分数更高则呈连续网链状分布。

GB/T 7216—2009中将灰铸铁中磷共晶数量分为6级，见表17-8。磷共晶数量评级图如图17-9所示。评定时，抛光态试样经2%～5%（体积分数）硝酸乙醇溶液浸蚀后，在放大100倍下观察，对照标准评级图进行评定。

表17-8 磷共晶数量

级别/级	1	2	3	4	5	6
名称	磷1	磷2	磷4	磷6	磷8	磷10
磷共晶数量（体积分数,%）	≈1	≈2	≈4	≈6	≈8	≈10

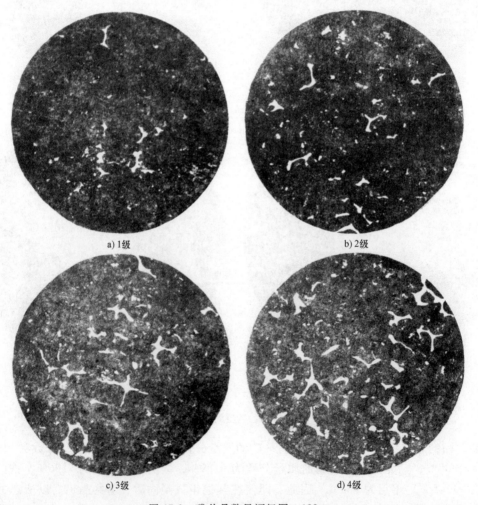

a) 1级 b) 2级 c) 3级 d) 4级

图17-9 磷共晶数量评级图 100×

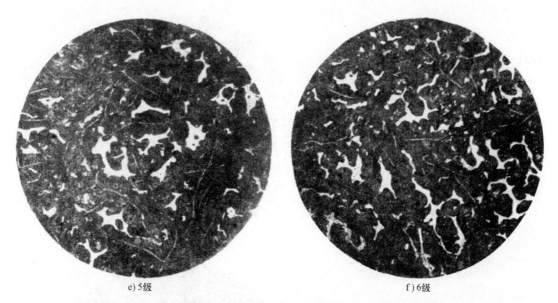

e) 5级   f) 6级

图 17-9 磷共晶数量评级图 100×（续）

17.2.6 灰铸铁的共晶团检验

细化灰铸铁共晶团对提高铸铁性能有着积极的作用。孕育方式、孕育效果对共晶团的尺寸有明显的影响。孕育处理得越好，共晶团边界越密，在金相检查时也容易显示出共晶团的形貌；反之，孕育效果不佳，共晶团变粗，共晶团的形貌也变得模糊不清。因此，低牌号的非孕育铸铁基本上显示不出共晶团。

GB/T 7216—2009 中将灰铸铁中共晶团数量分为 8 级，见表 17-9。共晶团数量评级图如图 17-10 所示。共晶团检验试样用氯化铜 1g、氯化镁 4g、盐酸 2mL、乙醇 100mL 的溶液或硫酸铜 4g、盐酸 2mL、水 20mL 的溶液浸蚀，根据选择的放大倍数对照图 17-10 所示评级图进行评定。

表 17-9 共晶团数量

级别/级	共晶团数量/个		单位面积中实际共晶团数量/(个/cm²)
	放大 10 倍	放大 50 倍	
1	>400	>25	>1040
2	≈400	≈25	≈1040
3	≈300	≈19	≈780
4	≈200	≈13	≈520
5	≈150	≈9	≈390
6	≈100	≈6	≈260
7	≈50	≈3	≈130
8	<50	<3	<130

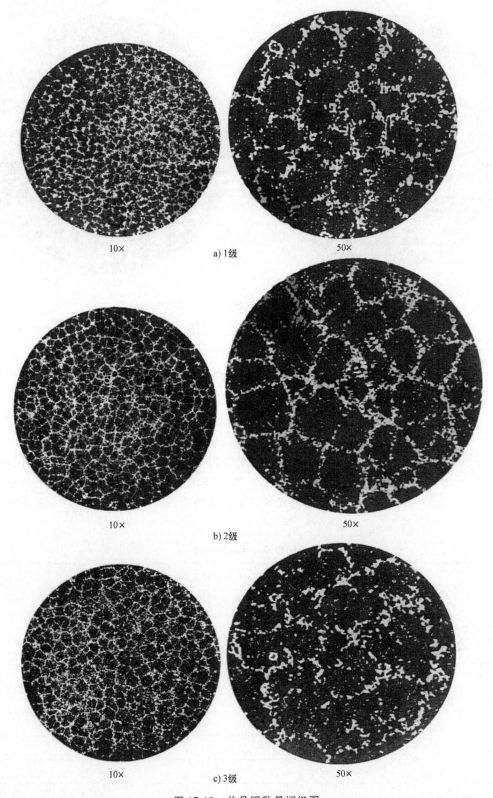

10×　　　　　　　　　　　　　　50×

a) 1级

10×　　　　　　　　　　　　　　50×

b) 2级

10×　　　　　　　　　　　　　　50×

c) 3级

图 17-10　共晶团数量评级图

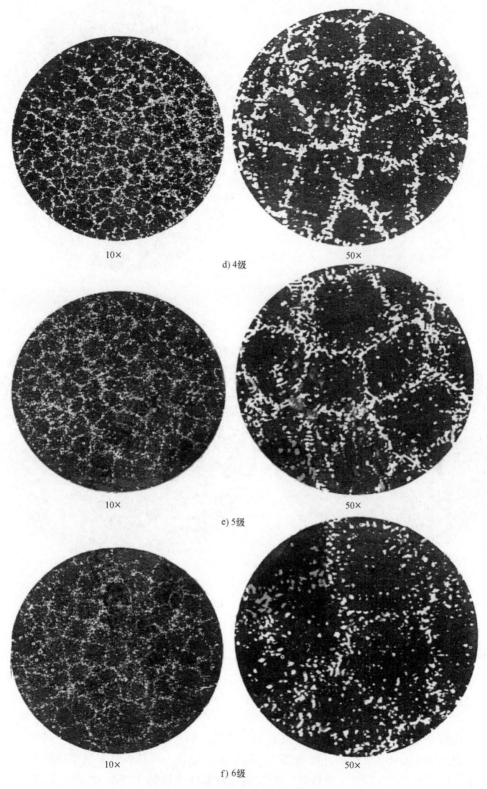

10× 50×

d) 4级

10× 50×

e) 5级

10× 50×

f) 6级

图 17-10 共晶团数量评级图（续）

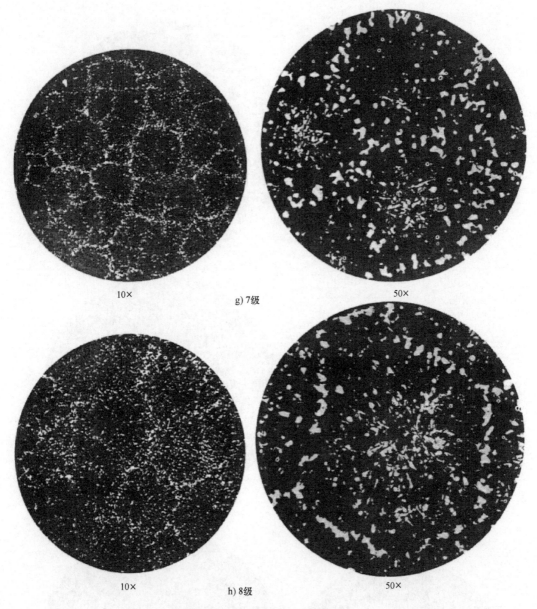

10×　　　　　　　　g) 7级　　　　　　　　　50×

10×　　　　　　　　h) 8级　　　　　　　　　50×

图 17-10　共晶团数量评级图（续）

17.3　球墨铸铁金相检验

17.3.1　球墨铸铁的牌号与力学性能

　　球墨铸铁是指铁液经球化处理后，使石墨大部或全部呈球状形态的铸铁。与灰铸铁比较，球墨铸铁的力学性能有显著提高。球墨铸铁的石墨多呈球状，对基体的割裂作用最小，可有效地利用基体强度的 70%～80%（灰铸铁一般只能利用基体强度的 30%）。此外，球墨铸铁还可以通过合金化和热处理，进一步提高强韧性、耐磨性、耐热性和耐蚀性等各项性能。

　　球墨铸铁自 1947 年问世以来，在生产中得到了广泛应用。20 世纪 50 年代的代表产品是发动机的球墨铸铁曲轴，20 世纪 60 年代是球墨铸铁铸管和铸态球墨铸铁，20 世纪 70 年代是奥氏体-贝氏体球墨铸铁，20 世纪 80 年代以来是厚大断面球墨铸铁和薄小断面（轻量化、近终型）球墨铸铁。如今，球墨铸铁已在汽车、铸管、机床、矿山和核工业等领域获得广泛的应用。

　　根据 GB/T 1348—2019《球墨铸铁件》，铁素体珠光体球墨铸铁的牌号是依据直径 25mm 的试块的最小力学性能确定的，其拉伸性能应符合表 17-10 的要求，室温和低温的冲击吸收能量值应符合表 17-11 的要求。

表 17-10　铁素体珠光体球墨铸铁单铸试样的力学性能

牌号	铸件壁厚 t /mm	规定塑性延伸强度 $R_{p0.2}$/MPa	抗拉强度 R_m/MPa	断后伸长率 $A(\%)$
		≥		
QT350-22L	$t\leqslant 30$	220	350	22
	$30<t\leqslant 60$	210	330	18
	$60<t\leqslant 200$	200	320	15
QT350-22R	$t\leqslant 30$	220	350	22
	$30<t\leqslant 60$	220	330	18
	$60<t\leqslant 200$	210	320	15
QT350-22	$t\leqslant 30$	220	350	22
	$30<t\leqslant 60$	220	330	18
	$60<t\leqslant 200$	210	320	15
QT400-18L	$t\leqslant 30$	240	400	18
	$30<t\leqslant 60$	230	380	15
	$60<t\leqslant 200$	220	360	12
QT400-18R	$t\leqslant 30$	250	400	18
	$30<t\leqslant 60$	250	390	15
	$60<t\leqslant 200$	240	370	12
QT400-18	$t\leqslant 30$	250	400	18
	$30<t\leqslant 60$	250	390	15
	$60<t\leqslant 200$	240	370	12
QT400-15	$t\leqslant 30$	250	400	15
	$30<t\leqslant 60$	250	390	14
	$60<t\leqslant 200$	240	370	11
QT450-10	$t\leqslant 30$	310	450	10
	$30<t\leqslant 60$	供需双方商定		
	$60<t\leqslant 200$			
QT500-7	$t\leqslant 30$	320	500	7
	$30<t\leqslant 60$	300	450	7
	$60<t\leqslant 200$	290	420	5
QT550-5	$t\leqslant 30$	350	550	5
	$30<t\leqslant 60$	330	520	4
	$60<t\leqslant 200$	320	500	3

（续）

牌号	铸件壁厚 t /mm	规定塑性延伸强度 $R_{p0.2}$/MPa	抗拉强度 R_m/MPa	断后伸长率 $A(\%)$
		≥		
QT600-3	$t \leqslant 30$	370	600	3
	$30 < t \leqslant 60$	360	600	2
	$60 < t \leqslant 200$	340	550	1
QT700-2	$t \leqslant 30$	420	700	2
	$30 < t \leqslant 60$	400	700	2
	$60 < t \leqslant 200$	380	650	1
QT800-2	$t \leqslant 30$	480	800	2
	$30 < t \leqslant 60$	供需双方商定		
	$60 < t \leqslant 200$			
QT900-2	$t \leqslant 30$	600	900	2
	$30 < t \leqslant 60$	供需双方商定		
	$60 < t \leqslant 200$			

注：牌号中字母"L"表示低温，字母"R"表示室温。

表 17-11　铁素体珠光体球墨铸铁 V 型缺口单铸试样的最小冲击吸收能量值

牌号	铸件壁厚 t/mm	最小冲击吸取能量/J					
		室温(23±5)℃		低温(-20±2)℃		低温(-40±2)℃	
		三个试样平均值	单个值	三个试样平均值	单个值	三个试样平均值	单个值
QT350-22L	$t \leqslant 30$	—	—	—	—	12	9
	$30 < t \leqslant 60$	—	—	—	—	12	9
	$60 < t \leqslant 200$	—	—	—	—	10	7
QT350-22R	$t \leqslant 30$	17	14	—	—	—	—
	$30 < t \leqslant 60$	17	14	—	—	—	—
	$60 < t \leqslant 200$	15	12	—	—	—	—
QT400-18L	$t \leqslant 30$	—	—	12	9	—	—
	$30 < t \leqslant 60$	—	—	12	9	—	—
	$60 < t \leqslant 200$	—	—	10	7	—	—
QT400-18R	$t \leqslant 30$	14	11	—	—	—	—
	$30 < t \leqslant 60$	14	11	—	—	—	—
	$60 < t \leqslant 200$	12	9	—	—	—	—

注：牌号中字母"L"表示低温，字母"R"表示室温。

　　在铁素体珠光体球墨铸铁中，是通过改变铁素体与珠光体的相对比例，获得不同强度的球墨铸铁。这种改变基体组织比例的差异，往往使得同一批次的球墨铸铁铸件出现较大力学性能差异。甚至在生产过程中，由于铸件截面尺寸的差异，同一铸件的不同部位也会出现性能差异。例如，在某 QT500-7 铸件的生产过程中，由于冷却速度不同，造成的同一铸件不同部位的硬度波动范围达到 170～230HBW，这给球墨铸铁的机械加工带来困难。为了改变这种现象，开发出了固溶强化铁素体球墨铸铁。目前主要是通过进一步提高铸铁中的硅含量，提高铁素体基体的强度，从而替代珠光体在球铁中的强化作用。

　　在 GB/T 1348—2019 中，增加了固溶强化铁素体球墨铸铁的拉伸性能，其拉伸性能应符合表 17-12 的要求。

表 17-12　固溶强化铁素体球墨铸铁单铸试样的拉伸性能

材料牌号	铸件壁厚 t /mm	规定塑性延伸强度 $R_{p0.2}$/MPa	抗拉强度 R_m/MPa	断后伸长率 $A(\%)$
		≥		
QT450-18	$t \leqslant 30$	350	450	18
	$30 < t \leqslant 60$	340	430	14
	$60 < t \leqslant 200$	供需双方商定		
QT500-14	$t \leqslant 30$	400	500	14
	$30 < t \leqslant 60$	390	480	12
	$60 < t \leqslant 200$	供需双方商定		
QT600-10	$t \leqslant 30$	470	600	10
	$30 < t \leqslant 60$	450	580	8
	$60 < t \leqslant 200$	供需双方商定		

17.3.2　球墨铸铁的石墨检验

球墨铸铁中常见的石墨形态有球状、团状、开花、蠕虫、枝晶等几类。其中最具代表性的形态是球状。在光学显微镜下观察球状石墨，低倍时外形近似圆形；高倍时为多边形，呈辐射状，结构清晰。

球墨铸铁一般为过共晶成分。球状石墨的长大包括两个阶段：一个是先共晶结晶阶段，即球状石墨核心形成后在铁液及贫碳富铁的奥氏体圈中长大；另一个是球状石墨周围形成奥氏体外壳阶段，即球状石墨与奥氏体共晶团形成阶段。球墨铸铁的共晶团比灰铸铁的共晶团细小，其数量为灰铸铁的 50~200 倍。

1. 对照球化率评级图评级

根据 ISO 945-1：2019 中的 6 类石墨形态中的球状（Ⅵ型）和团状（Ⅴ型）石墨个数占石墨总数的百分比，和根据观察视场内各种石墨的相对数量作为球化率，GB/T 9441—2021《球墨铸铁金相检验》（等同 ISO 945-4：2019 *Microstructure of cast irons—Part* 4：*Test method for evaluating nodularity in spheroidal graphite cast irons*）将球化率分为 6 级，见图 17-11 和表 17-13。在抛光态下检验石墨的球化率等级是在放大倍数为 100 倍下，或调整放大倍数，使石墨颗粒的大小与评级图相近，随机选择视场，对照评级图评级。

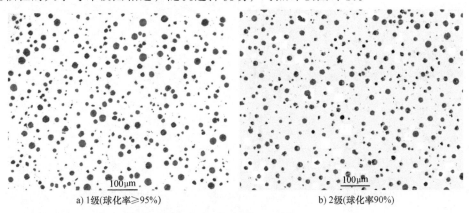

a) 1级(球化率≥95%)　　　　　　　　　　b) 2级(球化率90%)

图 17-11　球化率评级图

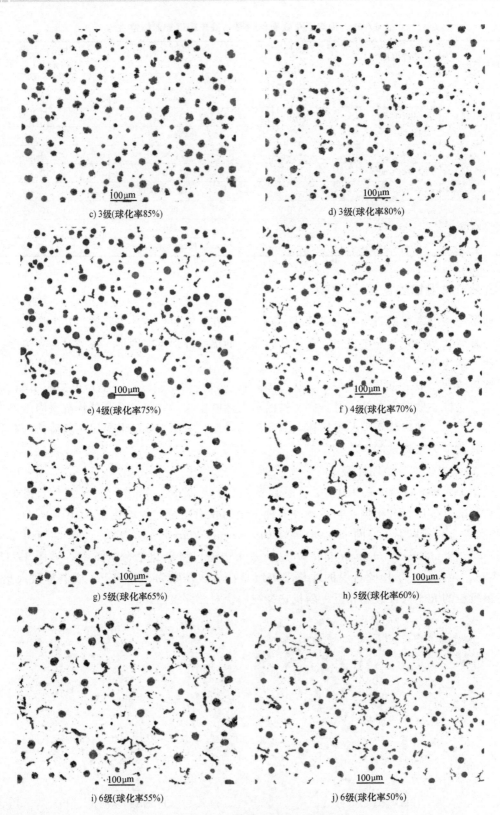

c) 3级(球化率85%)

d) 3级(球化率80%)

e) 4级(球化率75%)

f) 4级(球化率70%)

g) 5级(球化率65%)

h) 5级(球化率60%)

i) 6级(球化率55%)

j) 6级(球化率50%)

图 17-11 球化率评级图（续）

表 17-13　球化率分级

级别/级	1	2	3	4	5	6
球化率(%)	≥95	90~94	80~89	70~79	60~69	50~59

2. 图像分析法石墨球化率评级

采用图像分析系统评级时，先计算石墨颗粒的圆整度，再计算球化率。下面介绍的是其基本原理和过程，这些工作可以通过图像分析软件完成。

（1）最大佛雷德（Féret）直径　石墨颗粒外缘轮廓上任意两点之间的最大直线距离称为最大佛雷德直径。用最大佛雷德直径（l_m）表示石墨颗粒大小，如图 17-12 所示，图中 A_m 以 l_m 为直径的最大佛雷德圆的面积，A 为石墨颗粒的面积。

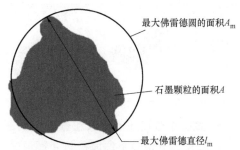

图 17-12　石墨颗粒最大佛雷德直径示意图

（2）计算石墨颗粒圆整度　石墨颗粒圆整度 ρ 的计算式为

$$\rho = \frac{A}{A_m} = \frac{4A}{\pi l_m^2} \tag{17-1}$$

（3）计算球化率　球化率 P_{nod} 等于球形石墨颗粒（颗粒圆整度 $\rho \geq 0.60$）的面积除以所有石墨颗粒总面积，P_{nod} 的计算式为

$$P_{nod} = \frac{A_{VI} + A_V}{A_{all}} \times 100\% \tag{17-2}$$

式中，$A_{VI} + A_V$ 为颗粒圆整度 $\rho \geq 0.6$ 的石墨颗粒的面积，或图 17-1 中所示的Ⅵ型和Ⅴ型石墨颗粒的面积（mm^2）；A_{all} 为石墨颗粒的总面积（小于临界尺寸的石墨颗粒和被视场边界切割的石墨颗粒不予考虑）（mm^2）。

典型石墨颗粒及其圆整度值见表 17-14。采用图像分析系统评级时，在抛光态下按式（17-1）和式（17-2）计算球化率。测试多个视场，计算平均值后取整数即为球化级别。

表 17-14　典型石墨颗粒及其圆整度值

石墨颗粒					
圆整度	0.98	0.92	0.88	0.84	0.80
石墨颗粒					
圆整度	0.76	0.72	0.68	0.64	0.60

（续）

石墨颗粒					
圆整度	0.57	0.53	0.48	0.44	0.40
石墨颗粒					
圆整度	0.33	0.20	0.13	0.10	0.09

3. 根据单位面积石墨颗粒数参照图评定

在抛光态下检验单位面积石墨颗粒数，将显微镜的放大倍数设置为 100 倍，随机选取视场，对照石墨颗粒数评定参照图。图 17-13 所示为石墨颗粒的最大佛雷德直径 $l_m \geqslant 10\mu m$ 或 $\geqslant 5\mu m$ 时对应的单位面积石墨颗粒数及参照图。对普通铸件宜选择最小石墨颗粒临界尺寸 $\geqslant 10\mu m$ 时的石墨颗粒数。当视场内大部分石墨颗粒小于 $10\mu m$ 或大于 $120\mu m$ 时，放大倍数可大于或小于 100 倍。在一个视场内石墨颗粒的数量应该不少于 20 个。

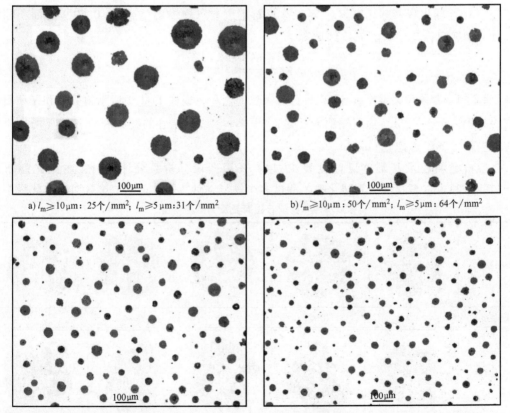

a) $l_m \geqslant 10\mu m$：25个/mm^2；$l_m \geqslant 5\mu m$：31个/mm^2

b) $l_m \geqslant 10\mu m$：50个/mm^2；$l_m \geqslant 5\mu m$：64个/mm^2

c) $l_m \geqslant 10\mu m$：100个/mm^2；$l_m \geqslant 5\mu m$：116个/mm^2

d) $l_m \geqslant 10\mu m$：150个/mm^2；$l_m \geqslant 5\mu m$：165个/mm^2

图 17-13　石墨颗粒的最大佛雷德直径 $l_m \geqslant 10\mu m$ 或 $\geqslant 5\mu m$ 时对应的单位面积石墨颗粒数及参照图

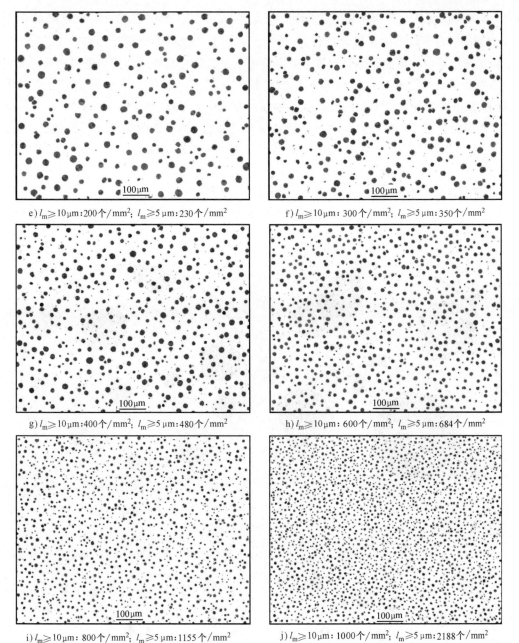

e) $l_m \geq 10\mu m$：200个/mm^2；$l_m \geq 5\mu m$：230个/mm^2

f) $l_m \geq 10\mu m$：300个/mm^2；$l_m \geq 5\mu m$：350个/mm^2

g) $l_m \geq 10\mu m$：400个/mm^2；$l_m \geq 5\mu m$：480个/mm^2

h) $l_m \geq 10\mu m$：600个/mm^2；$l_m \geq 5\mu m$：684个/mm^2

i) $l_m \geq 10\mu m$：800个/mm^2；$l_m \geq 5\mu m$：1155个/mm^2

j) $l_m \geq 10\mu m$：1000个/mm^2；$l_m \geq 5\mu m$：2188个/mm^2

图 17-13　石墨颗粒的最大佛雷德直径 $l_m \geq 10\mu m$ 或 $\geq 5\mu m$ 时对应的单位面积石墨颗粒数及参照图（续）

4. 按公式计算单位面积石墨颗粒数

通过计算一定面积内的石墨球数来测定单位面积内的石墨球数，单位面积石墨颗粒数按式（17-3）计算。在计算时最少随机选定 5 个视场，受检石墨颗粒总数量不应少于 500 个，测试结果为所有视场测定结果的平均值，最后结果颗粒数取整数。

$$n = \frac{n_1 + \dfrac{n_2}{2}}{A_f} \qquad\qquad (17\text{-}3)$$

式中，n 为单位面积石墨颗粒数（个/mm²）；n_1 为完全落在视场内的石墨颗粒数量（个）；n_2 为被视场边界所切割的石墨颗粒数量（个）；A_f 为检测视场的面积（mm²）。

球墨铸铁单位面积的石墨颗粒数与规定的最小石墨颗粒临界尺寸极限密切相关，规定的最小石墨颗粒尺寸越小，单位面积的石墨颗粒数就越多。例如，最小石墨颗粒临界尺寸 10μm 和 5μm 对应的单位面积的石墨颗粒数分别为 200 个/mm² 和 230 个/mm²。在计算单位面积石墨颗粒数时，一般规定最小石墨颗粒临界尺寸为 10μm，特殊情况可以规定为 5μm。GB/T 9441—2021 给出了最小石墨颗粒临界尺寸为 10μm 和 5μm 时对应的单位面积石墨颗粒数。

5. 石墨颗粒大小和评级

根据 GB/T 9441—2021，抛光态试样在放大倍数 100 倍下观察，石墨颗粒大小分为 6 级，见图 17-14 和表 17-15。

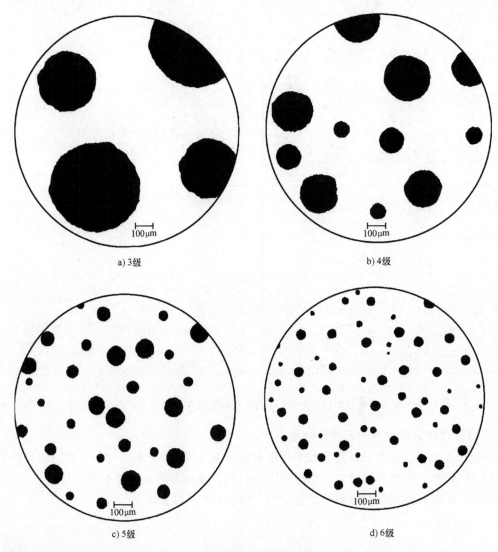

a) 3级　　　　　　　　　　　　　b) 4级

c) 5级　　　　　　　　　　　　　d) 6级

图 17-14　石墨颗粒大小评级图　100×

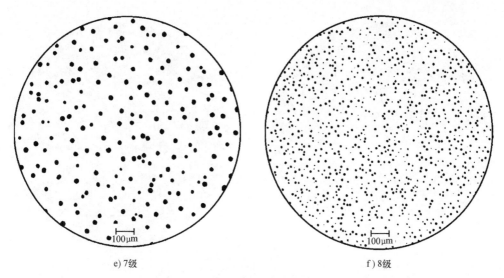

e) 7级   f) 8级

图 17-14 石墨颗粒大小评级图 100× （续）

表 17-15 石墨颗粒大小分级

级别/级	3	4	5	6	7	8
石墨长度/mm	>25~50	>12~25	>6~12	>3~6	>1.5~3	≤1.5
实际石墨长度/mm	>0.25~0.5	>0.12~0.25	>0.06~0.12	>0.03~0.06	>0.015~0.03	≤0.015

注：石墨大小为 6~8 级时，放大倍数可使用 200 倍或 500 倍。

17.3.3 球墨铸铁的基体组织检验

以前球墨铸铁生产多是通过淬火、正火或退火获得基体组织，目前随球墨铸铁技术的发展，除 QT900-2 牌号球墨铸铁需采用等温淬火外，其余牌号的珠光体、珠光体+铁素体和铁素体球墨铸铁均可通过控制铸铁成分、孕育条件、微量元素等因素进行铸态生产了，由此大大降低了球墨铸铁的生产成本。

根据 GB/T 9441—2021，球墨铸铁珠光体数量分为 12 级，见图 17-15 和表 17-16。评定

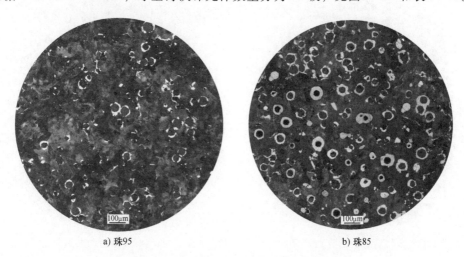

a) 珠95   b) 珠85

图 17-15 球墨铸铁的珠光体数量评级图 100×

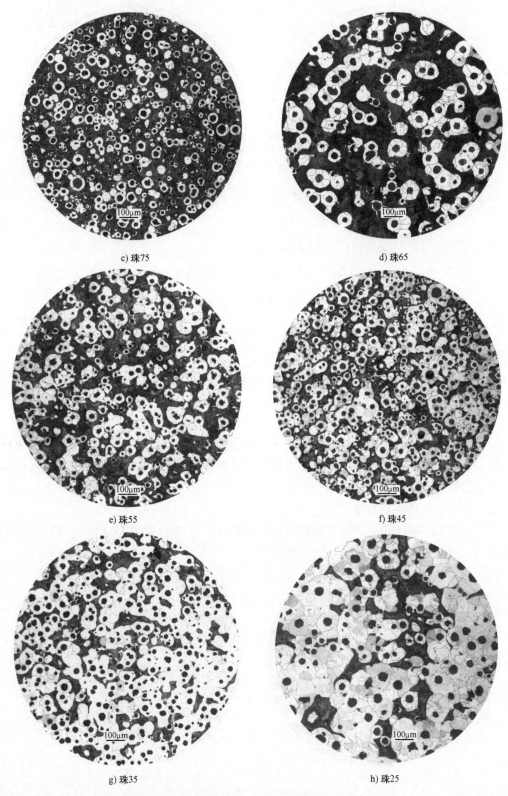

c) 珠75

d) 珠65

e) 珠55

f) 珠45

g) 珠35

h) 珠25

图 17-15　球墨铸铁的珠光体数量评级图　100×（续）

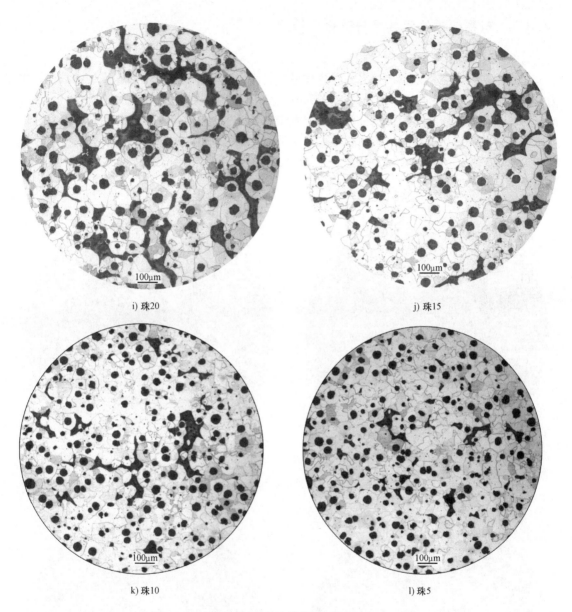

i) 珠20　　　　　　　　　　　　　　　　　j) 珠15

k) 珠10　　　　　　　　　　　　　　　　　l) 珠5

图 17-15　球墨铸铁的珠光体数量评级图　100×（续）

时，抛光态试样经 2%~5%（体积分数）硝酸乙醇溶液浸蚀后，在放大倍数为 100 倍下，检验珠光体数量（体积分数，珠光体与铁素体的体积分数之和为 100%），选取有代表性的视场按评级图评定。珠光体数量分级和评定应选取不少于 5 个视场，取所有视场测定结果的平均值。

表 17-16　珠光体数量分级

级别	珠 95	珠 85	珠 75	珠 65	珠 55	珠 45	珠 35	珠 25	珠 20	珠 15	珠 10	珠 5
珠光体数量 （体积分数,%）	>90	>80~90	>70~80	>60~70	>50~60	>40~50	>30~40	≈25	≈20	≈15	≈10	≈5

17.3.4 球墨铸铁的磷共晶与碳化物检验

1. 磷共晶检验

铸铁中磷共晶总是分布在晶界处和铸件最后凝固的热节部位。球墨铸铁中的磷共晶，多为由奥氏体、磷化铁和渗碳体所组成的三元磷共晶。由于磷共晶显著降低冲击韧性，一般情况下，球墨铸铁中磷共晶的体积分数应控制在2%以下。在球墨铸铁中，磷共晶数量对性能的影响比磷共晶形态对性能的影响要显著。GB/T 9441—2021 中的磷共晶数量分为 6 级，依次为磷 0.5、磷 1、磷 1.5、磷 2、磷 2.5、磷 3，如图 17-16 所示。各级别名称中的数字表示该级磷共晶数量（体积分数,%）的近似值。

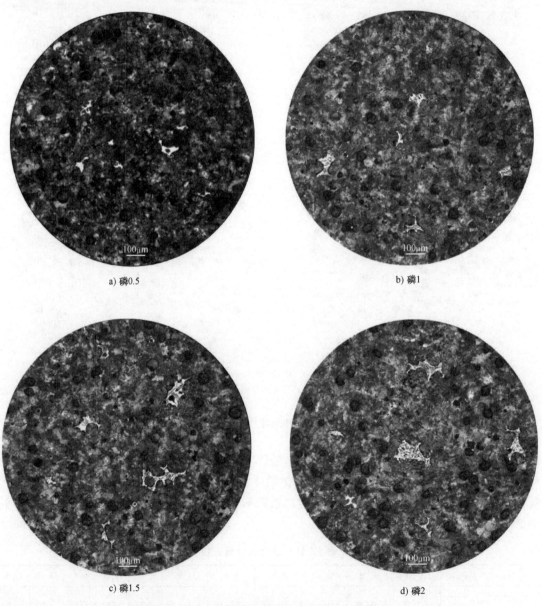

a) 磷0.5   b) 磷1

c) 磷1.5   d) 磷2

图 17-16 球墨铸铁的磷共晶数量评级图 100×

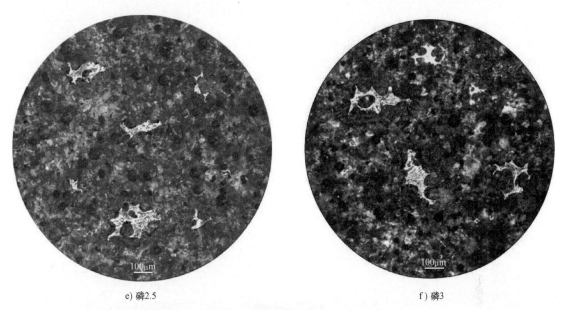

e) 磷2.5　　　　　　　　　　　　　　　f) 磷3

图 17-16　球墨铸铁的磷共晶数量评级图　100×（续）

2. 渗碳体数量

在球墨铸铁结晶后，往往组织中会出现一定数量的渗碳体，严重时会出现莱氏体。渗碳体显著降低球墨铸铁的塑性和韧性，并恶化加工性能。在球墨铸铁的生产中，若渗碳体作为硬化相单独存在时，其体积分数一般应小于5%（某些需要以渗碳体作为硬化相的耐磨铸铁除外）作为控制界线。对于某些高韧性球墨铸铁，应做更严格的控制。GB/T 9441—2021 中将渗碳体数量分为5级，依次为碳1、碳2、碳3、碳5、碳10，如图 17-17 所示。各级别名称中的数字表示该级渗碳体数量（体积分数,%）的近似值。

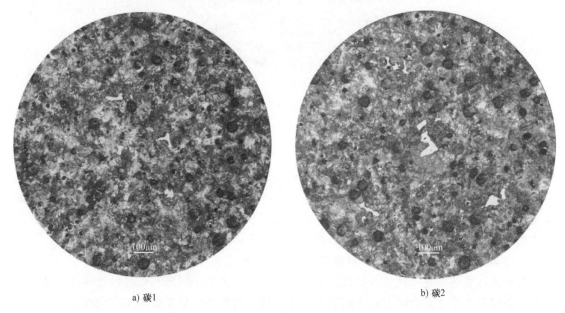

a) 碳1　　　　　　　　　　　　　　　b) 碳2

图 17-17　球墨铸铁的渗碳体数量评级图　100×

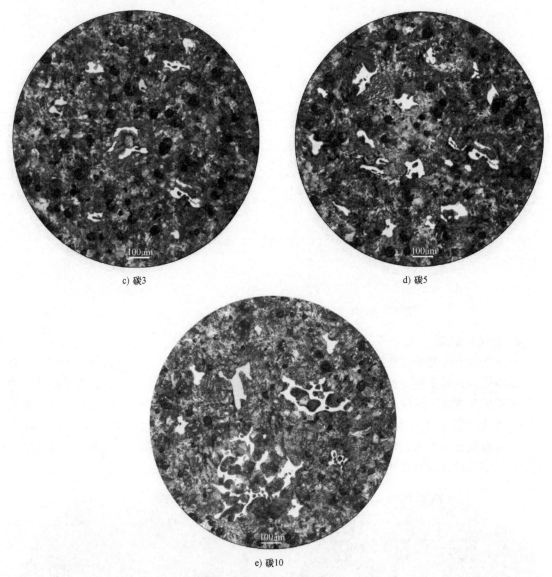

c) 碳3   d) 碳5

e) 碳10

图 17-17　球墨铸铁的渗碳体数量评级图　100×（续）

17.3.5　球墨铸铁的热处理组织检验

由于球墨铸铁中的石墨呈球状，对金属基体的割裂作用和引起应力集中的程度比片状石墨或团絮状石墨都小，因此球墨铸铁的力学性主要由基体组织来决定。虽然铸态球墨铸铁的应用不断扩大，但通过热处理、加入适量合金元素和改进工艺措施等方法，改变球墨铸铁的基体组织以提高球墨铸铁性能的方法仍在广泛使用。

1. 铁素体球墨铸铁、珠光体-铁素体球墨铸铁、珠光体球墨铸铁

铁素体球墨铸铁是一种具有高韧性的球墨铸铁，主要用于制造汽车底盘等零件。铁素体球墨铸铁可用石墨化退火或通过采用适当的化学成分及有效的孕育处理工艺获得。

生产上通常采用正火处理获得珠光体基体，当向铁液加入适量的某些合金元素或采用其

他工艺措施，则在铸态时也可获得珠光体基体。正火冷却时，若以稍慢的冷却速度通过 $Ar_3 \sim Ar_1$ 温度范围，在球状石墨周围形成牛眼状铁素体，冷却速度越慢，牛眼越厚。当正火冷却快时可获得全部珠光体。铁素体以两种形态存在球墨铸铁中，一种是呈牛眼状分布，另一种是呈分散分布。一般砂型铸造的条件下，铸态组织通常是片状珠光体及牛眼状的铁素体，通过部分奥氏体化正火处理，则可获得以分散分布（破碎状）的铁素体和片状珠光体为基的显微组织。珠光体球墨铸铁常用来制造强度要求高的内燃机曲轴等零件。在磷含量较高的球墨铸铁中，采用分散分布的铁素体组织可有效地提高球墨铸铁的塑性和韧性。图 17-18a 所示为球墨铸铁完全奥氏体化正火组织，组织为珠光体+牛眼状铁素体；图 17-18b 所示为部分奥氏体化正火组织，组织为珠光体+破碎状铁素体。

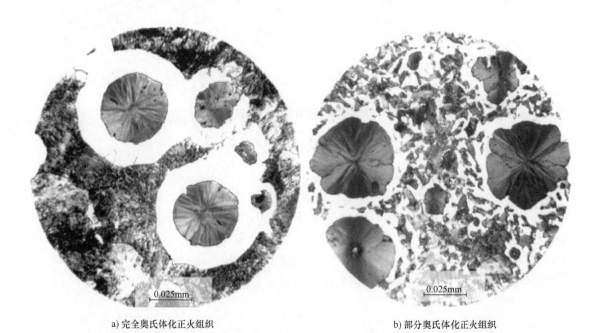

a) 完全奥氏体化正火组织　　　　　　　　　　b) 部分奥氏体化正火组织

图 17-18　球墨铸铁正火处理组织

2. 贝氏体球墨铸铁

贝氏体球墨铸铁具有高强度、高硬度以及一定的韧性，可通过加入少量合金元素（如钼、铜）和施以等温淬火处理获得。等温淬火加热温度为 880~920℃，保温时间为 30~90min。球墨铸铁经等温淬火处理得到以贝氏体为主的基体组织，常见的组织形态有下贝氏体、上贝氏体、下贝氏体+马氏体、贝氏体+铁素体等。

等温温度高于下贝氏体形成温度（350~380℃）时，形成上贝氏体组织。在光学显微镜下，上贝氏体呈羽毛状。下贝氏体在较低的等温温度（230~330℃）形成。在光学显微镜下，下贝氏体呈黑色细针状，很像回火马氏体。等温温度接近马氏体转变点时，除进行贝氏体转变外，部分奥氏体转变成为马氏体和保留为残留奥氏体。图 17-19 所示为球墨铸铁等温淬火处理组织，其中图 17-19a 所示的基体组织为上贝氏体，图 17-19b 所示的基体组织为下贝氏体。

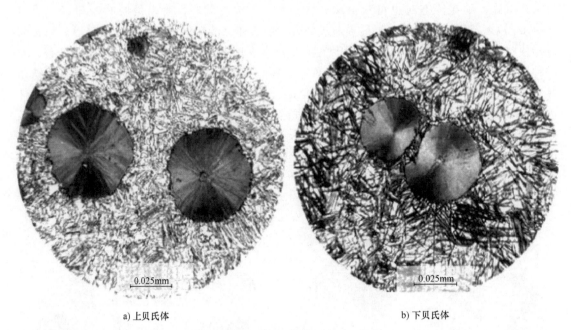

a) 上贝氏体   b) 下贝氏体

图 17-19 球墨铸铁等温淬火处理组织

3. 马氏体和残留奥氏体球墨铸铁

球墨铸铁采用 880~920℃ 加热淬油，基体组织可以获得淬火马氏体+残留奥氏体。淬油后可以采用高温回火（500~600℃）、中温回火（350~500℃）或低温回火（150~250℃），得到的基体组织分别为回火索氏体、回火托氏体和回火马氏体。图 17-20 所示为球墨铸铁淬火+低温回火组织，其中图 17-20a 所示的基体组织为淬火马氏体+残留奥氏体，图 17-20b 所示的基体组织为回火马氏体+少量残留奥氏体。

a) 淬火马氏体+残留奥氏体   b) 回火马氏体+少量残留奥氏体

图 17-20 球墨铸铁淬火+低温回火组织

17.4 可锻铸铁金相检验

17.4.1 可锻铸铁的牌号与力学性能

可锻铸铁是由一定成分的白口铸铁坯件经退火而获得的。根据化学成分、热处理工艺而导致的性能和金相组织的不同，可锻铸铁分为两类：第一类为黑心可锻铸铁和珠光体可锻铸铁，第二类为白心可锻铸铁。黑心可锻铸铁的组织主要是铁素体基体+团絮状石墨，珠光体可锻铸铁的组织主要是珠光体基体+团絮状石墨。白心可锻铸铁的组织主要取决于断面尺寸，薄断面的组织为铁素体（+珠光体+退火石墨），厚断面的组织表层为铁素体，中间区域为珠光体+铁素体+退火石墨，心部区域为珠光体（+铁素体）+退火石墨。

黑心可锻铸铁（也称铁素体可锻铸铁）是将白口铸件经高温和低温两个阶段石墨化退火获得的。其热处理工艺为加热至 920~980℃ 保温（第一阶段退火），炉冷至 750~700℃，再进行保温（第二阶段退火），再冷至 650~600℃，出炉空冷。由此得到铁素体+团絮状石墨，脱碳层组织为铁素体或珠光体+铁素体或珠光体。黑心可锻铸铁的断口为黑色纤维状，若脱碳层为珠光体，断口表面有一圈白亮色，这就是黑心可锻铸铁名称的由来。珠光体可锻铸铁是将白口铸件在 920~980℃ 加热保温后，立即以较快的冷却速度通过共析相变温度，从而得到珠光体+团絮状石墨的组织。

GB/T 9440—2010《可锻铸铁件》中，黑心可锻铸铁和珠光体可锻铸铁的牌号和力学性能见表 17-17，白心可锻铸铁的牌号和力学性能见表 17-18。

表 17-17 黑心可锻铸铁和珠光体可锻铸铁的牌号和力学性能

牌号	试样直径 $d^{①}$/mm	抗拉强度 R_m/MPa $\geqslant$	规定塑性延伸强度 $R_{p0.2}$/MPa $\geqslant$	断后伸长率（$L_0 = 3d$）$A(\%)$ $\geqslant$	布氏硬度 HBW
KTH275-05[②]	12 或 15	275	—	5	≤150
KTH300-06[②]	12 或 15	300	—	6	
KTH330-08	12 或 15	330	—	8	
KTH350-10	12 或 15	350	200	10	
KTH370-12	12 或 15	370	—	12	
KTZ450-06	12 或 15	450	270	6	150~200
KTZ500-05	12 或 15	500	300	5	165~215
KTZ550-04	12 或 15	550	340	4	180~230
KTZ600-03	12 或 15	600	390	3	195~245
KTZ650-02	12 或 15	650	430	2	210~260
KTZ700-02	12 或 15	700	530	2	240~290
KTZ800-01	12 或 15	800	600	1	270~320

① 如果需方没有明确要求，供方可以任意选取两种试棒直径中的一种。试样直径代表同样壁厚的铸件，如果铸件为薄壁件时，供需双方可以协商选取直径 6mm 或者 9mm 试样。

② KTH275-05 和 KTH300-06 专门用于保证压力密封性能，而不要求高强度或者高延性的工作条件。

表 17-18　白心可锻铸铁的牌号和力学性能

牌号	试样直径 d/mm	抗拉强度 R_m/MPa ≥	规定塑性延伸强 度 $R_{p0.2}$/MPa ≥	断后伸长率($L_0=3d$) A(%) ≥	布氏硬度 HBW ≤
KTB350-04	6	270	—	10	230
	9	310	—	5	
	12	350	—	4	
	15	360	—	3	
KTB360-12	6	280	—	16	200
	9	320	170	15	
	12	360	190	12	
	15	370	200	7	
KTB400-05	6	300	—	12	220
	9	360	200	8	
	12	400	220	5	
	15	420	230	4	
KTB450-07	6	330	—	12	220
	9	400	230	10	
	12	450	260	7	
	15	480	280	4	
KTB550-04	6	—	—	—	250
	9	490	310	5	
	12	550	340	4	
	15	570	350	3	

注：1. 所有级别的白心可锻铸铁均可以焊接。
　　2. 对于小尺寸的试样，很难判断其规定塑性延伸强度，规定塑性延伸强度的检测方法和数值由供需双方在签订订单时商定。
　　3. 试样直径同表 17-17 中①。

17.4.2　可锻铸铁的石墨检验

1. 石墨形状分类

GB/T 25746—2010《可锻铸铁金相检验》中，将可锻铸铁常见的石墨形状分为团球状、团絮状、絮状、聚虫状和枝晶状，见表 17-19。可锻铸铁石墨形状分类图如图 17-21 所示。进行石墨形状分类时，应将未浸蚀试样在放大 100 倍下观察。

表 17-19　可锻铸铁的石墨形状分类及特征

类　型	特　征
团球状	石墨较致密，外形近似圆形，周界凹凸
团絮状	类似棉絮团，外形较不规则
絮状	较团絮状石墨松散
聚虫状	石墨松散，类似蠕虫状石墨聚集而成
枝晶状	由颇多细小的短片状、点状石墨聚集呈树枝状分布

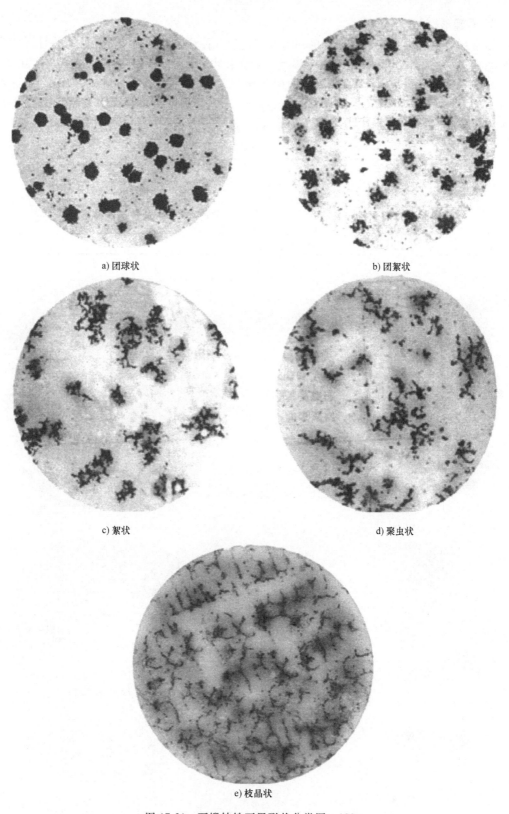

a) 团球状

b) 团絮状

c) 絮状

d) 聚虫状

e) 枝晶状

图 17-21 可锻铸铁石墨形状分类图 100×

2. 石墨形状和分布分级

通常可锻铸铁中的石墨很少以单一的形态出现，往往是几种石墨共存并以一种形状为主的形态出现。GB/T 25746—2010 中，根据可锻铸铁中石墨形状对力学性能的影响将其分为5级，见表 17-20，可锻铸铁的石墨形状评级图如图 17-22 所示；根据可锻铸铁中石墨分布将其分为3级，见表 17-21，可锻铸铁的石墨分布评级图如图 17-23 所示。进行石墨形状和分布级别评定时，应将未浸蚀试样在放大 100 倍下观察。

表 17-20　石墨形状分级

级别/级	说　　明
1	石墨大部分呈团球状，允许有不大于15%的团絮状絮状、聚虫状石墨存在，但不允许有枝晶状石墨
2	石墨大部分呈团球状、团絮状，允许有不大于15%的絮状、聚虫状石墨存在，但不允许有枝晶状石墨
3	石墨大部分呈团絮状、絮状，允许有不大于15%的聚虫状及小于试样截面积1%的枝晶状石墨存在
4	聚虫状石墨大于15%，枝晶状石墨小于试样截面的1%
5	枝晶状石墨大于或等于试样截面积1%

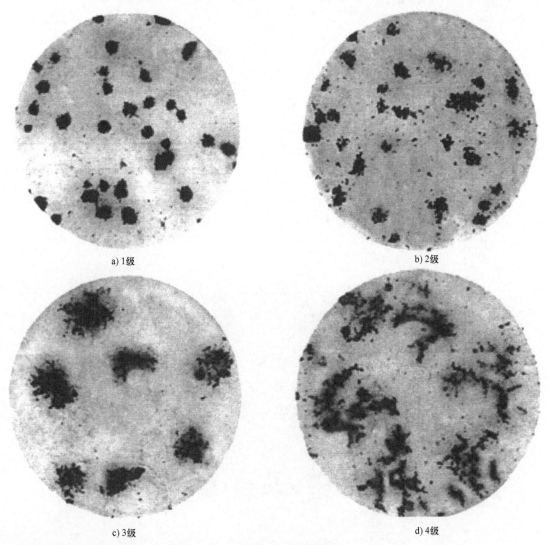

a) 1级　　　　　　　　　　　　b) 2级

c) 3级　　　　　　　　　　　　d) 4级

图 17-22　可锻铸铁石墨形状评级图　100×

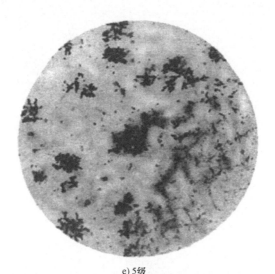

e) 5级

图 17-22 可锻铸铁石墨形状评级图 100× (续)

表 17-21 石墨分布分级

级别/级	说 明
1	石墨分布均匀或较均匀
2	石墨分布不均匀,但无方向性
3	石墨呈方向性分布

3. 石墨颗粒数分级

单位面积内的石墨颗粒称为石墨颗粒数,以颗/mm^2 计。GB/T 25746—2010《可锻铸铁金相检验》中将可锻铸铁按石墨颗粒数分为 5 级,见表 17-22 及图 17-24。进行石墨颗粒数级别评定时,应将未浸蚀试样在放大 100 倍下观察。

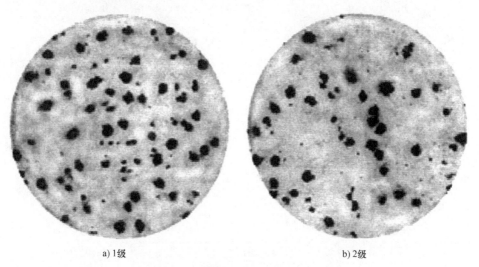

a) 1级   b) 2级

图 17-23 可锻铸铁石墨分布评级图 100×

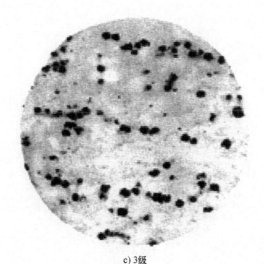

c) 3级

图 17-23 可锻铸铁石墨分布评级图 100× (续)

表 17-22 石墨颗粒数分级

级别/级	石墨颗粒数/(颗/mm²)	说 明
1	>150	颗粒大于图 17-24a 所示
2	>110~150	颗粒大于图 17-24b~图 17-24a 所示
3	>70~110	颗粒大于图 17-24c~图 17-24b 所示
4	>30~70	颗粒大于图 17-24d~图 17-24c 所示
5	≤30	颗粒小于或等于图 17-24d 所示

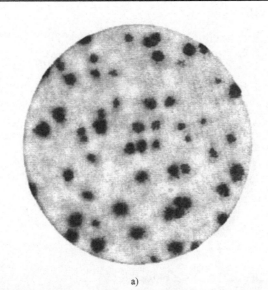
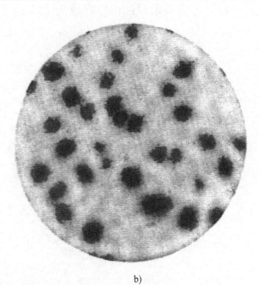

a)   b)

图 17-24 可锻铸铁石墨颗粒评级图 100×

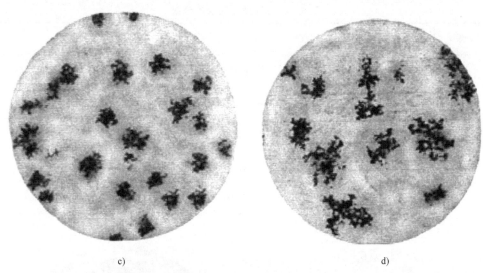

c)

d)

图 17-24 可锻铸铁石墨颗粒评级图 100×（续）

17.4.3 可锻铸铁的基体及表皮层组织检验

1. 珠光体形貌分类与分级

可锻铸铁中珠光体的形貌有片状和粒状两种，如图 17-25 所示。

GB/T 25746—2010《可锻铸铁金相检验》中将可锻铸铁基体珠光体残余量分为 5 级，见表 17-23。可锻铸铁珠光体残余量评级图如图 17-26 所示。对珠光体残余量级别进行评定时，应将浸蚀后的试样在放大 100 倍下观察。

2. 渗碳体残余量分级

GB/T 25746—2010《可锻铸铁金相检验》中将可锻铸铁基体中的渗碳体残余量分为 2 级，见表 17-24。可锻铸铁渗碳体残余量评级图如图 17-27 所示。对渗碳体残余量级别进行评定时，应将试样采用碱性苦味酸钠溶液热浸蚀，在放大 100 倍下进行观察。

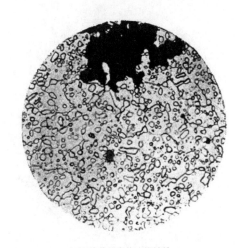

a)片状珠光体可锻铸铁

b)粒状珠光体可锻铸铁

图 17-25 可锻铸铁中珠光体的形貌 500×

表 17-23　珠光体残余量分级

级别/级	珠光体残余量(体积分数,%)	说　明
1	≤10	珠光体残余量小于或等于图 17-26a 所示
2	>10~20	珠光体残余量大于图 17-26a~图 17-26b 所示
3	>20~30	珠光体残余量大于图 17-26b~图 17-26c 所示
4	>30~40	珠光体残余量大于图 17-26c~图 17-26d 所示
5	>40	珠光体残余量大于图 17-26d 所示

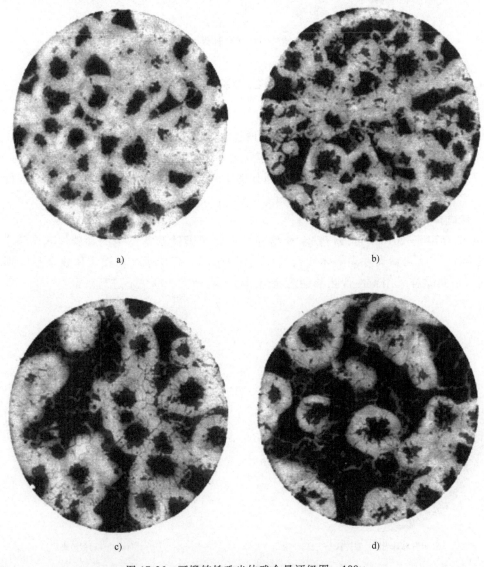

a)

b)

c)

d)

图 17-26　可锻铸铁珠光体残余量评级图　100×

表 17-24　渗碳体残余量分级

级别/级	渗碳体残余量(体积分数,%)	说　明
1级	≤2	渗碳体残余量小于或等于图 17-27a 所示
2级	>2	渗碳体残余量大于图 17-27b 所示

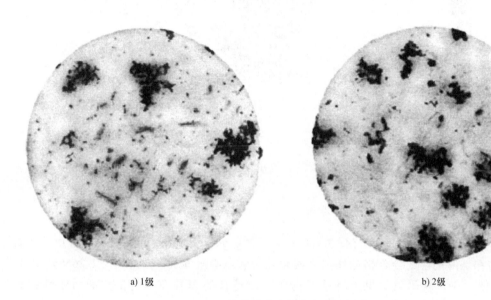

a) 1级　　　　　　　　　　　　　　b) 2级

图 17-27　可锻铸铁渗碳体残余量评级图　100×

3. 表皮层厚度分级

为了解白口坯件长时间高温退火过程中脱碳情况，需对可锻铸铁进行表皮层厚度（脱碳层深度）测定，以便了解铸件的加工性能。GB/T 25746—2010《可锻铸铁金相检验》中规定，从试样外缘至含有珠光体层结束处的厚度，称为表皮层（当表皮层不含有珠光体时，则至无石墨的全铁素体层结束处为止），以 mm 计。表皮层厚度可分为 4 级，见表 17-25。

表 17-25　表皮层厚度分级

级别/级	1	2	3	4
表皮层厚度/mm	≤1.0	>1.0~1.5	>1.5~2.0	>2.0

可锻铸铁表皮层厚度测量以图 17-28 为例说明。该图所示为可锻铸铁完全退火组织，心部为铁素体和团絮状石墨，表皮层由三层不同的显微组织组成：第一层为铁素体，第二层为铁素体和少量团絮状石墨，第三层为珠光体、铁素体和少量团絮状石墨。表皮层厚度由表面测到第三层结束为止即可。

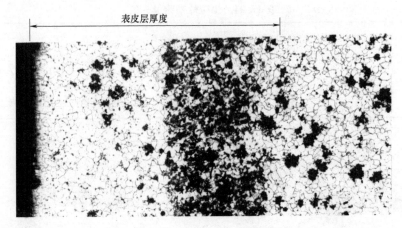

图 17-28 可锻铸铁表皮层厚度测量

17.5 蠕墨铸铁金相检验

17.5.1 蠕墨铸铁的牌号与力学性能

蠕墨铸铁的组织由基体组织与石墨组成，石墨大部分呈蠕虫状，同时伴有少量团球状石墨。蠕墨铸铁是由化学成分合格的铁液经蠕化处理和孕育处理得到的。GB/T 26655—2011《蠕墨铸铁件》中，蠕墨铸铁共有 5 个牌号，蠕墨铸铁的牌号及单铸试样的力学性能见表 17-26。

与片状石墨相比，由于蠕虫状石墨的长厚比值明显减小，尖端变钝，对基体的割裂程度和引起的应力集中程度减小，所以蠕墨铸铁的强度、塑性、韧性、抗热疲劳性和耐磨性都高于灰铸铁，具有良好的铸造性能和良好的导热性，已被广泛用于气缸体、气缸盖、排气管和涡轮增压器废气进气壳、活塞环等重要零部件。

表 17-26 蠕墨铸铁的牌号及单铸试样的力学性能 (GB/T 26655—2011)

牌号	抗拉强度 R_m /MPa≥	规定塑性延伸强度 $R_{p0.2}$ /MPa≥	断后伸长率 $A(\%)$ ≥	典型的布氏硬度 范围 HBW	主要基体组织
RuT300	300	210	2.0	140~210	铁素体
RuT350	350	245	1.5	160~220	铁素体+珠光体
RuT400	400	280	1.0	180~240	珠光体+铁素体
RuT450	450	315	1.0	200~250	珠光体
RuT500	500	350	0.5	220~260	珠光体

注：布氏硬度值仅供参考。

17.5.2 蠕墨铸铁的组织与检验

1. 石墨形态

根据 ISO 945 的石墨分类，蠕墨铸铁中的石墨主要为蠕虫状石墨（Ⅲ型），以及少量球状石墨（Ⅵ型）和团状、团絮状石墨（Ⅳ、Ⅴ型），不允许出现片状和细片状石墨（Ⅰ、Ⅱ型）。

2. 蠕化率的分级和评定

蠕化率是决定蠕墨铸铁性能的主要金相组织指标。GB/T 26656—2011《蠕墨铸铁金相检验》中规定了蠕化率按面积法计算，计算公式如下：

$$蠕化率=\frac{\sum A_{蠕虫状石墨}+0.5\sum A_{团状、团絮状石墨}}{\sum A_{每个石墨}}\times100\%$$

式中　$A_{蠕虫状石墨}$——蠕虫状石墨颗粒的面积（圆形系数 $RSF<0.525$）；

$A_{团状、团絮状石墨}$——团状、团絮状石墨颗粒的面积（圆形系数 RSF 为 $0.525\sim0.625$）；

$A_{每个石墨}$——每个石墨颗粒（最大中心长度$\geq10\mu m$）的面积。

计算时，根据石墨圆形系数将石墨分类，而后进行计算。石墨圆形系数分类见表17-27。

表 17-27　石墨圆形系数分类

圆 形 系 数	石 墨 类 型
$>0.625\sim1$	球状（ISO 945 中的Ⅵ型）
$0.525\sim0.625$	团状、团絮状（ISO 945 中的Ⅳ和Ⅴ型）
<0.525	蠕虫状（ISO 945 中的Ⅲ型）

注：片状石墨和中心线最大长度小于$10\mu m$的石墨不包括在分析之内。

蠕化率检验应在放大 100 倍下进行，视场直径为$\geq70mm$，被视场周界切割的石墨不计，少量$<1mm$（实际尺寸$10\mu m$）的石墨不计。GB/T 26656—2011 中将蠕化率分为 8 级，见表 17-28。蠕化率评级图如图 17-29 所示。蠕化率级别评定时，应将抛光后未浸蚀试样在放大 100 倍下观察，随机取 5 个视场对照蠕化率评级图进行评级。

表 17-28　蠕化率分级

蠕化率级别	蠕 95	蠕 90	蠕 85	蠕 80	蠕 70	蠕 60	蠕 50	蠕 40
蠕虫状石墨量(体积分数,%)	≥95	90	85	80	70	60	50	40

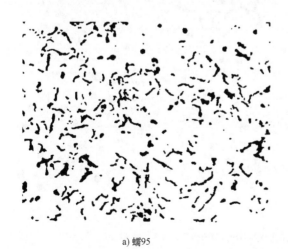

a) 蠕95　　　　　　　　　　　　　　　　b) 蠕90

图 17-29　蠕化率评级图　100×

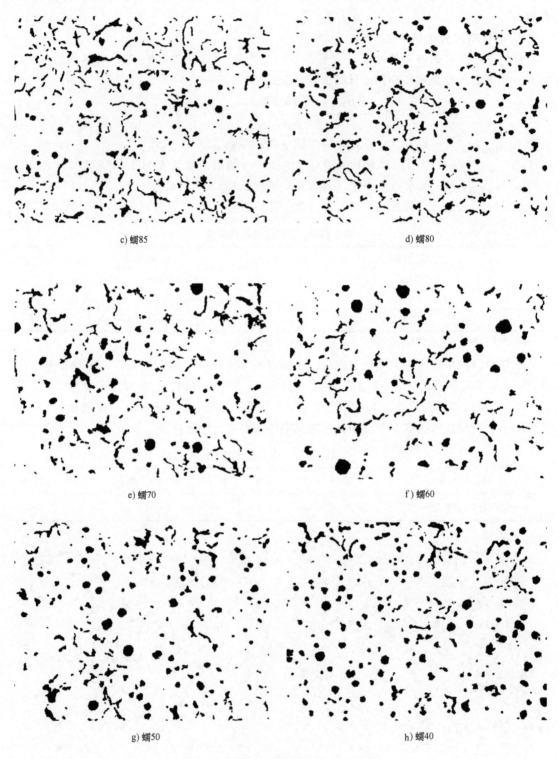

c) 蠕85

d) 蠕80

e) 蠕70

f) 蠕60

g) 蠕50

h) 蠕40

图 17-29 蠕化率评级图 100×（续）

光学显微镜中评定的蠕化率是名义蠕化率，而非真正的蠕化率。因为二维金相中观察到的圆形石墨，往往是蠕虫状枝干的横切面，它们在一个共晶团内是相互连接的。把圆形石墨的面积从蠕虫状石墨的面积中扣除，所计算出的蠕化率是名义蠕化率，其值小于真实蠕化率。据相关文献报道，名义蠕化率85%，真实蠕化率已接近100%了。我国多数工厂规定蠕化率应大于50%；对某些导热性要求高的铸件，如增压器的涡轮、废气进气管等，规定薄壁处蠕化率大于80%。

3. 其他组织评级

除石墨形态、蠕化率的评定外，GB/T 26656—2011《蠕墨铸铁金相检验》中还对蠕墨铸铁中的珠光体数量、磷共晶和碳化物的类型、数量评定做出了要求，这些组织参数的评定基本与球墨铸铁相同，可参照17.3节中球墨铸铁的组织评定方法进行。

17.6 白口铸铁金相检验

白口铸铁按组织和成分，可分为亚共晶白口铸铁、共晶白口铸铁和过共晶白口铸铁三类；按使用条件，可分为抗磨白口铸铁、耐热白口铸铁和耐蚀白口铸铁。本节仅介绍抗磨白口铸铁。

抗磨白口铸铁分为镍铬合金白口铸铁和铬合金白口铸铁，广泛应用于冶金、矿山和水泥破碎、研磨等方面。GB/T 8263—2010《抗磨白口铸铁件》中，共有10个抗磨白口铸铁的牌号，见表17-29。

抗磨白口铸铁高铬典型热处理规范见表17-30，其主要金相组织见表17-31。一般情况下，金相组织不作为产品验收依据，如果需方对金相组织有特殊要求，则由供需双方商定。

表 17-29　抗磨白口铸铁的牌号与化学成分

牌号	化学成分（质量分数，%）								
	C	Si	Mn	Cr	Mo	Ni	Cu	S	P
BTMNi4Cr2-DT	2.4~3.0	≤0.8	≤2.0	1.5~3.0	≤1.0	3.3~5.0	—	≤0.10	≤0.10
BTMNi4Cr2-GT	3.0~3.6	≤0.8	≤2.0	1.5~3.0	≤1.0	3.3~5.0	—	≤0.10	≤0.10
BTMCr9Ni5	2.5~3.6	1.5~2.2	≤2.0	8.0~10.0	≤1.0	4.5~7.0	—	≤0.06	≤0.06
BTMCr2	2.1~3.6	≤1.5	≤2.0	1.0~3.0	—	—	—	≤0.10	≤0.10
BTMCr8	2.1~3.6	1.5~2.2	≤2.0	7.0~10.0	≤3.0	≤1.0	≤1.2	≤0.06	≤0.06
BTMCr12-DT	1.1~2.0	≤1.5	≤2.0	11~14.0	≤3.0	≤2.5	≤1.2	≤0.06	≤0.06
BTMCr12-GT	2.0~3.6	≤1.5	≤2.0	11.0~14.0	≤3.0	≤2.5	≤1.2	≤0.06	≤0.06
BTMCr15	2.0~3.6	≤1.2	≤2.0	14.0~18.0	≤3.0	≤2.5	≤1.2	≤0.06	≤0.06
BTMCr20	2.0~3.3	≤1.2	≤2.0	18.0~23.0	≤3.0	≤2.5	≤1.2	≤0.06	≤0.06
BTMCr26	2.0~3.3	≤1.2	≤2.0	23.0~30.0	≤3.0	≤2.5	≤1.2	≤0.06	≤0.06

注：牌号中，"DT"和"GT"分别是"低碳"和"高碳"的汉语拼音大写字母，表示该牌号碳含量的高低。

表 17-30 抗磨白口铸铁高铬典型热处理规范

牌　号	软化退火处理	硬 化 处 理	回火处理
BTMNi4Cr2-DT	—	430~470℃保温 4~6h,出炉空冷或炉冷	在 250~300℃保温 8~16h,出炉空冷或炉冷
BTMNi4Cr2-GT			
BTMCr9Ni5		800~850℃保温 6~16h,出炉空冷或炉冷	
BTMCr8	920~960℃保温,缓冷至 700~750℃保温,缓冷至 600℃以下出炉空冷或炉冷	940~980℃保温,出炉后以合适的方式快速冷却	在 200~550℃保温,出炉空冷或炉冷
BTMCr12-DT		900~980℃保温,出炉后以合适的方式快速冷却	
BTMCr12-CT			
BTMCr15		920~1000℃保温,出炉后以合适的方式快速冷却	
BTMCr20	960~1060℃保温,缓冷至 700~750℃保温,缓冷至 600℃以下出炉空冷或炉冷	950~1050℃保温,出炉后以合适的方式快速冷却	
BTMCr26		950~1060℃保温,出炉后以合适的方式快速冷却	

注：1. 热处理规范中保温时间主要由铸件壁厚决定。
    2. BTMCr2 经 200~650℃去应力处理。

表 17-31 抗磨白口铸铁高铬主要金相组织

牌　号	金 相 组 织	
	铸态或铸态去应力处理	硬化态或硬化态去应力处理
BTMNi4Cr2-DT	共晶碳化物 M_3C+马氏体+贝氏体+奥氏体	共晶碳化物 M_3C+马氏体+贝氏体+残留奥氏体
BTMNi4Cr2-GT		
BTMCr9Ni5	共晶碳化物(M_7C_3+少量 M_3C)+马氏体+奥氏体	共晶碳化物(M_7C_3+少量 M_3C)+二次碳化物+马氏体+残留奥氏体
BTMCr2	共晶碳化物 M_3C+珠光体	
BTMCr8	共晶碳化物(M_7C_3+少量 M_3C)+细珠光体	共晶碳化物(M_7C_3+少量 M_3C)+二次碳化物+马氏体+残留奥氏体
BTMCr12-DT	碳化物+奥氏体及其转变产物	碳化物+马氏体+残留奥氏体
BTMCr12-GT		
BTMCr15		
BTMCr20		
BTMCr26		

17.7 铸铁组织分析实例

17.7.1 灰铸铁组织分析实例

1. 化学成分、铸造冷却速度对石墨的影响

灰铸铁中的化学成分、铸造冷却速度影响石墨形态、大小和分布。图 17-30 所示为典型灰铸铁石墨形态、大小和分布铸态金相照片（未浸蚀）。

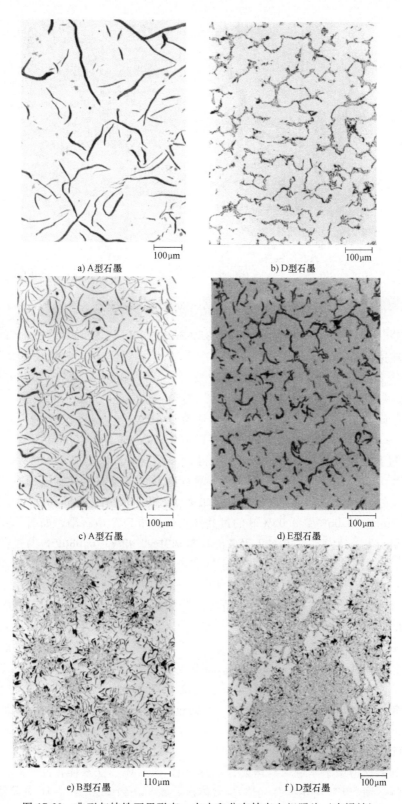

a) A型石墨

b) D型石墨

c) A型石墨

d) E型石墨

e) B型石墨

f) D型石墨

图 17-30 典型灰铸铁石墨形态、大小和分布铸态金相照片（未浸蚀）

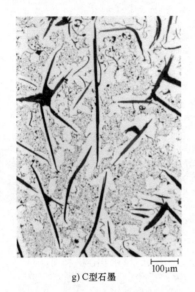

g) C型石墨　　　　　　　　　　　　h) F型石墨

图 17-30　典型灰铸铁石墨形态、大小和分布铸态金相照片（未浸蚀）（续）

化学成分（质量分数）为 Fe-2.8%C-1.85%Si-0.5%Mn-0.04%P-0.025%S 的亚共晶灰铸铁在通常冷却速度下得到 A 型石墨，如图 17-30a 所示。图 17-30a 中最长石墨片为 320μm。当提高铸造冷却速度，化学成分（质量分数）为 Fe-2.1% C-2.8% Si-0.38% Mn-0.06% P-0.03%S 的亚共晶灰铸铁得到 D 型石墨，如图 17-30b 所示。由于提高了铸造冷却速度，促进了石墨在枝晶间分布。图 17-30b 中最长石墨片为 40μm。

化学成分（质量分数）为 Fe-3.5% C-2.95% Si-0.4% Mn-0.08% P-0.02% S-0.13% Ni-0.15%Cu 的过共晶灰铸铁在通常冷却速度下得到 A 型石墨，如图 17-30c 所示。图 17-30c 中最长石墨片为 160μm。这是最希望得到的典型石墨形状与分布，具有这种石墨形态和分布的铸铁具有良好的可加工性。当提高铸造冷却速度，化学成分（质量分数）为 Fe-2.18% C-2.49% Si-0.7% Mn-0.06% P-0.05% S 的过共晶灰铸铁得到 E 型石墨，如图 17-30d 所示；化学成分（质量分数）为 Fe-3.3%C-2.75%Si-0.88%Mn-0.42%P-0.086%S 的过共晶灰铸铁得到 B 型石墨，如图 17-30e 所示。其中，图 17-30e 中每一个玫瑰花形生长的石墨团为一个共晶团，这种石墨形态通常出现在薄壁的铸件中。

在提高过冷度条件下，能促进过共晶灰铸铁细化。化学成分（质量分数）为 Fe-3.4% C-3.4% Si-0.07% Mn-0.04% P-0.03% Cr-0.47% Cu 的过共晶灰铸铁得到枝晶间分布的 D 型石墨，如图 17-30f 所示。如果石墨化孕育不良，也会产生其他片状石墨形态。化学成分（质量分数）为 Fe-4.3% C-1.5% Si-0.5% Mn-0.12% P-0.08% S 的过共晶灰铸铁得到粗大的先共晶 C 型石墨，如图 17-30g 所示。进一步增加冷却速度，化学成分（质量分数）为 Fe-4.3% C-1.5% Si-0.5% Mn-0.12% P-0.08% S 的过共晶灰铸铁能形成 F 型石墨，如图 17-30h 所示。

2. 灰铸铁铸态基体组织

典型的灰铸铁铸态基体组织有珠光体、珠光体-铁素体和铁素体，此外，灰铸铁组织中还常有磷共晶。图 17-31 所示为珠光体-铁素体灰铸铁铸态组织。图 17-31 中 E 箭头所示为三元磷共晶，P 和 F 箭头所示分别为珠光体和铁素体。

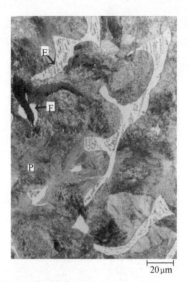

图 17-31 珠光体-铁素体灰铸铁铸态组织

17.7.2 球墨铸铁组织分析实例

1. 化学成分、铸造冷却速对石墨的影响

球墨铸铁的化学成分和铸造冷却速度对球墨铸铁中的石墨球大小和圆整度影响很大。图 17-32 所示为典型球墨铸铁石墨形态、大小和分布铸态金相照片（未浸蚀）。其中，图 17-32a 所示为化学成分（质量分数）为 Fe-3.45% C-2.25% Si-0.30% Mn-0.04% P-0.01% S-0.8% Ni-0.07% Mg-0.55% Cu 的球墨铸铁薄壁急冷铸件金相照片，石墨球大小为 20μm，单位面积球墨数为 350 个/mm^2；而图 17-32b 和图 17-32c 所示为化学成分（质量分数）为 Fe-3.6% C-2.9% Si-0.14% Mn-0.04% P-0.02% S-0.16% Ni-0.06% Mg 的球墨铸铁在不同冷却条件下的金相照片，石墨球大小分别为 40μm 和 100μm，单位面积球墨数分别为 125 个/mm^2 和 22 个/mm^2。

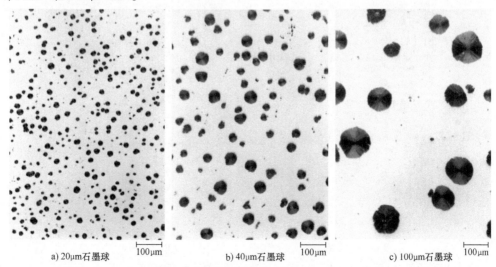

图 17-32 典型球墨铸铁石墨形态、大小和分布铸态金相照片（未浸蚀）

很多因素都会对球墨铸铁的球化效果造成影响。图 17-33a 所示为球化衰退使石墨球出现不规则形貌。当稀土添加剂过量时会出现开花状石墨，见图 17-33b。这种情况通常在厚壁铸件或高碳当量铸件中出现。

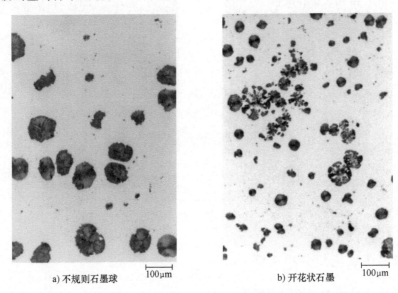

a) 不规则石墨球　　　　　　　　　　b) 开花状石墨

图 17-33　球墨铸铁球化效果不良铸态金相照片（未浸蚀）

2. 球墨铸铁等温淬火组织

典型球墨铸铁铸态基体组织除珠光体、珠光体-铁素体和铁素体外，还有贝氏体和马氏体。为了获得更好的力学性能，球墨铸铁采用等温淬火热处理工艺可获得奥贝球墨铸铁（ADI）组织。球墨铸铁等温淬火工艺是，将球墨铸铁加热至 840～950℃保温，淬入 230～400℃盐浴等温一段时间。等温淬火得到的组织形貌与等温温度、等温时间有关。

图 17-34 所示为化学成分（质量分数）为 Fe-3.6% C-2.5% Si-0.056% P-0.052% Mg-

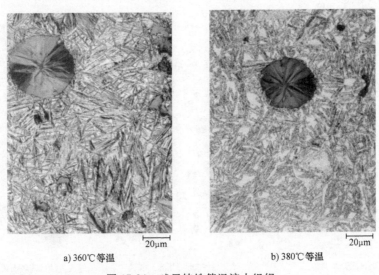

a) 360℃等温　　　　　　　　　　b) 380℃等温

图 17-34　球墨铸铁等温淬火组织

0.7% Cu 的球墨铸铁等温淬火组织。等温淬火工艺为：900℃×2h，分别淬入 360℃ 和 380℃ 的盐浴等温 3h，而后空冷至室温，得到的组织分别如图 17-34a 和图 17-34b 所示。由此可见，改变等温温度会使贝氏体数量、形貌和残留奥氏体数量发生改变。图 17-35 所示为化学成分（质量分数）为 Fe-3.6% C-2.5% Si-0.056% P-0.052% Mg-0.7% Cu 的球墨铸铁 360℃ 短时等温淬火空冷组织。等温淬火工艺为：900℃×2h，淬入 360℃盐浴中分别保温 2min 和 30min 而后空冷至室温，得到的组织分别如图 17-35a 和图 17-35b 所示。当等温 2min 时，只有少量的贝氏体在石墨球附近形成，绝大多数基体组织转变为马氏体组织；而等温 30min 时，形成了一定数量的贝氏体组织。

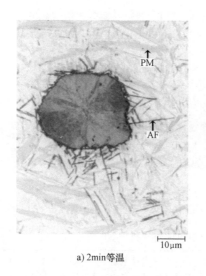

a) 2min等温　　　　　　　　　　　　　b) 30min等温

图 17-35　球墨铸铁 360℃ 短时等温淬火空冷组织

注：1. 采用质量分数为 4% 的苦味酸浸蚀。

　　2. 图中 AF 箭头所指为贝氏体组织，PM 箭头所指为马氏体组织，A 箭头所指为残留奥氏体组织。

3. QT400-18LT 风电轮毂性能不达标原因分析

QT400-18LT 风电轮毂为铁素体球墨铸铁件，产品检验时抗拉强度性能不合格，要求进行原因分析。该风电轮毂铁液随炉温升到 1500~1600℃，采用盖包球化法球化两次孕育浇铸。采用高温加低温两个阶段石墨化退火。退火过程为将试样升温至 920~940℃，保温 2~3h，炉冷至 730~750℃，保温 2~3h，然后炉冷至 600℃ 出炉。

在不合格铸件不同位置取 5 个试样，编号 QT-1、QT-2、QT-3、QT-4 和 QT-5，进行化学成分分析和金相检验。化学成分分析表明，试样中碳的质量分数为 3.09%~3.30%，偏低于铸件要求的碳含量。不同位置 5 个试样的铁素体基体和石墨形态如图 17-36 所示。按照 GB/T 9441—2021，采用对比评级图方法，对 5 个试样进行了球化率、石墨大小、单位面积石墨颗粒数、铁素体数量、磷共晶数量和碳化物数量评级，评级结果见表 17-32。从评级结果可以看出，铸件的球化级别不合格和单位面积石墨颗粒数较少。因此，该批次 QT400-18LT 风电轮毂的性能不合格的原因是，铸铁的碳含量偏低，组织中石墨球化级别不达标，单位面积石墨颗粒数量较少。

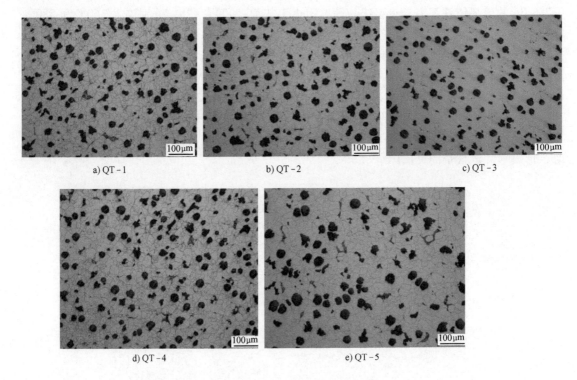

a) QT-1　　　　　　　　b) QT-2　　　　　　　　c) QT-3

d) QT-4　　　　　　　　e) QT-5

图 17-36　不同位置 5 个试样的铁素体基体和石墨形态

表 17-32　金相组织评级结果

试样编号	球化率级别/级	石墨大小级别/级	单位面积石墨颗粒数/(个/mm²)	铁素体数量(体积分数,%)	磷共晶数量(体积分数,%)	碳化物数量(体积分数,%)
QT-1	4	6	50	≥95	0.5	1.0
QT-2	4	6	50	≥95	0.5	1.0
QT-3	3	6	50	≥95	0.5	1.0
QT-4	4	6	50	≥95	0.5	1.0
QT-5	5	6	40	≥95	0.5	1.0

4. 球墨铸铁组织缺陷产生原因分析

（1）石墨漂浮　冶炼时应将铁液中的 $w(C)$ 增至工艺要求范围 3.6% ~ 3.9%，如果碳含量超标，则会出现石墨漂浮现象，如图 17-37 所示。由图 17-37 中可以看出，石墨呈开花状、爆裂状，这种组织降低了球墨铸铁力学性能和表面质量。

出现石墨漂浮的原因有：配料计算时石墨增碳剂吸收率小于实际值，导致碳含量超标；炉料中有废钢、生铁、回炉料时，未准确按照配料称量，生铁和回炉料加入过多导致碳含量超标。

（2）球化不良和球化失败　图 17-38a 所示为

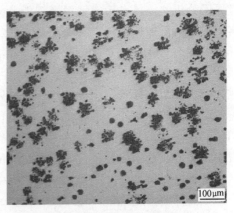

图 17-37　石墨漂浮金相照片

球化不良的组织。由图 17-38a 可以看出，石墨呈团块、枝晶状、蠕虫状等不规则形状，球化级别为 4~5 级，石墨球数量较少，石墨大小为 5 级。球化级别低，会影响产品综合力学性能。球化不良的原因与球化剂中稀土元素种类、球化剂加入量、孕育剂、球化孕育操作方法、浇注温度及浇注时间等因素密切相关。

图 17-38b 所示为球化失败的组织。由图 17-38b 可以看出，大部分石墨呈条、线、蠕虫状，只有少量石墨呈圆形，近似于蠕墨铸铁金相组织，蠕虫状石墨周围析出少量铁素体，呈菊花状。球化失败铸件的力学性能大幅降低。

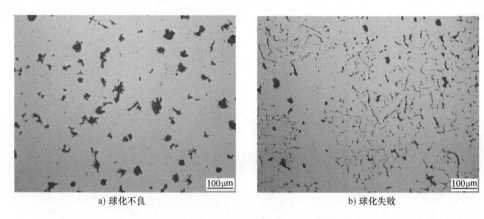

a) 球化不良　　　　　　　　　　　　　　b) 球化失败

图 17-38　球化不良和球化失败组织

（3）碳化物超标　铁液冷却速度过快时，容易出现渗碳体数量过多，而石墨数量很少的情况。浸蚀后发现块状、鱼骨状渗碳体数量约为 10%（体积分数），如图 17-39 所示。渗碳体过多显著降低球墨铸铁的塑性和韧性，使脆性大，硬度过高，并恶化其加工性能。

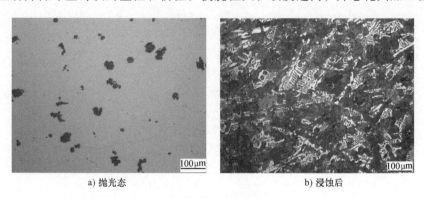

a) 抛光态　　　　　　　　　　　　　　　b) 浸蚀后

图 17-39　碳化物超标

本章主要参考文献

［1］ VANDER VOORT G F. ASM Handbook：Vol 9 Metallography and Microstructures ［M］. Russell County：ASM International，2004.

［2］ 全国铸造标准化技术委员会. 球墨铸铁件：GB/T 1348—2019 ［S］. 北京：中国标准出版社，2019.

［3］ 全国铸造标准化技术委员会. 球墨铸铁金相检验：GB/T 9441—2021 ［S］. 北京：中国标准出版

社，2021.

[4] International Organization for Standardization（ISO）. Microstructure of cast irons—Part 1：Graphite classification by visual analysis. ISO 945-1：2019 ［S］. Geneva：ISO central secretariat, 2019.

[5] International Organization for Standardization（ISO）. Microstructure of cast irons—Part 4：Test method for evaluating nodularity in spheroidal graphite cast iron：ISO 945-4：2019 ［S］. Geneva：ISO central secretariat, 2019.

[6] 张仲勇，李金梅，赵江涛，等. 风电机组用球墨铸铁性能不达标原因分析 ［J］，热处理技术与装备，2019，40（3）：57-60.

[7] 曹琨，胡克潮，赵子文，等. 合成球墨铸铁金相组织缺陷产生原因及解决办法 ［J］，金属加工（热加工），2021，（2）：98-100.

第18章　钢焊接件金相检验

钢焊接件的金相检验主要是研究焊接接头的宏观组织和显微组织，了解钢的焊接性，确定焊接工艺的合理性。在焊接过程中，焊缝金属被加热到熔化，冷却时又经历凝固结晶和固态相变的过程；焊接接头各部位受到不同的热循环，相当于金属受到一系列的热处理，因此造成焊接接头各处组织的差异及不均匀性的特点。

18.1　焊接接头区域组织特点

18.1.1　焊缝组织

钢焊接接头由焊缝、热影响区及母材三部分组成。焊缝是在加热熔化后经过结晶及连续冷却形成的。焊缝从开始形成到室温要经历加热熔化、结晶和固态相变三个热过程。因此，焊缝金属的组织中包含了一次组织和二次组织两种形态。其中，一次组织是焊缝在熔化后经形核和长大完成结晶时的高温组织形态，属于凝固结晶的铸态组织；二次组织属于固态相变组织，是焊缝由高温态冷却到室温过程中发生的固态相变而形成的，所以它也是室温下焊缝金属的显微组织状态。

1. 焊缝一次组织

焊接时由于热源的作用，焊接熔池在极短的时间内，在高温下发生一系列的冶金反应，当热源离开后，便冷却结晶。焊缝金属的结晶过程也是形核与长大的过程，但焊接熔池体积小，周围被冷金属所包围，所以熔池冷却速度很大。熔池随热源的移动而移动，由于焊条的摆动和电弧的吹力，使熔池发生强烈的搅拌作用，所以熔池内的熔化金属具有处于运动状态下结晶的特点。

根据焊缝成分的均匀度和过冷度不同，焊缝一次组织的形态有平面晶、胞状晶、胞状-树枝晶、柱状树枝晶和等轴树枝晶五种形态。最常见的焊缝凝固组织具有连结长大和柱状树枝晶的基本特征。熔化的液态金属冷却时，在熔合线附近的半熔化段的母材温度较低。在一定的过冷度下，就直接从熔池壁的母材晶粒上进行长大。因此，焊缝金属的晶粒和熔合线附近的母材晶粒是相连结的。焊缝金属的凝固结晶如图18-1所示。

由于熔池结晶在很大的温差条件下进行，因而焊缝组织容易出现偏析现象。焊缝中的偏析主要有树枝晶偏析（显微偏析）、区域偏析（宏观偏析）和层状偏析三种。树枝晶偏析是

指焊缝冷却时以树枝状结晶成长，先凝固的结晶轴成分
较纯，后凝固的枝晶末端及枝晶空间成分产生的偏析。
一般碳钢坡口的树枝晶偏析不严重，而高碳钢和合金钢
坡口的树枝晶偏析较为严重。树枝晶偏析可采用热处理
方法予以消除。焊接熔池中心是最后凝固区域，杂质及
低熔点混合物易在此处聚集，从而造成区域性偏析。层
状偏析焊缝横断面经浸蚀后可看到色泽深浅不同的分层
组织，这是由于化学成分的不均匀性所致。

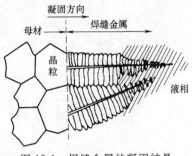

图 18-1　焊缝金属的凝固结晶

2. 焊缝二次组织

焊缝二次组织对低碳钢而言，为铁素体和珠光体。随碳含量增加，组织中的珠光体量也
增加。当焊缝中合金元素含量较多或冷却速度较大时，焊缝中会出现贝氏体和马氏体。焊缝
经多层焊接后，由于后焊层对前焊层的再加热，可获得细小的等轴晶粒，从而改善了焊缝的
力学性能。

焊缝中的非金属夹杂物多为氧化物、氮化物和硫化物。点状分散的氧化物夹杂对性能影响
不大；以针状分布于晶粒中间或贯穿晶界的氮化物夹杂使焊缝硬度增高、塑性降低，容易发生
脆断。以 MnS 形式出现的硫化物夹杂，因呈分散颗粒状，对塑性、韧性影响不大；而以 FeS
形式出现的硫化物夹杂，由于沿晶界析出，形成了低熔点共晶，增加了焊缝的热裂倾向。焊缝
中如存在较多的夹杂，会降低接头的强度、塑性和耐蚀性，增加其脆性和热裂倾向。

18.1.2　焊接热影响区组织

在焊接过程中，邻近焊缝的金属被加热到低于熔
点的各种温度，然后又冷却到室温。焊接时受热的这
部分原材料区域称为热影响区。根据钢材的淬火性能
不同，可将钢粗分为不易淬火钢和易淬火钢，其热影
响区组织分布如图 18-2 所示。

1. 不易淬火钢热影响区组织

不易淬火钢通常以热轧或正火状态供货。热影响
区主要分为过热区、正火区和不完全重结晶区三个
区域。

（1）过热区　该区指熔合线附近狭小的半熔化
区，温度为 1100℃～熔点。组织特征是粗大的魏氏组
织和细珠光体。在快速冷却时，也会出现贝氏体及低
碳马氏体等混合组织。熔合线附近处于固相、液相之
间，对接头的强度、塑性影响很大，是接头的薄弱区，
易产生裂纹。

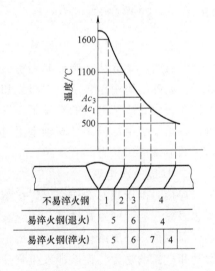

图 18-2　热影响区组织分布

1—过热区　2—正火区　3—不完全重结晶区
4—未发生组织转变区　5—淬火区
6—不完全淬火区　7—回火区

（2）正火区　该区温度为 $Ac_3 \sim 1100℃$，属相变重结晶区。组织为均匀细小的铁素体和
珠光体。该区是接头组织性能最佳的区域。

（3）不完全重结晶区　该区温度为 $Ac_1 \sim Ac_3$。组织为分布不均匀的铁素体和细小珠
光体。

2. 易淬火钢热影响区组织

易淬火钢焊接前母材常以调质状态供货，热影响区分为淬火区、不完全淬火和回火区三个区域。

（1）淬火区　温度超过 Ac_3 以上的区域为淬火区。该区域紧靠焊缝部分为粗大的马氏体。正常淬火区组织为细小马氏体或贝氏体、托氏体等混合组织。

（2）不完全淬火区　不完全淬火区的温度区间 $Ac_1 \sim Ac_3$。该区域的组织为马氏体和网状铁素体，如果冷却速度缓慢，也可得到珠光体和铁素体组织。

（3）回火区　焊接前母材为退火状态时，温度低于 Ac_1 的区域一般不发生组织变化；焊接前母材为淬火状态时，则在该区（回火温度 $\sim Ac_1$）由于温度不同，得到不同的回火组织——回火索氏体、回火托氏体或回火马氏体；焊接前母材为调质状态，则焊接过程中加热温度低于调质回火温度的区域无组织变化，高于调质回火温度的区域组织将发生相应的变化。

18.2　焊接接头宏观检验与常见缺欠

焊接接头检验包括宏观检验、焊接缺欠检验和显微组织检验。为尽快发现和解决焊接质量问题，通常先进行宏观检验和焊接缺欠检验，必要时再进行显微组织检验。

1. 焊接接头外观质量检验与常见缺欠

焊接产品和焊接接头的外观质量检验是通过肉眼或放大镜对焊接接头进行的检验。外观检验的内容主要包括检验焊接过程在接头区内产生的不符合设计或工艺文件要求的各种焊接缺欠。对金属熔化焊接头，其中最常见的焊接缺欠主要有未焊透、未熔合、夹渣、气孔、咬边、焊瘤、烧穿、偏析、未填满、焊接裂纹等，其缺欠说明和示意图见表18-1。这些缺欠减少了焊缝截面积，降低了承载能力，造成应力集中，易引起裂纹；降低疲劳强度，易引起焊接件破裂导致脆断。其中危害最大的是焊接裂纹和气孔。

表 18-1　常见的焊接缺欠说明和示意图

缺　欠	说　明	示　意　图
未焊透	母材金属接头处中间（X坡口）或根部（V、U坡口）的钝边未完全熔合在一起而留下的局部未熔合	
未熔合	固体金属与填充金属之间（焊道与母材之间），或者填充金属之间（多道焊时，焊道之间或焊层之间）局部未完全熔化结合，或者在点焊（电阻焊）时母材与母材之间未完全熔在一起，有时也常伴有夹渣存在	
夹渣	熔化焊时的产物，如非金属杂质（氧化物、硫化物等）及熔渣，由于焊接时未能逸出，或者多道焊接时清渣不干净，以至残留在焊缝金属内，称为夹渣（或夹杂物）。视其形态可分为点状夹渣和条状夹渣。其位置可能在焊缝与母材交界处，也可能存在于焊缝内	

（续）

缺 欠	说 明	示 意 图
气孔	在熔化焊接过程中，焊缝金属内的气体或外界侵入的气体在熔池金属冷却凝固前未来得及逸出而残留在焊缝金属内部或表面形成的空穴或孔隙。视其形态可分为单个气孔、链状气孔、密集气孔（包括蜂窝状气孔）等	
咬边	在母材与焊缝熔合线附近，因为熔化过强也会造成熔敷金属与母材金属的过渡区形成凹陷，称为咬边。根据咬边处于焊缝的上面或下面，可分为外咬边和内咬边	
焊瘤	焊缝根部的局部突出，这是焊接时因液态金属下坠形成的金属瘤	
烧穿	母材金属熔化过度时造成的穿透（穿孔）即为烧穿	
焊接裂纹	焊缝裂纹是焊接过程中或焊接完成后在焊接区域中出现的金属局部破裂的表现	横向裂纹　纵向裂纹

焊接接头缺欠检验应按照 GB/T 6417.1—2005《金属熔化焊接头缺欠分类及说明》进行。通过焊接接头的外观质量检验，可以了解焊接结构和焊接产品的全貌，以及产生缺欠的性质、部位等情况，对焊接质量进行评定和控制，从而预防重大事故的发生。

焊接接头缺欠检验除外观质量检验外，还常采用无损检测方法，如超声波检测、射线检测、渗透检测、磁粉检测等。

2. 焊接接头低倍组织检验

焊接接头低倍检验要对接头经过解剖取样、制样（包括低倍组织显示）后才能进行。焊接接头低倍组织检验的内容包括：焊缝柱状晶的粗晶组织及结构形态；焊接熔合线、焊道横截面的形状及焊缝边缘结合、成形等情况；热影响区的宽度；多层焊的焊道层次及焊接缺欠，如焊接裂纹、气孔、夹杂物等。

切取一个熔化焊的单面焊接接头的横截面，经制样侵蚀显示宏观组织。焊接接头的示意图和实物宏观照片见图 18-3。由图 18-3 可见，焊接接头分为三部分：焊缝中心是焊缝金属；靠近焊缝的是热影响区；接头两边未受焊接热影响的是母材金属。

焊缝金属是由熔化金属凝固结晶而成的。焊缝金属的组织为铸态的柱状晶，晶粒相当长，且平行于传热方向（垂直于熔池壁的方向），在熔

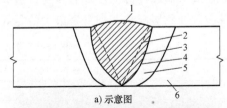

a) 示意图

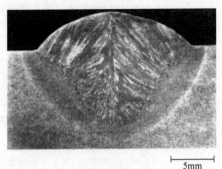

b) 宏观照片

图 18-3　焊接接头的示意图和实物宏观照片
1—焊缝金属　2—焊前坡口面　3—母材金属熔化区
4—熔合线　5—热影响区　6—母材金属

化金属（熔池）中部呈八字形分布的柱状树枝晶。经适当侵蚀后，在宏观或低倍试样上可以看到焊缝金属内的柱状晶组织。热影响区是母材上靠近熔化金属而受到焊接热作用发生组织和性能变化的区域，实际上是一个从液相线至环境温度之间不同温度冷却转变所产生的连续多层的组织区。经适当侵蚀后，在宏观试样上呈深灰色区域。未受到焊接加热的母材金属区，仍保持着母材原有的组织状态和性能。图18-4所示为Q235钢焊接接头低倍组织。图中右边为焊缝，左边为母材。焊缝区柱状晶细长，热影响区较窄，网状组织区晶粒较小。

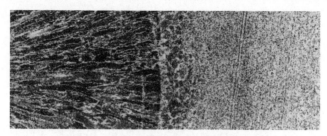

图18-4　Q235钢焊接接头低倍组织　20×

18.3　焊接接头裂纹特征

焊接裂纹是在焊接应力及其他因素共同作用下，焊接接头中局部区域的金属原子结合力遭到破坏而产生的缝隙。裂纹是焊接接头中危害最大的一种缺欠，裂纹前端可看成是一个尖锐的缺口，引起应力集中，致使焊接构件在低应力下就容易发生脆性断裂。

根据裂纹的尺寸大小，裂纹大致可分为两类。一类裂纹为肉眼、无损检测能检查出的宏观裂纹。这类裂纹的出现会导致整个焊接构件的报废，在一切产品中不允许存在此类裂纹。另一类裂纹为在光学显微镜下才能看到的显微裂纹。这类裂纹（尺寸在$250\mu m$以下）有时是不可避免的，如果其尺寸在该材料裂纹扩展的临界尺寸以下，通常是允许存在的。但是这类显微裂纹在长期的疲劳载荷或在应力腐蚀的环境下，会发生缓慢的亚临界扩展，当其尺寸达到临界尺寸时，裂纹就会迅速扩展、相互连接，最终导致脆性断裂。根据裂纹形成的温度范围和原因，焊接裂纹又可分为热裂纹、冷裂纹、再热裂纹和撕裂四种类型。

18.3.1　焊接接头热裂纹

1. 热裂纹分布与形态

热裂纹一般是指在$0.5T_m$（T_m为金属材料熔点）以上温度形成的裂纹，经常发生在焊缝区和热影响区中。平行于焊缝中心线的裂纹称为纵向裂纹，而垂直于焊缝中心线的裂纹称为横向裂纹。纵向裂纹又称中心线裂纹，发生在焊缝中心区域；横向裂纹垂直于焊缝，往往沿柱状晶界分布，并与母材晶粒相连接。

热裂纹的微观特征是沿晶扩展，故又称晶间裂纹。在焊缝区，热裂纹可以沿柱状晶界扩展，也可以沿树枝晶界及胞状晶界扩展；而热影响区的裂纹通常沿原始奥氏体晶界扩展。如果热裂纹扩展到表面，打开这种断口的表面，很容易看到断面具有氧化色彩。这种色彩是裂纹表面在高温下与外界空气接触发生氧化反应形成的。此外，观察焊接裂纹表面可以发现，有的表面的宏观热裂纹中充满了熔渣。这说明热裂纹形成时熔渣还有很好的流动性，而一般熔渣的凝固温度约比母材金属低200℃左右，由此可以推测，热裂纹是在固相线附近的温度区内形成的。从热裂纹沿晶粒边界分布的特点来看，热裂纹是在液相最后凝固的阶段形成的。

　　热裂纹经常发生在高强钢、高合金钢，特别是奥氏体不锈钢、耐热合金等焊接构件中，在低碳钢中热裂纹较为少见。图18-5所示为高强钢焊缝区热裂纹的金相组织。图18-6所示为高强度贝氏体钢和马氏体型不锈钢焊接接头热影响区热裂纹的金相组织。

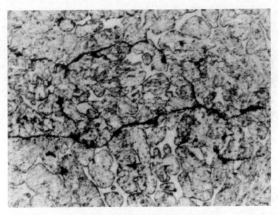

图18-5　高强钢焊缝区热裂纹的金相组织　400×

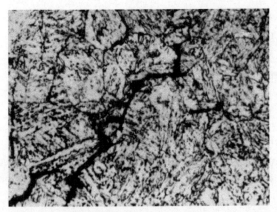

a) 高强度贝氏体钢焊接接头热影响区热裂纹　500×

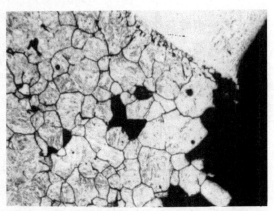

b) 马氏体型不锈钢叶片焊接接头热影响区热裂纹　300×

图18-6　热影响区热裂纹的金相组织

2. 热裂纹的形成原因

　　热裂纹是焊缝在凝固过程中产生的内应力超过该温度下金属的断裂强度时形成的一种裂纹。尽管导致热裂纹产生的因素是各种各样的，但最终可归纳为内应力和冶金偏析两个方面的因素。

　　焊缝金属和母材的一部分晶体在凝固和冷却时会发生体积收缩，但邻近部分温度较低的晶体会对其收缩产生约束力，由此便形成了内应力。如果刚结晶部分的晶体的某些薄弱部位（如晶界）强度不足以抵抗这种内应力，则被拉开形成裂纹。因此，焊接过程中产生的内应力是形成热裂纹的必要条件。冶金因素则主要考虑焊缝金属在凝固过程中发生的化学成分变化和形成的显微组织类型对热裂纹产生的影响。形成热裂纹的主要原因如下所述：

1) 焊缝金属结晶至固相线温度附近时，晶粒间残存的少量液体形成液态薄膜弱化了晶界强度。残留在晶粒间的液相薄膜几乎没有流动性，此时焊缝金属的强度和塑性均达到最低点，只要存在较小的拉应力，就可以使液相薄膜破坏，形成热裂纹。焊缝金属凝固温度范围越宽，其热裂敏感性也越大。

2) 钢中的杂质元素如硫、磷等，往往偏聚在树枝晶间隙、柱状晶界及焊缝中心等最后凝固的部位，形成低熔点液相的偏析薄膜。偏聚的硫、磷含量越高，液相薄膜的熔点就越低，形成热裂纹的倾向就越大。

18.3.2　焊接接头冷裂纹

1. 冷裂纹特征

冷裂纹一般是指焊接时在 Ar_3 以下冷却过程中或冷却以后产生的裂纹，形成的温度在马氏体转变点（Ms）附近或 $200 \sim 300℃$ 以下的温度范围内。冷裂纹主要在高碳钢、中碳钢、低合金钢或中合金高强度钢的热影响区形成，低碳钢和奥氏体钢焊接构件较少形成冷裂纹。冷裂纹在焊缝区和热影响区均有可能产生，但大多形成在热影响区，特别容易在焊道下、焊趾及焊根等部位形成。金相检验表明，冷裂纹的微观特征多为穿晶开裂。

焊道下裂纹取向常与熔合线平行，这种裂纹常发生在淬硬倾向较大、氢含量较高的钢的焊接热影响区中。焊趾裂纹常起源于有明显应力集中的焊缝与母材交界处，裂纹的取向常与焊缝纵向平行，一般由焊趾的表面开始，向母材深处延伸。根部裂纹是冷裂纹中较为常见的一种裂纹，主要产生在使用氢含量较高的焊条和预热温度不足的情况下。根部裂纹与焊趾裂纹相似，起源于焊缝根部最大应力集中处。它可能发生在焊接热影响区中的粗晶区，也可能发生在焊缝金属内，这决定于母材和焊缝的强度、塑性及根部的形状。

冷裂纹可以在焊后立即出现，也有些可在焊后数小时、几天甚至更长时间才形成，故称其为延迟裂纹。具有延迟性的冷裂纹比一般裂纹更有危险性，故必须引起充分注意。

2. 冷裂纹形成因素

焊接冷裂纹的产生的主要原因为：①焊缝中存在有过量的氢，且具有富集的条件；②在焊接热循环的作用下，热影响区生成了淬硬组织；③接头承受有较大的拘束应力。

（1）氢的影响　由于焊接前钢板或焊丝、焊剂未进行必要的烘烤，残存部分水分，经电弧作用而分解出氢，加之焊接冷却速度较快，使氢残存焊缝中。在焊接残余拉应力的作用下，残留在焊缝中的氢会向热影响区和母材区扩散。当热影响区或母材区的显微组织对氢脆敏感时，则发生氢致开裂。

氢致裂纹多产生于热影响区，特别在焊道下（熔合线附近）、焊趾及焊根等部位，在某些情况下也产生在焊缝。焊道下裂纹常平行于焊缝而在热影响区（靠熔合线）中扩展，不一定贯穿表面，有时呈不连续状，大致平行于熔合线扩展。焊趾裂纹常出现在焊根附近，或出现在未焊透等缺口部位。

氢致裂纹的特征一般为无分枝，通常为穿晶型（指相对于原奥氏体晶粒而言）。但对于不易淬火的钢存在混合组织时，裂纹常沿原始奥氏体晶界或混合组织的交界面扩展。氢致裂纹的显微形态呈断续分布。

（2）组织的影响　焊接热影响区的组织对冷裂纹及氢脆的敏感程度大致按铁素体或珠光体→贝氏体→板条状马氏体→马氏体、贝氏体混合组织→孪晶马氏体顺序增加。当热影响区组织为高碳的孪晶马氏体时，由于马氏体硬度高，塑性差，转变时温度低，体积膨胀量大，故易产生较大的组织应力，给冷裂纹形成提供了一个合适的环境。

（3）拘束应力影响 当材料受到的应力超过自身的断裂强度时，就产生了裂纹。拘束应力包括内应力和外应力。内应力是焊接时产生不均匀的温度分布，使各区域的热胀冷缩程度不一样而造成的热应力。外应力可以是构件自重产生的，也可以是构件在工作时受到的载荷产生的。内应力和外应力叠加在一起，会在焊接接头的局部区域内超过材料的断裂强度而导致裂纹。尤其在厚板焊接时，焊接热影响区或靠近热影响区的拘束应力大，残余应力高，在平行轧制方向产生具有层状和台阶状形态的裂纹。裂纹大部分呈穿晶分布，具有典型冷裂纹特征。

18.4 典型钢焊接接头组织形貌特征与组织识别

18.4.1 钢焊接接头组织形貌特征

焊接件常用低碳钢和低碳合金钢，其焊接接头中常见组织为铁素体、珠光体、贝氏体和马氏体。由于焊接过程的冷却条件不同于常规热处理，接头中的这些组织往往具有其自身的形貌特征。

1. 铁素体

在焊缝金属和热影响区中常见的是先共析铁素体，包括自由铁素体和魏氏组织铁素体两种。自由铁素体是奥氏体晶界上析出的铁素体，常见形貌有块状和网状两种。块状铁素体是在高温下而过冷度又较小的冷却条件下形成的，网状铁素体是在形成温度较低而过冷度较大的冷却条件下形成的。晶界自由铁素体的数量多少与奥氏体晶粒大小有关，奥氏体晶粒越粗大，自由铁素体越少。焊缝柱状晶越粗大，晶界铁素体越明显，但总量减少。魏氏组织铁素体在低碳钢焊缝金属和热影响区的过热区极易形成，其形貌为除晶界铁素体外，还有较多从晶界伸向晶粒内部形似锯齿状或梳状的铁素体，或在晶内以针状独立分布的铁素体。这些铁素体往往针粗大且交叉分布。只有在焊缝金属内出现碳偏聚处，才可能出现细针状魏氏组织铁素体。

2. 贝氏体

焊接条件下连续冷却有利于形成贝氏体组织，在低碳钢焊缝试样中会出现粒状贝氏体、无碳贝氏体、上贝氏体和下贝氏体等。

粒状贝氏体形貌特征是在较粗大的铁素体块内分布着许多孤立的"小岛"，这些"小岛"的外形不规则，形状多样，有块状、条状和粒状等。只有在高倍光学显微镜下，才能看清"小岛"的外形。

3. 马氏体

在低碳合金钢的焊缝金属和热影响区内极易生成马氏体，常见的为板条状马氏体，在焊缝金属的碳偏聚区也会出现片状马氏体。在低碳钢和低碳合金钢焊接接头中一般不会出现隐晶马氏体。由于马氏体的存在会恶化力学性能，极易产生焊接裂纹。因此，如果在焊接组织中出现了马氏体，则焊后须进行热处理改善。

18.4.2　典型焊接组织识别

钢焊接接头组织与焊接材料和焊丝材料、焊接方法、焊接工艺、焊前预热状况、焊后热处理工艺等因素有关。这些因素对钢焊接接头组织影响极大，因此，焊接组织分析须针对具体的条件进行。

1. 低碳钢焊接组织

低碳钢焊接后，焊缝组织为块状、网状的先共析铁素体和晶内多量的魏氏组织铁素体，以及分布于铁素体之间的珠光体。铁素体主要呈梳状和锯齿状。热影响过热区常见组织为粗大的魏氏组织铁素体+索氏体。重结晶和部分相变区的组织与常规的正火及不完全正火组织相似。母材组织仍保持热轧或正火态的铁素体+珠光体带状组织。

图 18-7 所示为 20 钢焊接接头不同区域的金相照片。图 18-7a 为焊缝上部，组织为树枝状铁素体和珠光体；图 18-7b 为焊缝和熔合区交界处，图中左边为树枝状铁素体和珠光体，图中右边为呈魏氏组织的热影响区半熔化段；图 18-7c 为热影响区过热段，组织为粗大的魏氏组织，晶粒明显粗大；图 18-7d 为热影响区正火段，组织为细小均匀的铁素体和珠光体；图 18-7e 为热影响区不完全重结晶段，组织为铁素体和大小不均匀的珠光体。

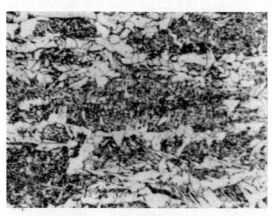

a) 焊缝上部

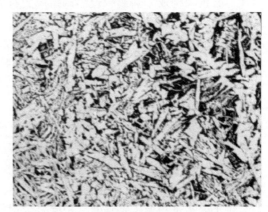

b) 焊缝和熔合区交界处

c) 热影响区过热段

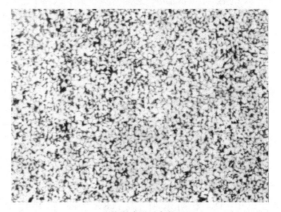

d) 热影响区正火段

图 18-7　20 钢焊接接头不同区域的金相照片　150×

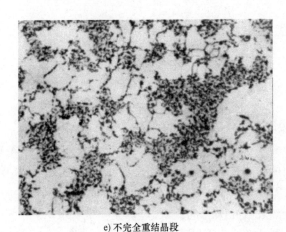

e) 不完全重结晶段

图 18-7 20 钢焊接接头不同区域的金相照片 150×（续）

2. 低碳合金钢焊接组织

低碳合金钢含有少量合金元素，提高了其淬透性，所以低碳合金钢焊接过热区和焊缝金属区的组织与低碳钢不同。焊缝组织一般由粒状贝氏体+魏氏组织铁素体+无碳贝氏体+索氏体等混合组织构成，热影响过热区组织为针状铁素体+索氏体+粒状贝氏体，其他部位的热影响区组织与低碳钢基本相同。母材也仍保持原有的热轧或正火组织。

图 18-8 所示为 12CrNiMo 钢焊接接头焊后未进行热处理的金相照片。图 18-8a 为焊接接头剖面低倍组织。图 18-8a 中，焊缝与母材熔合良好，无缺陷；箭头 1 为焊缝，硬度为 23HRC；箭头 2 为热影响区，硬度为 18HRC；箭头 3 为母材，硬度为 20HRC。图 18-8b 为焊缝组织，基体为粒状贝氏体，白色长条状及块状为铁素体。图 18-8c 为热影响区的组织，基体为铁素体及灰色块状分布的低碳马氏体。图 18-8c 中，左区靠近焊缝，铁素体及低碳马氏体逐渐较少，而粒状贝氏体数量则增多；右区越靠近母材处，铁素体数量增多，而低碳马氏体数量减少。图 18-8d 为母材未受热影响部分，基体为铁素体及呈带状分布的块状珠光体。

3. 中碳合金钢焊接组织

由于通常采用低碳钢焊丝，中碳合金钢的焊缝组织为板条马氏体，热影响过热区组织为粗大的板条马氏体和少量粗大的片状马氏体，正火区为细晶马氏体。如果母材为调质态回火索氏体组织，那么焊后经回火，焊缝金属和热影响区均为回火索氏体。

图 18-9 所示为 35SiMnCrMoV 钢（板厚为 2.5mm）钨极自动氩弧焊接头焊后未进行热处理的金相照片。图 18-9a 为焊后低倍组织；图 18-9b 为焊缝组织，组织为板条马氏体；图 18-9c 为热影响过热区组织，组织为粗大的板条马氏体和少量粗大的片状马氏体；图 18-9d 为热影响正火区组织，组织为细晶马氏体。

4. 异种钢对接焊组织

异种钢对接焊两边组织受侵蚀的程度不一样，为了显示两边组织通常需进行两次浸蚀。例如，为显示碳钢与奥氏体不锈钢对接焊组织，常采用 4%（体积分数）硝酸乙醇溶液和 10%（质量分数）草酸水溶液电解浸蚀。

图 18-10 所示为 12Cr18Ni9 钢与 Q345 钢（该牌号在 GB/T 1591—2018 中已取消）多道焊条电弧对接焊后未进行热处理的金相照片。图 18-10a 为 12Cr18Ni9 钢（奥氏体型不锈钢）未受热影响区组织，基体组织为等轴奥氏体晶粒，其上有少量带状分布的 δ 铁素体。

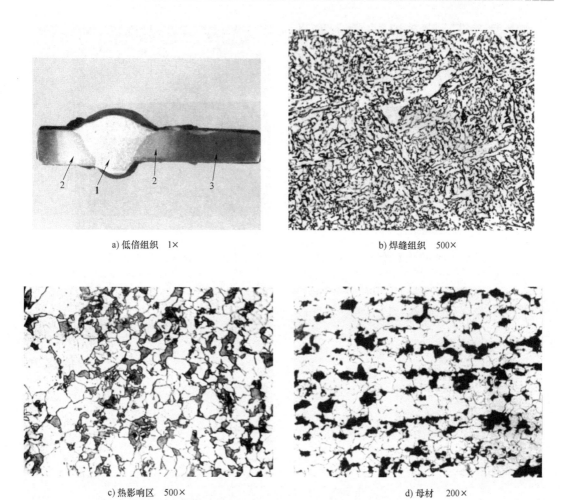

a) 低倍组织 1×

b) 焊缝组织 500×

c) 热影响区 500×

d) 母材 200×

图 18-8 12CrNiMo 钢焊接接头焊后未进行热处理的金相照片

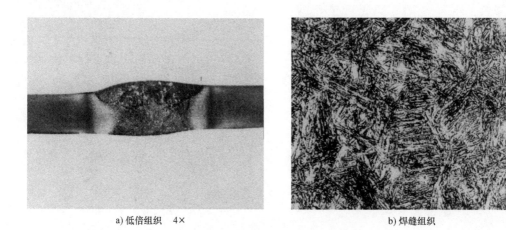

a) 低倍组织 4×

b) 焊缝组织

图 18-9 35SiMnCrMoV 钢钨极自动氩弧焊接头焊后未进行热处理的金相照片 500×

c) 热影响过热区组织

d) 热影响正火区组织

图 18-9 35SiMnCrMoV 钢钨极自动氩弧焊接头焊后未进行热处理的金相照片 500×（续）

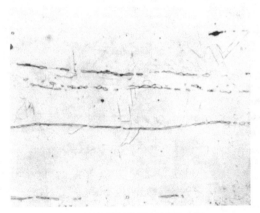
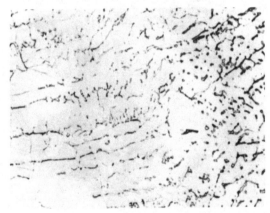

a) 12Cr18Ni9 钢未受热影响区组织 600×

b) 12Cr18Ni9 钢与焊缝熔合线区的两侧组织 400×

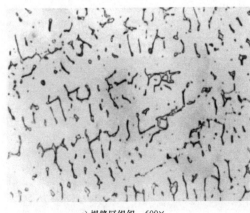
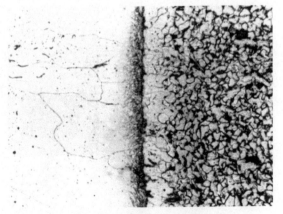

c) 焊缝区组织 600×

d) Q345 钢与焊缝熔合线区的两侧组织 400×

图 18-10 12Cr18Ni9 钢与 Q345 钢多道焊条电弧对接焊后未进行热处理的金相照片

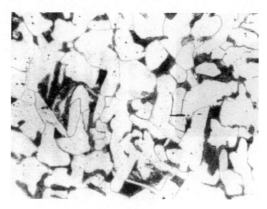

e) Q345钢未受热影响区组织　600×

图 18-10　12Cr18Ni9 钢与 Q345 钢多道焊条电弧对接焊后未进行热处理的金相照片（续）

图 18-10b 为 12Cr18Ni9 钢与焊缝熔合线区的两侧组织，图中左侧为 12Cr18Ni9 钢母材热影响过热区组织，其组织为等轴奥氏体基体和黑色条状分布的 δ 铁素体，有少量奥氏体呈孪晶分布，在奥氏体晶界上黑色点状为析出的碳化物；图中右侧为焊缝区组织，在粗大奥氏体晶界处分布着枝晶状的铁素体组织。从焊缝与母材熔合线组织来看，不锈钢与焊缝的焊接组织正常，未发现有熔接不良等情况发生。图 18-10c 为焊缝区组织，基体组织为奥氏体，有呈枝晶状 δ 铁素体分布于奥氏体晶界处，焊缝组织正常。图 18-10d 为 Q345 钢与焊缝熔合线区的两侧组织，图中左侧为焊缝组织，其组织为粗大的柱状晶奥氏体；图中右侧为 Q345 钢热影响过热区组织，其组织为铁素体和少量珠光体。该熔合线为 A102 焊条与 Q345 钢之间异种钢焊接的结合面。由于受温度、碳浓度和反应扩散等因素作用，在焊缝侧形成灰色的增碳带；而 Q345 钢侧由于碳向焊缝侧迁移而形成白色的脱碳带——铁素体带。图 18-10e 为 Q345 钢未受热影响区组织，其组织为铁素体和珠光体。

本章主要参考文献

［1］　全国焊接标准化技术委员会. 金属熔化焊接头缺欠分类及说明：GB/T 6417.1—2005 ［S］. 北京：中国标准出版社，2005.

［2］　陈祝年，陈茂爱. 焊接工程师手册 ［M］. 3 版. 北京：机械工业出版社，2019.